科技掠夺行动

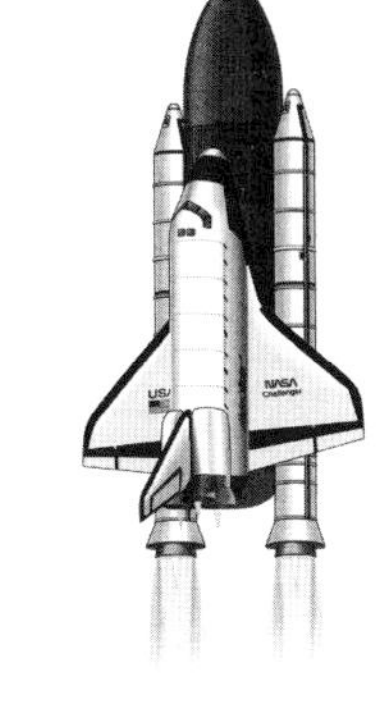

OPERATION PAPERCLIP

美国在太空军事、生物化学领域谋求世界霸权的绝密历史

[美] 安妮·雅各布森　◎著
(Annie Jacobsen)
王祖宁　◎译

中国科学技术出版社
·北　京·

北京版权保护中心引进书版权合同登记号　图字：01-2024-2783。

图书在版编目（CIP）数据

科技掠夺行动 /（美）安妮·雅各布森 (Annie Jacobsen) 著；王祖宁译 . -- 北京：中国科学技术出版社，2024.7

书名原文：Operation Paperclip：The Secret Intelligence Program that Brought Nazi Scientists to America

ISBN 978-7-5236-0771-8

Ⅰ . ①科… Ⅱ . ①安… ②王… Ⅲ . ①科学技术－技术史－美国－现代 Ⅳ . ① N097.12

中国国家版本馆 CIP 数据核字 (2024) 第 103779 号

执行策划　黄　河　桂　林
责任编辑　申永刚
策划编辑　申永刚
特约编辑　张　可
封面设计　东合社・安宁
版式设计　翟晓琳　孟雪莹
责任印制　李晓霖

出　　版　中国科学技术出版社
发　　行　中国科学技术出版社有限公司
地　　址　北京市海淀区中关村南大街 16 号
邮　　编　100081
发行电话　010-62173865
传　　真　010-62173081
网　　址　http://www.cspbooks.com.cn

开　　本　787mm × 1092mm　1/16
字　　数　374 千字
印　　张　31
版　　次　2024 年 7 月第 1 版
印　　次　2024 年 7 月第 1 次印刷
印　　刷　深圳市精彩印联合印务有限公司
书　　号　ISBN 978-7-5236-0771-8/N・327
定　　价　89.80 元

（凡购买本社图书，如有缺页、倒页、脱页者，本社销售中心负责调换）

致中国读者信 

To all my friends and readers in China.

The power of books is universal.

May the knowledge and ideas in this book inspire you to excel.

致所有的中国朋友和读者：

书籍的力量是无穷的，愿这本书里的知识和想法能对你有所启发。

安妮

本书赞誉

宋忠平　宣沅（香港）科技交流中心研究员、国际问题专家

《科技掠夺行动》是雅各布森对美国政府的控诉，直击战后其“强国梦”的阴暗面。她向我们展示了美国政府狭隘的道德观。为了完成独霸世界的目标，长久以来，美国政府都在精心掩盖近千名纳粹技术专家犯下的滔天罪行，并使其成为许多美国公司工资花名册中的专职人员。

逯维娜　战略学博士、硕士研究生导师、国际政治副教授

如果没有看过这本书，我绝对想象不出，美国光鲜亮丽的外表下，竟然隐藏着一段如此骇人听闻的历史。这本书真实生动地再现了这段史实，将美国在掠夺上的毫无底线进行了全方位的展示。它再次警醒世人，在人类发展的道路上，道德绝不能越离越远。

《纽约时报书评》

深刻描写了“回形针行动”招募的前纳粹科学家及其美国同伴的人生轨迹……雅各布森熟练地将书中无数的德国人、美国人和其他牵涉其中的人物关系及情节走向梳理得一清二楚……她用极其娴熟的文笔讲述了美国和英国政府在德国战败后搜罗纳粹科学家及其研究成果的故事，本书情节紧凑，扣人心弦。

莫兰·皮卡尔　法国《费加罗报》资深记者

围绕“回形针行动”，逐渐形成了一个不为人知的政治和军事集团。若非后来美国总统哈里·杜鲁门下令允许将相关信息予以公开，美国社会可能永远不会知道这些在美军的允许下归顺的前纳粹分子所带来的好处：果汁和奶油的杀菌技术、耳温计、战斗机飞行员的抗荷服……这些都得归功于58位归顺到美国空军的纳粹科学家。

《科克斯书评》

纵观全书，作者对那些道德败坏、表里不一和隐瞒欺骗的行为进行了深刻的描述，但也为我们刻画了一些高尚体面的人物和充满戏剧性的情节。奇爱博士（美国导演斯坦利·库布里克电影中的主角。——译者注）如何来到美国，并在美国走向人生巅峰？你会在这本书中找到答案。

《出版人周刊》

《科技掠夺行动》内容广泛翔实，或许是雅各布森迄今为止最杰出的作品……雅各布森令人信服地向读者展示了行动的来龙去脉，并恰到好处地再现了那段令美国政府进退维谷的历史……雅各布森讲述的故事中充满了伪善、谎言和欺骗，探索了一段为人所遗忘的历史。

《波士顿环球报》

安妮·雅各布森的《科技掠夺行动》，首次曝光了那场工程浩大的行动。于是我们有机会看到这本书，一本乍读之下就令人恐惧、无法自拔的书；一本提供了大量真实资料，并就国家荣誉和安全提出严肃问题的书……这本书是调查性报道和历史类作品中的扛鼎之作。

《纽约客》杂志

《科技掠夺行动》不亚于一部黑暗的游侠历险小说……雅各布森令人信服地指出，为美国政府工作的前纳粹科学家，最后被洗脑成为顽固的冷战分子。

《今日美国》

这是一部重磅、宏伟的作品。雅各布森用纪实类作品的终极武器——真凭实据，带领我们探索书中的问题。她直击内幕，让我们最大限度地了解“回形针行动”。你很难把目光从这书本上挪开。

《纽约邮报》

雅各布森运用了最新解密文件、法院证词记录和家族档案，为我们完美地描绘了那场历史行动的真实场景。

《书单》杂志

一本引人入胜又令人深感不安的作品，它向人们提出了那个“手段和目的”的终极问题。

《达拉斯晨报》

一段扣人心弦、让人深感不安的历史，一个讲述美国为谋求霸权而出卖原则的故事……雅各布森为我们描述了许多生动的瞬间……《科技掠夺行动》在冷战类文学书籍中赢得了自己的地位，再次证明道德和强权难以共存的事实。

《图书馆杂志》

令人毛骨悚然、扣人心弦的全方位宏大叙述……雅各布森的新书令人肃然起敬，它揭开了“二战”后期美国招揽德国纳粹科学家的黑暗内幕，还原了太空竞赛与成就战后美国霸权地位的历史真相。强烈推荐给喜欢“二战”历史、间谍故事、政府机密以及冷战的读者。

朱克奇　深圳卫视《决胜制高点》节目主持人

“回形针行动”帮助美国赢得了“二战”最重要的战利品之一：纳粹科学家。而《科技掠夺行动》这本书的精彩之处在于，它不仅讲述了引人入胜却又令人惊讶的真实故事，也给我们展现了美国的行事方式。

推荐序 I

被扭曲的历史：直击美国“科技强国梦”的阴暗面

宣沅（香港）科技交流中心研究员、国际问题专家　宋忠平

美国的“阿波罗计划”无人不知，堪称 20 世纪最伟大的月球探测计划。宇航员驾着“阿波罗 11 号”宇宙飞船飞入太空，承载着全人类的梦想踏上了月球表面。阿姆斯特朗的那句“个人的一小步，人类的一大步”，也激励着一代代心怀梦想的年轻人投身航天事业。

这些宇航员敢于探索未知的领域固然勇气可嘉，但甚少有人关注美国登月计划背后的航天科学家以及航空生理学家。美国政府也在极力粉饰与隐藏这些科学家的真实身份，这也是安妮·雅各布森撰写本书的最初原因：力图还原真相、修正那段被人为扭曲的历史。

美国军方以“防苏”为名，开始了第二次世界大战后期掠夺“战利品”的强盗行为——“回形针行动”就此浮出水面。借此行动之名，美国军方将大批纳粹科学家强行“招募”到美国。他们是希特勒政权的科技精英人士，其中既有火箭专家，又有专门从事种族灭绝的“死亡医生”。正是这些“死亡医生”的所作所为令第三帝国成为名副其

实的人间地狱，并酿成了20世纪最惨无人道的暴行。

1944年，当盟军终于踏入希特勒的柏林时，欧洲大陆的每一块瓦砾都在燃烧。一队队的美国科技专家和军方人士也开始大肆“洗劫”纳粹科学家曾经工作过的公寓。无论是生物武器、化学武器还是太空项目的资料，有多少拿多少，毫不客气。可以毫不夸张地讲，战后美国能够在这些领域独占鳌头，全赖于劫掠到了这些宝贵的科学资料。

虽然有许多德国科学家是集中营医学谋杀试验的罪魁祸首，并且面临严重的战争罪指控，甚至还有几人曾被推上纽伦堡审判的被告席，但对美国来说，这些事似乎都不值一提，大可忽略不计。西奥多·本津格就是一个典型的例子。在纽伦堡被告人名单中，他的名字“被”神秘地抹去了。而后在美国陆军的监管之下，本津格度过了漫长的职业生涯，生活既优越又舒适。他发明了耳温计，一生都在对“熵”进行科学研究。这难道能算是逃过“世纪审判”后的自我救赎吗？也不尽然！

安妮·雅各布森查阅了如山的文件，通过艰辛的调查取证之后，以深刻的笔触写就了这部重磅作品。其中的大部分文件都是根据美国《信息自由法案》（Freedom on Information Act）向政府提出申请而获得的。书中首次披露了许多历史细节，珍贵且值得玩味。

《科技掠夺行动》是雅各布森对美国政府的控诉，直击战后其“强国梦”的阴暗面。她向我们展示了美国政府狭隘的道德观。为了完成独霸世界的目标，长久以来，美国政府都在精心掩盖近千名纳粹技术专家犯下的滔天罪行，并使其成为许多美国公司工资花名册中的专职人员。

美国人很早之前就已经知道，沃纳·冯·布劳恩是美国太空项目中不可或缺的人物。但他是一名纳粹军官，也是制造“纳粹奇迹武器”V–1、V–2 火箭的灵魂人物。“二战”期间，德军就是利用这种武器疯狂轰炸大不列颠及北欧各大城市。虽然这些火箭打击精度十分有限，但也造成了巨大的社会恐慌和人员伤亡。然而，冯·布劳恩在效忠美国之后，不仅成为美国载人登月计划的灵魂人物，还成了美国航空航天局（NASA）的摇滚明星，并与华特迪士尼公司（The Walt Disney Company）合作，声誉卓著。

第三帝国的科学家们在战后堂而皇之地登上美国的海岸，早已不是什么新闻了。但雅各布森的调查使更多的科学家名字浮出水面，也揭露了他们犯下的更多纳粹恶行，在很大程度上还原了“回形针行动”表里不一、欺世盗名的本质。

接近大屠杀的真相已然困难重重，我们不得不借助威廉·斯泰伦的小说《苏菲的选择》（*Sophie's Choice*）或《辛德勒的名单》（*Schindler's List*）等纪实性作品来回顾那段历史。而评价“回形针行动”的善恶，更是难上加难。

如果没有纳粹科学家的才智，美国还会成为称雄世界的强国吗？其科学技术及医学发展会达到今天的高度吗？绝对有可能，因为美国的“曼哈顿计划”就在制造原子弹的竞赛中击败了希特勒。因此，那么精心粉饰这些纳粹科学家的血腥过去、为他们提供庇护之处，与起诉控告他们的罪行相比，美国政府是否付出了不必要的惨重代价？这一点确实值得推敲。

雅各布森的《科技掠夺行动》用终极武器——真凭实据，带领我们探索了那段隐秘黑暗的历史。她直击“回形针行动”美国与魔鬼做交易的内幕，读来着实令人欲罢不能。如果说“历史是由胜利者书写的”，那么雅各布森却让我们重新审视：在这段历史中，什么才是最重要的？或许，仍有机会“还原真相”才是最大的幸事吧！

推荐序II

太空先驱曾是纳粹精英

法国《费加罗报》记者　莫兰·皮卡尔

1945年春，在行将就木的第三帝国核心地带图林根州茂密的森林里，一些大胆的人仍在进行一场巨大的冒险行动。这里的劳工仍在组装最后一批曾令伦敦和安特卫普居民胆战心惊的V–2火箭。然而，就在图林根州著名的诺德豪森制造厂里，平均每4分钟就有一人死去。在这里总共有6万人死亡，其中大约有两万人死于饥饿或党卫军看守之手。

这座可怕工厂的负责人早就逃之夭夭。这个人是谁？他就是大名鼎鼎的沃纳·冯·布劳恩，他是V–1和V–2火箭的发明者，也是未来美国航天局太空计划的负责人。1969年，正是他领导研制的“土星”号巨型火箭将第一艘载人登月飞船送上月球。这位航天工程师、党卫军上校带着那些最敏感的秘密材料逃跑了。

现在，冯·布劳恩可以高枕无忧了。他清楚，眼下正在构建的世界新秩序中，他的发明对于“二战”的战胜方来说极其重要。在此期间，与他一样，许许多多的纳粹科学家、医生、神经科专家、化学家、生物学家以及细菌学家纷纷销毁那些可能证明自己昔日暴行的证据，并最终在“二战”结束后这个混乱的时代得以洗白自己的身份。这些人就是曾将半个世界拖进战争泥潭的法西斯政权的信徒，都应被送上军事法庭就地审判，甚至可能被送交给行刑队。

民主下的虚伪与谎言

正如安妮·雅各布森在美国出版的《科技掠夺行动》一书中所记述的那样，等待冯·布劳恩以及其他人的是一种完全不同的命运：他们被秘密地运送到美国——为了能赢得与苏联的冷战，美国已经决心采取这种可能会损害到国家名声的行动。

对于这场最初被称作“多云行动”，之后更名为“回形针行动”的政府计划，人们大致是有所了解的。爱因斯坦、埃莉诺·罗斯福以及美国五角大楼和国务院的许多官员早已指出此举对美国这个民主榜样可能带来的潜在危险。

围绕“回形针行动”，逐渐形成了一个不为人知的政治和军事集团。这本书作者安妮·雅各布森对1998年克林顿总统签署《纳粹战争罪行解密法》(Nazi War Crimes Disclosure Act）后所解密的材料进行了详细研究，从而厘清这一计划所涉及的全部范围、纳粹信徒所犯罪行的细节以及美国在“二战”后所展开的骗局。她对于这种“史无前例、违反道德以及本身十分危险的”国家虚伪行径提出批评，而《波士顿环球报》(*The Boston Globe*）的戴维·施里布曼也认为这种虚伪的行径“动摇了我们的民主以及国家荣耀的根基”。

一张去往美国的单程票

该书的作者详细梳理了 1 600 名被美国所收留的知识分子中 21 人的完整人生轨迹。他们中有 8 位曾在希特勒、希姆莱或戈林等纳粹头目身边做事，15 人是纳粹分子，10 人是党卫军成员。

雅各布森在翻阅档案时发现的第一件事便是这些人对于自己过去的所作所为出乎意料地沉着。在尽心尽力为希特勒服务多年后，他们都能够带着微笑去投降，其中有些人因自己所发挥的重要作用而受到很高的礼遇。

所有这些走出监狱的科学家都得到了自己想要的东西：一张前往美国的单程票以及将自己的过去被一笔勾销的承诺。有一张照片让人看了感到不快：纽伦堡审判的被告奥托·安布罗斯博士居然一脸微笑地等着盟军法官的判决。奥托·安布罗斯是塔崩毒气的发明者之一，曾任奥斯威辛实验室的主任。在约翰·麦克洛伊上校的干预下，他得以在正式宣判之前被释放，并开始为美国的格雷斯公司、美国能源部以及欧洲一些私营企业工作。

若非后来美国总统哈里·杜鲁门下令允许将相关信息予以公开，美国社会可能永远不会知道这些在美军的允许下归顺的前纳粹分子所带来的好处：果汁和奶油的杀菌技术、耳温计、战斗机飞行员的抗荷服……这些都得归功于 58 位归顺到美国空军的纳粹科学家。

自　序

以国家安全为名的掠夺与谎言

——美国如何盗取纳粹科研成果并登上世界科技之巅

本书讲述了纳粹科学家与美国政府之间的诸多秘密，并揭示了美国官员如何以国家安全为名，向公众隐瞒这一黑暗真相。正是因为许多难以预料的状况甚至是机缘巧合，这些真相最终浮出水面。

武器工程与科学情报调查局成立

“回形针行动”是美国在“二战”后期开展的一项情报行动，旨在将德国科学家掠往美国，为军方提供秘密服务。这项行动对外似乎并无危害，实则却充斥着秘密与谎言。“我对技术极为痴迷！”1942年，阿道夫·希特勒在一次晚宴上告诉自己的心腹。此前，德国刚刚培养1 600余名技术专家；而这些专家后来被美国悉数纳入囊中，其中21人更成为万众瞩目的焦点。

“回形针行动”始于1945年5月。在这项行动中，那些曾经为虎作伥、为第三帝国发动战争的科学家们转而为美国政府效力，继续从事武器研究，并且以疯狂的速度研制火箭、航空航天技术、化学与生物武器以及其他军事装备，为冷战铺平道路。随着大规模杀伤性武器时代的到来，尔虞我诈的边缘政策（在冷战时期用来形容一个近乎要发动战争的情况，也就是到达战争边缘，从而说服对方屈服的一种战略术语，它代表了一种将局势推至安全极限的冒险策略。——译者注）应运而生。对狂热的纳粹分子进行招安无疑是一种史无前例、道德沦丧、玩火自焚的做法，正如美国战争部副部长罗伯特·帕特森在就是否应当批准"回形针行动"展开辩论时所指出的那样，这不仅因为"这些人是我们的敌人"，还因为这一做法与美国的民主理想背道而驰。

书中所涉及的人物绝非无名小卒。在这21人中，有8个著名人物都曾在"二战"期间与阿道夫·希特勒、海因里希·希姆莱以及赫尔曼·戈林等人比肩而事，他们分别是奥托·安布罗斯、西奥多·本津格、库尔特·布洛梅、瓦尔特·多恩伯格、齐格弗里德·克内迈尔、瓦尔特·施莱伯、瓦尔特·施贝尔和沃纳·冯·布劳恩。在这21人中，有15人是虔诚的纳粹党徒，其中有10人加入纳粹党的准军事组织冲锋队或党卫军；2人被授予象征元首荣宠的金质资深党员党章，1人因所取得的科学成就而获得100万马克（"二战"期间1马克≈0.4美元）奖金。

在这21人中，有6人曾在纽伦堡受审，有1人未经审判就被秘密释放，1人在德国达豪地区战争法庭受审。还有1人被裁决犯有大屠杀和奴役罪，但在狱中短暂服刑后即被宽大处理，而后受聘于美国能源部。他们奉参谋长联席会议之命，先后来到美国。有官员认为，批准"回形针行动"是两害相权取其轻的做法，因为假如美国不去网罗这些科学家，苏联也会将其纳入囊中。出于对这些官员的尊重和钦敬，其他高级将领无不随声附和。

要想理解“回形针行动”在冷战初期对美国国家安全造成的影响及其在战略战术方面留下的遗产，我们首先必须知道，这项行动的总部位于五角大楼核心环——E 环的一间办公室里。成立联合情报调查局（JIOA）的唯一目的，就是专门为陆海空三军、中情局以及其他机构开展的武器工程和科学情报项目招募、聘用以及安置纳粹科学家。在有些情况下，如果某些纳粹科学家曾经与希特勒过从甚密，联合情报调查局就会安排他们在德国美占区的军事机构任职。该调查局隶属于联合情报委员会，后者负责为参谋长联席会议提供有关国家安全的即时信息。

时至今日，联合情报委员会仍是美国 20 世纪最鲜为人知和相关研究最少的情报部门。为了解联合情报委员会当时的想法，不妨回顾一下事实：在对日本实施核轰炸不到一年的时间里，联合情报委员会曾对参谋长联席会议发出警告，要美国做好与苏联打响“全面战争”的准备，包括核战争，化学、生物战争。他们甚至预测，战争将于 1952 年爆发。本书将重点放在 1945—1952 年。在这个动荡不安的年代里，联合情报调查局招募纳粹科学家的数量不断增长，并在“回形针加速计划”中达到顶峰。正是这项行动使此前一些不受欢迎的危险分子被转移到美国，其中包括第三帝国的军医署长、少将瓦尔特·施莱伯博士。

科技胜利背后尘封 70 余年的真相

“回形针行动”不仅留下了诸多“遗产”，如弹道导弹、沙林毒气集束炸弹、地下掩体、太空船和武器化的鼠疫病毒，也留下一系列曾经被列为“机密”的文件。在撰写本书的过程中，我接触到部分上述文件，其中包括“二战”后的审讯报告、军事情报部门的安全档案、纳粹党的文书、盟军情报机构的军备报告、解密后的联合情报调查局备忘录、纽伦堡审判中的证词、口述历史资料、某位将军的办公日记以及纽伦堡战争罪调查员的笔录等。此外，我还对这些纳粹科学家的子女和孙辈等后裔做了独家专访，并与他们保持书信往来。其中 5 人向我出示了他们的一些个人材料及其饱受争议的长辈尚未出版的文稿，其中记述了“回形针行动”中许多令人不安的故事。

本书所涉及的人物均已不在人世。他们或曾野心勃勃，或曾叱咤一时。其中大多数不仅在为第三帝国效命期间在军事和科学领域中获得殊荣，还于美国工作期间受到过美国军方和民间的嘉奖。美国一栋政府大楼便以其中 1 人的姓氏命名。直至 2013 年，美国仍有国家级知名科学奖项以其中 2 人的名义进行颁发。此外，还有 1 人发明了耳温计，另一些人参与了登月计划。

这一切是怎样发生的，对现在又有何意义？这些科学家的功过是否能够相抵，此前的罪孽是否能够一笔勾销？在这个黑暗隐秘而又错综复杂的故事中，这正是笔者力图回答的关键问题。这个故事讲述了胜利的过程以及胜利往往所要付出的代价，其中不乏马基雅维利式的阴谋家和穷兵黩武的野心家，也有形形色色的纳粹分子，其中很多人似乎侥幸摆脱了助纣为虐的罪名，还在美国过上了衣食无忧的生活。

就算如此，仍然有人孜孜以求，力图记录所有事实真相，而真相也正不断地浮出水面。

本书提及的主要人物

本篇人物简介中，每个人物的军事头衔，以故事时间范围内的最高头衔为准。

威廉·J. 阿尔曼斯（William J. Aalmans） 美国战争罪调查队审讯员，他在诺德豪森 V–2 火箭地下隧道群解放不久后便亲临现场。他发现了证明乔格·里克希和亚瑟·鲁道夫与奴隶劳工案件相关的电话清单，并在朵拉 – 诺德豪森战犯审判期间担任检方官员。

利奥波德·亚历山大博士（Dr. Leopold Alexander） 波士顿精神病专家和神经学家，战后被派往德国调查医学罪。随后在纽伦堡“纳粹医生大审判”中担任专家顾问，并与相关人员共同起草了《纽伦堡法典》（Nuremberg Code）。

奥托·安布罗斯（Otto Ambros） 法本公司化学家，沙林、塔崩毒气和丁腈橡胶的联合发明人。德意志帝国化学武器委员会会长，并同时担任法本公司奥斯威辛奴隶工厂经理和戴赫福斯毒气工厂经理。他曾被希特勒授予科学成就奖。他在纽伦堡审判中被定罪，但是在被提早释放后，陆续为美国化学企业格雷斯公司、美国能源部及其他欧洲政府或私人企业效力。

罗伯特·J. 本福德上校（Colonel Robert J. Benford） 美国陆军航空队航空医学中心指挥官，他负责监督海德堡 58 名纳粹医生的研究工作。

哈里·G. 阿姆斯特朗少将（Major General Dr. Harry G. Armstrong）他在海德堡成立了美国陆军航空队航空医学中心，并雇用了 58 名纳粹医生，其中 34 名医生跟随他加入了得克萨斯州美国空军航空医学院，由他担任校长。他是美国空军第二任军医处处长。

陆军上校伯顿·安德勒斯（Colonel Burton Andrus） 欧洲大陆战俘中心 32 号美军指挥官。该战俘营的代号为“垃圾桶”，是羁押纳粹重要战犯的审讯基地。之后，作为纽伦堡监狱的管理者，他监督了被定罪的最高统帅部纳粹分子的绞刑。

赫伯特·埃克斯特（Herbert Axster） 纳粹律师、会计及多恩伯格将军手下的 V 系列武器研发组组长。埃克斯特和他的妻子伊尔泽是“回形针行动”中少数被公众揭发的狂热纳粹分子。在被强迫离开美军基地后，他在威斯康星州的密尔沃基市开了一家法律事务所。

哈罗德·巴彻勒（Harold Batchelor） 美国陆军黑死病生化武器专家，德特里克营“八号球”毒气室的联合设计师。作为特别行动部的一员，他和弗兰克·奥尔森负责实施模拟生物武器传播的病原体秘密实地试验，该试验地点遍布美国各地。在纽伦堡审判后，他和布洛梅医生一起在海德堡担任医学顾问。

维尔纳·鲍姆巴赫（Werner Baumbach） 纳粹德国空军轰炸航空兵总监。被阿尔伯特·施佩尔及海因里希·希姆莱选为协助自己逃离德国的飞行员。作为“回形针行动”的早期成员，他坚持前往南美工作，后来死于一场空难。

赫尔曼·贝克尔－弗莱森博士（Dr. Hermann BeckerFreyseng） 斯特拉格霍尔德博士手下的纳粹航空生理学家，在达豪集中营负责监督针对囚犯的医学谋杀试验。他在纽伦堡审判中被判 20 年有期徒刑，之后于 1952 年获得减刑。

彼得·比斯利陆军上校（Colonel Peter Beasley） 美国战略轰炸调查团官员，战后被派往德国寻找设计加固地下兵工厂的工程师。在“回形针行动”中招募了乔格·里克希。

威廉·拜格尔伯克博士（Dr. Wihelm Beiglböck） 纳粹航空生理学家，在达豪集中营负责监督海水试验。他曾在没有使用麻醉药的情况下切除了囚犯卡尔·霍伦莱纳的部分肝脏，这是他在纽伦堡审判中被指控犯下的罪行之一。他被判 15 年有期徒刑，但在 1951 年被减刑后，回到德国的一家医院工作。

西奥多·本津格博士（Dr. Theodor Benzinger） 掌管德国空军雷希林测试中心实验站，德意志帝国空军技术研究部医学研究负责人。他是一名狂热的纳粹分子，纳粹党突击队医疗军士长，并曾在海德堡为美国陆军航空队航空医疗中心工作，之后被捕，关押在纽伦堡监狱，并成为纽伦堡医生审判的被告之一，最后被秘密释放。在“回形针行动”中，他在马里兰贝塞斯达为海军医疗研究所工作。

库尔特·布洛梅博士（Dr. Kurt Blome） 德意志帝国军医署副署长，德意志医师联盟副主席，德意志帝国研究委员会成员。他在波兰小镇内塞尔斯泰德和德国格拉贝格担任德意志帝国生物武器工厂负责人。纳粹分子中的“老式战斗机”，曾获得金质纳粹党党章，并担任纳粹突击队中将。联合情报调查局曾尝试把他带到美国，但任务失败。他后来在德国奥伯鲁塞尔的国王营为美国陆军工作。

威廉·J. 库洛马蒂（William J. Cromartie） 美国陆军细菌战专家，负责“阿尔索斯行动”的官员。

库尔特·德布斯（Kurt Debus） V 系列武器飞行实验主管，纳粹党卫军成员。他曾将一名发表过反纳粹言论的同事移交给盖世太保。在“回形针行动”中，他作为冯·布劳恩火箭小组中的一员在得克萨斯州布利斯堡工作，并成为佛罗里达州美国航空航天局肯尼迪航空中心的首任主管。

约翰·多利布瓦（John Dolibois） 美国陆军情报部门陆军参谋部二部官员，审讯过很多被关押在“垃圾桶”的纳粹党统帅战犯，包括赫尔曼·戈林和阿尔伯特·施佩尔。他曾在威廉·J. 多诺万手下接受审讯技巧培训。

威廉·J. 多诺万少将（Major General William J. Donovan） 战略情报局的创办人和主管。德国投降后，多诺万在德国奥伯鲁塞尔的国王营设立了一间办公室，他在那里代表美军监督纳粹分子撰写报告。

瓦尔特·多恩伯格少将（Major General Walter Dornberger） 战时

德国将领，负责 V 系列武器研发工作，诺德豪森奴隶劳工隧道技术组官员。他因战争罪被英国人拘捕，并关押在英格兰。在“回形针行动”中，他为美国空军效力，之后又为贝尔飞机公司工作。20 世纪 50 年代晚期，他担任参谋长联席会议的导弹及未来武器顾问，持有“最高机密”涉密权限，频繁出入五角大楼。

赫尔曼·戈林（Hermann Göring） 德意志帝国元帅，空军总司令，长期以来都是希特勒的指定继承人。作为帝国研究委员会会长，他负责协调德国所有的科学研究工作，并改进了与武器相关的纳粹科技，这让他成了德国科学界的独裁者。

唐纳德·W. 福尔克纳（Donald W. Falconer） 美国生物武器爆破专家。在布洛梅于纽伦堡被无罪释放后不久，他曾与之进行过短暂交谈。同时，他还是弗兰克·奥尔森在德特里克营的同事。

卡尔·奥托·弗莱舍（Karl Otto Fleischer） 据称是诺德豪森 V 系列武器生产的业务经理。德军投降后，他向斯塔弗少将透露了一个重要文件藏匿处的大致地址。在“回形针行动”中，他在得克萨斯州的布利斯堡工作，直到后来军方发现他根本不是一名科学家，而是负责德意志帝国导弹项目的一名后勤工作人员。

莱因哈德·盖伦中将（Lieutenant General Reinhard Gehlen） 希特勒的东线外军处处长，冷战初期受雇于美国陆军，掌管盖伦组织。盖伦组织负责在国王营收集苏联间谍情报。1949 年，该组织由中情局接手，个中细节到 2001 年之前一直被列为“机密”。

卡尔·格布哈特博士（Dr. Karl Gebhardt） 希特勒的私人医生，德意志帝国纳粹党卫军和盖世太保的首席外科医生。负责拉文斯布吕克集中营的磺胺药剂人体试验，其直属上司为少将瓦尔特·施莱伯。他在纽伦堡医生审判中被判死刑，于兰茨贝格监狱执行绞刑。

R.E.F. 埃德尔斯滕海军上校（Captain R.E.F. Edelsten） 英美联合审讯中心的英国官员，审讯中心位于克兰斯堡，代号“垃圾箱”。

西德尼·戈特利布（Sidney Gottlieb） 中情局技术服务部主管，负责监督思想控制项目。在一次周末休闲活动中，他曾和副手罗伯特·拉什布鲁克一起，用麦角二乙酰胺（LSD）悄悄麻醉细菌学家弗兰克·奥尔森。

塞缪尔·古德斯密特（Samuel Goudsmit） 美国粒子物理学家，“二战”后期“阿尔索斯行动”科学主管。生于荷兰，会讲荷兰语和德语。他于纳粹科学家尤金·哈根在斯特拉斯堡的公寓中发现了一份文件，文件中透露，德意志帝国的医生在集中营囚犯身上进行致命的人体试验。

约翰·C. 格林（John C. Green） 美国商务部出版局行政秘书。他促使商务部部长亨利·华莱士游说杜鲁门总统支持“回形针行动”。

L. 威尔逊·格林（L. Wilson Greene） 埃奇伍德化学和放射实验室技术主管，他的专题著作《化学心理战：战争新概念》（*Psychochemical Warfare: A New Concept of War*）是中情局思想控制项目的起源。与参与“回形针行动”的化学家弗里茨·霍夫曼是同事。

格哈德·马什科沃斯基（Gerhard Maschkowski） 奥斯威辛死亡集中营第 117028 号囚犯，布纳－莫诺维茨劳工集中营幸存者。该集中营也被称为奥斯威辛，马什科沃斯基从那里被释放的时候只有 19 岁。

尤金·哈根博士（Dr. Eugen Haagen） 滤过性病原体学者，纳粹生物武器项目关键研发者，以牛痘研究而著名。在哈根位于斯特拉斯堡的公寓中，“阿尔索斯行动”特工发现了纳粹医生在集中营进行人体试验的第一份证据。战前，哈根在纽约的洛克菲勒研究所联合研发了黄热病疫苗。

亚历山大·G. 哈代（Alexander G. Hardy） 纽伦堡“纳粹医生大审判”的公诉人。1951 年，哈代和亚历山大医生给杜鲁门总统写信，称美国空军发起的“回形针行动”雇用的瓦尔特·施莱伯医生是一名战犯、虐待狂和骗子，导致施莱伯在美国公众面前曝光。

詹姆斯·P. 哈米尔（James P. Hamill） 战时美国陆军军械部官员，他在得克萨斯州布利斯堡主管“回形针行动”。

海因里希·希姆莱（Heinrich Himmler） 纳粹党卫军队长，警察总监，“德国民族强化委员会”帝国成员，他支持集中营的人体医学实验，并将超过 100 万名奴隶劳工“卖”给军工企业。希姆莱至高无上的权力使他对纳粹的暴行负有主要责任。

恩斯特·霍尔茨勒纳博士（Dr. Ernst Holzlöhner） 柏林大学主任医师，与西格蒙德·拉舍尔医生共同指挥达豪集中营冰冻实验。他于 1945 年 5 月自杀。

弗里德里希·弗里茨·霍夫曼（Friedrich Fritz Hoffmann） 战争时期维尔茨堡大学化学武器实验室有机化学家，同时为纳粹德国空军服务。在“回形针行动”中,他在埃奇伍德机密研发机构技术指挥部工作,合成塔崩毒气和之后的 VX 毒气。他还为中情局满世界寻找神经毒剂。

迪特尔·哈兹尔（Dieter Huzel） 战时沃纳·冯·布劳恩的私人助理,他和伯恩哈德·特斯曼一起负责监督 V 系列武器文件的藏匿。“回形针行动”中，他作为冯·布劳恩团队的一员，与其共同前往得克萨斯州布利斯堡。

戈登·D. 英格拉哈姆中校（Colonel Gordon D. Ingraham） 1949—1951 年担任国王营指挥官,负责监视“回形针行动”合同雇员瓦尔特·施莱伯医生和库尔特·布洛梅医生。

雅尼娜·埃文斯卡（Janina Iwanska） 拉文斯布吕克集中营医学谋杀试验的罕见幸存者。1951 年，她来到美国寻求治疗，无意中为美国联邦调查局提供了指控“回形针行动”中的瓦尔特·施莱伯的关键证词。

小约翰·莱森·琼斯（John Risen Jones Jr.） 美国第 104 步兵师士兵，首批进入诺德豪森奴隶劳工隧道的人员之一。他标志性的照片记录了制造 V 系列武器奴隶劳工们的惨状。

海因里希·克利韦博士（Dr. Heinrich Kliewe） 德意志帝国细菌战反情报活动首脑,他和布洛梅医生一起被关进“垃圾箱”并接受审讯。在纽伦堡医生审判期间作为目击者提供证言。

齐格弗里德·克内迈尔上校（Colonel Siegfried Knemeyer） 纳粹德国空军间谍飞行员、工程师及赫尔曼·戈林手下空军技术发展负责人。被誉为德意志帝国十大飞行员之一，军备部部长阿尔伯特·施佩尔曾要求他帮助自己逃往格陵兰岛。"回形针行动"中，1947—1977 年在莱特空军基地工作。

纳粹党卫军少将瓦尔特·施贝尔（SS-Brigadeführer Walter Schieber） 军械部武器供应办公室主任，塔崩毒气和沙林毒气工业生产联络员。希特勒的老战士之一，金质纳粹党党章持有人。德意志帝国党卫军队长希姆莱私人幕僚之一。"回形针行动"中，他在海德堡为美国陆军工作，为劳克斯将军海德堡工作组生产沙林毒气，同时也为中情局效力。

休·奈尔少将（Major General Hugh Knerr） 莱特空军基地航空技术勤务司令部总指挥官。"回形针行动"早期提倡者。他曾鼓励美国陆军部忽略德国科学家的纳粹背景，"此事关乎国家安全问题，自尊和颜面毫无立足之地"。

卡尔·克劳赫（Karl Krauch） 法本公司董事会董事长，戈林的化学生产问题全权代表。被关押在纽伦堡监狱期间，军方曾向其提供"回形针行动"合同。最后，他和同事奥托·安布罗斯在审判中一起被定罪。

卡尔·霍伦莱纳（Karl Höllenrainer） 混血吉卜赛人，战争期间，他因违反《纽伦堡法案》（Nuremberg Laws）娶了一名德国女人而遭到拘捕，随后被送往奥斯威辛、布痕瓦尔德及达豪集中营。他是达豪集中营 5 号实验牢区医学谋杀试验中罕见的幸存者。他在纽伦堡审判中发表证言期间，试图刺杀被告威廉・拜格尔伯克。

理查德・库恩（Richard Kuhn） 有机化学家，诺贝尔奖获得者，为德意志帝国研发了梭曼神经毒气。他因在威廉皇家医学研究院上课时常常以“胜利万岁”开始而知名。“回形针行动”中，他在海德堡为美国陆军航空队航空医学中心效力，同时私下为克劳斯将军的海德堡工作组生产沙林毒气。

查尔斯・E. 劳克斯准将（Brigadier General Charles E. Loucks） 在位多年的美国陆军化学武器官员，负责监督在埃奇伍德工作的“回形针行动”科学家。1948 年 6 月，他被调往德国海德堡，担任欧洲化学战计划情报中心负责人，和希特勒前化学武器专家共同创立了海德堡工作组，从事沙林毒气的生产。化学武器专家包括施贝尔、施拉德、库恩和冯・克伦克。是美国陆军中第一个对人工致幻剂 LSD 产生兴趣的人。

乌尔里希・勒夫特博士（Dr. Ulrich Luft） 纳粹德国空军呼吸系统专家，斯特拉格霍尔德掌管的柏林航空医学研究所副所长。“回形针行动”中，他为海德堡美国陆军航空队航空医学中心服务，后来在得克萨斯州美国空军航空医学院工作。

卡尔・格罗斯博士（Dr. Karl Gross） 武装纳粹党卫军卫生研究所生物武器研究员，他被希姆莱分配到波兰的波森和德国的格拉贝格与布洛梅医生共事。

约翰・J. 麦克洛伊（John J. McCloy） 律师、银行家、政客和总统顾问，国务院–战争部–海军部协调委员会主席。他在纳粹科学家项目初期起到了重要作用。作为驻德国高级专员，他大力支持“回形针加速计划”，即所谓的“63号计划”，并赦免了很多在纽伦堡审判中被定罪的纳粹战犯。

查尔斯·麦克弗森（Charles McPherson）“回形针加速计划”特别项目组成员。他招募了库尔特·布洛梅博士进行生物武器研究。

赫尔曼·内尔森（Hermann Nehlsen）63岁的德国飞机工程师，在“回形针行动”中受雇于莱特空军基地。他告发乔格·里克希犯下了战争罪。

罗伯特·B. 斯塔弗少将（Major General Robert B. Staver）美国陆军军械部科技情报部门官员，负责“V–2特别行动”，并从诺德豪森缴获可以组装100枚V–2火箭的零件及相关资料。他的行动促使第一批火箭科学家通过“回形针行动”前往美国。于1945年9月退伍。

弗兰克·奥尔森（Frank Olson）德特里克营特别行动部细菌学家，中情局侦探，与国王营争议性审讯项目有牵连，这些争议性审讯项目包括“知更鸟行动”和“洋蓟计划”。他被中情局同事暗地用LSD麻醉，后来在纽约的一家酒店坠亡。

韦纳·奥森伯格（Werner Osenberg）战时德国秘密警察盖世太保高级成员，同时也是一名工程师，戈林的德意志帝国研究委员会计划处负责人，编写了著名的“奥森伯格名单”，其中罗列了1.5万名德意志帝国科学家、工程师和医生的身份信息。

鲍里斯·帕什上校（Colonel Boris Pash） “阿尔索斯行动”指挥官，之后加入了中情局。

康拉德·谢弗博士（Dr. Konrad Schäfer） 纳粹德国空间物理学家和化学家，他发明了用于空军海难营救领域的海水淡化流程“谢弗法”，这种实验也成为达豪医学谋杀试验的一部分。

在“回形针行动”中，他在海德堡为美国陆军航空队航空医学中心效力，随后在纽伦堡医生审判中受审，并被无罪释放。他的第二份“回形针行动”合同是为得克萨斯州美国空军航空医学院工作。

西格蒙德·拉舍尔博士（Dr. Sigmund Rascher） 纳粹党卫军医生，在5号实验牢区负责指挥人体谋杀试验。他与希姆莱的通信以及一系列可怕的照片，被作为纽伦堡“纳粹医生大审判”的证据。据说，他在战争结束不久前，被希姆莱下令杀害，并由此成为许多纳粹德国空军医生的替罪羊。

阿尔伯特·帕丁（Albert Patin） 德意志帝国商人，其6 000名工厂工人中包括希姆莱提供的奴隶劳工，在战争期间大量生产飞机部件。“回形针行动”中，他在莱特空军基地为美国陆军效力。

威廉·R. 菲利普上校（Colonel William R. Philp） 德国奥伯鲁塞尔国王营第一指挥官。他是第一批在战后起用纳粹军事情报官员为其分析苏联囚犯供述的美国陆军官员之一。这一行为最后促成了盖伦组织的产生。

唐纳德·L. 帕特中将（Lieutenant General Donald L. Putt） 高级

试飞员和工程师。他是首批抵达福肯罗特的赫尔曼·戈林航空研究中心的战时官员之一，他在那里为“回形针行动”招募了十几名科学家，并在之后在莱特空军基地监视他们的工作。

乔格·里克希（Georg Rickhey） 诺德豪森米特尔维克奴隶工厂总经理。在“回形针行动”中，他为美国战略轰炸调查团服务，并在莱特空军基地为美国陆军航空队效力。一位“回形针行动”科学家同事曝光了他的战犯身份后，他作为朵拉–诺德豪森集中营审判的被告回到了德国，之后被无罪释放。

格哈德·施拉德（Gerhard Schrader） 法本公司化学家，为德意志帝国发明了塔崩神经毒气。他多次拒绝“回形针行动”的合同，但私下为劳克斯将军的海德堡工作组生产沙林毒气。

瓦尔特·里德尔（Walther Riedel） V系列武器工程师。“回形针行动”中，在得克萨斯州布利斯堡为美国陆军效力，最后又回到德国。

尤尔根·冯·克伦克（Jürgen von Klenck） 纳粹党卫军官员，法本公司化学家，并在安布罗斯手下担任化学武器特别委员会副会长。他无意中帮助泰勒将军找到了一个文件藏匿点，导致很多纳粹同事被定罪。“回形针行动”中，他为劳克斯将军的海德堡工作组生产沙林毒气。

奥斯卡·施罗德博士（Dr. Oskar Schröder） 纳粹德国空军医疗队参谋长，他安排并监督达豪集中营的医学谋杀试验。“回形针行动”中，他在海德堡为美国陆军航空队航空医学中心效力，之后在纽伦堡审判中被定罪。被判无期徒刑后，于1954年被赦免。

亚瑟·鲁道夫（Arthur Rudolph） 诺森豪德米特尔维克奴隶工厂运营主管，他专门负责 V 系列武器的装配工作，并监督奴工的分配。“回形针行动”中，他在得克萨斯州布利斯堡为美国陆军工作，并成为土星 V 号运载火箭研究项目经理。1980 年，他受到美国司法部调查，为逃避被起诉，于 1984 年离开美国。

齐格弗里德·拉夫博士（Dr. Siegfried Ruff） 柏林德国航空医学实验站航空医学处主管，斯特拉斯霍尔德的亲密同事与合作者。作为西格蒙德·拉舍尔医生的主管，他管理达豪集中营 5 号实验牢区的医学试验。“回形针行动”中，他为美国陆军航空队航空医学中心效力，随后在纽伦堡受审并被无罪释放。

埃米尔·萨蒙（Emil Salmon） 纳粹飞机工程师，涉嫌纵火烧毁德国路德维希港犹太教堂。美国陆军航空队发现他的专业知识“非常复杂，他人难以复制”，于是通过“回形针行动”雇用他建立发动机试验标准。

海因茨·施利克（Heinz Schlicke） 电子战专家，德意志帝国基尔海军实地试验主管。德国 U–234 潜艇组员，被捕时，他正带着一份武器藏匿地图前往日本。“回形针行动”中为美国海军效力。

赫尔曼·施米茨（Hermann Schmitz） 法本公司 CEO，德意志帝国银行行长。埃德蒙·蒂利少将在海德堡施米茨家里一堵墙的暗格中发现了与法本公司和奥斯威辛有关的相簿。

赫伯特·瓦格纳（Herbert Wagner） 亨舍尔航空公司首席导弹设

计工程师，Hs–293 导弹发明者。他是第一位被“回形针行动”招募的纳粹科学家，为美国海军技术情报部工作。

瓦尔特·施莱伯少将（Major General Dr. Walter Schreiber） 第三帝国军医署署长，战时医疗服务主管，德国陆军最高指挥官，德意志研究委员会成员，毒气和细菌战防卫首长。柏林战争期间被苏联逮捕后，他令人惊讶地在纽伦堡审判中为苏联起诉组做证。“回形针行动”中，他在奥伯鲁塞尔国王营为美国陆军工作，并为得克萨斯州美国空军航空医学院效力。

罗伯特·瑟万提斯（Robert Servatius） 纽伦堡“纳粹医生大审判”纳粹辩护律师。他找到一份 1945 年的《生活》杂志，上面有一篇文章描述了战争期间美国军医在美国囚犯身上进行人体试验的故事。瑟万提斯在法庭上逐字逐句地朗读了那篇文章，严重损害了公诉人的诉讼。

尤金·史密斯少将（Major General Eugene Smith） 美国陆军派出的官员，专门调查对乔格·里克希战争罪指控。他从得克萨斯州布利斯堡的亚瑟·鲁道夫处获得供词，后期证实，这些资料对司法部非常有价值。

阿尔伯特·施佩尔（Albert Speer） 德国军备部部长，自 1942 年起负责德国所有与战争相关的科技产出，同时将数百万人关进集中营。他在纽伦堡被定罪，于施潘道监狱服刑 20 年。出狱后，发表回忆录，坚称其对大屠杀一无所知。

维维恩·斯皮茨（Vivien Spitz） 纽伦堡医生审判中最年轻的法院

书记员，在一名纳粹分子发表演讲极力否认大屠杀后，出离愤怒，于80岁高龄撰写了一本名为《地狱医生》(*Doctors from Hell*)的著作。

卡尔·诺德斯特洛姆(Carl Nordstrom) 美国驻德国高级专员麦克洛伊手下的科学研究部首脑，在“回形针加速计划”中，监督特别项目组对纳粹科学家的招募工作。

休伯特斯·斯特拉格霍尔德(Hubertus Strughold) 在希特勒12年的执政期间，他担任德国航空部医疗研究机构主任一职长达10年。尽管被战争罪和安全怀疑人登记中心记录在案，但在战后仍旧受雇于哈里·阿姆斯特朗参与最高机密医学研究项目。“回形针行动”期间，其于海德堡为美国陆军航空队航空医学中心及美国陆军航空医学院工作。他被称为“航天医学之父”，也是“回形针行动”历史中最具争议性的人物之一。

菲利普·R.塔尔上校(Colonel Philip R. Tarr) 战时美国驻欧洲化学战研究中心情报部主任。驻扎于“垃圾箱”审讯中心，曾抗命以战争罪逮捕奥托·安布罗斯，并将其押往海德堡面见生化部队管理局情报官员及陶氏化学公司的化学家。

埃德蒙·蒂利少将(Major General Edmund Tilley) 英国官员，负责战后审讯被关押在“垃圾箱”的纳粹化学武器专家。他能讲一口流利的德语，并找到了在纽伦堡审判中用来给奥托·安布罗斯等法本公司化学家定罪的关键证据。

泰尔福特·泰勒将军(General Telford Taylor) 纽伦堡首席检察官。

在医生审判期间，他宣称希特勒的医生“精通进行杀戮的‘死亡科学’”。他严厉批评了美国驻德国高级专员麦克洛伊，后者决定赦免了被定罪的纳粹分子，并推翻了 10 起死刑判决。

伯恩哈德·特斯曼（Bernhard Tessmann） 诺德豪森武器生产设施设计者。在冯·布劳恩的指示下，他和哈兹尔将 V–2 火箭的机密文件藏匿在多伦顿的矿井中。“回形针行动”中，他在得克萨斯州布利斯堡为美国陆军效力。

埃里希·特劳布（Erich Traub） 滤过性病原体学者，微生物学家，兽医医生。曾在德国兰斯岛国家研究所担任副所长。后被希姆莱派往土耳其搜寻牛瘟病毒，试图将这种病毒变成德意志帝国的武器。“回形针行动”中，他为美国陆军、美国海军和美国农业部效力。1953 年，他被要求遣返德国。

沃纳·冯·布劳恩（Wernher von Braun） 德国陆军 V 系列武器研发技术主管，纳粹党卫军“米特堡–朵拉计划”办公室主任。“回形针行动”中，他在得克萨斯州布利斯堡为美国陆军效力，并成为马歇尔太空飞行中心主管和土星 V 号运载火箭首席设计师。土星 V 号火箭后来把美国人送上了月球。

马格努斯·冯·布劳恩（Magnus von Braun） 诺德豪森陀螺仪工程师，沃纳·冯·布劳恩的弟弟。“回形针行动”中在得克萨斯州布利斯堡为美国陆军工作。

罗伯特·里特尔·冯·格雷姆（Robert Ritter von Greim） 第一

次世界大战王牌飞行员，在两次世界大战期间，指导过斯特拉格霍尔德医生在航空生理学方面的实验研究。战争最后，他被希特勒任命为纳粹德国空军最后一任首领，于1945年5月自杀。

霍华德·珀西·“H.P.”罗伯逊（Howard Percy “H. P.” Robertson）物理学家，阿尔伯特·爱因斯坦的搭档，“阿尔索斯行动”军火专家。战后艾森豪威尔将军科学情报顾问部门首脑，战地技术情报调查局局长。他曾公开反对雇用纳粹科学家。

目 录

第一部分　第三帝国的遗产

第二部分　科技军备竞赛序幕

第三部分 冷战阴影笼罩

第四部分 炮制美国梦

第五部分　罪恶的延续

第一部分

第三帝国的遗产

唯有对逝者来说，战争才走到了尽头。

希腊格言

第1章

溃不成军的战争机器

搜寻病毒专家遗落的文件

1944年11月23日，法国东北部城市斯特拉斯堡遭到了猛烈攻击，这座遍布鹅卵石街衢的中世纪古城顿时陷入一片混乱。虽然数日前法国第二装甲师将德国人逐出市区，但现在却难以抵挡敌军强大的攻势。德国的迫击炮弹在大街上轰隆作响，美国的战斗机从城市上空呼啸而过。

在市中心克莱伯河畔的一所豪华寓所里，粒子物理学家塞缪尔·古德斯密特在一队荷枪实弹的美军士兵的护卫下，正坐在轮椅上翻看文件。这所寓所的主人是病毒专家尤金·哈根博士，据闻他是纳粹秘密生物武器项目的主要开发者。显然哈根在几天前仓皇逃离这所公寓，壁炉架上还散落着装有希特勒照片的相框，壁橱的暗格遗落了许多重要文件。

几个小时以来，古德斯密特与他的两名同事——细菌战专家比尔·库洛马迪和弗雷德·沃多恩伯格一直在翻阅哈根博士的文件。从手上现有的资料来看，他们估计要通宵达旦地审读了。由于斯特拉斯堡的大部分地区已经停电，他们只能燃起蜡烛。

塞缪尔·古德斯密特所率领的小组与沙场上将士们发动的战争迥然不同。古德斯密特是一项代号为“阿尔索斯行动”的科技主管。“阿尔索斯行动”是“曼哈顿计划”（美国陆军部于1942年6月开始实施利用核裂变反应来研制原子弹的计划。——译者注）的分支，其目的是深入敌后，以确定第三帝国是否可能对盟军发动核（Atomic）、生物（Biology）和化学（Chemical）战，即“阿尔索斯行动”突击队所称的“ABC战”。

由于具有非凡才华，塞缪尔·古德斯密特成为这项行动科技主管的理想人选。他生于荷兰，能讲一口流利的荷兰语和德语。23岁那年，他就界定了电子自旋的概念，从此在物理学界声名鹊起。两年后，他在莱顿大学获得博士学位，随后前往美国教书。“二战”期间，古德斯密特在麻省理工学院一间政府资助的实验室里从事武器开发工作，开始对核、生物和化学战的秘密领域产生独特而深刻的认识。也正因如此，今天他才会坐在安乐椅上，在摇曳的烛光下迅速翻阅尤金·哈根遗落的文件。古德斯密特的小组俘获了希特勒手下4名顶尖核物理科学家，并从他们口中探知，纳粹德国的原子弹项目以失败而告终。这条意外获得的情报着实让“阿尔索斯行动”突击队松了一口气。于是，他们将重心转向第三帝国的生物武器项目。据传闻，纳粹德国曾在这个方面取得重大进展。

古德斯密特和“阿尔索斯行动”突击队的特工获悉，斯特拉斯堡大学是第三帝国的生物战研究基地。该校已有400多年的历史，一度是法国学术界的翘楚。1941年被赫尔曼·戈林掌管的科学机构帝国研究工作委员会接管后，斯特拉斯堡大学被打造成为纳粹科学的示范机构。学校的大多数教授均被纳粹党徒或海因里希·希姆莱手下的党卫军所替代。

这是11月一个不平静的夜晚，古德斯密特决定，他的团队将临时住在哈根教授的寓所，并且一鼓作气读完所有文件。于是，“阿尔索斯行动”突击队的成员将机枪放在一旁，在餐桌旁坐下来，用配给的军粮作晚餐，随后开始打牌度过漫漫长夜。古德斯密特和生物武器专家比尔·库洛马迪以及沃多恩伯格坐在哈根教授的安乐椅上，开始埋头工作，浏览手中的文件。夜幕降临后，天上飘起了雪花，天色愈发昏暗起来。几个小时过去了。

随后，古德斯密特和同事沃多恩伯格灵光一闪，几乎“同时喊出声来”。古德斯密特还记得，“当时我们发现的文件，就像突然为我们打开了发现秘密的大门”。在哈根教授的寓所里，“对于内行来说，这些看似无关紧要的信件，其实字里行间仿佛隐藏着一座秘密信息的宝库”。古德斯密特无须进行破译，因为文件上根本没有“机密”字样。“它们只不过是同事之间的日常闲谈……普普通通的备忘录而已。”古德斯密特回忆道。当然，纳粹分子绝对想不到美国科学家会发现这些备忘录，他们的计划是使德意志第三帝国的统治延续千秋万代。

“在你送来的100名囚犯中，”哈根在给斯特拉斯堡大学的同事、解剖学家奥古斯特·希尔特博士的信中写道，“有18人在运送途中死亡，只有12人的身体条件适合进行实验。因此请你再为我运送100名年龄在20 ～ 40岁、体格像士兵那般强壮的囚犯过来。希特勒万岁。教授E.哈根博士。”这封信的落款时间是1943年8月。

对塞缪尔·古德斯密特来说，这一刻他恍然大悟。从一堆哈根的个人文件中的信件里，古德斯密特发现了第三帝国最邪恶的秘密之一。纳粹专家在健康人体上实施过医学实验，这在整个科学界前所未闻。此外，这封信的弦外之音——生物武器，同样令人感到不安。哈根是一名病毒专家，特长是研制疫苗。此人竟也卷入人体医学实验之中，此事为古德斯密特带来的恐惧感令其他人难以理解。为了成功向敌军发动生物武器袭击，德军必须事先制造出能够防范致命病菌的疫苗，用于保护德国士兵和平民的安全。如果把生物武器比作一柄利剑，那么疫苗就是一面盾牌。这封信写于 1943 年 8 月，从那以后，纳粹德国的疫苗研究活动又取得了哪些进展？

古德斯密特盯着眼前的文件，发现自己所面临的情况着实令人困扰。尤金·哈根曾经是一位和蔼可亲、乐于助人的物理学家。1932 年，因参与研制了世界上第一种黄热病疫苗，哈根博士获得了纽约市洛克菲勒研究所极为著名的学术奖金。1937 年，他甚至成为该年度诺贝尔奖的有力竞争者。哈根一度是德国首屈一指的医学专家，而现在他竟然在健康的囚犯身上开展致命的疫苗实验。这些囚犯全部来自集中营，由希姆莱手下的党卫军负责运送。哈根博士久负盛名，既然连做过此类实验的他都能逍遥法外，那么还有哪些不为人知的活动正在进行？

古德斯密特及其同事继续搜寻哈根博士的文件，特别关注与他有过书信往来的科学家。他们在信中谈到运送囚犯、疫苗实验以及未来的实验计划。古德斯密特很快列出一份科学家名单，由“阿尔索斯行动”突击队负责全力追捕和审讯。但尤金·哈根博士永远都不可能被纳入“回形针行动”麾下。“二战”结束后，他逃往苏占区，转而为苏联工作。

然而，在哈根寓所内的文件中发现的另外两名物理学家却对“回形针行动”产生了至关重要的影响，即第三帝国军医副署长库尔特·布洛梅和第三帝国军医署长、少将瓦尔特·施莱伯教授。布洛梅负责生物武器项目，施莱伯负责疫苗实验，两人分别掌管着纳粹的利剑和盾牌。

在希特勒上台前，布洛梅和施莱伯已经是享誉世界的医学专家。纳粹德国如何将这些科学家变成了恶魔？

V-2 火箭让整个欧洲陷入恐慌

“阿尔索斯行动”告捷 16 天后，距斯特拉斯堡 300 英里（1 英里≈1 609 米）的德国境内，一场盛大的聚会正在筹划之中。在科斯费尔德遮天蔽日的松林里，矗立着一座宏伟的石砌城堡——瓦尔拉堡，纳粹德国准备在这里举行庆典。这座古堡已有 800 年历史，四周壕沟环绕，是曼斯泰地区中世纪建筑的典范。城堡内的炮楼、栏杆和瞭望塔精雕细琢、美轮美奂。1944 年 12 月 9 日，德军用纳粹徽章将宴会厅装饰一新。讲台前摆放着象牙雕成的花架，走道上挂满印有帝国之鹰和“卐”字的旗帜，餐桌上的瓷器都印着同样的标志。第三帝国的宾客们即将在这里举行庆典和宴会。

在瓦尔拉堡外，地面上的积雪也已被清扫干净。几个世纪以来，这座古堡一直被当作修道院使用，本笃会（本笃会是天主教的一个隐修会，又译为本尼狄克派，他们遵循由努西亚的圣本笃在 6 世纪时所制定的规章。——译者注）的修士们就是在这宽阔的草坪上散步和思索上帝的。而现在，德军的工程兵正冒着 12 月的严寒，对便携式火箭发射台的金属架台做最后调整。发射台上矗立着一枚 V–2 火箭。

这枚巨大的 V–2 火箭是到那时为止人类制造出的最先进的飞行武器。它身长 46 英尺（1 英尺≈0.304 米），鼻锥体内携带着一枚 2 000 磅（1 磅≈0.453 千克）重的弹头，能够以 5 马赫（1 马赫≈每小时 1 126 千米）的速度飞行 190 英里。V–2 火箭的前身即 V–1“飞行炸弹”。1944 年 6 月 13 日，纳粹首次使用 V–1“飞行炸弹”对伦敦发动袭击，在北欧各大城市引起巨大恐慌。相比之下，V–2 火箭的速度更快，威力更强。由于盟军现有的任何一种歼击机都无法从空中将其击落，因此它几乎可以长驱直入，所到之处无不化作一片焦土。“每一枚（V–2）火箭爆炸后，仅能波及 20 英里左右的范围。”《基督教箴言报》（*Christian Science Monitor*）报道，V–2 火箭给数百万人带来了恐惧。

“二战”伊始，希特勒就曾吹嘘，他们已经掌握了某种“迄今为止不为人知、独一无二的强大武器”，这种武器令人闻风丧胆，使敌军不堪一击。随后，经宣传部部长约瑟夫·戈培尔润色，这种秘密武器被简化成为一个朗朗上口但又令人不寒而栗的词“Wunderwaffe”，即“纳粹奇迹武器”。1944 年夏秋之际，V 系列火箭似乎证实了希特勒的狂言。“纳粹奇迹武器”显示出的强大威力和潜在威胁让整个欧洲陷入恐慌，人们不禁担心：希特勒手中还掌握着哪些秘密武器？美国和英国的情报部门甚至怀疑，纳粹分子会在 V–2 火箭的鼻锥体内装载生物或化学武器。为此，英国政府向城市居民发放了 430 万副防毒面具。

瓦尔特·多恩伯格少将是德军武器部火箭项目的负责人。他身材矮小，头发稀疏，总是穿一件长至膝盖的皮衣。作为一名职业军人，这是他第二次参加世界大战。此外，多恩伯格还是一名造诣颇深的工程师。他毕业于柏林技术学院，在火箭研究方面拥有 4 项专利，他是瓦尔拉堡的 4 位贵宾之一。后来回忆起当晚的情景时，多恩伯格说：“森林里一片漆黑，城堡四周驻扎着 V–2 火箭的发射部队，他们正准备对（比利时城市）安特卫普发动袭击。”搭建移动发射架是多恩伯格的主意，因为如果不这样做，就只能从法国德占区的加固军事基地发射 V–2 火箭。考虑到自诺曼底登陆后，盟军正从欧洲大陆向德国逼近，搭建移动发射架无疑是一个绝妙的主意。

安特卫普位于比利时北端，是一个繁华的港口城市，距离瓦尔拉堡 V–2 火箭发射架仅 137 英里。由于地处西欧的战略要冲，一千多年以来，安特卫普先后十数次被占领和解放。比利时沦陷后，在长达 4 年的时间里处于纳粹的暴虐统治之下，因此伤亡格外惨重。

3 个月前，即 1944 年 9 月，盟军解放了安特卫普。当英国第 11 装甲师开进这座城市时，穿行在大街小巷的人们无不举手欢庆。随后，安特卫普港成为美军和英军运送人力和给养的重镇，以支援西线战斗，并为进军德国集结兵力。

1944 年 12 月的第二周，希特勒意欲夺回安特卫普，他和心腹计划在阿登高地的森林里发动秘密反攻，进行殊死一搏。为此，德军必须首先拿下安特卫普港。V–2 火箭重任在肩。瓦尔拉堡聚会既是一场庆功宴会，也是一个战斗之夜。就在满座来宾向 4 名为制造"奇迹武器"立下汗马功劳的嘉宾表示祝贺之际，数枚重达 4.2 万磅的液体燃料火箭接二连三地射向盟军。

V–2 火箭项目在科技方面的核心人物是 32 岁的贵族、天才物理学家沃纳 · 冯 · 布劳恩。此时，在瓦尔拉堡，冯 · 布劳恩坐在多恩伯格身旁，两人正准备接受"战时服役骑士十字勋章"。这是希特勒授予的最高级别的非战斗人员勋章。与他们一同授勋的还有火箭设计处的顶尖科学家瓦尔特 · 里德尔以及第三帝国军备部代表海因茨 · 孔泽。这 4 枚勋章将由希特勒军备和军工生产部（以下简称"军备部"）部长阿尔伯特 · 施佩尔颁发。

军备是一个国家军事力量的集合体。作为军备部部长，施佩尔大权在握，负责第三帝国的科学军备项目。1931 年，年仅 26 岁的施佩尔加入纳粹党后，作为希特勒的建筑师很快出任要职。他建造了大量象征德意志帝国并反映其思想理念的建筑，并一跃成为希特勒核心集团的红人。1942 年 2 月，由于前任部长弗里茨 · 托特在坠机事故中身亡，施佩尔旋即担任军备部部长。次月，施佩尔游说希特勒，将军工生产作为所有德国经济部门的重中之重。希特勒对此予以肯定，并颁布正式命令。"当时的军备生产力猛增了 59.6%。"施佩尔在战后宣称。1944 年，39 岁的阿尔伯特 · 施佩尔掌管着纳粹德国所有军事科技项目。在他参与的数以百计武器项目中，施佩尔最钟爱的项目非 V–2 火箭莫属。

就像冯·布劳恩一样，施佩尔出身富有的名门望族。虽贵为男爵，但他毫无骄纵之气。施佩尔喜欢与那些年轻有抱负的火箭科学家交流思想，例如冯·布劳恩。他羡慕“这些年轻人可以不受繁文缛节的约束，潜心追求那些看似难以实现的想法”。

对多恩伯格将军来说，瓦尔拉堡的庆典代表着他职业生涯的巅峰，如此盛大的场面和威仪让他感到无比震撼。“当时的景象蔚为壮观，”多恩伯格在战后说，现场的气氛令人激动，“天空一片漆黑……”进餐过程中，城堡内的灯光突然熄灭，宽敞的宴会厅顿时陷入了黑暗之中。不出所料，所有人都屏气凝神。在长长的大厅尽头，一副高大的幕布被徐徐拉开。来宾们目不转睛地望着门外，只见黑魆魆的草坪上风雪交加。“火箭喷出的燃气发出耀眼的光芒，整个房间霎时被照得雪亮，随着引擎的回响不停摇晃。”多恩伯格回忆道。在大厅外的移动火箭发射架上，一场盛大的演出即将开始。火箭底部烈焰熊熊，“轰隆”一声将巨大的 V–2 火箭射向空中，直指比利时边境。对多恩伯格来说，火箭发射仿佛为他带来了“无与伦比的”自豪感。在此前一次火箭发射时，这位将军竟然喜极而泣。

当天夜间高潮迭起，从火箭发射到授勋仪式，然后再到火箭发射。每发射一枚火箭，施佩尔就会为一名授勋者颁发奖章。宴会现场觥筹交错，人们手举香槟，不时爆发出阵阵掌声和欢呼声，直到整个宴会厅重新被黑暗笼罩，人群重又寂静无声。与此同时，另一枚火箭在城堡的草坪上点火升空。

这场宴会即将结束，但各种庆典活动并未停止。随后，这支团队返回了波罗的海沿岸的佩内明德——那是一座人迹罕至的岛屿，也是 V 系列武器的研发地和最初的生产地。1944 年 12 月 16 日夜，佩内明德的军官俱乐部再次为他们举行宴会以示庆贺。冯·布劳恩和多恩伯格身穿挺括的燕尾服，颈间悬挂着希特勒授予的骑士十字勋章，向在场的纳粹军官宣读贺电。人们纷纷举起香槟，祝贺他们大功告成。对纳粹德国来说，希特勒的火箭专家完全有理由弹冠相庆。当天下午 3 点 36 分，一枚 V–2 火箭击中安特卫普的国王剧院。当时，1 100 人正在观看加里·库珀的电影，其中 567 人罹难。这是整个“二战”期间单枚火箭袭击造成的最大伤亡人数。

纳粹的 V 系列武器让盟军感到十分不安。如果他们完成得再早一些，战况有可能大为不同。欧洲盟军总司令德怀特·D. 艾森豪威尔将军解释道：“假如德国在 6 个月前成功研制并使用这些新型武器，进攻欧洲很可能变得极为困难，甚至毫无胜算。”反之，现在的战势有利于盟军，他们已经在欧洲大陆夺取稳固的据点。在华盛顿特区的五角大楼里，美国正暗中开展一项与火箭科技有关的情报行动。瑞尔威·威廉·特里切尔上校是美国陆军军械部辖下刚成立的火箭分部的首任主管。眼下，特里切尔已经集合了一批军方科学家，作为“V–2 特别行动”的一部分，准备派往欧洲。在火箭研究方面，美国落后德国 20 年。但特里切尔看到了一个机会，不仅可以缩小这一差距，还能为美军节约数百万美元的研发经费。他手下团队的任务是缴获德军的火箭及其有关的一切，并将其运回美国。美军一旦抵达诺德豪森，这项行动便立即开始。

英国已经掌握了与 V 系列武器有关的情报线索。据相片判读人员断定，这些火箭的组装地点位于德国中部地势险峻的哈尔茨山区。工厂建在地下一座废弃的石膏矿里，盟军显然无法从空中进行轰炸。当美国人在五角大楼里秘密筹划时，冯·布劳恩及其同事正在佩内明德畅饮香槟。与此同时，那些为纳粹德国组装 V–2 火箭的工人正挥汗如雨，他们的境遇与前者有着天壤之别。纳粹科技使奴隶制度在整个德意志帝国死灰复燃，集中营里的俘虏被迫为了战争辛苦劳作，直至死亡。在制造火箭的工人中，有成千上万严重营养不良的俘虏，在四通八达的地下隧道群里日夜劬劳。这里就是臭名昭著的“米特尔维克”，即“中部工厂”。由于距诺德豪森镇和朵拉集中营最近，这里也被称作“诺德豪森”或“朵拉”。

对于普通的德国人来说，哈尔茨是一个富有传奇色彩的地区。提到这里，人们就会想起黑森林和风雨肆虐的崇山峻岭。凡是读过歌德的《浮士德》（*Faust*）的人想必知道，女巫和魔鬼就是在这里的布罗肯峰上决一死战的。在美国迪士尼的影片《幻想曲》（*Fantasia*）中，它是邪恶势力集结力量准备战斗的地方。然而，“二战”即将结束之际，纳粹德国在诺德豪森的地下秘密殖民地已不再是捕风捉影的传言，而已变成千真万确的事实。在米特尔维克，大量法国、荷兰、比利时、意大利、捷克斯洛伐克、匈牙利、南斯拉夫、苏联、波兰甚至德国的公民，被迫沦为德意志第三帝国的奴隶。

1943 年 8 月底，英国皇家空军对佩内明德基地及其以北地区发动轰炸，迫使纳粹党将军备生产迁往他地。次日，党卫军头子海因里希・希姆莱拜见希特勒，提议将火箭生产转到地下。希特勒批准了这一建议，下令由党卫军负责提供苦力并监督工厂建设。诺德豪森的地下工厂从此开始运行，并很快从一座矿井变成一处大型隧道群。扩建工作的负责人是土木工程师兼建筑学家汉斯・卡姆勒准将，在此之前，他曾主持建造了奥斯威辛 – 比克瑙集中营的毒气室。

1943 年 8 月，第一批 107 名劳工抵达诺德豪森。他们来自距此 50 英里处的布痕瓦尔德集中营。集中营的铁门上有一行锈迹斑斑的大字：“Jedem das Seine”，即“人皆有报”[①]。挖掘隧道是重体力劳动，但党卫军担心，囚犯一旦拿到工具就会起来造反，于是他们只能徒手挖掘。这座矿井本来是德军的燃料储存库，其中有两条平行的长隧道深入山底，因此必须拓宽隧道以便轨道车通行。此外，每隔几米还有数条小型的隧道相互交叉，这些隧道需要加长，以扩展工作空间。1943 年 9 月，制造机械和生产人员陆续抵达佩内明德。其中最著名的当数负责人亚瑟・鲁道夫。

鲁道夫擅长组装火箭引擎。从 1934 年起，他就开始在冯・布劳恩的手下从事此类工作。鲁道夫是一名狂热的纳粹信徒。早在 1931 年，纳粹尚未开始兴风作浪时，他就加入该党。为弥补自己在专业背景上的缺陷，鲁道夫对诺德豪森的俘虏极为严苛。作为“米特尔维克行动”的主管，他与党卫军派来的建筑人员一起，建立了这座地下工厂。随后，他直接效命于 V 系列武器的科学主管沃纳・冯・布劳恩，负责监督装配线的生产。

诺德豪森的俘虏每周 7 天、每天 12 小时轮流工作，夜以继日地组装 V 系列火箭。两个月后，这里的俘虏数量已高达 8 000 人。逼仄的地下室既是他们的住处，也是他们的劳动场所。隧道里没有新鲜空气、供水设施和通风系统，就连光照也十分微弱。“爆炸时有发生，而每次爆炸过后，这里就会尘土飞扬，人们甚至看不清五步之外的地方。”有报道称，劳工不得不挤在隧道里的木制铺板上过夜。因为没有洗漱设备和卫生设施，他们只能用劈开的木桶充当公厕。许多人饥饿难当、遭受毒打，或者因患上痢疾、胸膜炎、急性肺炎、结核病以及各种炎症而死亡。

俘虏们瘦得皮包骨头，有的被氨水烧坏了肺部，有的被迫扛起沉重的零件，随后被压垮而身亡。但死者很快会被取代，新的俘虏源源不断。隧道里早已人满为患，到处都堆放着零件，能够从隧道里出来的只有火箭和尸体。行动迟缓的劳工经常被毒打致死，违抗命令者会被处以绞刑。战争结束后，调查人员确定，仅在诺德豪森一地，就有约 6 万人劳累致死。

米特尔维克不是纳粹德国建立的第一座俘虏劳工营。早在 20 世纪 30 年代中期，党卫军就承认过曾使用俘虏从事劳动。随着集中营内囚犯数量的迅速增长，很多人被挑选出来到采石场和工厂劳作。截至 1939 年，在德国政府的支持下，通过一个名为“党卫军行政管理总办公室”的臭名昭著的部门，党卫军在纳粹占领下的大片欧洲领土上恢复了奴隶制度。

该办公室隶属党卫军头子海因里希·希姆莱[②]，并与许多私营企业展开合作，包括法本、大众、亨克尔和施泰尔－戴姆勒－普赫公司等，其中最重要的合作者是阿尔伯特·施佩尔执掌的军备部。1942 年 2 月施佩尔接管该部门后，其首要任务就是想方设法刺激军工生产以及提高劳动效率。为此，施佩尔提出应破除繁文缛节，使用更多俘虏。

在施佩尔还是一名建筑师时，他就曾经与党卫军勾结，在长达数年的时间里，利用俘虏从事劳动。施佩尔设计的建筑需要大量石材，而这些石材就是由毛特豪森和弗罗森堡集中营的俘虏开采的。

党卫军行政管理总办公室专门从事环境危险、工期短的建筑项目，例如诺德豪森的地下工厂。“不要考虑牺牲多少人手，”汉斯·卡姆勒准将对监督诺德豪森隧道工程的部下说，“这项工程势在必行，并在尽可能短的时间内完成。”开工后 6 个月内，就有 2 882 名俘虏死于非命。阿尔伯特·施佩尔致信卡姆勒，称赞工程取得了重大进展，建设效率竟如此之高、速度如此之快。“（你的工作）远远超越了欧洲的其他任何工程，就连美国标准也无法比拟。”施佩尔写道。

使用苦役的另一个原因是保密性强，这一点对“奇迹武器”的生产至关重要。V–2 火箭属于绝密武器项目，因此盟军的情报部门对此知道得越少，对纳粹德国就越有利。1943 年 8 月，阿尔伯特·施佩尔和海因里希·希姆莱在会见希特勒时解释了使用苦役的好处。

希姆莱向元首进言，如果第三帝国的所有劳工都是集中营里的俘虏，“就能切断工厂与外部世界的所有联系，因为俘虏不能收发信件”。

1944 年春，V–2 火箭的生产速度达到顶峰。党卫军为米特尔维克建立了朵拉集中营。随后，这座集中营不断扩建，下属共有 30 个分营。米特尔维克的“人事”总管乔格·里克希是一名 46 岁的工程师，1931 年加入纳粹党，是该党的狂热信徒。里克希在履历上自称是“米特尔维克的总管，负责生产所有 V 系列火箭武器，建设批量生产地下工厂，以及全局指挥”。[③]战后，美国正是看中这一点，才雇用了乔格·里克希。

作为总指挥，里克希的职责是从党卫军那里“租借”苦力。这位德国机器制造公司的前装甲工厂总经理，曾经在柏林周边建造了 150 万平方英尺的地下隧道，而这些隧道均由俘虏挖掘。上述经验使里克希成为周旋于私营企业和党卫军行政管理总办公室之间买卖苦力的资深谈判者。“党卫军实际上相当于一个向私营和国有企业出租苦力的机构，其费用一般为熟练工每天 6 马克，而未经专门训练的工人每天 4 马克。”[④]专门研究 V 系列武器的历史学家迈克尔·诺伊费尔德写道。党卫军所出售的苦力可以被随意处置，死者很快会被新的苦力取代。在诺德豪森，他们为里克希打了折扣，对派往米特尔维克的俘虏每人每天仅收取 2 ～ 3 马克的费用。

1944 年 12 月，随着成千上万的苦力在米特尔维克的隧道里丧命，以及 V–2 火箭对各大城市的狂轰滥炸，整个欧洲陷入了混乱和恐慌。人们难以想象，这些事件的罪魁祸首后来竟然成为美国的座上客。在不到一年的时间里，亚瑟·鲁道夫、乔格·里克希、沃纳·冯·布劳恩、瓦尔特·多恩伯格少将以及其他火箭专家先后秘密进入美国，继续从事他们的工作。

“二战”结束之前，谁都不敢相信会发生这种事情。

“水泥墓穴里一群可悲的老鼠”

然而，战事已经接近尾声。就在纳粹在瓦尔拉堡举行庆典三周以后，阿尔伯特·施佩尔发现，几乎没有什么事情值得庆祝。在党卫军装甲部队司令官约瑟夫·迪特里希（绰号赛普·迪特里希）的陪同下，施佩尔来到比利时边境城市乌法利兹。他在 1970 年撰写的回忆录中描述了当时的景象。盟军最近一次轰炸过后，放眼望去，德国士兵的尸体堆积如山。施佩尔意识到，第三帝国大势已去。德国的战争机器已无法与盟军强大的军力和必胜的信念相抗衡。“连天的炮火将云彩染成了红黄两色，迫击炮发出震天的轰鸣。盟军所到之处，德军毫无还击之力。希特勒在军事上的失算造成了这番可怕的场景。这种军事上的无能着实令人震惊。”施佩尔写道。他站在乌法利兹镇的郊外，决定逃离这片危险之地。

当天凌晨 4 点，在夜色的掩护下，施佩尔及其助手登上一辆私人汽车，向东部法兰克福郊外的克兰山堡疾驰。这座堡垒坐落在陶努斯山间一处陡峭的悬崖上，规模极其庞大，是赫尔曼·戈林执掌的德国空军的总部之一。就像希特勒手下许多即将成为美国人的科学家一样，第三帝国的许多总部和指挥所也将成为“回形针行动”的战略要地。克兰山堡曾经在战争史上留下过浓墨重彩的一笔。其历史可以追溯到 11 世纪，始建于古罗马时代环形防御工事的废墟之上。在长达两千年的时间里，该地区始终战火连绵。

克兰山堡外观壮丽，其建筑过程历经几个世纪。这里瞭望塔林立，还有砖木结构的会议厅以及经过加固的石壁。堡内共有 150 多个房间，其中一侧的厢房于 1939 年由希特勒的建筑师阿尔伯特·施佩尔重新设计并翻修。按照希特勒的命令，施佩尔为克兰山堡增加了几处尖端防御设施，其中包括一处 1 200 平方英尺的地堡群。（供步枪、机枪射击用的有掩盖的低矮工事，用土、木、砖、石、钢铁或钢筋混凝土等材料构筑，用于掩护桥梁、渡口或封锁街巷、道路和开阔地，也可与其他工事相结合构成火力支撑点。——译者注）地堡内安装有毒气闸，可以保护克兰山堡的居住者免遭化学武器袭击。施佩尔匆匆逃离前线，打算躲藏到这里，而下一次他将以美国俘虏的身份重回故地。

希特勒的元首总部“鹰巢”距离此地仅有数英里，同样出自施佩尔的手笔。“鹰巢”位于巴德瑙海姆一处狭长的山谷边缘，由一系列小型的水泥地堡组成[5]。极少有人知道元首总部的具体方位。希特勒就是在这里指挥了阿登高地的突出部战役。

施佩尔及其助手从乌法利兹出逃，直至深夜才抵达克兰山堡。在住处盥洗后，他们立即驱车赶往“鹰巢”，与元首阿道夫·希特勒一起庆祝即将来临的新年—— 1945 年。凌晨两点半，施佩尔一行来到“鹰巢”，发现平日滴酒不沾的希特勒看起来已略有醉意。“他总是显得踌躇满志。”施佩尔回忆道。祝酒过后，希特勒向众人保证，德意志帝国即将扭转战局，走出当前的颓势。“他与生俱来的吸引力仍在发挥影响。”施佩尔后来写道。德国必将取得最终的胜利，希特勒说。在此之前，施佩尔认为他们已经穷途末路，但希特勒这番话足以改变他的想法。

1 月 15 日，这番德国必胜的慷慨之词言犹在耳，阿道夫·希特勒登上装甲列车，经过 19 个小时后抵达柏林。他将在柏林地下的“元首地堡”中度过余生。这座地堡位于新帝国总理府的地下，堪称当时的尖端工程。地堡顶部的泥土重达数吨，厚 16 英尺，墙壁厚 6 英尺。由于天花板很低，走廊像地窖般阴暗狭窄，希特勒党卫军的仪仗兵比尔曼上尉形容道，住在元首地堡里“如同被困在一艘水泥潜艇之中”，里面的生活“单调乏味，就像被关进地窖里的俘虏，或者柏林霉烂的水泥墓穴里一群可悲的老鼠”。但不是所有人都这样认为。

几个月后，当米特尔维克的总管乔格·里克希试图从美国人那里得到工作时，他曾向后者吹嘘，工程浩大的柏林元首地堡正是在他的监督下建成的。

1 月中旬，希特勒返回柏林后，决定派施佩尔前往东部地区，到波兰的西里西亚视察战况。纳粹曾与化工集团法本公司合资，在波兰建立军工企业，生产重要的化学武器。因此，这些工厂的选址尤为关键。虽然盟军的空中袭击对波兰的大部分地区都鞭长莫及，但新的威胁已日益逼近。苏联刚刚大举进攻波兰，一旦获胜，红军势必直捣柏林。届时德国将腹背受敌，从东西两面受到夹击。

就在希特勒离开“鹰巢”的同一天，施佩尔也动身前往波兰。1 月 16 日抵达西里西亚后，他目睹了德意志帝国的战争机器已经溃不成军。当施佩尔来到奥珀伦面见地区司令官陆军元帅费迪南德·舍尔纳时，他从后者口中得知，德国国防军的作战部队无一不是七零八落。几乎所有的士兵和武器不是被俘就是被毁。装甲坦克的残骸横七竖八地散落在冰雪覆盖的道路上。路边的壕沟里，德国士兵的尸体堆积如山。更多尸体挂在树上来回晃动，令人毛骨悚然。舍尔纳元帅处死了所有开小差的士兵，由于嗜杀成性，人称“血腥舍尔纳”。这些士兵的脖子上都挂着一块牌子，上面写道：“我是逃兵。我未能保卫德国的妇女和儿童，因此被处以绞刑。”

在会见舍尔纳期间，施佩尔得知，没有人清楚红军究竟什么时候占领他们脚下的土地，但苏联的进攻已经不可避免。随后，施佩尔来到一家空空如也的旅店，勉强躺了下来。

几十年过后，当天夜晚的情景仍历历在目。“我的房间里挂着一幅凯绥·珂勒惠支的蚀刻版画《卡尔马尼奥拉舞》（*The Carmagnole*），”垂暮之年的阿尔伯特·施佩尔回忆道，“上面画着一群被仇恨扭曲了面孔的人，正围着断头台跳舞。画的一边，有一名女子蜷缩在地上哭泣……这幅画中怪诞的人影在我脑海里挥之不去，令人辗转反侧。”在奥珀伦的旅馆里，就像很多其他纳粹分子一样，阿尔伯特·施佩尔突然产生了一个念头：德国战败后，我将面临何种命运？是在断头台上被处以极刑，还是被愤怒的人群撕成碎片？

“人皆有报。”事实果真如此吗？是否每个人都会善恶有报？一周后，施佩尔在给希特勒的报告中描述了西里西亚遭受的重创。“战争胜负已定”，施佩尔在报告的开头写道。

现在要做的就是大规模销毁证据。

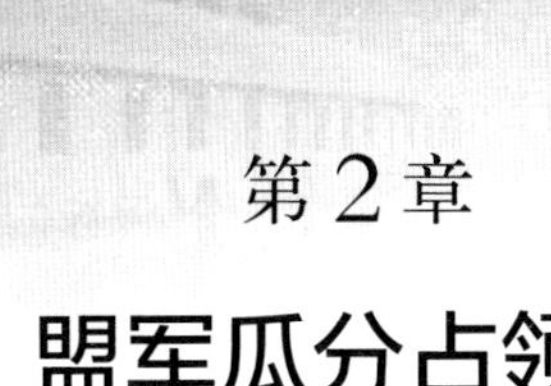

第2章
盟军瓜分占领区

奥斯威辛集中营：纳粹最大的化工厂

距离施佩尔下榻处以南90英里的奥斯威辛集中营，此时已然乱作一团。绝密机构“C委员会”，即化学武器委员会，隶属于施佩尔掌管的军备部。该委员会主席、化学家奥托·安布罗斯博士正在销毁文件。1945年1月17日，苏联红军攻占华沙，并继续向波兰南部挺进。除了安布罗斯以外，奥斯威辛集中营里的每一个管理者，从德军军官到法本公司的官员，都在仓皇逃窜。但接下来的6天，安布罗斯仍然守在这座“死亡工厂”。

安布罗斯为人极为挑剔。他的计算精确无比，言辞无懈可击，指甲永远修剪得整整齐齐，涂了发油的头发总是偏向一边，发型一丝不苟。他不仅是希特勒最宠信的化学家，还是法本公司在奥斯威辛合成橡胶和燃料工厂的经理。法本公司的董事会下令销毁这里所有的机密文书。由于安布罗斯及其同事瓦尔特·杜菲尔德仍在奥斯威辛，这项任务就落在他们的肩上。身为这座人间地狱的管理者，安布罗斯还是法本公司董事会最年轻的成员。

集中营上上下下都有党卫军在销毁证据。他们拆除了Ⅱ号和Ⅲ

号焚尸炉，并着手炸毁V号焚尸炉。有的党卫军军官已经骑马出逃，另一些人正将俘虏赶向死亡之旅。皮鞭啪啪作响，警犬狂吠不止。营地外，佯装投降的坦克被涂上白色，在泥泞的街道上隆隆驶过；人们纷纷传言，红军已经来到数英里之外。

法本公司丁腈橡胶工厂的一名女化学家让俘虏普里莫·莱维为她修理自行车胎。利维接受过化学培训，后来成为一位著名作家。战争结束后，利维回忆说，当他听到法本公司的职员对像他这样的囚犯使用“请”字时，感到极为诧异。

奥斯威辛是纳粹德国最大的一座灭绝营（指用作执行种族灭绝式大屠杀的营地。——译者注）。这座集中营包含3个独立但又互惠互利的分营：奥斯威辛Ⅰ号是主营；Ⅱ号营是比克瑙毒气室和焚尸炉；Ⅲ号营是苦力营，由化学巨头法本公司负责运营。从1942年4月7日起，法本公司开始为纳粹德国在奥斯威辛建设最大的化工厂，所有工人都是从奥斯威辛火车车厢里挑选出来的俘虏。法本公司将这座工厂称作“奥斯威辛”。

奥斯威辛是纳粹德国在集中营里建立的第一个企业。这里的正式名称是“莫诺维茨”，它既是劳工的栖身之所，亦是他们的葬身之地。“住在那里的人把它叫作‘布纳’（Buna，俚语，指丁二烯，起源于‘二战’期间，德国科学家率先合成此物质。——译者注）。”该集中营的一名幸存者格哈德·马什科沃斯基回忆说。当时，马什科沃斯基还是一名19岁的犹太男孩，他之所以能从毒气室中死里逃生，是因为奥斯威辛需要他做电工。他一直活过了1945年1月的第2周，这不能不说是一个奇迹。从1943年4月20日来到奥斯威辛算起，他已经在那里待了1年零9个月。在布纳，俘虏的平均寿命仅有3个月。马什科沃斯基的许多朋友不是劳累致死，就是因为抗令不遵而遇害，甚至偷偷藏起一小块食物也会招致厄运。

格哈德·马什科沃斯基清楚地记得，那天是 1945 年 1 月 18 日，因为那是他在奥斯威辛的最后一天。当天深夜，党卫军突然冲进他们的营房。“他们大声喝道：‘起来！上路了！’他们穿着厚厚的夹克，举着机枪，带着猎犬。”马什科沃斯基回忆道。他穿上鞋，匆匆来到室外。在布纳宽阔的空地上，9 000 名瘦骨伶仃、饥寒交迫的囚犯整齐地排成几排。马什科沃斯基听到，不远处炮声隆隆，很快交火声越来越近，四周早已乱作一团。党卫军正在焚毁证据，文件燃起熊熊烈火，灰烬在黑暗的空中四散飘落。雪势越来越猛，暴风雪即将来临。党卫军卫兵们穿着暖和的大衣和长筒军靴，挥舞着手中的轻型冲锋枪，逼迫俘虏向德国方向行进。“拴着皮带的猎犬狂吠不止，发出尖利的嗥叫。”马什科沃斯基回忆道。布纳－莫诺维茨的俘虏穿着睡衣，踏上通往德国内地的黄泉之路。在接下来的两天里，60% 的俘虏在征途中死于非命。

普里莫·莱维不在这支死亡之旅中。1 周前，由于感染了猩红热，他被送进传染病房。“他高热不退，舌苔鲜红。”负责照料他的囚犯、意大利医生阿尔多·莫斯科蒂回忆说。“当时我高烧 42.2 摄氏度，连腿都抬不起来。”莱维在战后解释道。他有气无力地躺在传染病房里，听到集中营里的人声越来越远，直到消失不闻。

1945 年 1 月 21 日，柏林发出备忘录，命令所有法本公司的职员立即撤离集中营。同一天下午，最后一趟从奥斯威辛集中营开往德国的列车运走了法本公司所有的女性职员。但奥托·安布罗斯留了下来。他既是 4 号丁腈橡胶厂的生产总监，也是奥斯威辛燃料厂的总经理。1941 年 1 月，法本公司的原始建筑方案被撤销后，他就来到了这里。安布罗斯不仅选好了厂址，而且设计了最初的工厂规划蓝图。此外，他还为纳粹发明了合成橡胶。由于坦克、卡车和飞机的轮胎和胎面都需要橡胶，所以这一发明在战争时期至关重要。

安布罗斯的发明极大地增强了德国的作战能力。为此，元首亲自授予安布罗斯100万马克奖金。

直到1945年1月23日，安布罗斯才离开集中营。只有少数囚犯侥幸活了下来，其中包括普里莫·莱维。由于身体过于虚弱而无法行军，他被党卫军留在传染病房里，得以幸免于难。当莱维的高烧终于有所好转时，他冒死来到外面，只见幸存的俘虏正三五成群地在集中营内四处搜寻食物。普里莫·莱维在一个地窖里找到不少冻土豆，于是开始生火做饭。这是他生病以来头一次吃上东西。1月27日，他拖着一位朋友的尸体，来到营地外的一座大型墓穴。就在这时，利维突然发现，远处有4名身穿白色迷彩服的骑兵正朝营地行进。随着这些人越来越近，利维看见，他们的帽子中间缀有一颗鲜艳的红星。红军的到来解放了奥斯威辛。

波兰戴赫福斯：塔崩生产基地

与此同时，奥托·安布罗斯已经动身前往德国的法尔肯哈根，到法本公司的另一座工厂销毁证据。施佩尔也准备从西里西亚返回柏林。除了奥斯威辛，二人还曾在波兰的一家军工厂共事。现在，这座军工厂也有被苏联红军占领的危险，因此两人都不敢向北进入波兰。波兰境内的工厂被称作“戴赫福斯”，是法本公司大批量生产化学武器的基地。1945年1月24日，即安布罗斯逃离奥斯威辛的次日，法本公司奉命撤离戴赫福斯的员工，并销毁一切证据。所有军火都被装进火车和卡车，运往西部的仓库。销毁证据如今变成纳粹德国实验室、研究所和军工厂的例行工作。德意志第三帝国岌岌可危，它的科学家、工程师和商人们不得不开始考虑自己的前途。

随着红军在东线撕开的豁口越来越大，德军开始从波兰被占领土集体撤退。1945 年 2 月，苏联人占领了奥斯威辛以北 250 英里处一座临河的小村庄戴赫福斯。随后，苏军接管了这里一座建于 16 世纪的古堡，喝光了酒窖里所有的美酒。这座童话般的、带有圆锥形尖塔的城堡很快变成苏联士兵放纵狂欢的场所，他们一边酗酒滋事，一边吵吵嚷嚷地唱着凯歌。由于局面完全失去控制，苏联的指挥官们被迫停止战斗以整肃军纪。这对藏在密林里的纳粹突击队而言，不啻天赐良机。于是，他们对苏联人发动了空前猛烈的突袭。

纳粹德国奉若珍宝的“奇迹武器”地下工厂就在距此不到半英里处。这座大型秘密防弹地堡位于松林之下，工作人员包括 560 名德国白领职员和 3 000 名劳工。自 1942 年起，这里就开始大规模生产液体“塔崩”（Tabun），一种致命的神经毒剂，但外界对此几乎一无所知。塔崩是希特勒防守最为严格的机密之一，它是一种极其残忍的“奇迹武器”。和杀虫剂一样，这种神经毒剂属于有机磷酸酯类化合物，是世界上最为剧毒的物质之一。只要有一小滴沾在皮肤上，受害者在 30 秒内就会死亡。人体一旦暴露在塔崩毒气中，腺体和肌肉会受到高度刺激，导致呼吸系统衰竭。随着全身逐渐麻痹，呼吸也骤然停止。塔崩毒气的受害者看起来就像被喷了家用杀虫剂的蚂蚁一样，在生命的最后一刻会疯狂扭动。

纳粹德国的合成橡胶和燃料工厂位于奥斯威辛，而神经毒剂生产厂位于戴赫福斯，后者归法本公司所有并负责运营。施佩尔执掌的军备与军工生产部与法本公司合作生产化学武器，在空投炸弹中填入塔崩，再由德国空军从飞机上向下投掷。即使是在纳粹的核心集团中也没有人敢确定，希特勒最终是否或何时会对军备部部长等人作出妥协，批准其使用化学武器袭击盟军。但现在苏联红军已经逼近戴赫福斯，战机就在眼前。更何况戴赫福斯已经生产了足够的毒气，随时可以对伦敦或巴黎发动毁灭性打击。

1945 年 2 月，苏联红军所向披靡，对戴赫福斯发起猛攻。虽然情势危急，但希特勒仍然不愿动用化学武器塔崩对付盟军，并决定继续隐瞒这一秘密武器。2 月 5 日清晨，纳粹德国第 17 野战补充营马克斯·萨森海默少将率领队伍，藏在奥得河畔的密林间，伺机而动。萨森海默的突击队虽然只有几百名士兵，但拥有一支独一无二的分遣队，其中包括 82 名科学家和技术人员。分遣队中一些队员是军方的科学家，但多数都是法本公司的员工。萨森海默的任务是保护这些专家的安全，销毁法本公司的设备以及所有的生产痕迹。

戴赫福斯的建筑群规模庞大，生产设备非常先进。施佩尔的军备与军工生产部向法本公司支付 2 亿马克，用于工厂建设及运营。工厂外观考究，由奥托·安布罗斯设计和管理。1941 年冬，安布罗斯指挥 120 名集中营俘虏，砍光了这里茂密的松林[①]。随后，就像在奥斯威辛一样，他亲自监督了这座化学武器工厂建设的每一个环节。

纳粹德国将工业、战争和种族屠杀合为一体。因为拥有旋风 –B 毒气的专利，法本公司在其中所发挥的作用无可比拟。而在法本公司中，奥托·安布罗斯所发挥的重要作用同样无人能及。作为军备部下设的化学武器委员会主席，安布罗斯被尊称为“军事经济领袖”(Wehrwirtschaftsführer)。此外，他还被授予一等和二等战争功勋十字勋章，以及像冯·布劳恩和多恩伯格获得的骑士十字勋章。

就像奥托·安布罗斯一样，另一名在生产化学武器的过程中扮演了重要角色的科学家也成为“回形针行动”的物色对象。此人正是党卫军旅长、自学成才的化学家瓦尔特·施贝尔博士。作为施佩尔的副手兼军械供应处负责人，施贝尔是纳粹思想的坚定拥护者，也是党卫军头子希姆莱的侍从之一。

与大多数外形俊朗的党卫军军官不同，施贝尔形体高大肥胖。为容纳他重达 275 磅的躯体，人们不得不对他的专车进行改造。他与纳粹物理学家卡尔·勃兰特一起，负责生产防毒面具。一旦希特勒下令发动化学战，这将是纳粹军队的必需品。如果说生化武器是一柄利剑，那么防毒面具就是一面盾牌。1945 年 1 月，在施贝尔的监督下，戴赫福斯一共制造了 4 610 万副防毒面具，并在集中营的俘虏身上进行测试。但直到纽伦堡审判之际，外界才得以了解有关纳粹人体实验的情况。其中有很多令人发指的实验，包括将俘虏锁进玻璃实验室内，向其喷射神经毒剂。但这些实验是否构成纳粹毒气室的试点项目，战争罪调查人员意见不一。有关施贝尔博士在战后是如何为美国军方和中情局工作，以及这种合作发展到何种程度，真相仍未完全揭晓。

就在红军占领戴赫福斯并在这座城堡内酗酒作乐的数周之前，成千上万集中营的俘虏正在法本公司的秘密化学武器工厂挥汗如雨，从事世界上最危险的工作。他们身穿双层橡胶防护服，头戴圆形头盔，在炮弹和炸弹的弹壳中装入神经毒剂，并在每一件武器上标出塔崩神经毒剂的秘密代号：3 个绿色的油漆圆环。每个俘虏的头盔后面都连着一根导气管，以输送可以呼吸的空气。他们的防护服与深海潜水服颇为相似，但由于导气管很短，人们几乎不敢挪动身体。如果有人不小心碰到了导气管，身体便会暴露在致命的毒气当中，受害者会在顷刻间毙命。

然而，1945 年 2 月 5 日清晨，这座工厂却空无一人：既没有化学专家，也没有任何俘虏。所有军火都已被转移，文件和证据也已被销毁，法本公司的职员悉数撤离。两周前，党卫军就已撤走所有俘虏。戴赫福斯的俘虏穿着囚服和笨重的工作木屐，正向西进入德国本土。沿途的村民看到，这支约 3 000 人的队伍如同一群行尸走肉。由于当地温度仅有零下 28 摄氏度，当俘虏们到达 50 英里以外的格罗斯罗森集中营后，已有三分之二的人死于冻馁。

与此同时，按照希特勒的命令，一支技术队正准备返回法本公司位于戴赫福斯的秘密工厂，对塔崩的残余物质作最后排查。拂晓时分，2 名化学专家、80 名技术人员和一支德国突击队身穿双层橡胶防护服，头戴防毒面具，冒着彻骨的严寒，秘密潜入奥得河畔。他们悄无声息地穿过一座被炸得千疮百孔的铁路桥，沿着铁轨缓慢地向化工厂方向行进。由于防护服过于笨重，不到半英里的路程，这支队伍足足用了 65 分钟。到达工厂后，突击队员留在化工厂外站岗放哨，化学专家及技术人员进入生产厂房执行任务。神经毒剂塔崩就是在这些内壁镀银的巨大锅炉里制造的，每一个锅炉都位于独立的操作室内，操作室外有双层玻璃环绕，玻璃墙内还安装有双层管道组成的复杂的通风系统。随后，其中一队开始用浓氨和蒸汽对操作室进行清洗，另一队负责冲刷军火厂的四壁和地面，无数劳工就是在这里倒地不起。

在技术人员洗刷厂房的同时，萨森海默少将率领残部在奥得河下游距此 2.5 英里处发起进攻。他们佯装炮击仍在酣睡的苏联士兵，以牵制后者注意力。红军立即召集人马进行还击。午饭时分，18 辆苏联坦克与萨森海默的部队展开激烈交火。虽然这次战役只是“二战”历史中一起微不足道的事件，但双方交战的时间足以让法本公司的技术队进入戴赫福斯销毁证据并悄悄溜走。

数日后，红军终于误打误撞地发现了法本公司在戴赫福斯的化工厂。但彼时化工厂已人去楼空，所有塔崩毒气荡然无存。在仔细检查完以后，苏联人确定，这里制造的东西对纳粹德国来说一定极为宝贵。于是，军方从第 16 及第 18 化学旅召集化学专家，将这座工厂的所有设备拆除、装箱后运往苏联，以备将来使用。苏联人虽然占领了这片林地，但在随后 1 年多的时间里，他们始终不曾了解，纳粹德国究竟在这里生产了什么秘密武器。1946 年，苏联在斯大林格勒郊外一个名叫贝克托瓦的小镇，重新组建戴赫福斯的整个化学工厂，代号为“第 91 化工厂”（Chemical Works No.91）。直到那时，苏联才开始大规模制造塔崩神经毒剂。1948 年，苏联还将塔崩作为红军的武器储备之一，列入军方的化学教科书。然而，在 1945—1948 年，美国与纳粹化学家之间发生了许多不为人知的事情，而这些事情正是基于如下论断——苏联的威胁日渐凸显。

在柏林，施佩尔向希特勒递交了报告。在看到“战争胜负已定”这一句时，希特勒顿时暴跳如雷。1945 年 2 月 4 日，发生了一件让他更加气急败坏的事情。美、英、苏三国在克里米亚半岛的雅尔塔举行了为期 8 天的会议。会上，富兰克林·罗斯福、温斯顿·丘吉尔和约瑟夫·斯大林签署协定，将共同致力于敦促德国无条件投降。并且不给德国任何讨价还价的余地。三国首脑还宣布，他们绝对不会与纳粹德国做任何交易。这次战争的结束也就意味着第三帝国的终结。所有战犯都应受到审判，接受正义的制裁。

至于何为正义，三大首脑给出了截然不同的定义。英国首相丘吉尔希望将纳粹领导人视作“不法之徒”。他认为，他们应当排成一排然后被枪毙，而不是接受审判。苏联领导人斯大林出人意料地提出，“任何人未经审判，不得处以死刑②”。罗斯福总统要求进行战争审判。但三国同意，投降后的德国将会分成 3 个占领区（很快法国也参与其中，从而将占领区增加到 4 个）。当希特勒得知盟国瓜分德国的计划时，他怒不可遏，于是立即打电话给阿尔伯特·施佩尔。

“一旦战败，国家也将不复存在。”希特勒对施佩尔说。他的这句话被后人传诵一时。希特勒说，如果德国输掉这场战争，人民就应当为其软弱无力接受严酷的惩罚。“这场战争过后，余下的将只有低等的苟活者，因为优秀的人种已经倒下。”希特勒说。按照这一逻辑，希特勒颁布命令，禁止军备部为德国公民提供最基本的生活必需品，包括住处和食物。他还告诉施佩尔，如果后者胆敢继续在备忘录中宣称战争毫无胜算，以及德国应当考虑与敌人谈判，他将被视作叛国并处以极刑。

希特勒下令，要在全国范围内实行“焦土政策”（一种军事战略。此战略包括当敌人进入或撤出某处时破坏任何可能对敌人有用的东西，包括粮食、遮蔽所、交通运输、通信与工业资源等。——译者注）。施佩尔奉命组织销毁德国一切军用和民用设施，从交通运输、通信系统到所有的桥梁和水坝。官方将这一行动称作“帝国境内的拆除行动”[③]，即著名的“尼禄法令”。公元 64 年，罗马帝国皇帝尼禄也曾下令燃起一场大火，将罗马付之一炬。

与美军谈判的筹码：V-2 机密

尽管所有的迹象都表明纳粹德国气数将尽，但在德国中部地势险要的哈尔茨山区，V 系列武器仍以疯狂的速度继续生产。1945 年 2 月底，诺德豪森隧道里的情况变得极为恶劣。由于天气严寒，数以千计的俘虏饥寒交迫，几乎没有食物，只能靠清汤勉强活命。新来的俘虏已经在诺德豪森 – 朵拉集中营泛滥成灾。他们从东部的奥斯威辛和格罗斯罗森出发，踏上死亡行军之旅。有的俘虏徒步行走，还有的俘虏乘坐牛车。由于很多人在运送途中毙命，朵拉的焚尸炉几乎是日夜运作。即便如此，沃纳 · 冯 · 布劳恩和多恩伯格将军仍然按照计划坚持生产，这里每天制造的火箭数量甚至比以往更多。

从佩内明德的工厂搬到哈尔茨山区后，冯 · 布劳恩获得提升，担任米特堡 – 朵拉计划办公室主任。该办公室隶属希姆莱的行政管理总办公室，是党卫军的一个下设部门。冯 · 布劳恩住在诺德豪森数英里外的一幢别墅里，这幢别墅是几年前从一名犹太厂主处没收来的。他的办公室位于布莱谢罗德，距离哈尔茨山区的隧道群约 11 英里。每天开车来到办公室后，冯・布劳恩开始为 V–2 火箭试验设计新的、性能更好的支架和发射台。

随着新的兵工厂不断建立，这个地区显得分外嘈杂。冯・布劳恩野心勃勃地计划，要将火箭日产量从 2 ～ 3 枚提高至 200 枚。为达到这一目标，冯・布劳恩征用了该地区所有的工厂、学校和矿井。但火箭组装还要依靠工人，因此诺德豪森集中营俘虏的死亡速度急速攀升。冯・布劳恩很清楚这一点。1945 年初春，他曾以公职身份先后 10 次参观这里的地下隧道。

那些瘦骨嶙峋、勉强生存下来的俘虏不得不在肮脏不堪、尚未竣工的隧道里组装导弹。由于缺少食物、饮水和卫生设施，再加上气候寒冷，组装工作愈发困难。这一点很快就对战事产生了影响：欧洲上空，一些仓促制造的火箭在飞行过程中突然解体；在德国北部瓦尔拉堡四周的松林里，一些火箭在发射台上意外爆炸。米特尔维克的经理怀疑，这些事故是有人蓄意为之。为了杀一儆百，有些俘虏被公开处以绞刑。

“仅 1 天之内，就有多达 57 名俘虏被绞死，”一名战犯后来在报告中写道，“他们的双手被绑在背后，借助电动起重机的力量，每次 12 人被吊死在隧道里……为了防止俘虏发出声音，党卫军将他们口中塞满木片。”制造 V–2 火箭的俘虏被迫目睹自己的同伴在绞刑架上痛苦而缓慢地死去。为此，一群苏联和乌克兰囚犯团结起来，策划发起暴动，但最终遭到围剿。米特尔维克的经理和党卫军的看守决定对暴动者处以极刑，以儆效尤。这些人被绞死后，他们的尸体在 V–2 火箭的生产线上悬挂了整整 1 天。直到 1 名德国工程师询问米特尔维克的运营总监亚瑟・鲁道夫，他们什么时候能要回起重机，这些尸体才被放下来。

近日来，除了担任米特堡－朵拉计划办公室主任外，冯·布劳恩还被擢升为党卫军二级突击队大队长。这个职位为他带来的好处之一，便是有专职司机每天接送他往返于诺德豪森和柏林之间。1945 年 3 月 12 日，坐在汽车后座上的冯·布劳恩险些遭遇不测。当汽车在高速公路上向柏林疾驰时，司机开始犯困。汽车突然偏离公路，猛地向前方 40 英尺高的路堤冲了过去，最后在铁道附近侧翻撞地。司机顿时失去了知觉，冯·布劳恩单臂骨折。两人在漆黑寒冷的夜里流血不止。就在这时，冯·布劳恩在诺德豪森的两名同事、工厂的设计者伯恩哈德·特斯曼和建筑师汉内斯·吕森恰巧从此路过，发现被撞得面目全非的汽车。他们立即叫来一辆军用救护车，将冯·布劳恩及其司机送往医院。

在康复期间，冯·布劳恩的个人助理迪特尔·哈兹尔和救命恩人伯恩哈德·特斯曼前来探望。特斯曼和哈兹尔告诉他，美军即将攻占德国，V–2 火箭随时有可能停产。他们还听闻，凡是当局认为不属于“重要专家”的人员，都会被分配到步兵团，拿起武器上前线抗击美军。

现在，冯·布劳恩不得不接受德国即将战败的事实，但他依然不愿放弃自己的事业。一旦被俘，他必须拥有与美国谈判的筹码。于是，他向特斯曼和哈兹尔透露了自己藏匿 V–2 火箭机密文件的地点。由于卧床不起，冯·布劳恩需要这两名下属找到这些文件，将其藏到一个偏远安全的地方，以防被盟军找到。他告诉特斯曼和哈兹尔，如果他们能够代劳，自己会将其视作将来与盟国谈判的队友。冯·布劳恩告诉特斯曼和哈兹尔，他将亲自敦促多恩伯格将军，尽快了解事态发展。

尽管隧道内条件恶劣，米特尔维克的导弹制造工作仍一直持续到 3 月底。最后一批 V–2 火箭于 3 月 27 日发射，而最后一批 V–1

导弹也于次日升空。4 月 1 日，多恩伯格接到党卫军卡姆勒将军的命令，要求他立即从米特尔维克疏散所有员工。卡姆勒挑选了 500 名关键的科学家和工程师，搭乘他停在布莱谢罗德、绰号“复仇快车”的专列，开往 400 英里以南的巴伐利亚山区暂避。虽然哈兹尔和特斯曼也在卡姆勒的名单上，但他们与多恩伯格将军密谋之后，决定继续留下来藏匿文件。由于冯·布劳恩仍然需要医疗护理，而且手臂打着沉重的石膏，他被专车送往巴伐利亚的阿尔卑斯山区。多恩伯格也在几名部下的护卫下，驾车逃离哈尔茨。

多伦顿村是哈尔茨最北端的一个小型矿区。夜幕降临后，省长命令村民关闭门窗，熄灭灯火，不准外出。1945 年 4 月 1 日，美军驻地距此以西 30 英里。村子里鹅卵石铺成的街道上空无一人，只有一辆关闭灯光的卡车借着月光形单影只地缓慢地前行。卡车前排坐着特斯曼和哈兹尔，后排坐着 7 名戴着眼罩的德国士兵。此外，卡车上还放着几十个箱子，里面装的是 V–2 火箭的机密资料。

卡车驶过多伦顿村，沿着一条乡间小路，顶着狂风来到一座废弃矿井的入口处。哈兹尔和特斯曼停下卡车，与矿井的守卫赫尔·内贝隆握了握手。内贝隆是一名忠诚的纳粹士兵，他将多伦顿矿井后宽敞的前厅卖给这两名工程师。随后，卡车上的 7 名士兵奉命摘掉眼罩，开始工作。这些士兵从卡车上卸下箱子，放在铁轨上的平板货车里，看着它们被电动机车运往长长的隧道底端。隧道尽头有一扇铁门，门后是一个狭窄而干爽的房间。他们将箱子里的 V–2 机密文件放在里面，然后关门落锁。来到外面之后，一名士兵引燃一根炸药棒，房间入口处顿时堆起了大堆瓦砾。纳粹的机密文件就这样被藏在了与世隔绝的地方。

哈兹尔和特斯曼曾经发誓，绝不向外人透露他们的秘密，但在前往巴伐利亚会见多恩伯格和冯·布劳恩的途中，两人决定打破这一誓言。卡尔·奥托·弗莱舍是德军在米特尔维克劳工营的业务经理。然而，弗莱舍的名字不在卡姆勒将军的名单之上，因此他返回诺德豪森的住处，试图蒙混过关，逃避盟军的追捕。卡尔·弗莱舍是纳粹的忠实信徒，在生产 V–2 火箭期间，他有权直接向多恩伯格将军汇报工作。哈兹尔和特斯曼相信弗莱舍会替他们保守秘密。由于弗莱舍是当地人，他可以随时留心，以防有人在多伦顿矿井附近打探消息。于是，哈兹尔和特斯曼向弗莱舍透露了 V–2 火箭机密文件的藏匿地点，然后迅速离开此地。再过几天，美军就会攻占诺德豪森。

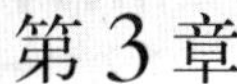

第3章

“战利品行动”情报角逐

争夺纳粹科学研究成果

在法国，塞缪尔·古德斯密特及“阿尔索斯行动”的科学家团队从1944年11月起就开始耐心等待时机，以实施下一次科技情报行动。而现在已经是1945年3月的最后一周，就在4个月前，这支团队在第三帝国病毒学家尤金·哈根博士位于斯特拉斯堡的寓所内发现了重大情报。此时，古德斯密特及其军事指挥官鲍里斯·帕什上校终于准备转向下一个目标：法本公司在德国边境附近的工厂。他们相信，那里就是纳粹生产化学武器的基地。

从1944年11月起，哈根位于斯特拉斯堡的寓所就被当作“阿尔索斯行动”的总部。但由于德军的秘密反攻，这次行动耽搁了很长时间。当年12月，希特勒在阿登高地附近的森林发动火箭袭击，使“阿尔索斯行动”的科学家无法按照原计划在前线开展行动。事有凑巧，哈根寓所的一楼归法本公司所有，而该公司恰好是纳粹德国最大的化学武器供应商，因此“阿尔索斯行动”突击队缴获了法本公司藏匿在那里的大量机密文件，从中得知，法本公司参与了疫苗武器研究，并怀疑该公司在俘虏身上做过医学实验。从当地可以远远望见法本公司的两座工厂，它们分别位于 80 英里外的德国城市路德维希港和曼海姆。为此，“阿尔索斯行动”召集了一支迄今为止人数最多的特遣队，其中包括 10 名民间科学家、6 名军方科学家和 18 名安全人员。但美国科学家擅自进入德占区过于危险。只有等盟军渡过莱茵河，进入德国本土以后，他们才能开始行动。经过漫长的等待，这次越境行动即将于次年 3 月的第 3 周拉开序幕。

1945 年 3 月 23 日，英国陆军元帅伯纳德·蒙哥马利率兵大举强渡莱茵河，这次进攻的代号是“战利品行动”。仅从行动的代号便可以看出，其主题即抢劫和掠夺。蒙哥马利的一句话更是不胫而走：“让我们渡过莱茵河，到对岸好好猎杀一场。”自古以来，战胜国会在战争结束后对战败国进行一番洗劫，这种做法就像战争本身一样由来已久。但 1899 年和 1907 年的《海牙公约》(Hague Conventions）明确规定，除了象征性的物品以外，禁止掠夺他国财物作为“战利品”。既然如此，蒙哥马利为何还出此言？从战术层面来看，强渡莱茵河意味着盟军将在西线开辟一条 500 多英里长的战线；从情报搜集的角度来看，这无疑将是一场真正的掠夺战。

作战部队向德国境内挺进，随行人员包括联合情报资料调查小组委员会（CIOS）的 3 000 余名科技专家。1944 年的夏天，英美两国开始展开联合行动，并在伦敦成立该委员会。委员会隶属总部设在凡尔赛的盟国远征军最高统帅部（SHAEF），其中专家云集，包括科学家、工程师、博士、技术专家，以及负责翻译和解析缴获文件的语言学家和学者。在联合情报资料调查小组委员会中，美方代表分别来自战争部总参谋部、陆军航空队、国务院、对外经济管理局、战略情报局以及科学研究和发展处，而英国专家大都来自外交部、海军部、空军部以及后勤、飞机制造、战争经济、燃料和电力等部门。

CIOS 有一份与“阿尔索斯行动”类似的任务清单，这份清单被称作“黑名单”。前线提出的请求会从战场上传到盟国远征军最高统帅部，再由后者通知CIOS。随后，小组委员会就会派出合适的工作组赶往前线。负责CIOS安全的警卫队被称作“T部队”，由军中的精英力量组成，所有士兵头盔的正前方都印有鲜红的“T”字。该部队虽然隶属军方，但作战行动不同于传统的作战部队。他们的任务是寻找对盟国有价值的潜在科学目标，然后加以控制，直到CIOS人员抵达现场。CIOS的目标是调查所有与纳粹德国科技有关的情报信息，其内容包罗万象：雷达、导弹、飞机、药物、炸弹、雷管以及生物与化学武器实验室等。尽管CIOS是官方联合成立的项目，但其中仍不乏利益相互冲突的小团体。

与CIOS同时开展行动的还有几十支搜集情报的秘密队伍，其成员多半是美国人。五角大楼的“V–2特别行动”也是其中之一。1945年3月底，美国陆军军械部火箭分处主管特里切尔上校向欧洲派出一个工作组。海军技术情报局在巴黎的特工准备开展绝密行动，搜寻与纳粹空舰导弹Hs–293有关的所有情报。美国陆军航空队（美国空军的前身，1941年由美国陆军航空军改组而成，“二战”期间，为世界上规模最庞大的空中武装力量。——译者注）在忙于战略轰炸的同时，派出一支小分队从莱特空军基地出发，开始搜寻德国空军的装备并追捕其技术专家。

英国情报部门开展的机密行动由伊恩·弗莱明率领的“30号突击队”牵头。弗莱明是英国海军情报局局长的个人助理，也是后来詹姆斯·邦德系列小说的作者。在有些情况下，上述行动的成员与CIOS在实际工作中能够相互配合。但他们无疑会充分利用包括“黑名单”在内的所有CIOS情报，并将自己的目标和任务置于首位。其结果是，有军官戏言，使CIOS陷入了CHAOS（混乱）。很快，这项行动从最初盟国之间的君子协定演变成为战争史上为获取武器研究情报而展开的最激烈的角逐。盟军渡过莱茵河后，各国在争夺纳粹科学研究成果时展开了混战。

“阿尔索斯行动”突击队的科学家紧随着第三集团军渡过莱茵河，以搜寻化学武器的蛛丝马迹。他们在军方吉普车队的护卫下来到路德维希港。“那里满目疮痍，”帕什上校在战后回忆说，“镇上的建筑在炮火的冲击下摇摇欲坠……七零八落的装甲车正载着纳粹分子仓皇撤退，有的车辆突然熄火，还有的中途抛锚，场面一片混乱。”进入路德维希港后，“阿尔索斯行动”的一辆吉普车离开车队，猛地冲进一门德国反坦克炮的射程中。德国人完全没有料到，一辆吉普车会在没有坦克掩护的情况下突然出现在路上。“一阵零零星星的枪炮声过后，竟无一人命中目标。”帕什回忆道。

“阿尔索斯行动”的科学家们随后得知，T 部队已紧随其后，CIOS 大批技术专家即将到达路德维希港。因此他们决定首先前往法本公司的工厂,但最终那里的发现却令人失望。在盟军的猛烈轰炸下，工厂已经面目全非，保存文件的橱柜也空无一物，其中的资料早已经被销毁或转移。他们没有发现任何化学武器。

次日清晨吃早饭时，“阿尔索斯行动”突击队遇到了 T 部队和 CIOS 团队。后者刚刚来到路德维希港，准备对工厂进行检查。“我饶有兴致地看到，我们的科学家漫不经心地向 CIOS 团队谈起此事，那效果就像丢下了一枚重磅炸弹，”帕什回忆道，“大致意思是说，‘哦，当然了，等到 T 部队完成安全检查以后，明天你们就能到法本工厂去了。到时候你们就狂欢吧。我们早就知道那儿的情况，因为昨天我们就在那里’。”双方的敌对情绪显而易见。

CIOS 化学武器团队的两位负责人分别是美国中校菲利普 · R. 塔尔和英国少校埃德蒙 · 蒂利，他们很快将成为“回形针行动”中的关键人物。两人都是化学武器专家，但蒂利能讲一口流利的德语，因此至少在战场上比塔尔更有优势。塔尔不仅是 CIOS 负责人，还是美国驻欧洲化学战研究中心的主管，该部门隶属美国军方。作为 CIOS 成员，二人同属一支团队，但当时蒂利并不知道，塔尔中校对美军任务的专注程度很快超出对本职工作的忠诚。

现在，美军已踏上了德国领土，人们越发担心，希特勒为兑现对“奇迹武器”夸下的海口，很有可能孤注一掷，对盟军发动毁灭性的化学武器袭击。但纳粹德国的化学武器究竟藏在何处，塔尔和蒂利仍然毫无头绪。在“二战”期间，德国反情报部门成功地瞒天过海，掩盖了纳粹从事神经毒剂研究的事实，将所有外国情报机构都蒙在鼓里。塔崩拥有不同的代号，包括“氨羧配合剂 –83”、“83 号物质”和“琼脂糖 –1”。就连其原材料也被冠以代号：乙醇被称作“A4”，钠被称作“A–17”，因此鉴定工作无法进行。

1942 年，美国一份名为《德国新型毒气》(*New German Poison Gas*）的报告断定，德国掌握新型化学武器的可能性“微不足道”。直到 1943 年 5 月，英国特工在北非抓获一名德国化学家后，他们才获悉，法本公司曾在柏林研制一种无色无味的神经毒剂，并且这种毒剂具有“骇人听闻的特性”。英国的审讯人员认为，这名德国化学家吐露的信息极为可信，于是撰写了一份长达 10 页的秘密报告，递交给波顿镇的化学武器实验机构。但被俘的科学家只知道，这种物质的代号是“氨羧配合剂 –83”。由于缺少进一步的信息，英国并未采取任何行动。1945 年 3 月，塔尔和蒂利仍在寻找这种名为“氨羧配合剂 –83”的神秘物质，以及其他任何与之类似的化学品。

塔尔和蒂利率领 CIOS 团队进入德国，检查了法本公司位于路德维希港、曼海姆和埃伯菲尔德的工厂。每到一个地方，当地法本公司的科学家都异口同声地表示，自己对这种物质一无所知，此种情形令 CIOS 成员充满怀疑。在搜集情报的过程中，CIOS 成员在每一座法本工厂的经历都如出一辙：在本应当保存所有公司记录的地方，如今只剩下空空的储物柜。法本公司的科学家在被俘后，对审讯人员的回答大同小异：法本只生产家用化工产品，包括洗涤剂、油漆、清漆和肥皂。每一个被 CIOS 审问的科学家都声称对于公司负责人的去向一无所知。

因缺少有效情报，CIOS 无法展开行动，蒂利和塔尔在备忘录中对此深表忧虑。也许是时来运转，“阿尔索斯行动”的特工在波恩北部取得重大突破。

波恩大学马桶里的“奥森伯格名单”

从 1945 年 3 月 23 日解放路德维希港后，“阿尔索斯行动”一直跟随第三装甲师行进。攻占科隆市数日后，盟军转向 13 英里以北的波恩。侦察兵在报告中称，曾经看到一些教授模样的人在波恩大学的庭院里，焚烧成箱成箱的文件。但他们没有看到，另一群教授正在这所大学的厕所里，拼命将文件冲入马桶，以销毁任何可能引火烧身的证据。盟军占领波恩大学后，一名波兰籍的实验室技术人员找到一名英国士兵，声称自己从厕所捞出了一大堆文件。显然，这些文件没有被顺利冲入马桶。

“文件看起来好像很重要”，这名技术人员说。事实也的确如此：他交给英国情报部门的文件是纳粹德国顶尖科学家的秘密名单。随后，这份后来被人称作“奥森伯格名单”的文件被转交给“阿尔索斯行动”的负责人塞缪尔·古德斯密特。

机械工程师韦纳·奥森伯格博士既是一名忠诚的纳粹分子，也是党卫军成员兼秘密警察组织“盖世太保”的高级官员。1943 年 6 月，戈林任命奥森伯格为战争科研委员会“帝国研究委员会计划处”负责人。6 月 9 日，希特勒颁布命令，要求“科学界的杰出人士尤其应当齐心协力，在专业领域取得丰硕的研究成果，以便为战争所用”。帝国研究委员会的章程亦如此写道。

作为计划处负责人，奥森伯格的职责是整理一份由德国科学家、工程师、博士和技术专家组成的名人录。于是，他开始一丝不苟地追查德国境内所有的科学家，并将其专业特长分门别类进行登记，使其为纳粹效命。在极短的时间内，他编纂出一份由 15 000 人和 1 400 家研究机构组成的名单。随后，他还从前线召回德国所有的科学家、工程师和技术专家，这一行动被希特勒称为“奥森伯格行动”。这次行动最终促使德军释放共 5 000 名科学家。在接受技术审查后，这些科学家被安排到纳粹德国侵占的大学和研究机构工作，致力于武器研究项目[①]。

至于“奥森伯格名单”为什么会被丢进波恩大学的马桶里，始终是个未解之谜，但对“阿尔索斯行动”的情报人员来说，这份名单的价值不啻一座金矿。名单上不仅记录了纳粹德国科学项目的具体分工，而且记录了所有工作人员的姓名及地址，包括韦纳·奥森伯格本人的一处住址。古德斯密特立即派出一支小分队，来到汉诺威附近的一座小镇上。在那里，“阿尔索斯行动”的特工俘获了奥森伯格及其所有装备。在波恩大学马桶里发现的文件固然宝贵，但情报人员从奥森伯格办公室的抽屉里找到的索引卡片更是无价之宝。“一级目录放在一个由 4 只抽屉组成的橱柜里，包含大约 2 000 张打印出来的大号卡片，卡片两面分列不同的条目。”“阿尔索斯行动”的报告中写道。二级目录中包括另外 3 套卡片，“每套大约有 1 000 张尺寸较小的卡片……虽然是同样的信息，但从不同角度进行了分类，以便使用其他方法进行检索”。

由于这些卡片中包含大量情报，有数以千计的线索需要跟进，任何一个机构都无法独自处理，因此“阿尔索斯行动”向 CIOS 透露了“奥森伯格名单”的内容。卡片上的目录使不同团队得以将所有信息拼凑起来，弄清纳粹德国的科学项目由谁负责以及如何运作。

“阿尔索斯行动”队员把奥森伯格办公室的东西打包，并将他带往巴黎整理信息。随后奥森伯格被安置在凡尔赛一间戒备森严的办公室里。此时他的傲慢让古德斯密特大为震惊。很快，奥森伯格的工作恢复了正常，他只是让秘书把信头上的地址改为“目前暂住巴黎”，古德斯密特在战后回忆道。当奥森伯格多次向古德斯密特表示，他将效忠盟国时，对于这名狡诈的纳粹分子的无耻谰言，古德斯密特感到怒不可遏。“我越来越难以容忍，”古德斯密特说，并告诉奥森伯格，“谁都不可能信任你……你主管盖世太保的科技部门，却对此讳莫如深，还烧掉了所有相关文件。”面对这一指责，奥森伯格恼羞成怒。“我没有烧掉那些文件，”他对古德斯密特说，“我只是将它们埋了起来，另外，我也不是盖世太保科技部门的主管，我只不过是个副手。”这次冲突过后，古德斯密特轻而易举地从奥森伯格那里得到了“那些文件的埋藏地点，以及柏林失踪文件的下落”。

但迄今为止，盟军尚未进入柏林。柏林是纳粹德国的心脏，因此有重兵把守。在接下来的一个月里，这座城市仍然是德国的领土。直到 1945 年 4 月的最后一天，盟军才将柏林攻克。

出逃格陵兰岛计划

柏林已经变成一座废墟。随着时间一天一天过去，柏林城中德军的士气越发低落。该市近 85%的区域被毁，如今只剩下一片瓦砾。即使没有倒塌的建筑，窗户也大都残缺不全。所有人都在忍着寒冷过活。地下防空洞里拥挤不堪，取暖燃料严重不足。“时值 4 月初，”

历史学家安东尼·比弗解释说，“柏林在等待红军发起最后进攻，人们躁动不安、疲惫已极，到处都充斥着不祥的预感和深深的绝望。”

纳粹在广播中提醒柏林人，他们必须战斗到生命的最后一刻。戈培尔也一再强调：“我们只有一句座右铭：‘要么战胜，要么死亡。’”希特勒把一切都归咎于犹太人和斯拉夫人。“我们的死敌布尔什维克犹太人及其民众已经开始发动总攻。”希特勒在 4 月 15 日对东线的军队发表讲话时说。

柏林市中心的威廉大街是德军各部的所在地。在空军部，部长齐格弗里德·克内迈尔上校正努力维持手下大批人员的秩序。这座建筑没有被炸毁，只能说是一个奇迹。空军部的大楼由加固混凝土筑成，是典型的纳粹建筑，外观令人望而生畏。这座大楼高 7 层，共有 2 800 个房间和 4 000 扇窗户，走廊合计长达 4 英里。当年空战（此处指 1940 年英德不列颠空战）正酣之际，楼内人头攒动，曾容纳 4 000 名纳粹官员及其幕僚。而此时，战况今非昔比，德国空军已然一败涂地。

齐格弗里德·克内迈尔从 1943 年起担任德国空军技术部门的主管，是帝国元帅戈林的技术顾问。戈林经常将他称作“我的孩子”。只要德国空军准备研制任何新部件，无论是飞机引擎还是仪器装备，戈林都要事先征求克内迈尔的意见，然后才会加以批准。1945 年 4 月的第 2 周，克内迈尔发现，空军部接到的大多数命令都难以履行。1944 年下半年，德国空军损失 2 万余架飞机。尽管施佩尔的军备部又设法制造大约 3 000 架新飞机，但已毫无用处。在德国各地，由于盟军炸毁了跑道，加之航油短缺，空军飞机全部被困在停机坪上。1945 年 1 月 27 日，红军解放奥斯威辛集中营后，法本公司在布纳工厂制造合成燃料的计划也被迫终止。此外，德国在匈牙利和罗马尼亚的燃油储备也被悉数放空。德国喷气式飞机在空中的性能虽然优于盟军传统的歼击机，但德军大多数飞机被困在地面，这一优势此时已无任何意义。

克内迈尔即将逃出柏林，但临行前施佩尔交给他最后一项任务。根据纽伦堡审判的证词，施佩尔曾指使克内迈尔把德国空军的技术资料藏到柏林郊外的森林里。藏匿官方文件是叛国罪，但根据克内迈尔的私人文件记载，施佩尔和克内迈尔曾一致认为，在任何情况下，都不能使德国在航空学上取得的重大科学进展落入苏联人之手。此外，施佩尔还派给克内迈尔另一项秘密任务，虽然纽伦堡法庭没有提及，但施佩尔在几十年后承认，他曾命令克内迈尔为自己策划脱身之计。

不久前，施佩尔就开始计划逃离德国，但仍需要进一步敲定有关细节。自从看过雷妮·瑞芬舒丹和恩斯特·乌德特主演的影片《冰山营救》（*SOS Iceberg*）后，施佩尔就知道，一旦德国战败，他只有逃往格陵兰岛[②]，除此之外别无他路。在那里，他可以建立营地，然后撰写回忆录。当然，要想执行这一计划，他还需要一名飞行员，而克内迈尔刚好符合这一条件。

克内迈尔不仅是一名航空工程师，也是德国空军十大杰出飞行员之一。“二战”初期，他就开始执行飞行任务，而他最擅长的就是从事间谍活动。1938—1942 年，作为德国反间谍机关“阿布维尔”的成员，克内迈尔多次深入英国、挪威和北非，开展最危险的军事情报行动。他还是德国空军第一个在 4.2 万英尺的高海拔执行任务的飞行员。但克内迈尔也是一名实用主义者。他比施佩尔更清楚，在“二战”即将结束时载着纳粹德国战争罪的通缉要犯逃往格陵兰岛，几乎没有成功的可能性。况且格陵兰岛气候恶劣、地势险峻。只有一种飞机能够适应当地严酷的环境艰难着陆，那就是 Bv–222 水上飞机。迄今为止，德国只生产了 13 架 Bv–222，而能够接触到这种飞机的只有克内迈尔的朋友、28 岁的维尔纳·鲍姆巴赫。后者既是一名俯冲轰炸机飞行员，也是希特勒的轰炸航空兵总监。

克内迈尔知道，说服鲍姆巴赫是出逃格陵兰岛计划成功与否的关键所在。“二战”期间，鲍姆巴赫曾经往来于挪威和德国位于格陵兰岛的一座气象站之间执行任务。经施佩尔允许，鲍姆巴赫最终加入了他们的逃亡计划。按照施佩尔的吩咐，鲍姆巴赫和克内迈尔开始暗中积攒“食物、药品、枪支、滑雪板、帐篷、钓具和手榴弹”。鲍姆巴赫还专门在柏林北部的特拉沃明德机场留下一架 Bv–222，以备 3 人之用。只要施佩尔一声令下，他们随时可以踏上逃亡之路。时间一分一秒地流逝，柏林已经日暮穷途。

第4章

废墟下的实验室和研究所

纳粹生物武器工厂

德国各地开始陆续被解放。盟军的将士或驾驶坦克和吉普车，或徒步行军，对德国发起猛攻。在一座又一座集中营和“血汗工厂”中日夜劳作的俘虏得以重获自由。这次行动从德国西部开始，并继续稳步推进。随后，盟军开始向东部的慕尼黑和柏林进发。盟军所到之处，遍布纳粹德国的实验室和研究所；每发现一处，CIOS 的科学家就会被召来进行调查。1945 年 4 月，盟军攻占了纳粹德国 4 座主要工厂：诺德豪森、格拉贝格、福肯罗特、兰布卡麦尔。每一处工厂沦陷，盟军都会俘虏一批重要的科学家，而这些科学家后来全都加入“回形针行动”之中。

1945 年 4 月 11 日清晨，美国第 104 步兵师“森林狼”的一队士兵进入诺德豪森用于关押劳工的隧道。一等兵小约翰·莱森·琼斯便是其中之一，他是一名步兵狙击手。在登船参战前，家人送给他一台徕卡相机作为礼物。这台徕卡“典范”Ⅲ价格昂贵、外形美观，是当时世界上生产的第一批便携式 35 毫米相机之一。

从 1944 年 9 月小约翰·莱森·琼斯在法国登陆到现在，7 个月过去了。迄今为止，他已经在欧洲大陆停留了 195 天。大多数日子里，他们不是与德军展开鏖战，就是在冰雪、冷雨、泥泞中徒步行军，继续向内陆挺进。莱森已经步行穿越了法国、比利时和荷兰，现在刚刚抵达德国中部的哈尔茨山区。他在战斗中失去了不少朋友，也在战场上拍摄了很多照片。当这支队伍来到这座山区小镇后，莱森以为和往常一样，只是此时这场残酷的战争距离结束又近了一步。

尽管莱森参加过无数次惨烈的战斗，但进入诺德豪森后，透过徕卡相机镜头看到的场面还是让他感到相当震惊。他拍摄的相片记录了隧道里数以千计 V–2 火箭劳工劫后余生的惨状。隧道里几百具尸体横七竖八地堆积在地面上。同样令人感到不安的是，上千名奄奄一息的俘虏个个形容憔悴，遍体瘀青和疮痂，虚弱得站不起身来。“因神志昏迷以及精神错乱发出的呻吟和呜咽此起彼伏。”莱森的战友唐纳德·舒尔茨上士回忆道。莱森在胶片上捕捉的画面令他久久难以释怀，在随后的 51 年里，他始终对此只字不提。

跟在士兵身后的是由 7 人组成的战争罪调查队，其中包括一名为美军工作的年轻荷兰军官威廉·J. 阿尔曼斯。就像莱森一样，这里的景象和气味让阿尔曼斯深感不安。“到处都散发着恶臭，结核病患者和饥饿难耐的囚犯随处可见，”他在战后告诉记者汤姆·鲍尔，“平均每小时就有 4 人死亡，这个数字简直令人难以置信。”

当囚犯们小口抿着稀释过的牛奶以补充体力时，阿尔曼斯及其他队员开始为他们记录证词。战争罪调查人员面临的任务极其艰巨，时间安排十分紧张。来到诺德豪森 5 天后，战争罪调查队奉命继续前行。有关火箭生产的正式文件大都已被藏匿或销毁，但阿尔曼斯及其团队还是在墙角发现一张意外留下的纸片。这张纸片是米特尔维克负责人的电话簿，为首两人正是生产总监乔格·里克希和副生产经理亚瑟·鲁道夫。阿尔曼斯认为这张纸片值得关注，于是将它和调查报告订在一起。数年之后，这张纸片才得见天日，并最终促成了鲁道夫和里克希的毁灭，甚至使“回形针行动”的黑暗秘密险些被曝光。

在诺德豪森以南75英里，盟军士兵解放了哈尔茨边界图林根山中的格拉贝格镇。他们在一片密林间发现了一座外观奇特的研究所。显然，有人刚刚离开了这个地方。研究所内有一间实验室、一个隔离区、动物室以及可以容纳14人的居住区，还有部分设施仍然在建。凡尔赛的盟国远征军最高统帅部获悉，格拉贝格急需一批细菌学家。于是，“阿尔索斯行动”立即向该地区派出一队科学家进行调查。

“这座建筑位于一个狭小山谷的两侧，上方有高大的树木遮蔽，”一份秘密报告中写道，“其中一侧的建筑很可能是一座实验室。”“阿尔索斯行动”的细菌学家推测，那里应该是纳粹科学家生产实验性疫苗的基地，以保护德国士兵免遭生物武器的侵害。

当地一名村民向美国科学家提供了两条关键信息，这足以解开纳粹生物武器的谜题。这名村民说，一个人称卡尔·格罗斯博士的党卫军成员曾经负责这里的工作。格罗斯在当地一所校舍的楼上锁着几十个皮箱和纸箱。最近，格罗斯突然不见踪影，却留下了这些箱子。说完，这名村民带领美国科学家去校舍一探究竟。

调查人员对格罗斯博士箱子内的物品做了记录，其中大多数都是实验设备。“箱子里有成套的试管和小型烧瓶，还有大量试管架。有两个培养箱和一个压热器。还有两箱过滤式防毒面具及一些橡胶面罩和工作服。”所有这些都是军用防护设备，上面标有“来自武装党卫军卫生学院”字样。此外，箱子里还有大量图书，“其中几箱全是关于传染病的杂志”。那些真正引起调查人员注意的是《苏联人对瘟疫的贡献》（*Russian contributions on plague*）。

接着，这名村民带领“阿尔索斯行动”的特工，来到附近格罗斯租用的一座公寓。房间已被清理一空，没有任何私人物品。“房东认为他（即格罗斯博士）在临走前一天的夜里，烧掉了很多文件。”“阿尔索斯行动”的一名科学家在报告中写道。但据房东称，格罗斯博士只不过是个中间人，还有一名男子经常到实验室来，看起来像是那里的主管。此人年纪稍大，约莫 50 岁，身高 5.9 英尺，唇上蓄有胡须，头发灰白，上唇还有一道明显的刀疤。他的军衔肯定很高，因为这里所有人都对他唯命是从。“阿尔索斯行动”特工将此人与“奥森伯格名单”中记载的人员作了对比。显然，房东所说的卡尔·格罗斯博士的上司就是库尔特·布洛梅，生物武器研究主管兼第三帝国军医署副署长。

所有迹象均显示，格拉贝格是纳粹德国进行生物武器研究的工厂。“阿尔索斯行动”的特工拍下了这里的一切：动物室、疫苗站、实验室和隔离病院。随后，他们撰写报告，并存档备用。现在，库尔特·布洛梅博士在生物武器黑名单上已经位居榜首。

超声速风洞和航空研究中心

1945 年 4 月 13 日，在距离诺德豪森以南 60 英里处，美国第一步兵师某营正小心翼翼穿过布伦瑞克小镇西侧的森林。他们突然看到，前方出现一处大约有 70 座楼房的大院。

士兵们发现，有人曾经煞费苦心地对这里进行过伪装。这里密密麻麻地种植了几千棵树，从空中看起来就像一片密林。院子里的建筑故意设计成简朴农舍的样式。传统的花园似乎有人精心栽植照料，屋顶还有许多鹳鸟巢。

他们发现，大楼里既有尖端的实验室，也有装满飞机零件和火箭燃料的仓库。这里的风洞（即风洞实验室，以人工的方式产生并且控制气流，用来模拟飞行器或实体周围气体的流动情况，并可量度气流对实体的作用效果以及观察物理现象的一种管道状实验设备，是进行空气动力实验最常用、最有效的工具。——译者注）和武器测试地道要比美国陆军航空队在莱特空军基地的所有设施都超前许多。出人意料的是，这支美军历史最悠久的陆军师竟然发现了世界上最先进的航空航天科学实验室：赫尔曼·戈林航空研究中心。在此之前，盟军还从未听说过这个地方，因为它不在 CIOS 的任何黑名单上。

乍一看，这个地方似乎已经废弃。但是经过一个小时的搜查，士兵们找到了实验室的科研主管阿道夫·布斯曼。布斯曼告诉美军，这座工厂名为福肯罗特，从建立之初到现在已运营长达 10 年之久。盟军立即派遣驻扎在法国圣日耳曼的科研队进行调查，由美国陆军航空队的上校唐纳德·L. 帕特率队前往福肯罗特。

迄今为止，美国驻欧洲战略航空队已将德国空军打得落花流水。轰炸行动已经基本结束。因成功地指挥开战以来最大规模的战斗机机群实施对德战略轰炸，司令官卡尔·A.“图伊”·斯帕茨将军赢得了肩章上的第 4 颗星。现在，斯帕茨刚刚接到一项新的任务，随后他向手下的所有战地指挥官发出了指令。“‘欲望行动’开始启动”，斯帕茨写道，所有“未参加重大行动”的人员要立即着手搜集“有助于对日作战的科技情报”。为此，斯帕茨委任唐纳德·L. 帕特作为领队，负责搜捕为德国空军服务的科学家。

1945 年 4 月 22 日，帕特抵达福肯罗特，这里的所见所闻令他大感震惊。他唯一想到的就是立即将所有设备运回美国。帕特是一名极具传奇色彩的试飞员，从 1933 年起就在莱特空军基地的不同部门服役，其中包括飞行部门。在一次危险的坠机事故中，他的同事不幸罹难，他虽然侥幸生还，但面部和颈部均二度烧伤。帕特雄心勃勃、干劲十足，属于咄咄逼人的 A 型人格（一种人格类型。这类人喜欢从事高强度的竞争活动，不断驱动自己要在最短的时间里做最多的事，并对阻碍自己努力的其他人或其他事进行攻击。——译者注)，就像人群中的一只猛虎。“他显示出了非凡的能力，无论遇到多大的感情挫折，他都能泰然处之。”莱特空军基地的一名同事评价道。帕特不仅天资聪颖，而且拥有卡内基工学院电子工程学学位和加利福尼亚技术学院的航空工程科学硕士学位。

“二战”结束后，年事已高的唐纳德·帕特回忆起战前人们对飞行员兼工程师的看法。“当时，人们普遍认为，‘不能让熟知工程技术的飞行员进入机舱，否则他总是想要弄清这一切都是如何运作的’。”但随着美国与欧洲和日本的空战不断加剧，陆军航空队急需像帕特这样经验丰富的飞行员兼工程师。于是，陆军航空队不再墨守成规，转而利用帕特的专长。1944 年，帕特的职业生涯发生重大转折，开始负责对 B–29 轰炸机进行改造，以便运载某种异常沉重的绝密武器，向日本投掷。直到后来人们才知道，这种武器就是投向广岛和长崎的原子弹。1945 年 1 月，帕特完成了 B–29 轰炸机的改型工作，随后被派往海外，担任航空勤务司令部的技术服务主管。1945 年 4 月的最后一周，他来到了福肯罗特。

凭借自己对工程技术的了解，帕特清楚地意识到眼前这种技术的革命性本质。对他来说，最令人惊异的是福肯罗特的 7 个风洞，德国空军可以在此研究飞机以超声速飞行时后掠翼（前、后缘向后伸展的机翼，呈锥形。后掠翼的气动特点是可增大机翼的临界马赫数，并减少超声速飞行时的阻力。——译者注）的表现。当时，盟军飞行员对马赫 0.8 ~ 1.2 的过渡性区域尚且一无所知。当帕特从福肯罗特的主管阿道夫·布斯曼那里得知，德国科学家已经在这些风洞里打破音速的障碍时，他惊叹不已。帕特明白，这座工厂拥有世界上“最先进的仪器和测试设备”。

帕特听命于美军驻欧洲战场情报开发处指挥部，因此如果情况需要，他有权使用简装的 B–17 和 B–24 轰炸机。帕特希望立即将福肯罗特的这些设备运往美国，于是写信给上级——美国驻欧洲战略空军司令部副司令休·奈尔少将，表达了这一想法，同时提出了另一个建议：为何不把阿道夫·布斯曼之类的科学家与美军缴获的纳粹空军设备一起带出德国？“假如我们能够抛开虚伪的自尊心，转而利用来自德国的科技信息，我们就能从中获益良多，继续推进德国中断的项目。”帕特写道。德国科学家“必将在我们的喷气式引擎和飞机研究项目中发挥极其重要的作用”。帕特和奈尔都清楚，战争部总参谋部的很多人都对所有德国人处处提防，而且坚决反对与纳粹科学家从事任何类型的交易，因为正是后者让战争变得更加漫长而血腥。但除了奈尔和帕特，恐怕没有人能够说服战争部。

奈尔少将向位于华盛顿特区的战争部发送了一份备忘录，称在对日作战中利用德国空军的技术势在必行。他还表示，美军应当忽略这些科学家的纳粹党籍。“此事关乎国家安全问题，自尊和颜面毫无立足之地。”奈尔写道。

战争部总参谋部当然不会轻易就范，至少目前来说是如此。帕特上校得到消息，这些设备将被立即运出福肯罗特，但将德国科学家送往莱特空军基地仍需时日。帕特亲自监督这次大规模空运行动，将德国的飞机和火箭零件以及 5 000 份科技文件从福肯罗特运往美国。与此同时，他和部下跟踪线索，抓捕了大批德国空军的科学家和工程师，并与他们达成一系列合作协议。帕特告诉这些德国人，虽然他暂时不能为后者拿到美军的协议，但这一天很可能为期不远。帕特还将数十名德国科学家和工程师安排到温泉镇巴德基辛根的维特尔斯巴赫尔霍夫酒店，让他们尽情地享用美食和烟酒。在这里耐心等待，帕特告诉这些科学家说，美军的协议指日可待。

随后，帕特上校和奈尔少将开始绞尽脑汁，试图说服战争部，使其相信他们的建议对美国最为有利。

比芥子气更恐怖的毒剂

与此同时，盟军在汉诺威以西 75 英里处发现了迄今为止数量最大的一批化学武器。1945 年 4 月 16 日，蒙哥马利第二十一集团军的一队英国士兵在德军一座废弃的试验场兰布卡麦尔，即“强盗巢穴”的入口处停了下来。这个地方似乎已经无人把守，但英军清楚，武装党卫军仍然藏在附近的树林里。士兵们驾驶装甲车，小心翼翼地穿过绘有“帝国之鹰”和“卐”字符图案的两根廊柱。

乍一看，这里仿佛是一座标准的军事试验场，也就是炸弹爆炸后对其进行测量和记录的地方。“强盗巢穴”位于明斯特诺德森林茂密的乡间，面积 76 平方英里。开阔的场地上布满巨大的弹坑。显然，德国空军的飞机曾经在这里进行投弹练习。富丽堂皇的营房足以容纳数百名军官，还有几座高大的办公楼和一个军官餐厅。接着，士兵们突然看到，前方出现了一座动物园。

对一座军事试验场来说，这座动物园显得过于宽阔。园里足以容纳各个物种和各类体形的动物，有装老鼠、猫、狗和猴子的笼子，还有用于圈养马、牛和猪等家畜的围栏和畜舍。随后，他们还发现一个巨大的木制圆桶，看起来就像一间气雾室。这引起了士兵的警觉。这个木桶高 65 英尺，宽 100 英尺，四周还装有脚手架、管道和通风扇。正是这间气雾室令士兵们肯定，“强盗巢穴”绝非普通的炮兵试验场，而极有可能是一座研制毒气的实验工厂。

与此同时，另一支英国部队在“强盗巢穴”西南方数英里外发现了两座地堡群，地堡群内共有近 200 座建筑。这些地堡隐藏得相当巧妙，从上空只能看到茂密的树林。第一座地堡群包括几十个间隔相同的小型木制建筑，两侧还建有大小与之相近的混凝土碉堡。出于谨慎，士兵们将所有物品一一记录在案。在其中一座地堡内，他们发现数千枚被整齐地码在一起的炸弹，每一枚炸弹上都绘有一个黄色的油漆圆环，即芥子气的通用记号。第一次世界大战期间，交战双方都曾使用过这种恐怖的化学武器。据英国士兵记录，这里共有 10 万枚芥子气炮弹。

距此不远处，士兵们又发现了第二座军火库，从标志来看属于德国空军。其中 175 座地堡装满了炸弹，每一枚炸弹上都绘有 3 个神秘的绿色圆环。由于无法辨认这种武器，蒙哥马利第二十一集团军麾下的英国士兵向最高统帅部发去急报，要求派遣一队化学武器专家，以鉴定地堡中的军火究竟为何物。很快就有两支队伍来到当地，一支来自英国波顿镇的化学武器实验机构，另一支来自 CIOS，其中包括蒂利少校和塔尔上校。

对于这种神秘炸弹中填充的物质，CIOS 和波顿镇的科学家感到极为紧张。他们认为，在打开炸弹的外壳之前，最好先找到当地的德国科学家，后者也许会了解里面的物质。于是，科学家们开始在“强盗巢穴”附近搜寻，并敲开了那些装潢相对考究的住所大门。不出所料，CIOS 的军官找到了大批曾在“强盗巢穴”工作的人员，他们承认自己是德军的科学家。虽然这些科学家无一例外地声称，他们不清楚这座兵工厂测试的是何种武器，但 CIOS 的军官还是说服了其中几名德国科学家，协助他们从这些神秘炸弹的内部提取出某种液态物质。

此时，美军第 45 化学实验公司的化学家也已经带着移动实验室和装满野兔的笼子到达现场。一开始，他们认为这种用 3 个绿色圆环标记的物质可能是纳粹科学家研制的某种新型糜烂性毒剂，其化学性质与芥子气类似，但杀伤力也许更大。但事实证明，这些化学家大错特错。他们利用移动实验室的兔子测试提取出的物质，实验结果令人震惊——它能够以5倍于芥子气的速度杀死笼中活蹦乱跳的兔子，无论这种液体是什么物质，在此之前英美两国的科学家都闻所未闻。更加令人惊恐的是，这种液态物质在常温下具有强挥发性，无须经过呼吸系统进入血液循环系统，就足以致人于死地。只要一小滴沾在皮肤上，兔子就会在几分钟内死亡。在战争期间，英国政府虽然向市民分发了数百万副防毒面具，但是显然对于这种致命的化学武器却毫无用处。

CIOS 在现场的特工向盟军最高统帅部的上级发去一份绝密报告，称其缴获了一种极其危险的新型化学武器。他们在这种空投炸弹里“发现了一种威力强大的神经毒剂，其中含有某种未知的有机磷成分”。“二战”期间，纳粹德国一直在研制这种武器，并将其储藏在兰布卡麦尔附近森林中的200座地堡里。迄今为止，从未有人合成出杀伤力如此巨大的化学物质。CIOS 特工此时还不知道，这种神经毒剂就是塔崩，而绘有3个绿色圆环的德军空投炸弹来自法本公司在波兰的戴赫福斯工厂。

现在，盟军的化学武器专家掌握了世界上最危险的“奇迹武器”之一，以及第三帝国极力保守的高级机密。然而令人惊异的是，德国尚未对盟军使用这种武器。

究竟是哪些科学家发明了这种神经毒剂，他们如今又身在何方？

在柏林市中心的地下，临近帝国总理府的一条隧道被当作临时医院。瓦尔特·施莱伯少将正在那里为受伤的德国士兵进行紧急治疗，包括输血、截肢或采取其他任何必要措施。施莱伯是第三帝国军医署署长，并非普通的医生，所以并不熟悉如何对伤员进行鉴别分诊。然而，就像他后来在纽伦堡作证时所说的那样，医院里所有的同事都已逃出柏林。虽然这话未必属实，但当时人手无疑十分短缺。施莱伯身高 5.6 英尺，体形矮胖，金发碧眼，鼻尖浑圆。他有着过人的毅力和精力，只要下定决心，没有他完不成的任务。对于这一点，施莱伯颇感自豪。

1945 年 4 月 20 日是元首希特勒 56 岁诞辰。柏林的广播电台从一早就开始播出宣传部部长约瑟夫・戈培尔的致辞《生日快乐》，他号召所有德国人衷心信任和拥护希特勒，至死不渝。当施莱伯博士在地下的临时医院里为伤兵做手术时，几乎就在他的正上方，一群纳粹同事正在帝国总理府的断壁残垣举行聚会。正午时分，纳粹的高层人物纷纷到来：施佩尔、戈林、希姆莱、卡尔滕布伦纳、里宾特洛甫、邓尼茨、凯特尔、约德尔和克雷布斯。这个房间十分宽敞，墙壁上镶嵌着抛光大理石，大门一直从地面延伸到天花板。他们陆续在一张巨大的会议桌旁落座，上面摆满香槟与美食。希特勒发表了简短的讲话，声称苏联人即将遭遇开战以来最惨重的失败。

逃出柏林，解放达豪集中营

当天清晨，苏联红军对柏林发起最后一次进攻。拂晓之前，德军已从距离柏林市中心 55 英里的塞洛高地撤退，因此双方几乎没有进行正面交锋[①]。100 万红军士兵和 3 000 多辆坦克长驱直入，准备与德军决一死战。

各种谣言不胫而走，城市里充满恐慌和混乱。大多数柏林人仍然住在隧道、地窖和防空洞里，只有在寻觅食物时才会来到地面。柏林以西的每一条道路都被难民挤得水泄不通。德军伤亡数字直线上升。在柏林南郊，希特勒青年团的一支分遣队在布科森林附近作战时被大火围困，其中多数团员被活活烧死。瓦尔特・施莱伯少将的临时医院人满为患。在接下来的 12 天里，苏联红军一共向这座城市发射了 180 万枚炮弹。

就在希特勒诞辰之日，克内迈尔和鲍姆巴赫永远离开了柏林。当天一早，鲍姆巴赫接到戈林的密电，指示他面见党卫军少将瓦尔特・弗里德里希・舍伦贝格。后者不仅是臭名远扬的军事情报头目，也是希姆莱手下的二号人物。所有人都心知肚明，纳粹德国大势已去。舍伦贝格在这个关头要见鲍姆巴赫，究竟意欲何为？舍伦贝格告诉后者，有关部门已经签发了对他的逮捕令，并计划在元首的生日宴会上将他抓捕。你应当立即离开柏林，舍伦贝格告诉鲍姆巴赫。随着战局每况愈下，希特勒的亲信大都被疑叛国而遭到逮捕，甚至有可能被立即执行死刑。此时类似的闹剧正在柏林各处上演。希特勒是否已经发觉他们出逃格陵兰岛的计划？

"当时我认识舍伦贝格已有数年，"鲍姆巴赫后来回忆道，"此人十分机智。"鲍姆巴赫认为，舍伦贝格之所以向他走漏消息，只有一种可能：舍伦贝格希望他活着，以帮助自己出逃。"党卫军的高层几乎人人都知道，希姆莱试图通过中间人瑞士红十字会，把集中营的囚犯作为讨价还价的筹码，希望与盟国达成和平协议，以使自己得到军事法庭的赦免。"鲍姆巴赫说。当然，希姆莱肯定不会被赦免。因此鲍姆巴赫猜测，舍伦贝格和希姆莱只是希望利用自己，帮助他们逃往海外。

鲍姆巴赫找到克内迈尔，两人一致认为应当立即逃离柏林。他们乘坐鲍姆巴赫的宝马轿车，向北部的特拉沃明德机场疾驰。一架装有各种必需品并加满燃油的长途水上飞机正在停机坪上待命。按照原定计划，届时他们将与施佩尔一起出逃。"飞机随时可以起飞。我们的储备足够使用 6 个月。"鲍姆巴赫在战后回忆说。这座机场位于柏林以北 200 英里的波罗的海上。当克内迈尔和鲍姆巴赫到达机场后，他们发现，很多空军军官正在收拾行李，脱下军装，准备混进平民中逃之夭夭。就在这时，鲍姆巴赫的助手突然发来一条紧急信息。这一次，信息来自希姆莱本人。这位党卫军少将希望立即面见鲍姆巴赫。鲍姆巴赫需要赶往希姆莱的住地，位于特拉沃明德和柏林之间的梅克伦堡，于是他请克内迈尔陪自己一同前往。

通向梅克伦堡的路上挤满难民，那里是少数几个仍然由德军控制的地区。他们在沿途看到，已然是强弩之末的党卫军，仍奋力驱赶集中营里的俘虏，以免后者落入盟军之手。由于路上难以通行，5 个小时后，鲍姆巴赫和克内迈尔才走出 100 英里。最后，他们终于来到希姆莱开阔的乡间宅邸“多宾庄园”，在党卫军警卫的护送下进入园内。“将军立刻就会接见你。”一名警卫说。克内迈尔奉命在希姆莱的办公室外等候，而鲍姆巴赫跟随警卫通过一条狭长的走廊，登上旋转楼梯后，来到希姆莱的书房。希姆莱独自坐在书桌后，身穿印有党卫军骷髅头标志的灰色野战服，但制服的袖子显然过长。鲍姆巴赫注意到，希姆莱左手的小拇指上戴着一枚便宜的戒指。希姆莱透过招牌式的夹鼻眼镜，打量了一下这名轰炸航空兵总监，然后开门见山。

据鲍姆巴赫在战后回忆，当时希姆莱对他说：“我派你去处理空军的一些问题。战争已经进入最后阶段，我不得不作出一些极其重要的决定。”鲍姆巴赫静静地听着。“在不久的将来[②]，我很可能会通过某个中立国，与敌方进行谈判。”希姆莱接着说，“我听说，适合从事这项活动的所有飞机归你管辖。”鲍姆巴赫一边望着窗外精心修剪的花圃，一边思索该如何作答。是的，鲍姆巴赫告诉希姆莱，他可以随时调遣这些飞机。听到这里，希姆莱的语气变得更加和蔼，鲍姆巴赫回忆道。他询问在接下来的几天里，在哪里可以找到鲍姆巴赫。在特拉沃明德机场，鲍姆巴赫回答。就在这时，一名助手打断了他们的谈话，宣布陆军元帅凯特尔来此拜望。鲍姆巴赫退了出来。

鲍姆巴赫回到客厅，克内迈尔正在那里等候。在此期间，克内迈尔已经猜到希姆莱这座豪华府邸的主人是谁。这座庄园曾经属于一位英国勋爵，即人称“石油界拿破仑”的亨利·德特丁爵士。在克内迈尔身旁的角儿上，放有两幅银框镶嵌的肖像。其中一幅画的是身穿中世纪猎装、手持大刀的戈林，上面写着：“送给亲爱的德特丁，感谢你将罗明顿帝国狩猎小屋慷慨相赠。”“二战”结束几十年后，克内迈尔才将这个细节告诉自己的儿子。第二幅是希特勒的肖像。“亨利·德特丁爵士，”上面写道，“谨代表德国人民，感谢你慷慨捐赠 100 万马克。阿道夫·希特勒。”

克内迈尔和鲍姆巴赫从客厅走了出来。在走廊上站岗的党卫军警卫僵硬地敬了个礼，然后告诉两人，希姆莱为他们准备了咖啡和三明治，他们可以在用餐结束后返回特拉沃明德。

施佩尔决定到元首地堡，最后一次拜见希特勒，以满足自己“再次见到他的强烈愿望”。因此，格陵兰岛的出逃计划又被搁置起来[③]。施佩尔独自驾驶专车，从汉堡出发返回柏林。在距离市区 55 英里的地方，道路变得难以通行。“上万辆汽车挤在一起，造成了交通堵塞。”施佩尔回忆道。没有人前往柏林，所有人都准备出逃。西行的汽车占据了所有车道。“破旧的老爷车、豪华轿车、卡车、货车、摩托车，甚至还有柏林的消防车”堵住了他的去路。由于无法前行，施佩尔只得调头，开往屈里茨某师参谋总部。到达那里之后他才得知，苏军已经包围了柏林。

施佩尔获悉，柏林市内只有一座机场仍处于德军控制之下，即哈弗尔河畔的加图机场。他决定立即飞往柏林，但只有梅克伦堡附近空军雷希林试验中心的飞机还有燃油。现在，航空燃油极为稀缺，而飞机无疑还有其他用途。施佩尔坚持要求雷希林的指挥官派遣一名飞行员带他飞入柏林。指挥官解释说，从加图机场出发，无论是开车还是步行，施佩尔都无法抵达元首地堡，因为苏军已经控制了当地的交通。要想进入新帝国总理府地下的元首地堡，施佩尔必须乘坐另一架小型飞机，从加图机场飞往勃兰登堡门。这就是说，他还需要一架类似“白鹳”的短距离起降飞机（STOL）。

“在一支战斗机队的掩护下，我们飞上了海拔 3 000 多英尺的高空，也就是战场上空几英里的地方，开始向南进发。”施佩尔回忆道。“当时的能见度极高……甚至可以看到开炮时或炮弹爆炸后转瞬即逝的闪光。”飞机着陆后，加图机场已无人把守，只有希特勒手下的一名将军正准备匆匆逃离柏林。施佩尔和飞行员进入另一架已经等在那里的“白鹳”，在柏林上空经过短途飞行后，来到勃兰登堡门前的一片瓦砾中。随后，施佩尔征用了一辆军用汽车，自行驾车来到了面目全非的总理府前。

美国的轰炸机已将新帝国总理府的大楼变成一片废墟。施佩尔爬过一堆本应是天花板的碎石，走进曾经是客厅的地方。希特勒的助手尤利乌斯·绍布站在那里，正和几个朋友喝着白兰地。施佩尔大喊了一声。绍布看到他吃了一惊。众人立即散开，绍布也匆匆离去，向希特勒通报施佩尔前来拜望，留下他独自站在断壁残垣旁等候。最后，施佩尔终于听到了他想要的答复：“元首现在准备见你。”

施佩尔走下 44 级台阶，进入元首地堡内。“希特勒的梅菲斯特”（最初于文献上出现是在浮士德传说中作为邪灵的名字，此后在其他作品成为代表恶魔的定型角色。——译者注）鲍曼已经在那里等候。鲍曼希望了解施佩尔此行是否为劝说希特勒与他一起逃出柏林而来。与此同时，宣传部部长约瑟夫·戈培尔及其妻子玛格达正在地堡内，计划杀死 6 个孩子后双双自尽。希特勒的情妇爱娃·布劳恩邀请施佩尔来到住处，品尝蛋糕和酩悦香槟。次日凌晨 3 点，希特勒准备与他见面。“我既感伤又困惑，”施佩尔后来回忆说，“我们会面后，他始终面无表情。他的言辞就像他的手一样冰冷。”

“这么说，你准备离开？”希特勒问施佩尔，然后他说，“好的。再会。”施佩尔感觉受到了轻视。“他既未问候我的家人，也没有祝福，没有感激，没有道别。”那一刻，施佩尔突然失去了往日的沉着，喃喃自语地说要东山再起。但希特勒告诉他的战争与军备部部长可以退下了，施佩尔只好转身离开。

施佩尔与希特勒会面 6 天后，美军解放了慕尼黑郊外的达豪集中营。1945 年 4 月 29 日清晨 7 点 30 分，第七集团军第 157 步兵团第 3 营的 50 辆坦克来到慕尼黑西北 10 英里处。乍一看，这里只是一个普通的军事哨所。当时天气寒冷，空中还飘着雪花。哨所四周是高高的砖墙、通电的铁丝网和深深的壕沟，里面矗立着 7 座加固警戒塔。高大的铁门紧紧关闭，还被上了锁。几名美军士兵翻过栅栏，割断门锁，打开大门。士兵蜂拥而入，与敌军进行短暂交火。

土耳其记者尼林 · E. 冈恩因报道过华沙的犹太人居住区而被关进达豪。他亲眼看到，警戒塔里的一些党卫军看守开始举枪射杀俘虏。但美军士兵速战速决，冈恩说：“党卫军看守双手高举，纷纷跳下梯子投降。”还有人记述，一些俘虏对他们的党卫军看守发起了残酷的报复。很快，第 45“雷鸟”步兵师的另一支队伍从西南方逼近达豪，再次与敌军展开交火。他们在防区外发现了 50 辆被遗弃的露天车厢，每一节车厢里都堆满瘦骨嶙峋的尸体，合计约有数千人之多。

达豪是纳粹的第一座集中营，1933 年 3 月 20 日由希姆莱建立。这里最初是关押共产党和纳粹政敌的地方。按照纳粹法律，他们可以被“集中”起来，进行保护性监禁，因此其关押地被称作集中营。但情况很快发生了变化，希姆莱使集中营演变成为“独立于刑法和普通法之外的合法行政单位”。达豪曾经是党卫军集中营看守的训练中心，后来成为其他集中营建立和运营的榜样。此外，这里还是纳粹开展医学研究项目的楷模，很多医生都曾参与其中，而这些人正是后来“回形针行动”的网罗对象。当时无论美国或英国的情报部门都不知道[④]，德国空军的科学家就是在达豪开展人体医学实验的。

这项工作在独立的区域进行，与其他营区相互隔绝，被称作“5号实验牢区”。纳粹德国的很多顶尖医学博士都来过这里。“5 号实验牢区”的研究是丧失良知的科学研究，是为了罪恶目的进行的邪恶科学研究。在参与过达豪人体实验的纳粹医学博士中，至少有 6 人成为第一批与美军签订合作协议的科学家，而这无疑是“回形针行动”最黑暗的秘密之一。

第 5 章

希特勒的科学家

“火箭之父”冯·布劳恩

随着纳粹科学家陆续被俘，战局发生转折。在德意志第三帝国境内，希特勒御用科学家接连被逮捕并受到审讯。达豪解放次日，距这座集中营以北 375 英里处，苏联的指挥官计划对德国国会大厦发起最后进攻[①]。1945 年 4 月 30 日下午 3 点 30 分左右，希特勒在元首地堡内开枪自尽，这时苏联人距离元首地堡的紧急出口只有 500 米。不远处，红军迅速占领了帝国总理府下方的地下隧道，其中包括瓦尔特·施莱伯少将的临时医院。苏联拍摄的电影片段显示，施莱伯将双手举过头顶，从地下室走了出来，不过据称这个片段是几天后由施莱伯本人重新表演的。

齐格弗里德·克内迈尔在柏林以北被英军抓获。鲍姆巴赫、克内迈尔和施佩尔最终未能逃往格陵兰岛。希特勒自尽后不久，鲍姆巴赫接到海军元帅邓尼茨的命令，要求他前往汉堡以北 40 英里的小镇奥伊廷。此前希特勒已经任命邓尼茨为第三帝国继任者，所以邓尼茨在海军营地成立了新一届政府，那里是少数几个尚未被盟军控制的区域之一。

齐格弗里德·克内迈尔没有接到邓尼茨加入新一届内阁的邀请。于是，鲍姆巴赫把宝马轿车留给克内迈尔，后者继续向西逃窜。在汉堡郊外的乡村公路上，克内迈尔看见一辆满载英国士兵的汽车正朝这边驶来。他知道，自己驾驶宝马，一定会被当作高级军官，所以立即把车开下公路，然后弃车徒步逃离。但英国士兵还是在桥下找到他，并将其逮捕。之后，克内迈尔被带往汉堡郊外刚刚解放的一座集中营，那里还关押着数以百计的德国政府官员和纳粹军官。作为俘虏，他身上的贵重物品和各种徽章均被没收。几年以后，克内迈尔才向儿子透露，他曾经设法把身上唯一的一件意义重大的财物藏在鞋子里，即阿尔伯特·施佩尔交给他的 1 000 瑞士法郎。

冯·布劳恩和多恩伯格没有被捕。他们认为美军将来一定会起用自己，于是决定自首。几周前离开诺德豪森之后，冯·布劳恩、多恩伯格以及其他参与过火箭项目的数百名火箭专家藏到巴伐利亚地区阿尔卑斯山上一个偏僻的滑雪村里。他们的别墅“豪斯英格堡”位于海拔 3 850 英尺的高地，旁边是一条寒风料峭的山间公路，这条公路被称作“阿道夫·希特勒关口”。党卫军在这里留下了大量物资，所以他们拥有充足的食物和酒水。据冯·布劳恩在战后回忆，当时他们无所事事，酒足饭饱后不是在阳台上晒日光浴，就是欣赏阿尔高地区冰雪覆盖的阿尔卑斯山美景。“在山地高原的一座滑雪宾馆里，我生活得像个王公贵族，”冯·布劳恩回忆说，“法国人在山麓以西，美国人在山麓以南。但谁也没有料到，我们就住在山顶。”

1945 年 5 月 1 日，科学家们正在收听国家广播电台播放的布鲁克纳第七交响曲。晚上 10 点 26 分，音乐突然被冗长的军鼓声打断。“我们的元首阿道夫·希特勒与布尔什维克斗争到生命的最后一息，今天下午在帝国总理府指挥总部为国捐躯。”播音员宣布。广播中所说的“斗争”纯属杜撰。此前一天，希特勒已在地堡内自尽。但希特勒的死讯促使沃纳·冯·布劳恩决定采取行动。他立即找到多恩伯格将军,建议应尽快与美国人达成交易,二人一拍即合。当天夜间,有人听到他们的对话。多恩伯格说 :“我同意你的意见,沃纳。我们有义务把这些宝贝交给正确的人。”

在豪斯英格堡,火箭专家们一直在使用德国与奥地利的情报网络监视美军动向。冯·布劳恩和多恩伯格知道,一队美国士兵已经在奥地利境内的山脚下安营扎寨。两人一致认为,最好派冯·布劳恩的弟弟马格努斯下山,设法与美国人达成交易。首先,他们绝对信任马格努斯 ;其次,关于 V–2 火箭项目,他清楚什么该说,什么不该说。马格努斯·冯·布劳恩曾经监督集中营里的劳工,生产火箭零件陀螺仪。此外,他还是这群人中英语讲得最好的一个。

5 月 2 日清晨,阿尔卑斯山阳光明媚。马格努斯·冯·布劳恩骑自行车,沿着陡峭的公路向山脚下驶去。将近午饭时分,他遇到一名正在沿途放哨的美国士兵。一等兵弗雷德·施尼科特来自威斯康星州的农村,隶属于美军第 44 步兵师。在看到这个独自骑着自行车的德国人以后,施尼科特命令他从车上下来,举起双手。马格努斯老老实实地照办,然后用结结巴巴的英语向这名美国士兵解释,他的兄长希望就 V–2 火箭项目与美国人做笔交易。“听起来就像他打算把哥哥‘卖给’美国人一样。”施尼科特回忆道。

施尼科特将马格努斯·冯·布劳恩带到山下,然后向位于奥地利边境罗伊特镇的第 44 步兵师美国反间谍特种部队(CIC)总部的上级汇报此事。反间谍特种部队立即与凡尔赛的盟军最高统帅部取得联系,后者立即向当地派出一支 CIOS 队伍。在 CIOS 火箭项目的黑名单上,约有 1 000 多名科学家和工程师需要接受审讯,而冯·布劳恩位居榜首。

1945 年 5 月 1 日,虽然希特勒业已身亡,但德意志帝国仍未投降。

令盟军惶惶不安的狂热抵抗组织“狼人”正潜伏在巴伐利亚一带负隅顽抗，准备绝地反击。反间谍特种部队认为，他们也许能够利用冯·布劳恩兄弟设置圈套，于是让马格努斯转告他的兄长立即下山投降。马格努斯带着这条口信，返回了山顶。

在豪斯英格堡，沃纳·冯·布劳恩和多恩伯格挑出部分人员，加入他们的谈判队伍。其中包括冯·布劳恩的弟弟马格努斯、多恩伯格的参谋长赫伯特·阿克斯特、引擎专家汉斯·林登贝格以及将V–2火箭文件藏在多伦顿矿井中的两名工程师迪特尔·哈兹尔和伯恩哈德·特斯曼。他们将个人物品装入3辆灰色客车，沿着阿道夫·希特勒关口向山下驶去。一路上，暴雪逐渐变成倾盆大雨。

当天深夜，这7人来到罗伊特后，看到查尔斯·斯图尔特中尉正在烛光下批阅文书。据很多人回忆，他们受到了美军的热情款待。“我从不认为我会遭到冷遇，”冯·布劳恩在几年后告诉一名美国记者，“我们掌握了V–2火箭技术，但你们没有。所以你们自然想要了解有关的一切。”美方工作人员给这群火箭专家送来新鲜的煎蛋、咖啡和黄油面包。这些虽然也不错，但远没有豪斯英格堡的食物丰盛。他们被安排在单间休息，房间里准备有干净的枕头和床单。

次日一早，各大媒体已经在门外等候。盟军“俘获”了制造致命武器V–2火箭的科学家和工程师，这对国际媒体来说无疑是一条重大新闻。科学家们一边面对镜头微笑，一边摆好姿势配合拍照。面对记者，冯·布劳恩十分风趣。记者录了他的谈话，听他吹嘘如何发明了V–2火箭，并自诩是“它的奠基者和领头人”，其他所有人都只能屈居其次。

第44师反间谍特种部队的一些成员发现，冯·布劳恩所表现出来的傲慢态度着实令人震惊。“他装腔作势，没完没了地与美国士兵合影，时而眉开眼笑，时而握手言欢，时而指着对方的勋章问这问那，表现得好像是一个社会名流，而不是阶下囚，”一名情报人员写道，“面对我们的士兵，他仿佛是一位纡尊降贵前来访问的参议员。”沃尔特·杰塞尔少尉是最早负责审讯冯·布劳恩的美国情报人员。他对这名火箭专家的第一印象是此人毫无懊悔之意，而这种印象在他的脑海里始终挥之不去。“他既没有承认德国战败，对德国的罪行和责任也只字未提。”冯·布劳恩和多恩伯格深信，他们对美军至关重要，因此要求面见艾森豪威尔将军，并将其称之为“艾克”。

另一名情报人员写道：“如果我们抓住的不是第三帝国最重要的科学家，就是最精明的骗子。”

灭绝营的“普通化学家”安布罗斯

盟军一直在寻找为希特勒工作的化学家，但始终毫无进展。1945 年 5 月初，第七集团军占领了内卡河畔风景如画的古城海德堡。美国军方卡特尔部的 25 名特工，包括战略情报局和对外经济局的工作人员，来到这座城镇，寻找法本公司的董事会成员。

法本公司的董事会成员不仅因战争罪遭到军方通缉，还将接受有关国际洗钱阴谋的调查。据悉，法本公司的大批高级职员均在海德堡拥有住宅，但迄今为止，法本公司权力最大的秘密总裁赫尔曼·施米茨的踪迹却无人知晓。除此以外，施米茨还兼任德国国家银行、德国中央银行以及日内瓦国际清算银行的董事，因此传闻他是德国最富有的银行家。

施米茨并未躲藏起来或者逃离德国，盟军之所以始终没有找到他，是因为海德堡的特工拿到的名单上写着“施米茨·卡斯尔”。尽管赫尔曼·施米茨在战争期间积累了巨大的财富，他为人却十分吝啬。施米茨住在一座普普通通，甚至狭小丑陋的住宅里。“没有人会把传奇人物施米茨与他所住的地方联系到一起。”纽伦堡检察官约西亚·杜布瓦在战后回忆说。

盟军开始挨门挨户地搜索这名战争罪嫌疑人。接到密报后，一群军人来到一所“灰泥碉堡般的住宅”前，从这里可以俯瞰城市全景。他们敲了敲门，从里面走出一个面色红润、脖子短粗的矮个男人。他身后的墙上钉着一块牌子，上面写着：“上帝是这所房子的主人”。施米茨长着一对黑色的眼睛，下巴上蓄着山羊胡子。他的妻子也站在一旁，有士兵称，她是“一个穿着干净格纹棉布裙、身材矮胖的太太”。当施米茨太太招呼士兵饮用咖啡时，遭到了施米茨的阻拦，并告诉她“用不着”。施米茨表示，他没有兴趣回答这些士兵的问题，因为他们的级别低于自己。如果有军官前来商谈，施米茨说，他也许会回答他们的问题。

士兵们草草地搜查了这所住宅。施米茨的办公室装修得十分简单，没有任何奢侈品或者看起来有价值的东西。但是在搜查他的书桌时，他们找到了希特勒和戈林等人发来的一摞生日贺电，两人在电报里将施米茨称为“法学博士”。士兵们确信，施米茨一定在高层结交了不少朋友。

“施米茨法学博士，”士兵们戏弄他说，“你家里有多少钱，都藏在哪里？”

施米茨拒绝回答，士兵们只找到了 1.5 万马克现金。离开之前，这群士兵告诉施米茨，他们还会再来。次日，他们返回施米茨家中。这一次，士兵们在房子后面找到一个防空洞。防空洞里藏了一个皮箱，皮箱里装满法本公司的文件。但是这些文件未能提供充分的证据以逮捕施米茨。几天后，美军再次有了惊人的发现。

当 CIOS 队长蒂利少校得知，美军已经找到赫尔曼·施米茨后，他立即赶往海德堡。在此之前，蒂利和塔尔率领 CIOS 的化学武器团队正在德国境内执行任务。自从在“强盗巢穴”的森林里发现神经毒剂塔崩后，他们一直在寻找法本公司的管理人员，而现在美军已经控制其公司总裁。

假如说有人能够巧妙地对赫尔曼·施米茨进行审讯，那么这项重任则非蒂利莫属。这不仅是因为他能讲一口流利的德语，更因为他对化学战颇为熟稔。抵达海德堡后，蒂利径直来到施米茨的家中。他提议，两人到书房里进行密谈。施米茨点头应允。面对这位法本公司的总裁，蒂利一边问一些老套的问题，一边不停地敲打书房的墙壁。他缓慢地绕着四周行走，想要听清墙壁里是否会发出任何不谐调的声音。施米茨变得越发坐立不安，最后竟然哭了起来。在施米茨书房的墙壁里，蒂利终于找到了他想要的东西：一个秘密保险柜。

赫尔曼·施米茨是德国最富有的银行家，也是掌控第三帝国经济的重要人物之一。他的保险柜里究竟藏着什么东西？蒂利让施米茨将它打开，只见里面平放着一本相册[②]。“相册的木制镶嵌封面上写着：赫尔曼·施米茨任职二十五周年纪念。有可能是指他担任法本公司董事的时间。”蒂利在 CIOS 的一份情报报告中写道。蒂利从保险柜中取出相册，翻开封面，开始浏览里面的相片。相册的第一页写有“奥斯威辛”字样。蒂利看到一张在波兰村庄的一条街道上拍摄的照片，照片旁还附有一张漫画般的草图，“图上画的是曾经居住在那里的犹太人，但绘画的方式显然会引起他们的反感”。图下还有一行小字：“奥斯威辛旧址原貌。1940 年于奥斯威辛。”

就在这时，蒂利在报告中写道，他惊讶地发现，施米茨的情绪变得“格外激动”起来。当时蒂利并不清楚，施米茨的这本秘密相册记录了法本公司的集中营建筑史，而这一切都始于奥斯威辛。1945 年 5 月，包括蒂利少校在内，几乎没有人想象得到在奥斯威辛发生过多么可怕的事情。在那里，共有 600 万人惨遭灭顶之灾，但当时有关这座集中营的真相尚不为人知。1945 年 1 月 27 日，苏联部队解放了奥斯威辛。对于当地发生的暴行，红军的摄影师拍摄了一系列照片和影像资料，但没有向外界公布。次日，只有《斯大林旗帜报》（*Stalin Znamya*）出现了一条有关纳粹灭绝营的简短报道。斯大林打算等到德国投降后再发布所有消息[3]。蒂利推断，这本相册对施米茨十分重要，所以他才不希望被人发现。至于原因何在，蒂利仍然不得而知。

作为 CIOS 队长，蒂利少校一直在搜寻制造神经毒剂的法本公司化学家。赫尔曼·施米茨对法本公司固然举足轻重，但他显然不是化学专家。施米茨声称，他对法本公司化学家的踪迹一无所知。他的相册被作为证据没收，蒂利开始继续搜索法本公司的化学家。与此同时，在德国南部临近波兰边境的小镇根多夫，美军士兵发现了蒂利真正要找的人：奥托·安布罗斯博士。只是当时蒂利从未听说过这个名字。

当一队美军士兵来到慕尼黑东南 60 英里的根多夫镇时，他们注意到，有一个人显得与其他所有人都格格不入。这是他们第一次见到安布罗斯，后者给人留下极为深刻的印象。在纽伦堡审判中，有士兵回忆说，当时安布罗斯穿着昂贵的西服，前来迎接盟军的胜利之师。仅从外表很难看出，他刚刚历经了一场世界大战。士兵们开始询问他的军衔和编号。

“我叫奥托·安布罗斯”，他微笑地告诉众人，他不是军人，只是“一名普通的化学家”。

“你是德国人吗？”士兵们问道。

“是的，我是德国人。”安布罗斯回答。他还开玩笑说，他有很多法国朋友，所以也可以算是半个法国人。事实上，他真正的老家在临近法国边境的路德维希港。安布罗斯告诉士兵们，他之所以住在南巴伐利亚，是因为他是一家名叫法本大型公司的董事。这家公司在根多夫有一家洗涤剂厂，安布罗斯解释。作为法本公司的董事会成员，他负责监督这里的生产工作。德国社会有可能会土崩瓦解，他对士兵们说，但人们仍然离不开洗洗刷刷，而根多夫的法本公司就是生产洗涤用品的。

士兵们让他带路到洗涤剂厂看看。工厂里的确储存着大批肥皂和其他洗涤用品，似乎完全没有受到战争的影响。安布罗斯将众人带到办公室，有人用胶带在墙上贴着五彩缤纷的色谱卡。除了洗涤用品，工厂还生产清漆，安布罗斯解释说。士兵们四处看了看，随后感谢安布罗斯为他们带路，但告诉他不要离开镇上。

“我没有理由逃跑。”安布罗斯回答。但士兵们觉得，他似乎笑得有些过分。

随后几天，有更多士兵来到根多夫。当这位所谓的普通化学家为他们提供免费肥皂时，这些风尘仆仆、浑身污垢的美国士兵感到十分高兴。有些士兵已经一个多月没有洗澡了。然而，奥托·安布罗斯的盛情并未到此为止。这名化学家还为美军提供了强力清洁剂，用来洗刷布满泥浆的装甲坦克。

士兵再次对奥托·安布罗斯进行讯问。这一次，安布罗斯主动提出请工人为自己作证。根多夫法本工厂的工人都剃着光头，个个骨瘦如柴。安布罗斯称，他们是在战争中流离失所的难民，这些人都可以为他的品行作证。他们来自东部德波边境，安布罗斯对士兵们说，是他把这些穷苦的工人带到根多夫。他亲自挑选这些工人，并训练他们努力工作。这样等到这些难民重返家园时，他们就有了独立谋生的技能。这些瘦骨嶙峋的难民十分安静，没有人反驳安布罗斯的言辞。一些人甚至主动帮助美国士兵清洗坦克。

奥托·安布罗斯十分健谈。为取悦美国人，他开始大谈化学的乐趣。举个例子来说，士兵们是否知道，人们能够仅用一种叫作环氧乙烷的化合物，制造出100种东西？这不能不说是一个奇迹。此外，橡胶也是一种令人称奇的物质，安布罗斯对士兵们说，他去过锡兰的橡胶园。橡胶与人十分相似，安布罗斯说，他本人就是一名橡胶专家。橡胶是文明社会的产物，只要保持清洁，橡胶永远匀整完美。安布罗斯告诉士兵们，橡胶厂和人一样，必须时刻保持卫生。哪怕有一丁点儿尘土掺进了液体橡胶桶，有一天在高速公路上就会发生爆胎。就像天然橡胶一样，在法本公司的合成橡胶厂，实验室和工厂必须绝对干净。安布罗斯侃侃而谈，但是对橡胶厂的方位却只字不提，而这座橡胶厂正是由他在奥斯威辛建立和运营的。士兵们对他慷慨赠送的肥皂和洗涤剂表示感激。动身之前，他们再次提醒安布罗斯千万不要离开镇上。实际上，此时他已经被盟军软禁。

几天以后，更高级别的美国官员来到根多夫，他们向安布罗斯提出了更多具体的问题。例如，法本公司的洗涤剂厂为什么要建在地下？几个月后，CIOS 的调查人员才发现，根多夫的工厂曾在战争期间生产过化学武器。1945 年 1 月底，安布罗斯逃离奥斯威辛后，立即和副手尤尔根·冯·克伦克到根多夫销毁证据、藏匿文件，并将这座工厂伪装成生产洗涤剂和肥皂的地方。

癌症专家不可告人的活体研究

1945 年 5 月 17 日，美国士兵在慕尼黑的一个检查站按照例行程序查验证件时，发现一名持有德国护照的男子。此人衣着考究，体重 134 磅，身高 5.9 英尺，长着黑色头发和淡褐色的眼睛，左脸鼻子与上唇间有一道明显的刀疤。护照上的名字是弗里德里希·路德维格·库尔特·布洛梅，头衔教授、博士。

布洛梅的名字触发了警报："头号要犯，立即逮捕。""阿尔索斯行动"的负责人塞缪尔·古德斯密特及其生物武器专家团队一直在追捕布洛梅。陆军反间谍特种部队的特工阿诺德·维斯将其逮捕。在维斯处理相关文件时，布洛梅再次接受检查，随后被押往第十二集团军的审讯中心接受问讯。几天后，中情局的前身战略情报局通过电报发来一份文件称，他们也一直在搜捕布洛梅。

战争罪办公室已经搜集大量有关库尔特·布洛梅博士的信息。他既是第三帝国军医署副署长，也是德意志医师联盟副主席。军方认为，布洛梅可以直接向戈林甚至希姆莱汇报，或者同时向两人提供信息。1942 年，布洛梅被提名出任德国癌症研究中心主任。但"阿尔索斯行动"和战略情报局认为，这只不过是他从事生物武器研究的幌子。布洛梅是一名狂热的纳粹分子，并对此引以为荣。在他的著作《战地医师》(*Arzt im Kampf*) 中，布洛梅把医生的斗争比作第三帝国的斗争。士兵、官员、医生的工作职责并非截然不同，因为他们永远在与敌军和疾病进行抗争。

调查人员将有关信息拼凑起来，试图弄清第三帝国错综复杂的医疗卫生体系，以确定由谁负责哪个部门。其中有一条信息引起审讯人员的格外注意：在某个致力于"卫生工作"的纳粹医师高层组织中，库尔特·布洛梅是成员之一。所谓"卫生工作"，一般是指疾病控制，但据信纳粹德国还用这一词语暗指对犹太人的灭绝行动。在"阿尔索斯行动"掌握的布洛梅与希姆莱的通信中，两人曾经讨论对某些团体的患者，例如患有结核病的波兰人采取"特殊疗法"。特殊疗法究竟有何指意？在布洛梅接受审讯的过程中，盟国的情报部门认为，在纳粹德国卫生委员会中，只有一名医师的地位在布洛梅之上，此人就是臭名昭著的德国卫生部部长里昂那多·康蒂。

布洛梅博士用流利的英语回答了军方第一位审讯者所提出的

问题。他自称是一个“好的纳粹分子”，至少他是一名顺从的纳粹分子，并承诺愿意与盟国合作。一开始，审讯人员认为，如果能从布洛梅这条大鱼口中了解第三帝国的医疗卫生体系，那么审讯工作的前景着实令人激动。

他为什么要与盟国合作？有人问布洛梅。

“我不赞成将最新的医学进步用于实施暴行。”布洛梅博士称。

哪些暴行？审讯人员问。

布洛梅表示，作为帝国军医署副署长，他“注意到一些新的科学研究和实验促成了后来的暴行，例如集体绝育以及利用毒气屠杀犹太人”。当时这番供词可谓骇人听闻。在布洛梅博士直言不讳地承认这一点之前，纳粹的其他高级医师从未有人表示了解包括大屠杀和绝育手术在内的大规模暴行。但布洛梅自愿谈到这些，这让审讯人员看到希望。布洛梅“十分配合，而且聪明过人”，他的审讯者写道。最重要的是，他“自愿提供一切信息”。

但是，美国调查人员的兴奋之情未能持久。在接下来的审问中，库尔特·布洛梅对于纳粹的暴行突然绝口不提。他对审讯者 E.W.B. 吉尔少校说，他只是第三帝国的一名行政人员，没有“亲自参与”任何事情。吉尔少校继续施压，希望布洛梅透露有关其顶头上司里昂那多·康蒂的更多信息。但布洛梅坚称，他对康蒂的工作一无所知。

“我指出，作为一名副职，他应当了解主管的一些情况，”吉尔少校在报告中写道，“他却表示该组织极为复杂，甚至愿意为我画一张图表。”吉尔失去了耐心。“我告诉布洛梅，我不要什么该死的图表，只要他回答我一个简单的问题。假如他对这些工作一无所知，一旦康蒂不在或者生病，他怎么可能接替主管的工作？”

布洛梅的回答一如既往：事情过于复杂，他很难向吉尔少校这样的人解释清楚。对于布洛梅的支吾其词，吉尔感到十分愤怒，并继续向其施压。但直到“阿尔索斯行动”对布洛梅的审讯结束，吉尔少校也无法从后者口中获得任何新的情报。布洛梅声称，他没有听到过吉尔提到的大多数姓名。尽管从 1943 年起他曾先后 5 次与希姆莱会面，但他仍然坚称，他对第三帝国及党卫军的卫生体系一无所知。吉尔质问布洛梅，像他这样一名“癌症专家”怎么会被委以重任，负责德国的生物武器项目。布洛梅表示对此自己毫不知情，所以无可奉告。

“我暗示布洛梅，纳粹德国绝不可能把武器研究最重要的部门交给一个不学无术之人。他先是没完没了地向我解释德国的复杂性，最后终于表示，这有可能是因为他在大学期间撰写过一篇有关生物武器的文章，以申请博士学位。”吉尔少校几乎可以肯定，布洛梅博士在撒谎。但苦于没有证据，他只能向布洛梅出示“阿尔索斯行动”在去年查抄尤金·哈根博士公寓时搜集的有关情报和资料。

吉尔告诉布洛梅，“阿尔索斯行动”的特工对 16 名参与生物武器研究的德国博士进行了一系列审讯，从而得知他们犯下很多恐怖的医学罪行。吉尔接着说，“阿尔索斯行动”已经掌握了能证明布洛梅与这些罪行有诸多瓜葛的文件。例如，他们在尤金·哈根博士的公寓里发现了不少信件，证明布洛梅与哈根之间以及两人与党卫军同事奥古斯特·希尔特博士之间均存在不可告人的秘密。这些信件足以说明，有人为纳粹德国的医生提供人体实验对象。到底是谁在负责这个项目，吉尔问布洛梅，他需要布洛梅供出此人的姓名。

对于吉尔的指控，布洛梅极力否认。吉尔少校告诉布洛梅，他手中有一封信涉及后者。在另一封信中，吉尔说，布洛梅曾指使希尔特博士研究“芥子气对活体的影响”。“活体”一词是不是暗指活人，吉尔问道，但布洛梅仍旧含糊其词。“一谈到党卫军的研究项目，他总是表示，该项目过于机密，就连帝国首席医疗顾问也不得而知。”

吉尔少校在报告中写道。吉尔相信，库尔特·布洛梅在说谎。他可以肯定，哈根、希尔特、布洛梅和党卫军与纳粹在集中营俘虏身上开展的医学研究之间存在某种联系。

“这次审讯毫无进展，”吉尔少校在报告中颇为沮丧地总结道，“虽然我不想过于绝对，但我对布洛梅的第一印象是，此人只不过是一个骗子和庸医。”

德国“零点”：施佩尔之罪，希姆莱之死

在南巴伐利亚的阿尔卑斯山区，当 V–2 火箭科学家设法与美国军方达成协议时，前米特尔维克总经理乔格·里克希正试图混迹于人群之中，掩人耳目。里克希在距离诺德豪森 90 英里的地方找到一份工作，负责运营当地的一座盐矿。在过去的几周里，没有人寻找他的下落。但美国战略轰炸调查团的彼得·比斯利上校刚刚抵达伊尔费尔镇，执行战争部的一项任务。

比斯利奉命寻找在哈尔茨山区建立加固地下兵工厂的工程师。建立这种防弹地堡需要极其高超的工程技术，面对盟军猛烈的空袭，哈尔茨的地下工厂几乎完好无损，这一点令战略轰炸调查团叹为观止。诺德豪森的火箭工厂对战略轰炸调查团尤为重要，因此比斯利上校在前米特尔维克工厂北部伊尔费尔镇废弃的营地安顿下来，开始执行调查任务。

事有凑巧，他选择的营房恰恰是乔格·里克希以前的办公室。从后者遗弃的文件和设备中，比斯利上校得知，里克希掌握着有关如何建立隧道工厂的宝贵信息。于是他开始四处打探，但当地没有人知道里克希的去向。

“我每天都会到小镇的监狱里转转，看是否能找到自己感兴趣

的人。”比斯利在报告中写道。最后,终于有人向他透露了一条信息：乔格・里克希在黑森林一带经营盐矿。比斯利上校立即派出两名官员，到当地寻找里克希的下落。与此同时，比斯利及其团队还在跟踪另一条线索。“在布兰肯堡的一座校舍里，”比斯利写道，“我们发现了一些混杂在一起的文件，上面有施佩尔军备部的标志。”比斯利从这些文件中获悉，乔格・里克希是米特尔维克与军备部之间的联络人。当比斯利派出的两名官员将乔格・里克希押回伊尔费尔镇后，比斯利立即将其逮捕，并开始对其进行审讯。他是“一个神经质的小个子，不停地抽着香烟。无论谈起什么，他总是绕回到科技问题上”。但这次抓捕“带来了极大收获”。

“我给你一项任务，”比斯利告诉里克希，“希望你对自己以及 V–2 火箭工厂的所有活动进行全面描述，还有你们在那里从事什么活动。”里克希表示同意。这项任务完成后，比斯利对这名前米特尔维克总经理说：“我们知道，你是德国政府的官员。我们有许多耐心和时间，也有大量人力，而你们已经输掉这场战争。据我所知，你对火箭十分了解。作为一名美国军官，我希望我的祖国能够全面掌握你所知道的一切，因此我会向上级建议将你送往美国。”

里克希对这条消息表示接受。他告诉比斯利，作为一名科学家，他只希望能在良好的环境中继续工作，例如美国。他同意向比斯利透露一些重要记录的藏匿地点。随后，里克希带着比斯利上校来到数英里外的一个洞穴，那里藏有 42 箱与诺德豪森和 V–2 火箭有关的工作单、工程表和蓝图。这当然不是沃纳・冯・布劳恩藏匿的文件，但对战略轰炸调查团来说却如获至宝。现在，他们虽然掌握大批文件，但比斯利上校意识到，他还需要一名技术专家对其进行翻译。比斯利曾向里克希承诺，将来会推荐他到美国工作，但现在他需要和比斯利一起前往伦敦，对这些文件进行翻译和分析。

1945 年 5 月 23 日，施佩尔终于被捕。当时他正在德国北部格吕克斯城堡朋友家中的洗手间里。施佩尔还记得，当时他正在刮胡子，突然听到门外传来一阵沉重的脚步声，还有人用英语大声发号施令。他顿时感到纳粹帝国大势已去，自己很快会从纳粹高官沦为阶下之囚。他将洗手间打开了一道门缝，伸出布满刮胡膏的脸，只见一群英国士兵站在门外。

“您就是阿尔伯特·施佩尔吗，先生？”一名英国中士问。

“是的，我是施佩尔。”他用英语回答。

“先生，您被捕了。”中士说。

施佩尔穿上衣服，将随身物品装进手提包。英国士兵将其逮捕后离开了城堡④。在此前的 11 天里，施佩尔一直在与美国战略轰炸调查团的官员进行讨论。该组织负责人保罗·尼采是第一个对阿尔伯特·施佩尔展开国际追捕的人。尼采认为，施佩尔掌握着极其重要的情报。于是在 5 月 12 日，他登上 DC–3 专机，从驻地伦敦出发，“不一会儿”就到了格吕克斯城堡，尼采在战后回忆道。弗伦斯堡处于英国的控制之下，施佩尔随时都可能被捕，而尼采需要施佩尔完成一项任务。“我们正在搜集关系到盟军胜败的重要情报和信息，而施佩尔无疑是唯一一个能够提供这些信息的德国人。”尼采说。

尼采的战略轰炸调查团最想了解的是，在战争中，盟军哪一次空袭对德国造成最严重的破坏。美国仍在对日进行空战，而战略轰炸调查团认为，施佩尔所掌握的信息可以帮助美国赢得这场战争。于是，尼采和两名同事乔治·鲍尔及约翰·肯尼斯·加尔布雷斯来到格吕克斯堡。在接下来的 11 天里，3 人在一间装饰典雅的客厅里对施佩尔进行讯问，客厅里贴着红金相间的浮纹织锦壁纸。他们开始讨论，盟军的哪一次空袭对纳粹德国的破坏最为严重，以及哪一次空袭产生的影响微乎其微。

尼采、鲍尔和加尔布雷斯尤其想要知道，纳粹德国的军火工业如何能够支撑如此之久。施佩尔解释，经他提议，德国大部分兵工厂都转入地下。事实证明，即使面对最猛烈的空袭，这些地下工程也几乎不受影响。它们是工程技术上的胜利，其中大多数建筑工程都由弗朗茨·多施和施佩尔的副手、党卫军少将瓦尔特·施贝尔负责。施佩尔的秘书安玛丽·肯普夫负责记录他们的谈话，唯一一次中断是因为公爵的厨师为他们送来午餐。施佩尔并未提到党卫军少将、化学家施贝尔曾经和施佩尔一起从事化学武器生产，否则将有大批人受到战争罪的株连。

美国人对施佩尔是否涉及战争罪不感兴趣，而施佩尔也不会提供任何不利于自己的证据。大多数时候，他都在吹嘘军备部的丰功伟绩。据乔治·鲍尔回忆，战略轰炸调查团在对施佩尔进行审问期间，只有一两次提到集中营的问题。“我曾经问起，关于灭绝犹太人的事情，他都知道些什么？他说对此一无所知，所以无可奉告，但又补充说，他错在没有及时发现这件事情。”鲍尔在战后告诉施佩尔的传记作者吉塔·塞伦尼说。

1945 年 5 月下旬，在美国战略轰炸调查团的 3 名调查员中，只有肯尼斯·加尔布雷斯在审问施佩尔之前参观过被解放的集中营。在达豪和布痕瓦尔德，加尔布雷斯目睹纳粹的种种暴行。加尔布雷斯回忆说：“当时人们刚刚开始听说有关奥斯威辛的传闻。”既然如此，他是否相信，作为希特勒的军备和军工生产部部长，施佩尔竟然对灭绝犹太人的事情一无所知？“不，我不相信他对此事毫不知情，”加尔布雷斯对施佩尔的传记作者说，“他肯定知道有关奴隶劳工的事情。我记得他曾经对我们说，‘你们应该绞死绍克尔（此人于1923 年加入纳粹党，曾任图林根的大区领袖、财政部部长等职。在战后的纽伦堡审判中，被国际军事法庭以“违反人道”等罪名判处绞刑，于

1946年10月16日执行。——译者注)。’一周以后，绍克尔却对我们说：‘你们应该绞死施佩尔。’难道他们也是好人吗？”

在与美国人讨论了11天有关空袭的事情后，英国最终找到并逮捕施佩尔，随后驾车将他押往6英里以外的弗伦斯堡。希特勒政府的其他成员也在当地被捕。在30多辆装甲车护卫下，这些囚犯被送到早已在草坪上等待的两架飞机前。随后，纳粹德国的高层人物被押上飞机，飞往代号“垃圾桶”（Ashcan）的绝密审讯中心。

当天下午，在弗伦斯堡以南100英里吕内堡附近的第31平民审讯营，一名前纳粹国防军中士突然开始高声叫嚷。第31营的负责人托马斯·塞尔韦斯特上尉发现，此人举止怪异。作为俘虏，一般的德国士兵很少会作出如此引人注目的举动。于是，塞尔韦斯特派人叫来这名情绪激动的男子。据塞尔韦斯特描述，此人个头不高，“其貌不扬”，穿着平民的衣服，左眼上还蒙着一块黑色的眼罩。来到塞尔韦斯特上尉面前后，这名丑陋的矮个男子缓缓摘下眼罩，露出一张胡子拉碴的苍白的脸。

“我是海因里希·希姆莱。”这名俘虏轻声说道。

塞尔韦斯特戴上眼镜，立即认出了海因里希·希姆莱。在很多人看来，站在他面前的这个人，是第三帝国权力仅次于希特勒的高官。希姆莱身兼党卫军首领、德国警察总监、德国国防军预备集团军司令和内政部部长数职。这张脸上有一道明显的腭裂和一双邪恶微笑的眼睛。在世人眼中，这张面孔仿佛成了恶魔的同义词。塞尔韦斯特可以肯定，此人正是海因里希·希姆莱。但他还是按照例行程序，让希姆莱签字以验证身份。几天前，希姆莱被捕时向盟军提供了伪造的军方文件，上面写着国防军中士“海因里希·希金格”。

验证显示字迹吻合。塞尔韦斯特上尉立即派人找来第31营最高级别的审讯人员。当他的上级史密斯上尉到达后，塞尔韦斯特下令再次对希姆莱进行全面搜查。英国士兵在希姆莱的衣服里找到两个玻璃药瓶。这种药是治疗胃痉挛的，希姆莱称。史密斯上尉下令再次对他进行身体检查。这一次，第31营的军医韦尔斯上尉在希姆莱的嘴里发现第三个玻璃瓶—— 一个“带有蓝色盖子”的物体。当韦尔斯博士试图取出瓶子时，希姆莱猛地向后一仰头，将瓶子吞了下去。瓶子里装的是毒药。几秒后，希姆莱倒地不起，随后气绝身亡。韦尔斯博士在日记中写道：“这个恶魔于1945年5月23日23点14分停止了呼吸。”

欧洲的战斗终于结束，德国人将这一刻称作“零点”（die Stunde Null）。61个国家和地区被卷入这场由德国挑起的世界大战，战火令许多城市化成一片废墟，在战争过程中约有5 000万人死亡。喧嚣一时的第三帝国终于覆灭。

海因里希·希姆莱和阿道夫·希特勒均已身亡。阿尔伯特·施佩尔、齐格弗里德·克内迈尔和库尔特·布洛梅博士全都沦为阶下之囚。奥托·安布罗斯虽被软禁，但CIOS和“阿尔索斯行动”都无人清楚他的真实身份。沃纳·冯·布劳恩、瓦尔特·多恩伯格和亚瑟·鲁道夫遭到逮捕，如今正设法与美军签订合作协议。乔格·里克希开始在伦敦工作，为美国战略轰炸调查团翻译文件。战争与武器的未来仍未见分晓。这些纳粹科学家的命运又当如何？哪些人将被录用，哪些人将被送上绞架？

1945年5月，官方尚未出台对这些人的处置政策。“‘谁是纳粹’常常是一个黑暗之谜，”第三集团军作战计划部的一名军官在一份递交盟军最高统帅部的报告中写道，“‘什么是纳粹’同样是一个难以解答的问题。”

在随后的几个月里，官方根据某些军事机构的需要，打着威胁在即的名号，就如何处置那些曾为希特勒服务的科学家和工程师作出一系列重大决定。官方的政策也应运而生，一个版本适用于公众，另一个版本适用于参联会。

随着这一政策的出台，一个名为“回形针行动”的无头怪即将浮出水面。

第二部分

科技军备竞赛序幕

德国毁灭战车对科学与工程的利用程度着实令人惊叹，当今社会需要学习德国的地方不胜枚举。

W.S. 法伦　法恩伯勒英国皇家航空研究中心主任

第6章
V-2特别行动

“必须对德国的科技发展予以限制”

交战已经停止，盟军已从远征之师转变为占领部队。德国必须解除武装、废除军备、消除纳粹制度，从而丧失再次发动战争的能力，而科学技术乃是这一问题的关键。“显然，我们必须对德国的科技发展予以限制，”在谈到纳粹德国空军的崛起时，美国陆军航空队中尉约翰·奥马拉在一份CIOS报告中写道，“问题是如何进行限制？”“一战”后签订的和平条约同样作出种种限制，其中之一就是“通过禁止动力飞行阻止德国空中力量的崛起”，奥马拉解释道，“其结果不仅极其荒谬，而且酿成了悲剧”。

德国挑起第二次世界大战之际，其空军实力已经在世界上首屈一指。为避免重蹈覆辙，美国在“对被占德国的指导方针”即参联会第1076号令中承诺，要废除德国发动战争的能力。眼下，德国必须停止一切军事科技研究，纳粹科学家必须予以逮捕，并在拘留中心接受审讯。

为将这些科学家与其他德国战俘分隔开来，盟国远征军最高统帅部在前第三帝国境内设立多座拘留中心，一共监禁1.5万余人。

其中，美国陆军在巴伐利亚阿尔卑斯山区的加尔米施－帕滕基兴关押大约500名科学家，包括冯·布劳恩和多恩伯格等人；在慕尼黑以北的海登海姆关押444名战争罪嫌疑犯；在奥地利的滨湖采尔关押200人；在法国的大谢奈堡关押30人。美国海军在德国科赫尔的收容所内羁押200名科学家和工程师，其中包括很多风洞专家。美国陆军航空队也在德国巴德基辛根关押150名德国空军的工程师和技术人员，其中大多数由唐纳德·帕特上校抓获。英美联合情报资料调查小组委员会在法国的凡尔赛扣留了包括韦纳·奥森伯格在内的50名科学家。至于下一步该如何处置这些科学家、工程师和技术专家，美国始终没有出台明确的政策。

艾森豪威尔将军希望就美方如何处置纳粹科学家这一问题加以澄清，因此从盟国远征军法国总部向华盛顿特区的战争部总参谋部发出电报，请求后者对美国在此事上的长期方针作出具体说明。“我们显然需要约束和控制德国未来的科技研究，”艾森豪威尔将军写道，“但在这个问题上，盟军最高统帅部既缺少指导方针，也无权作出长期规划政策。”这些人是否会被无限期拘留、审讯，然后释放？

战争部对艾森豪威尔的电报作出答复，称他的疑问将被作为“紧急事项”予以考虑。相关事务暂由美国驻欧洲军事情报处被俘人员和缴获物资分处负责。这一部门的职责是：满足被俘科学家的基本需求，包括提供住处和食物，在某些情况下还要为其支付酬劳。直到两周以后，战争部在发给艾森豪威尔的一份声明中，才谈到相关的政策问题。在此之前，美国和德国发生的一系列事件都对战争部总参谋部的这一决定产生了巨大的影响。

由于相应政策的缺失，五角大楼里包括陆军航空队肯尼斯·B. 乌尔夫少将在内的一些高级军官开始各自为政。作为莱特空军基地航空技术勤务司令部工程与采购主管，乌尔夫支持奈尔少将和帕特上校从福肯罗特收缴德国空军战利品的做法。但乌尔夫也从中预见了极具潜力的科学开发项目，并强烈认为需立即制定相关政策。于是，他火速飞往位于法国的盟国远征军最高统帅部总部[①]，面见艾森豪威尔的副手卢修斯・D. 克莱将军，并提出自己的看法。

克莱将军告诉乌尔夫，他并不反对此类项目，但现在时机尚不成熟。“为结束战争，克莱要应付不计其数的要求及千头万绪的局面，同时还承担制订和平计划的繁重任务，所以无暇旁顾，他认为这项工作最好放到 6 个月以后。”历史学家克莱伦斯・拉斯比写道。克莱将军令乌尔夫半年后再来讨论此事，但乌尔夫并未照办，而是径直来到德国的诺德豪森。他在五角大楼的同事瑞尔威・威廉・特里切尔正在为美国陆军军械部火箭分处开展一项绝密的科学情报行动：V–2 特别行动。

时值 1945 年 4 月，在诺德豪森的地下隧道群里，“V–2 特别行动”刚刚开始。在参观这里废弃的火箭工厂，看到遗留在此的大批 V 系列武器之后，乌尔夫将军更加坚定地认为，美国应当立即采取行动，对纳粹科技加以利用。在返回华盛顿的途中，乌尔夫写信给克莱将军，对自己之前提出的建议作出修改。美国军方不仅要立即开始追缴纳粹武器装备，乌尔夫写道，还要雇用发明这些武器的“德国科学家和工程师”，使其转而为美国效力。“如果能够采取适当措施，我们就能一举两得，在阻止德国作为军事大国再次崛起的同时，还可以推进我们未来的工业发展。”克莱将军没有回信，他已经告诉乌尔夫 6 个月以后再谈此事。与此同时，美军以“V–2 特别行动”为名在诺德豪森开展的工作将对所有纳粹科学项目的未来产生极大的影响。

“V–2 特别行动”的负责人是 28 岁的罗伯特・B. 斯塔弗少校，他比任何人都更加清楚纳粹火箭项目的重大军事意义。1944 年冬天，在伦敦筹备“V–2 特别行动”时，斯塔弗和一名英国同事正在格罗夫纳广场 27 号的一间办公室里工作，突如其来的巨大爆炸将他们震翻在地。斯塔弗迅速来到窗边，只见“V–2 火箭爆炸的地方蹿出一股浓烟”，燃烧的金属碎片雨点般从空中落下。斯塔弗略加思索，确定这枚火箭本应“直奔”他所在的大楼而来。所幸火箭提前引爆，楼里的办公人员得以幸免于难。几周以后，斯塔弗在伦敦大理石拱门附近的旅馆房间中酣睡时，强烈的爆炸猛地将他掀到床下。一枚 V–2 火箭在附近的海德公园爆炸，共有 62 人遇难。

虽然几次与死神擦肩而过，但这些经历反而使他变得更加专注于“V–2 特别行动”。6 周以来，斯塔弗每天工作 12 小时，每周工作 7 天，想要尽可能掌握一切有关 V 系列武器的知识。此外，他还对英方提供的诺德豪森航拍照片进行了仔细研究。盟军解放这座集中营后，斯塔弗少校是第一批进入地下隧道的情报官员。

现在，斯塔弗终于来到哈尔茨山区的诺德豪森。1945 年 5 月 12 日，尽管他的任务几近完成，但时间极为有限，因为苏联人很快就会进入该地区。美国军方预计，情报人员会在诺德豪森停留 18 天，这段时间足够红军从柏林来到此地。

美国陆军军械部相信，V–2 火箭可以帮助美国赢得太平洋战争。13 天来，斯塔弗通宵达旦辛勤工作。5 月 22—31 日的 10 天之内，在他的监督下，共有 400 吨火箭零件被装上轨道车，运往安特卫普的港口，然后送回美国。作为斯坦福大学机械工程系的毕业生，斯塔弗知道，制造 V–2 火箭不仅仅是简单地将零件组装在一起。没有设计图或技术图纸，美国工程师即使能将零件拼凑在一起，V–2 火箭也不可能升空。设计图纸一定就藏在诺德豪森附近的某个地方。如果他能买通某个德国科学家，也许就能找到这些重要文件的下落。

两周以来，斯塔弗一直在哈尔茨山区的地下兵工厂搜寻线索，想要找到那些有可能了解 V–2 火箭文件下落的人。当地居民向他讲述了各种各样的传闻。有人称文件已被烧毁，也有人说，文件被装进金属箱，藏在废弃的大楼里、露天的啤酒园和城堡的墙壁间。但这些只是道听途说，没有人掌握确切的线索。与斯塔弗同时来到诺德豪森的还有战争罪的调查人员，他们也向当地居民问了许多问题。就在斯塔弗四处打探火箭科学家的消息时，美国士兵从诺德豪森－朵拉集中营挖掘出了数以千计劳工的尸体。整个小镇弥漫着死亡的味道。

斯塔弗在军用吉普的后座上放了一个箱子，里面装满香烟、白酒和肉罐头。这些在黑市上价格昂贵的货物能够有效地从当地人那里换取信息。1945 年 5 月 12 日，斯塔弗终于得到了想要的线索。有线人告诉他，一位名叫卡尔·奥托·弗莱舍的火箭专家就住在附近。弗莱舍是诺德豪森隧道的工程师，也是纳粹国防军的业务经理。他的顶头上司是多恩伯格将军，所以一定了解很多不为人知的内幕。斯塔弗立即驱车来到这名科学家的住处，并且向后者提出一个建议。比起肉罐头来，这个建议显然更加有力。

斯塔弗少校告诉卡尔·奥托·弗莱舍，他要么与自己合作，要么就去坐牢。V–2 火箭的重要文件就藏在诺德豪森附近的某个地方，斯塔弗说。假如有人了解它们的下落，那么此人非弗莱舍莫属。在逃往巴伐利亚的阿尔卑斯山区之前，迪特尔·哈兹尔和伯恩哈德·特斯曼的确将文件在多伦顿的藏匿地点告诉过弗莱舍。但弗莱舍不愿出卖同事，所以谎称自己毫不知情。同时他还提到了另一名同事：冯·布劳恩的副手埃伯哈德·里斯博士。去问问里斯，弗莱舍说，他是佩内明德装配线的前任主管。

在接受斯塔弗审问时，埃伯哈德·里斯博士提供虚假信息，利用斯塔弗少校将第三名同事从监狱里提了出来。瓦尔特·里德尔是 V–2 火箭发动机结构设计主管，1944 年 12 月曾在瓦尔拉堡被授予十字勋章，如今却在萨阿弗尔德的一座监狱里被人呼来喝去。里德尔被军事情报机构误认为是希特勒的生物武器主管。反间谍特种部队的特工还踢掉他好几颗前牙。情报人员在安全报告中写道，他“身着制服，佩戴党员徽章，是一名狂热的纳粹分子。早在 1937 年，里德尔就加入了纳粹党，成为当时 5 个主要纳粹机构的成员之一”。

在对里德尔进行的一系列审讯中，斯塔弗少校发现，此人生性孤僻，却对宇宙飞行器十分着迷，并将其称作“载人火箭”。在一次审讯中，里德尔坚称，他已经设计出“能够围绕月球作短途旅行”的载人火箭。此外，他致力于研究“空间反射镜，而这一发明主要是用来行善，但也有可能为恶”。里德尔说，除了自己，他认为至少还有 40 名火箭科学家应当被送往美国，完成这一开创性的工作。如果美国不立即采取行动，里德尔说，苏联人肯定会捷足先登。斯塔弗问他是否知道 V–2 火箭的技术图纸藏在哪里，里德尔回答不清楚。

虽然斯塔弗仍有许多问题需要研究，但苏联人的到来只会让事情变得更加棘手。实际上，此时红军已经从柏林出发开往诺德豪森。因为是美军解放了这座集中营，所以这里最初被指定为美国占领区。但斯大林提出抗议，称苏联在战争中有 1 700 万人阵亡，由于蒙受了巨大的损失，苏联理应得到更多补偿。盟国最后同意将美占区中一块狭长区域于 1945 年 6 月 1 日移交给苏联，其中包括诺德豪森以及集中营里的一切[②]。

爱因斯坦旧友——罗伯逊博士的让步

除了苏联人以外，斯塔弗还有更多需要担心的事情。1945 年 5 月 18 日，一架飞机载着物理学家兼军火专家霍华德·珀西·“H.P”.罗伯逊博士，从布伦瑞克出发来到诺德豪森。罗伯逊曾经是“阿尔索斯行动”突击队的领队之一，现任艾森豪威尔总统的科学情报顾问处主任，隶属盟国远征军最高统帅部。罗伯逊博士告诉斯塔弗少校，他希望把弗莱舍、里德尔和里斯带到加尔米施－帕滕基兴进行审问。在战争部就纳粹科学家的问题制定出相应政策之前，他们将与多恩伯格将军和沃纳·冯·布劳恩关在一起。

斯塔弗少校拒绝交出弗莱舍、里德尔和里斯。这些人归他掌管，他告诉罗伯逊。在拟利用纳粹科学为美国服务这一点上，斯塔弗与罗伯逊所见略同。但对于这些纳粹科学家是否应该享受特殊待遇，两人的意见截然相反。罗伯逊博士认为，这些德国科学家曾经为希特勒服务，无异于为虎作伥。他们只不过是一群缺乏道德原则的机会主义者（机会主义是一种有意识的策略或行为，通过利用形势来自利肥己，常常不关心规则、不顾他人处境，机会主义者的行为以自利为主要驱动力。——译者注），“不利于盟国的事业”。对他们进行宽大处理，只会令罗伯逊感到愤慨。

罗伯逊博士是一名理论物理学家，也是普林斯顿大学的教授。为协助战区的工作，他刚刚请假来到这里。他性格开朗、为人和蔼，最喜欢的东西是字谜游戏、常春藤联盟橄榄球比赛和苏格兰威士忌。此外，罗伯逊能讲一口流利的德语，具有很高的科学造诣，还曾于1925年在哥廷根和慕尼黑从事过研究工作，这令他在德国学术界颇受尊重。战争爆发前，罗伯逊博士在德国结识了许多杰出的科学家。但第二次世界大战改变了他对德国科学家的看法，尤其是对那些留在德国继续为希特勒效力的人，他的态度急转直下。

在普林斯顿教书时，罗伯逊博士与阿尔伯特·爱因斯坦关系密切。两人不仅会在一起探讨理论问题，也会谈到希特勒、纳粹和战争。爱因斯坦生于德国，1933年以前一直在德国工作。他曾经担任威廉皇家物理研究所所长和柏林大学教授。但希特勒上台后，为了对纳粹表示抗议，爱因斯坦立刻宣布放弃德国国籍，并移民美国。罗伯逊博士的看法与爱因斯坦大致相同。德国科学家有义务反对希特勒于 1933 年制定的种族主义政策。因此罗伯逊认为，所有曾经为纳粹德国战争机器服务的人都不应该得到宽恕。

斯塔弗少校打出了苏联这张王牌。罗伯逊虽然反对纳粹，但骨子里爱国心切。他能够接触到“阿尔索斯行动”的秘密情报，所以十分清楚，苏联在火箭研究领域取得的进展已经对美国形成日益严峻的威胁。二人都知道，苏联人将在 12 天后抵达诺德豪森。如果斯塔弗不能在此之前找到 V–2 火箭文件的下落，它们终将落入苏联人之手。斯塔弗少校恳请罗伯逊博士同意让自己继续羁押弗莱舍、里德尔和里斯，因为这是美军找到 V–2 火箭文件的唯一契机。罗伯逊终于作出让步。最后，斯塔弗问，罗伯逊博士是否能够提供任何有关 V–2 火箭下落的信息，或者他是否忽略了能够帮助美军找到这些文件的某些细节或线索？

罗伯逊博士不仅具有极高的科学造诣，而且对德国的科技情报系统十分熟悉。因此对纳粹的顶尖科学家和高级军官来说，他无疑是一名极其高效的审讯者。德国国防军将领、党卫军军官和科学家们都急不可耐地希望与他交谈。听到斯塔弗这样一问，罗伯逊忽然想到一件事情。他从衬衫口袋拿出一沓纸来，看了看上面的记录。在此之前，他曾经审讯过一个名叫冯·普略茨的火箭专家，并且得到一条重要线索。罗伯逊决定将这条线索告诉斯塔弗少校。

“冯·普略茨说，多恩伯格将军曾经告诉罗斯曼将军，制造 V 系列武器的文件藏在布莱谢罗德的盐矿下，被封在其中一个井筒里。”罗伯逊看着记录说。他建议斯塔弗将这条信息善加利用，并且同意其继续羁押弗莱舍、里德尔和里斯。与此同时，他将亲自前往加尔米施–帕滕基兴，对多恩伯格将军和冯·布劳恩进行审讯。

在加尔米施–帕滕基兴，罗伯逊博士找到正在晒日光浴的火箭专家。这里的巴伐利亚滑雪度假区也是1936年阿道夫·希特勒举办冬季奥运会的地点。如今，美军将数百名科学家安置在当地的一座兵营中。这里食物丰盛，空气清新。“春季正是登山的季节，”迪特尔·哈兹尔在回忆录中写道，“从窗边或阳台上极目远眺，到处都绿树成荫，繁花似锦。这里少雨晴朗，几乎每天都能在院子里的草坪上晒日光浴。”哈兹尔唯一不满的是，在这里他既不能接收信件，也不能打电话，没办法与外界联络。

从罗伊特的最高司令官总部转移到加尔米施–帕滕基兴后，沃纳·冯·布劳恩、多恩伯格将军及其团队就一直待在这里。在人迹罕至的阿尔卑斯山上，面对情报人员的审问，这两名科学家不是虚与委蛇，就是支吾其词，故意隐瞒信息，这使审讯人员懊丧不已。罗伯逊来到此地，希望能够从他们口中套出更多有用的情报信息。

现在，希特勒火箭研究团队的大多数成员都在这里，其中包括藏匿V–2火箭文件的迪特尔·哈兹尔和伯恩哈德·特斯曼，也就是斯塔弗正在寻找的两个人。但迪特尔和特斯曼并未向冯·布劳恩或多恩伯格透露，他们已经把文件的藏匿地点告诉了卡尔·奥托·弗莱舍。多恩伯格和冯·布劳恩以为，谈判的筹码仍然掌握在自己手中。情报人员沃尔特·杰塞尔察觉到，多恩伯格和冯·布劳恩有些不对劲，这两名火箭专家似乎在耍滑头。

“在CIOS的审讯过程中，多恩伯格始终掌握着主动权。”杰塞尔在报告中写道。一开始，多恩伯格“指示其他科学家全力配合审讯人员，大概以为他们的整个团队会被立即转移到美国”，杰塞尔解释说。但盟国没有提出任何方案。多恩伯格变得越来越难以控制。“之后，他命令众人尽可能地隐瞒信息，甚至缄口不言。”现在，这些科学家们如履薄冰。假如说得太多，就像米特尔维克的运营总监亚瑟·鲁道夫一样，他们当中很多人会因为奴役劳工涉及战争罪受到相关部门的调查。

对鲁道夫来说，对付审问最好的办法就是一问三不知。他在数年后写道，在加尔米施－帕滕基兴的日子令人愉快，因为“可怕的逃亡之旅已经结束”。被软禁在阿尔卑斯山上的几周里，他终于“得以解脱”，但这种如释重负的感觉转瞬即逝，因为他“不肯安于现状”。鲁道夫想要的不只是日光浴。“已经有传言称美国人会把我们带回国内，所以我决定开始学说英语。”他说。但亚瑟·鲁道夫的审讯者对他的看法截然不同。在军事情报文件里，鲁道夫被描绘成一个“百分之百的纳粹分子和危险人物”。“我们需要作出决定，或者将鲁道夫列为线人以获得更多情报，或者将其收监并着手调查其战争罪行”，他的审讯者写道，但最终“提议将其收监”。

鲁道夫希望美国人能够雇用自己。他在加尔米施－帕滕基兴的图书馆里找到了一本名为《绿箭侠》（*The Green Archer*）的凶杀案小说，想要通过这本书学会英语。鲁道夫相信，他一定会得到新的工作，而事实证明，他的推测是正确的。

转移 14 吨火箭技术文件

在诺德豪森，斯塔弗的搜索取得了进展。根据罗伯逊博士提供的线索，斯塔弗少校开车来到事先约好的停车场，准备与新的线人卡尔·奥托·弗莱舍见面。这一次，斯塔弗把瓦尔特·里德尔也带在身边。来到停车场后，就像罗伯逊博士一样，斯塔弗从胸前的口袋里取出一个笔记本。随后，他大声念了一段自己编写得半真半假的情报。“冯·布劳恩、斯坦霍夫和其他所有逃往南方的人均被关押在加尔米施，”他对这两名俘虏说，“我们的情报官员已经与冯·普略茨、多恩伯格将军、罗斯曼将军和卡姆莱将军谈过。”这话同样是真假参半。“据他们交代，你们的许多图纸和重要文件就埋在诺德豪森附近的某个地下矿井里，而里德尔或者是你，弗莱舍，能够帮助我们找到这些文件。”斯塔弗诈称。

斯塔弗告诉这两人，为了自己的利益，他们最好三思而后行。他们可以配合调查，交代 V–2 火箭文件的下落；也可以冒着入狱的危险，拒绝与他合作或隐瞒信息。他们只有一个晚上的时间进行考虑，第二天上午 11 点，他还会在这个停车场与两人会面，斯塔弗说。

次日，斯塔弗来到约定地点。当他看到只有里德尔站在那里，而弗莱舍没有露面时，顿时感到心灰意冷。更加奇怪的是，里德尔说，弗莱舍让他向斯塔弗转达一条秘密信息。弗莱舍会在附近的一个村子里等候，并且向他透露“一些极其重要的消息”。斯塔弗需要穿过几个村庄，前往海恩罗德的三棵椴树旅馆，然后找到公寓的门房。这会不会是个陷阱，到头来斯塔弗仍是竹篮打水一场空？

斯塔弗和瓦尔特·里德尔驾车来到了三棵椴树旅馆。旅店老板向他们转达了弗莱舍的口信。斯塔弗和里德尔要穿过小镇，经过一条长长的小巷，来到村子的边缘，找到当地一位牧师的住处。于是，斯塔弗和里德尔按照旅馆老板的交代，来到牧师的家中。这名牧师用地道的英语告诉斯塔弗说，弗莱舍马上出来。不一会儿，弗莱舍出现在楼梯顶端。他走下楼梯，请斯塔弗随他到外面的苹果树下私下交谈。在那里，“弗莱舍用小得几乎听不见的声音向我道歉，承认之前在 V–2 火箭文件的事情上没有完全坦白”。斯塔弗回忆道。事实上，他不仅知道文件藏在哪里，而且“还是诺德豪森唯一一个知情者”。但问题是，据弗莱舍称，以防有人找到这些文件，矿井的看守用炸药炸毁了一堵高墙，堵住了矿井的入口。

矿井的看守人员是一名狂热的纳粹分子，绝不会把文件交给斯塔弗少校这样的美国军官。弗莱舍表示，他可以和里斯博士一起完成这项任务，拿到矿井中的文件。尽管弗莱舍极不可靠，但斯塔弗还是决定相信他一次。于是，他把诺德豪森的通行证交给弗莱舍，并为汽车加好汽油，足够后者往返于诺德豪森和矿井之间。弗莱舍和里斯找到矿井的看守赫尔·内贝隆，成功地说服此人与他们合作。弗莱舍用美国军方提供的现金买通内贝隆，让他挖开矿井，寻找藏匿在里面的文件。

矿井里的文件及相关设备不计其数，装有文件的箱子就重逾 14 吨。但现在还有一个难题。英国士兵将于 5 月 27 日抵达诺德豪森，监督苏联红军接管这座集中营。这就意味着斯塔弗少校必须迅速将文件转移。而英方始终认为，美国人会信守承诺，与他们分享所有的 V–2 火箭情报。此事一旦暴露，他们会发觉自己被美国人玩弄于股掌之间。因此，斯塔弗少校必须立即联系巴黎的上级。只有这样，他才能动用载重 10 吨的卡车，在短时间内转移数量如此众多的文件。

斯塔弗吩咐同事看管多伦顿的矿井，而他本人准备搭乘 P–47 雷霆战斗机赶往巴黎。但飞行员说，雷霆飞机是单座歼击机，所以根本不可能搭载第二个人。斯塔弗说，由于任务紧急，他可以挤在飞行员身后狭小的空间里。最后飞行员终于让步。为了避免高空的恶劣天气，他们一路“几乎沿着树梢”低飞，最终平安抵达奥利机场。随后，斯塔弗搭上一辆美国的军用吉普，直奔香榭丽舍。在军械总部，他很快找到自己要见的人：乔尔·霍尔姆斯上校。此时霍尔姆斯正坐在办公桌前。作为技术部主管，他有权批准斯塔弗少校使用半挂车，在英军和苏军抵达前，将多伦顿矿井里的文件转移。

与此同时，斯塔弗还在考虑另一个计划，而巴黎是他采取行动的绝佳地点，他后来回忆道。斯塔弗告诉霍尔姆斯上校，要想令 V–2 火箭项目在美国取得成功，还需要考虑第 3 个因素。他们虽然找到火箭零件以及用于正确组装的技术文件，但只有德国科学家才能让火箭升空。军方必须将这些科学家送往美国，斯塔弗解释道，他们掌握的先进科技知识有助于美国赢得对日战争。

“你来草拟电报，我负责签名。”霍尔姆斯上校说。于是，斯塔弗坐在巴黎的办公室里，开始写电报，正是这封电报对纳粹科学家的命运产生了巨大的影响。“佩内明德拘留了 400 多名从事 V–2 火箭研究的顶尖专家……”斯塔弗写道，“该团队科学主管的思维比美国超前 25 年……这种火箭的后期型号应该可以从欧洲发射到美国。”时值 1945 年，人们难以想象火箭能够跨洲飞行，这种技术极其重要。因此，斯塔弗敦促道：“建议立即采取行动，以防整个团队或该团队的部分成员被其他感兴趣的国家夺走。事关紧急，请尽快回复。”

斯塔弗少校将电报发往特里切尔在五角大楼的办公室，然后返回诺德豪森[③]。在一队荷枪实弹士兵的掩护下，V–2 火箭文件被装上卡车，运往巴黎，再从那里装船，送到马里兰州阿伯丁演习场的外国文件评估中心。“V–2 特别行动”宣告成功。现在，美国陆军军械部火箭分部拥有 100 枚火箭和 14 吨技术文件。但斯塔弗认为“V–2 特别行动”尚未结束，他随即把目光转向德国的火箭科学家。

纳粹“奇迹武器”该何去何从?

在苏联抵达诺德豪森 48 小时前，斯塔弗终于得到最高统帅部的批准。他来到加尔米施 – 帕滕基兴，带着冯 · 布劳恩返回诺德豪森。时间正在一分一秒地流逝。斯塔弗需要在冯 · 布劳恩的帮助下，赶在苏联人到来前，找到哈尔茨山区的每一名火箭专家。

“我们一下飞机就开始忙活。”斯塔弗的团队成员理查德 · 波特博士回忆道。在诺德豪森，他们开始搜寻仍住在该地区的科学家。

斯塔弗拿着一沓卡片，卡片上写有V–2火箭工程师的姓名和住址。他命令附近没有执勤任务的所有美国士兵，驾驶卡车、摩托车、驴车、半履带车以及其他任何带轮子的交通工具，对哈尔茨地区展开拉网式搜索。每到一处，美国士兵就通知科学家们及其家属，该地区即将被苏联占领，他们可以选择乘车离开，或是留在这里。

在施特普费尔斯豪森，美国士兵找到了亚瑟·鲁道夫的妻子玛莎和女儿玛丽安。"一名开着卡车的黑人士兵来镇上找我，"玛莎回忆道，"他手里拿着一份名单，我的名字也在名单上。他对我说，如果我想离开，就尽快做好准备，他会在30分钟后来接我。我的朋友们都劝道：'走吧，走吧，苏联人就快到了。你还留在这里干什么？'于是我收拾好行李，当美国士兵再次到来时，坐上卡车离开了镇上。"

火车站的景象颇为怪异。上千名德国人，包括火箭科学家们及其家属站在铁路站台上，等着挤进闷罐车厢和载客车厢。但火车头迟迟未到，也无人解释原因。人们隐隐感到不安，但仍然保持着平静。就在这时，一群难民突然涌进火车站。有人听说，美国人打算在红军抵达前，将德国科学家带出诺德豪森。因为关于红军报复战败国的传闻较多，越来越多的当地人希望离开哈尔茨。美国士兵手持武器，被召往各个火车站维持秩序，以阻止科学家或工程师以外的任何难民上车。整个场面显得十分怪诞，因为战争刚开始时，火车站也出现过类似的可怕景象。只不过现在角色互换，人们的命运和结局发生了翻天覆地的变化。

直至苏联红军到来前第11个小时，斯塔弗和波特博士才得知，还有另一个麻烦在等着他们。在上车之前，多恩伯格将军承认，他曾经擅自藏匿一批文件。如果他被自己人出卖，这些文件就会成为他手中的王牌。多恩伯格告诉斯塔弗少校，他在巴特萨克萨温泉镇的野外埋藏了5个箱子。这些金属外壳的木箱里装有V–2火箭的重要资料，它们一旦落入苏联人之手，就会对美军造成一场巨大的灾难。斯塔弗和波特开始执行最后一项任务，要在离开哈尔茨之前找到多恩伯格的秘密文件。

他们驾车前往60英里外卡塞尔的332工程团总部，借来几把铁锹、丁字斧、探雷器和3名士兵。回到巴特萨克萨后，就像寻找矿脉一样，他们立即开始对地面进行探测。最后，他们终于找到多恩伯格的金属箱，里面装着250磅重的图纸和文件。这些文件被悉数装上卡车，运往美占区的军事基地。

撤离哈尔茨山区的途中，斯塔弗和波特经过诺德豪森，想最后再看一眼这座集中营。"我真希望在临走前炸毁诺德豪森的整个工厂，但上级肯定不会批准。当时我不敢'擅自行事'，但后来却追悔莫及。"波特回忆道。1945年6月5日，欧洲咨询委员会颁布了一道命令，由艾森豪威尔将军在柏林签署，明令禁止破坏其他国家占领区内的军事研究设施。而波特指的正是这道命令。

现在苏联人即将接管哈尔茨地区。斯塔弗少校已经成功地将大批V–2火箭零件秘密转移，这些零件可以在美国组装100枚火箭。尽管如此，仍有数千吨火箭零件被留在当地。"V–2特别行动"大费周章，甚至不惜在道德问题上作出妥协，但红军却无须耗费一兵一卒，轻而易举地得到集中营里的"奇迹武器"零件。在美军解放诺德豪森11天之后，苏联人终于来到这里。为首的是马林科夫特别委员会从事火箭研究的一队技术专家。诺德豪森的地下工厂几乎完好无损，第三帝国的奴隶劳工就是在这里辛苦工作甚至劳累至死。生产线上摆放着成千上万机械工具，随时可以制造更多零件。

在哈尔茨地区，只有一少部分科学家随美军撤离，美国每带走1人，就有2到10人留了下来。美国战略轰炸调查团在对阿尔伯特·施佩尔进行审讯时得知，哈尔茨是战争结束前最后几个月里纳粹德国制造秘密武器的要地。如今，苏联的秘密警察已经网罗数百名前纳粹火箭科学家和工程师继续开工制造火箭。他们将这里更名为“布莱谢罗德火箭公司”，简称“拉伯研究所”。当美军将冯·布劳恩和其他 80 名科学家及其家属迁往诺德豪森 40 英里以外美占区的维岑豪森时，苏联导航工程师鲍里斯·切尔托克搬进了他们之前所住的别墅。这栋别墅是数年前党卫军从一名犹太商人那里征用的。

科学家们被美军安顿在维岑豪森一所两层校舍里，由军方支付工资，开始制订未来的火箭计划。与此同时，陆军军械部正在想方设法将他们带回美国。曾几何时，纳粹德国的 V 系列武器让美国人深感困扰，如今这些科技文献和科学家反而成为他们的囊中之物。

在华盛顿特区，战争部总参谋部的官员仍未就如何处理这些纳粹科学家这一问题作出决定，艾森豪威尔将军关于长期计划的疑问也未得到答复。有人开始游说战争部副部长罗伯特·帕特森对此事施压。此前斯塔弗少校曾经从巴黎发来电报，谈到如何对待美国“拘留”的 400 名火箭专家。越来越多的人注意到这个问题。

事实上，已经有 5 名纳粹科学家被秘密送回美国，继续从事机密武器研究。海军情报局局长成功地说服战争部总参谋部避开国务院的规定，雇用纳粹制导导弹专家赫伯特·瓦格纳博士及其 4 名助手从事技术研究，以协助美国赢得对日战争。经战争部批准，瓦格纳博士及其团队于 1945 年 5 月中旬从德国飞往华盛顿特区郊外的一个小型机场，并且被安顿在一架军用飞机上。为避免被人察觉，飞机的所有舷窗都被遮盖起来。

“二战”期间，赫伯特·瓦格纳博士曾经担任亨舍尔航空公司的首席导弹设计师。第三帝国首次在实战中使用的空舰导弹 Hs–293 就是出自他手。这种远程控制炸弹成为美国海军和英国皇家海军的克星，在交战期间曾击沉盟军数艘舰艇。因此海军方面认为，瓦格纳博士是一位“知识渊博、经验丰富、技术一流，全世界首屈一指”的专家，他所掌握的制导导弹技术对太平洋战场的胜负至关重要。事有凑巧，就在瓦格纳及其团队抵达美国的同时，新罕布什尔州的朴次茅斯发生一起戏剧性事件，更加印证瓦格纳的专长在对日战争中的重要性。

1945 年 5 月 15 日，《纽约时报》头版头条称，一艘“前往日本的 U–234”纳粹潜艇在加拿大纽芬兰岛开普雷斯以西 500 英里的水域，向美国军舰“萨顿号”投降[④]。这艘潜艇里藏有一批纳粹“奇迹武器”，“据称涉及飞机制造的大量机密”以及“其他武器的图纸和设备部件”。极具讽刺意味的是，其中一种“奇迹武器”就是瓦格纳设计的 Hs–293 滑翔炸弹，其目的是在太平洋战场对付美国海军。此外，这艘纳粹潜艇上还藏有 V–1 飞翔炸弹和 V–2 火箭的设计图纸、潜艇隐形技术的实验设备、一架 Me–262“飞燕”战斗机和 10 个装有 1 200 磅二氧化铀的铅罐，而二氧化铀是制造原子弹的原材料。军方并未向外界公布这些武器的细节，只是提到纳粹德国曾向同为轴心国的日本出售过一些极其重要的“奇迹武器”。更加可怕的是，U–234 潜艇上还有一名顶尖的德国科学家，其任务是教授日本科学家如何自行制造这些纳粹“奇迹武器”。

这名科学家是基尔海军实验基地的主管海因茨·施利克博士。施利克曾在维也纳附近莱奥贝斯多夫的德国空军无线电咨询中心工作，他的对外身份是一名德国“技术人员”。事实上，施利克博士是电子战（指敌对双方争夺电磁频谱使用和控制权的军事斗争。——译者注）领域最出色的纳粹科学家之一，擅长无线电定位技术、军事伪装、干扰和抗干扰、远程控制和红外线。在俘虏施利克博士后，美国海军将其送往马里兰州米德空军基地的军事情报中心。

为使瓦格纳博士取得更多科学成果，海军部认为有必要让他保持愉快的心情。对于这名俘虏，海军部采取更为缓和的说法，称其只是“自愿滞留”。瓦格纳及其助手需要隐秘舒适的工作环境，海军部在一份情报报告中指出，因此最理想的地点是“超脱现实的象牙塔或条件优越的金丝笼，在那里他们可以愉快地生活，卫兵彬彬有礼、把守严密而又不露痕迹”。海军部发现，位于长岛沙点的古尔德城堡符合上述条件。

这座大型石砌城堡占地 160 英亩（1 英亩 ≈ 4 046.86 平方米），曾是丹尼尔和弗洛伦斯·古根海姆的住宅。后来，古根海姆夫妇将其捐赠给海军部作为训练中心。城堡内共有 3 层楼 40 个房间，视野开阔，可以眺望大海，这里无疑是安置纳粹科学家的绝佳地点。很快，瓦格纳博士及其助手开始在代号“特别设备中心”的亨普斯特德宫从事研究工作。

在华盛顿，问题层出不穷。这一次麻烦来自联邦调查局。如果这些纳粹科学家准备为美国军方工作，司法部称，该部需要对其进行背景审核。经 J. 埃德加·胡佛（美国联邦调查局第一任局长）批准，联邦调查局根据欧洲军事情报部门搜集的信息，对瓦格纳的过去进行调查。他们获悉，瓦格纳博士“曾是德国党卫军成员”，而瓦格纳所属的组织名为冲锋队，是纳粹党麾下的准军事部门，其成员身穿褐色制服。这就意味着，瓦格纳曾是一名狂热的纳粹分子。如果他曾经在德国担任前党卫军军官，根据占领部队的有关条例，作为纳粹分子他将遭到逮捕并接受审判。

但海军部提醒联邦调查局，他们急需瓦格纳这样的专业人才，于是瓦格纳被定性为“仅对科学感兴趣的机会主义者”。更让联邦调查局担心的是，据有关情报报告显示，瓦格纳博士最近严重酗酒。但海军部认为，瓦格纳不是一个“酒鬼”，最近的丧妻之痛导致他经常在夜间酩酊大醉。

潜艇里的科学家海因茨·施利克博士被俘后，被送往米德空军基地的军事情报中心。没过多久，美国海军部门发现，施利克博士是一名“极其出色”的专家。施利克很快开始就其在战争期间研究的技术做报告。

他的第一场报告题为《德国海军为重启 U 型潜艇战计划在电子领域采取的措施综述》。海军部希望这名来自纳粹潜艇的科学家与瓦格纳博士一起在长岛的城堡中工作，但国务院的有关规定为这一提议设置了重重障碍。施利克已经被美国军方作为战俘予以拘留。国务院表示，只有将其遣返德国后，他才能得到在美国工作的合同。U–234 潜艇及其乘客的种种经历说明，如果战争部打算大量聘用德国科学家，美国必须成立一个专门委员会，以处理每一起事例的复杂情况。1945 年 5 月 28 日，战争部副部长罗伯特·帕特森终于就聘用纳粹分子为美国军方从事机密研究一事表明态度。

帕特森写信给总统幕僚长海军上将威廉·D. 利希。“我强烈建议采取一切办法，在对日作战中全面利用来自德国或其他方面的信息。”帕特森写道。但他对此也不无忧虑。“这些人是我们的敌人，因此我们必须假定，他们有能力破坏我国战事。招揽纳粹科学家赴美工作势必引起棘手的问题，引起公众的强烈不满；后者极有可能误解此举目的，以及我们为此而对待前纳粹分子的方式。”帕特森认为，为避免上述问题，有必要让负责批准签证的国务院参与到相关决策中来。在专门处理纳粹科学家问题的新委员会成立之前，帕特森提议，由国务院 – 陆军部 – 海军部协调委员会负责此事。

帕特森在写给总统幕僚长的信中敦促，由战争部总参谋部在五角大楼召集会议，但总统并不知晓此信内容。各方一致同意出台一项临时政策，即仅与一小批德国科学家签订协议，“前提条件是他们既非臭名昭著的战犯，也未被控涉嫌战争罪。”与此同时，美国军方将对这些科学家实施保护性监禁。在完成秘密武器研究后，他们会被尽快遣返德国。

战争部向艾森豪威尔将军位于凡尔赛的最高统帅部发去一封电报，建议他在有关问题上采取同样的政策。然而在欧洲战区，对那些曾经在长达数年的时间里为希特勒服务的纳粹科学家来说，华盛顿特区所作决定的影响显然十分有限。

第7章

5号实验牢区

医学罪行调查员——亚历山大少校

战争期间，美国陆军航空队的军医听到传闻，称第三帝国的航空医学专家正在从事尖端研究。对于这些与人体生理机能有关的实验性研究，德国空军始终高度保密。其航空医学专家极少在医学期刊上定期发表文章，相关论文一般出现在纳粹党赞助的医学刊物中，例如《航空医学论文》(*Luftfahrt-medizin*)。美国陆军航空队设法避开著作权法，将这些文章译为英文后重新发表，以便国内的航空军医进行研究。纳粹医学专家取得突破性进展的领域包括海空营救项目、高海拔研究和减压病研究等，即研究飞行员如何在极端寒冷、极高纬度和极快速度下执行任务。

“二战”即将结束时，有两名美国军官对搜集纳粹德国的航空研究机密格外感兴趣。他们分别是美国驻欧洲战略空军司令部军医总监马尔科姆·格罗少将和第8航空队军医主任哈里·阿姆斯特朗中校。两人既是医学博士、航空军医，也是航空医学领域的先驱。

战争爆发前，格罗和阿姆斯特朗共同创建了俄亥俄州代顿莱特基地的航空医学实验室，取得许多重大的医疗进展，从而在空战中挽救了无数美国航空兵的生命。在莱特空军基地，阿姆斯特朗对飞行员使用的氧气面罩作了改良，还对飞行员从事高海拔航行时的生理机能进行开创性研究。格罗发明了重 22 磅的飞行员专用防弹衣，这种服装可以在防空（即对来自空中或外层空间的敌方飞行器进行斗争的措施和行动。——译者注）炮火中保护飞行员的安全。战事即将结束，格罗和阿姆斯特朗看到前所未有的契机。他们开始搜集纳粹航空专家的研究成果，将其与美国陆军航空队所掌握的知识融为一体。

数十年后，阿姆斯特朗接受采访时表示，两人早在法国圣日耳曼的美国驻欧洲战略空军司令部会面时，就开始酝酿此事。他们知道，德国空军的很多研究机构都位于柏林，因此计划由阿姆斯特朗中校前往柏林，搜寻德国空军的医学专家，并劝说后者为美国陆军航空队工作。作为军医总监，格罗可以确保陆军航空队分遣队的军医主任阿姆斯特朗被派往柏林的美占区。这样一来，阿姆斯特朗就可以进入这座被划分为美占区和苏占区的城市。与此同时，格罗将军会返回华盛顿特区陆军航空队总部，游说上级批准并资助建立新的研究实验室，利用纳粹科学家在战争期间取得的研究成果。该计划启动后，阿姆斯特朗立即动身前往柏林。

一开始，搜索工作十分困难。德国空军的所有医学专家似乎都已经逃出柏林。阿姆斯特朗手中掌握一份 115 人的追捕名单，名单首位正是第三帝国最重要的航空医学专家、德国生理学家休伯特斯·斯特拉格霍尔德博士。

阿姆斯特朗曾与斯特拉格霍尔德私交甚笃。“我们的故事要追溯到 1934 年。”阿姆斯特朗在战后回忆。当时，两人正在华盛顿特区参加航空医学协会的年会。他们身上有很多共同之处，所以很快“变成要好的朋友”。两人都是航空生理学的先驱，而且都亲自开展过突破性的高海拔实验。“仿佛有一根纽带将我们连接在一起，他与我年纪相仿，都在同一年出版过有关航空医学的著作。而且他在德国的工作与我在美国的任务完全相同。”阿姆斯特朗回忆道。1937 年，这两名医学专家在纽约市华尔道夫－阿斯托里亚酒店召开的国际医学会议上再次相遇。当时“二战”尚未爆发，纳粹德国还没有遭到国际社会唾弃，斯特拉格霍尔德博士代表德国出席此次会议。两人身上仿佛有了更多相似之处。阿姆斯特朗担任美国莱特空军基地航空医学研究实验室主任，而斯特拉格霍尔德也成为第三帝国航空部柏林航空医学研究所的主管，二人职责大致相当。

如今，战争即将结束，两人已逾 8 年不曾谋面，但在战争期间，斯特拉格霍尔德与阿姆斯特朗同样位居要职。如果有人了解德国空军医学研究的秘密，那么此人非休伯特斯・斯特拉格霍尔德莫属。哈里・阿姆斯特朗下定决心，一定要在柏林找到斯特拉格霍尔德。

阿姆斯特朗的第一站是斯特拉格霍尔德在航空医学研究所的办公室。这座研究所位于柏林郊外的夏洛滕堡，他希望从中找到一些蛛丝马迹。这里一度是德国规模最大的军事医学研究院，有修剪整齐的草坪和精心修饰的公园，但此时已在炮火的轰炸下沦为一片废墟。斯特拉格霍尔德的办公室空无一物，阿姆斯特朗只得在柏林各地那些曾经与斯特拉格霍尔德存在联系的大学里继续寻找。

但阿姆斯特朗询问过的每一位博士或教授都异口同声地表示，他们对于斯特拉格霍尔德博士及其手下大批德国空军医学专家的去向一无所知。

在柏林大学，阿姆斯特朗终于找到突破点。他遇见一位名叫乌尔里希・勒夫特的呼吸系统专家。当时，勒夫特正在一间破旧不堪的教室里教生理课，学生寥寥无几。勒夫特是德国人，相貌奇特、身材高大，但为人彬彬有礼。因为母亲是苏格兰人，所以他能讲英语。勒夫特告诉阿姆斯特朗，苏联人从这所大学的实验室里带走了包括水龙头和洗涤槽在内的所有东西。他只能在当地的一家诊所为那些因战争而无家可归的人们医治伤寒病，以此维持生计。阿姆斯特朗从勒夫特的窘况中看到了机会。于是他告诉勒夫特，自己正在寻找德国空军的医学专家，并打算雇用他们为美国军方从事研究。阿姆斯特朗说，他尤其希望找到一个叫休伯特斯·斯特拉格霍尔德的人。凡是能够帮助他找到斯特拉格霍尔德的人都会得到奖赏。勒夫特博士告诉阿姆斯特朗，此人正是他的前任上司。

勒夫特称，在“二战”结束前一个月，斯特拉格霍尔德解雇了航空医学研究所的所有职员。随后，他与几个过从甚密的同事前往哥廷根大学。现在他们仍在当地英国人掌管的一所研究实验室工作。阿姆斯特朗对勒夫特表示感谢，并立即前往哥廷根寻找休伯特斯·斯特拉格霍尔德博士。阿姆斯特朗始终认为，无论英国人为他支付多少报酬，鉴于两人过去的交情，他一定可以将斯特拉格霍尔德挖走。此外，一旦新的研究实验室获得批准，他还将得到大笔资金。按照阿姆斯特朗和格罗的计划，他们可以聘用 50 多名德国空军的医学专家，届时斯特拉格霍尔德及其同事将有大量工作需要开展。

接下来发生了一起戏剧性的事件，起因是另一名军官也在寻找休伯特斯·斯特拉格霍尔德。此人即医学战争罪调查员、医师利奥波德·亚历山大少校。军方情报机构将斯特拉格霍尔德列入战争罪和安全嫌疑人中央登记处的嫌犯名单，而亚历山大少校的任务就是找到此人。

至于阿姆斯特朗是否明知军方对斯特拉格霍尔德的指控，但他却故意视而不见，还是对其被列入中央登记处名单一事毫不知情，人们无从知晓。但阿姆斯特朗招募斯特拉格霍尔德博士与美国陆军航空队实验室合作的计划本身就违反战争部刚刚制定的政策。德国科学家可以与美国军方签订协议，以从事研究工作，但“前提条件是他们既非臭名昭著的战犯，也未被控涉嫌战争罪”。中央登记处对斯特拉格霍尔德博士的指控十分严重，其中包括可判死刑的战争罪。

德国投降后，随着对纳粹分子的战争罪进行起诉的舆论呼声越来越高，中央登记处名单应运而生。1945 年 5 月 7 日，《生活》杂志刊登了盟军解放布痕瓦尔德、贝尔根·贝尔森及其他死亡集中营的故事，并配以彩色插图。这是官方首次向公众披露的文献证据之一。面对这些令人发指的图片，世界各地的人们对纳粹分子实施的暴行表示极大愤慨。死亡营、劳工营以及大规模集体屠杀是对交战规则的公然挑衅。公众强烈要求对纳粹分子犯下的战争罪进行审判，使其伏法受诛。

1942 年，盟国在伦敦成立联合国战争罪行委员会（UNWCC），负责调查纳粹分子的战争罪行。但该委员会并不负责追捕罪犯，而是将这项任务委派给盟国远征军最高统帅部执行。战争罪行委员会下设 3 个委员会：第Ⅰ委员会负责搜集名单，第Ⅱ委员会与最高统帅部共同协调执行问题，第Ⅲ委员会负责提供法律咨询服务。而战争罪和安全嫌疑人中央登记处是位于巴黎的一个独立组织，负责收集和维护有关战争罪嫌疑人的信息。

德国战败后，最高统帅部向各地派出战争罪调查员，寻找德国的医学专家，以便对其进行审讯。其中一名调查员是美国陆军少校、波士顿州立医院精神病专家和神经学家利奥波德·亚历山大博士。“二战”结束仅两周后，亚历山大在英国一家军医院照料战争中受伤的老兵时，突然得知自己有了新的任务。这项临时任务不仅彻底改变了他的人生，也改变了他对医生这种职业以及美国的看法。

在纽伦堡对纳粹医生进行的审判中，亚历山大博士将在无意间成为最重要的人物之一。此外，在“回形针行动”的历史上，他也将在一起引人注目的事件中扮演关键角色。但这些都是 7 年之后的事情。如今随着战事结束，亚历山大按照最高统帅部的命令，在英国登上一架军用运输机，前往德国展开战争罪行调查工作。他的第一站是达豪集中营。亚历山大还不知道，“二战”期间，德国空军的医生正是在这里进行了罪恶的医学实验，而这些实验是在一个名为“5号实验牢区”的秘密营区里进行。

1945 年 5 月 23 日，39 岁的利奥波德·亚历山大博士乘坐一架美国军用运输机，飞往慕尼黑。在机场以北大约 15 英里的地方，飞机开始在低空盘旋。这是他第一次见到解放后的达豪集中营。“幸存的俘虏们对着飞机一边挥手一边欢呼。我们看见，营地里已经建起两座美国战地医院。”当天深夜，亚历山大在日记中写道。

美国飞机为这些刚刚重获新生的俘虏们带来了成吨新鲜的腌牛肉、土豆沙拉和货真价实的咖啡。由于身体过于虚弱，很多俘虏无法离开集中营。此外，飞机还送来美国红十字会和美国斑疹伤寒委员会的医生和护士，有时候还会带上一名像亚历山大这样的医学战争罪行调查员。亚历山大博士计划走访德国多处被怀疑有过医学犯罪行为的医疗场所和机构，而达豪集中营只是这趟漫长旅程的第一站。他随身携带最高统帅部的命令，这道命令准许他“全权调查任何相关事件”，并且“在认为有必要的情况下，转移所有文件、设备或人员”。

命运和环境使他成为这项工作的不二人选。就像“阿尔索斯行动”的科学主管塞缪尔·古德斯密特一样，亚历山大博士有着独特的专业背景，最适合对德国医生开展调查。此外，其间还夹杂着一些个人恩怨。他曾经是德国医学界一颗冉冉升起的新星，但也是一名犹太人。1933 年，德国的种族法禁止这名 28 岁的医生继续行医。他一度万念俱灰，转而投奔美国。转眼 13 年过去了，如今他再次踏上德国的土地，过去发生的一切恍如隔世。

从记事时起，利奥波德·亚历山大就渴望像父亲一样做一名医生。“之所以要当医生，我潜意识里最强烈的动机之一就是想和父亲一样，救死扶伤。”在解释自己为何从医时，亚历山大博士回忆说。

在世纪之交的维也纳，他的父亲古斯塔夫是一名耳鼻喉科医生，也是一位著名学者。在利奥波德出生前，古斯塔夫已经发表 80 余篇科学论文。他的母亲吉塞拉曾就读于德语世界里历史最悠久的大学——维也纳大学，是这所大学第一位荣获医学博士学位的女性。从年轻时起，利奥波德的人生就一帆风顺。亚历山大夫妇家境富有，善于交际，过着文化人洒脱随性的生活。他们的住宅美轮美奂，院子里的草坪上还养着几只孔雀。西格蒙德·弗洛伊德和作曲家古斯塔夫·马勒都是他们家中的常客。15 岁那年，利奥波德开始陪父亲到医院进行周末巡视，父子之间的感情日益深厚。每逢周末，他们就会流连于维也纳的公园或博物馆，饶有兴致地谈论历史、人类学和医学，亚历山大博士回忆道。

1929 年，利奥波德·亚历山大毕业于维也纳大学医学院，如愿以偿成为一名医生，专长是脑部的演变与病理学。当时，欧洲所有志向远大的医生都希望能到德国深造。1932 年，亚历山大博士受邀来到柏林，在久负盛名的威廉皇家学院从事脑部研究。在那里，他结识了德国很多杰出的医学博士，其中包括知名脑部病理学教授卡尔·克莱斯特，此人后来成为他的导师。亚历山大重点研究脑部疾病，并开始接触精神分裂症的临床患者。他的人生似乎充满希望。

然而，天有不测风云。1932 年，亚历山大的父亲古斯塔夫·亚历山大在维也纳街头被一名前精神病患者冷血地杀害。10 年前，古斯塔夫曾收治这名患者，并宣布其具有严重精神错乱趋向。不久后，另一场悲剧接踵而至。1933 年 1 月，阿道夫·希特勒当选德国总理。国家社会主义，即纳粹思想开始抬头（起于 19 世纪末叶的欧洲，主要指在20世纪上半叶于德国境内流行的政治思潮与运动，在历史上唯一的一次实现形式是由德国国家社会主义德国工人党即纳粹党推行的纳粹主义。——译者注）。在德国，每个犹太人的生活即将发生无情的改变。但亚历山大博士仿佛得到命运之神的庇佑。1933年1月20日，就在希特勒上台几天前，这名年方28岁、雄心勃勃的医生受到邀请，担任中国一所著名大学的实习医师之职，到乡村地区研究脑部疾病。“我接受了北平协和医学院为期半年的邀请，担任神经病学和精神医学荣誉讲师。”亚历山大在给德国威廉皇家学院教授的信中写道，并承诺在当年10月1日前回国，但最终事与愿违。

希特勒执政后仅两个月内，纳粹就开始在全国范围内抵制犹太医生、律师和商人。[①] 1933年4月，第三帝国颁布《重设公职人员法》（*Law for the Restoration of the Professional Civil Service*），禁止非雅利安人从事公职，包括德国所有大学的教学岗位。在亚历山大博士的居住地法兰克福，69名犹太籍教授遭到解聘。德国发生种族主义转变的消息也传到远在中国的亚历山大那里。其家庭律师马克西米利安·弗里德曼在信中警告他不要回国。“德国的前景不容乐观。”弗里德曼写道。

对于纳粹德国正在发生的一切，其叔父罗伯特·亚历山大更加直言不讳。他写信给亚历山大博士称，国家已经“在‘卐’字旗下死亡”，亚历山大的犹太同事和朋友、神经学家阿诺德·梅兹巴赫也在信中绝望地表示。他在法兰克福的所有犹太同事均被校方解雇。“我们的生活正在瓦解，”梅兹巴赫写道，“我们已经毫无希望。”

几个月来，亚历山大博士在中国忙于工作，始终不愿接受现实。他认为纳粹的种族主义和那些小题大做的规定对自己并不适用，并且发誓一旦任期结束立即返回国内。在中国，亚历山大博士是几家野战医院神经科的主管，负责照料战争中头部受伤的士兵。他对纳粹禁止犹太人从事医生或教授工作的命令置之不顾，并致信德国的导师克莱斯特教授，表达自己热切盼望返回祖国的心情。但克莱斯特在回信中说，亚历山大想要回国的愿望“根本不可能实现……你是一名犹太人，而且没有在第一次世界大战期间服役，所以不能继续从事公职”。在这封信的末尾，克莱斯特写道：“不要抱有任何虚幻的希望。”或许正是这封信救了亚历山大博士一命。

虽然亚历山大在中国如鱼得水，但是现在却变成一个去国离乡的游子。凭着勃勃的雄心和惊人的毅力，他继续奋力前行。就像父亲一样，他开始撰写和发表有关脑部疾病的科学论文，这令他有望得到美国的学术奖金。1933 年秋，他再次得到命运之神的眷顾。亚历山大得知，他获得了在马萨诸塞州波士顿郊外伍斯特的州立医院从事研究工作的机会。很快，他登上美国轮船“杰克逊总统”号，途经日本前往美国。

这是一次漫长的旅行。在辽阔的大海上，发生了一件可怕的事情，仿佛预示着他在将来也能逢凶化吉。当轮船离开陆地一千多英里时，海面上突然风雨交加。几天来，乘客们只能躲在船舱里避险。好不容易等到云开日出，亚历山大壮着胆子来到舱外，想要好好享受雨后的晴空，打打沙狐球，眺望碧波万顷的大海。就在这时，他突然看到巨大的海浪疾速奔来，猛地拍向矮小的轮船。他马上意识到这是一股潮波（由潮汐引起，是海水表面发生的一种波动现象，波长会比较长，同时带有能量的传递。——译者注），而自己已无处躲避。在亚历山大博士还没来得及逃进船舱前，“杰克逊总统”号突然被巨浪掀了起来。“轮船缓缓驶上浪头，越来越高，最后一直冲上浪尖。”他在给弟弟西奥的信中写道。

随后轮船在浪尖上左右摇摆，直到现在他还记得当时惊心动魄的感受。“刹那间，我们下面已经空无一物……只有陡峭的浪头”。

轮船开始自由下坠，“鼻部深深跌落水中……周围顿时浪花四溅，发出刺耳的拍击声，厨房和休息室里的东西开始来回滚动”。最后，轮船终于恢复平衡，若无其事地继续前行。“这件事情发生得太快，简直令人难以置信，”亚历山大写道，“当一切都结束后，我喃喃自语，现在我终于理解了人们常说的那句话：‘海水在你面前张开血盆大口，把你整个吞了下去。’”

来到美国后不久，亚历山大博士的事业开始蒸蒸日上。在新英格兰的一家精神病医院里，他工作勤奋，平均每天只睡 5 个小时。医生这个职业永远对他充满吸引力。有一次，他告诉一名记者，他最感兴趣的是确定这些患者的病因。来到新英格兰仅几个月，亚历山大博士就得到晋升，在波士顿州立医院的神经精神病房从事全职研究。1934 年，他在巡视病房时遇到了一个名叫菲利丝·哈林顿的社工。两人很快坠入情网，并结为夫妇。在此期间，亚历山大著述颇丰，一共发表了 50 篇科技论文。1939 年年底，他受聘前往哈佛医学院教学，并成为一名美国公民。有记者在报道中将他称作“来自维也纳的医生”，盛赞他在脑部疾病研究领域作出的杰出贡献。如今，他不仅有了自己的新家，还成为波士顿医学界的精英。

1941 年 12 月，美国参战。亚历山大博士也加入了战斗，先后被派往北卡罗来纳州布拉格堡的第 65 综合医院和英国的一家陆军医院。在战争期间，亚历山大曾经帮助许多患有弹震症（这种病常发生于一般的士兵群体，也被称为战争精神病。——译者注）的士兵进行康复治疗。他还搜集大量有关飞行员飞行疲劳的数据。德国投降后，他希望重归故里，但突然接到盟军最高统帅部的命令，赋予他一项史无前例的任务，即前往德国调查纳粹分子犯下的医学罪行。为此，他将不得不与从前的教授、导师和学生当面对质，弄清哪些人罪有攸归，哪些人清白无辜。

“劣等人类冷冻试验”

第一次来到达豪集中营后，亚历山大博士没有发现任何重大线索。1945年6月5日，他造访了慕尼黑15英里以外的德国空军医学院。这所研究机构的主管名叫乔格·奥古斯特·威尔茨，此人从前是一名放射线医师。尽管纳粹德国已经垮台，他仍在这里工作。从书面资料来看，现年56岁的威尔茨品行高尚，声誉清白。他有着深棕色的皮肤、满脸皱纹和一头浓密的银发，为人温文尔雅。威尔茨在初次见面时就告诉亚历山大，从第一次世界大战期间在热气球兵团服役时起，他一直是一名军医。

亚历山大掌握着盟军关于威尔茨的档案，资料显示他曾于1937年加入纳粹党，随后迅速在第三帝国的医学界飞黄腾达。1941年，威尔茨的顶头上司是德国空军元帅厄哈特·米尔契，而后者的上司就是帝国元帅赫尔曼·戈林。“二战”结束前，在德国的航空医学领域，只有少数几人位居乔格·奥古斯特·威尔茨之上，其中之一就是休伯特斯·斯特拉格霍尔德。

第一次接受审讯时，威尔茨告诉亚历山大博士，他的职责是就如何保护德国空军飞行员的生命安全展开一系列研究。威尔茨讲述了1940年德国空军飞行员在大不列颠之战中发生的事情。在英吉利海峡，许多战斗机在被英国皇家空军击中后，飞行员从失事的飞机中跳伞逃生，威尔茨解释说。虽然他们一开始得以幸免于难，但几个小时后大多因体温过低而死亡。在冻僵致死几分钟后，很多飞行员的尸体才被人从英吉利海峡冰冷的海水中打捞上来。因此，空军方面想要了解，医学专家是否能够通过研究，掌握通过“人体解冻”使人死而复生的方法。威尔茨博士告诉亚历山大，他带领研究团队取得了“异乎寻常的发现”！其结果“令人震惊”，威尔茨说。

亚历山大博士问："结果如何？"

但威尔茨并不情愿透露具体细节，只表示美国军方一定会对他们的突破性研究成果很感兴趣。接着，威尔茨问亚历山大，他们是否可以达成合作协议？威尔茨说，他尤其希望能够从久负盛名的纽约洛克菲勒医学研究所获得赞助。利奥波德·亚历山大博士回答，洛克菲勒医学研究所不在他的管辖权限之内，而且首先他需要了解是什么"异乎寻常的发现"令威尔茨如此激动。

威尔茨向亚历山大透露，他的团队解开了一个令人神往的谜题[②]：人在冰冻后是否可以苏醒？答案是肯定的，威尔茨说，他已经掌握了相关证据。他的团队开展了前所未有的研究，并且发现一项独特的复温技术可以创造医学奇迹。亚历山大博士请威尔茨说得更详细一些。威尔茨说，其结果取决于与人体体重成特定比例的精确温度和时间。他无权向亚历山大提供相关数据，但其团队发明的办法无疑十分有效。德国空军海空营救队曾在战争期间应用过这种技术。他们曾利用大型动物进行过相关实验，而这种技术能挽救许多人的生命，威尔茨说。

亚历山大博士问，德国空军是否在这些实验中使用过人体？

"威尔茨明确表示，他从未利用人体开展过此类实验，且对此闻所未闻。"亚历山大博士在秘密报告中写道。但"尽管威尔茨极力否认，通过相关审讯，我确信有人掩盖了从事人体实验研究的事实"。现在，亚历山大博士遇到一个难题：他究竟应该逮捕威尔茨，还是设法了解更多情况？"我仍然认为，为了继续开展调查，更为明智的做法是避免采取高压手段，例如，将其逮捕。"亚历山大解释道。于是，他请威尔茨带自己到开展大型动物实验的研究室参观。

威尔茨称，由于慕尼黑遭到猛烈轰炸，德国空军复温技术的实验场地已被转移到魏恩施蒂芬乡下的一座奶牛场。亚历山大和威尔茨驾驶一辆军用吉普来到农场，发现谷仓的地下室里藏着一个极其先进的低压舱（测试和锻炼登山运动员对缺氧耐力的装置。不完全密闭的小室，依靠抽气装置造成舱内的低压缺氧状态，并可按照需要调节至万米以上的模拟高空气压。——译者注）。威尔茨解释说，德国空军就是在这个低压舱中，在医疗监护下了解飞行员的体能极限。但复温实验室已经无迹可寻。“这座实验室究竟在哪里？”亚历山大博士问。

威尔茨犹豫了一下，然后表示实验室已被再次转移。这一次，实验室被迁到弗莱辛附近一座国有农业试验站的一处房产里。亚历山大博士坚持要求亲眼看看弗莱辛的试验站，于是两人返回车中继续前行。在那里，亚历山大发现了另一座秘密医学研究实验室，其技术同样令人叹为观止。此外，这座实验室还带有一座图书馆和X射线室，所有设施均被精心保管。但从建筑设计来看，实验室显然是用于对老鼠和小白鼠等小型动物开展试验的。这里虽然完好地保存了所谓“冷冻实验”的记录、图纸和图表，但这些资料显示，实验中的确是利用小型动物，其中大多是老鼠。

亚历山大问威尔茨，大型动物实验是在哪里进行的？威尔茨带着亚历山大来到一座谷仓的后面，经过一个马厩，只见院子深处有一个独立的棚屋。两人来到屋里，威尔茨指了指地上两个肮脏不堪、已经干裂的木盆。

这无疑是一个重大时刻。其中包含的事实不言而喻，甚至令人毛骨悚然。这两个木盆完全可以淹没一头牛、一匹马或者一头体形较大的猪，甚至“一个活人”，亚历山大博士在报告中写道。

亚历山大博士认为德国空军进行的医学研究十分残酷，这一现实既显而易见又令人痛苦不堪。“通过这些调查，我确信该团体的某些成员或其下属的某些员工从事过人体实验研究，并竭力对此事进行掩盖。”亚历山大博士写道。由于威尔茨并未承认有罪，亚历山大只能对他表示怀疑。为将其逮捕，他还需要更多相关的证据。他感谢威尔茨博士的帮助，并告诉后者自己还会返回这里，进行后续调查。

亚历山大博士踏上德国领土已有两周。纳粹科学离经叛道的做法让他深受打击。在写给妻子菲利丝的信中，他讲述了纳粹统治下德国科学的下场。“德国科学界的状况令人难以接受，”他写道，“其中有很多原因。德国科学先是变得碌碌无能，继而被拖入道德败坏的漩涡之中。这里到处都散发着道德败坏的恶臭：集中营里的恶臭，惨遭死亡、折磨与苦难的恶臭。”德国医生不是在悬壶济世，亚历山大说，而是在从事“堕落的伪科学犯罪行为”。亚历山大博士不仅要追究纳粹德国以航空医学研究为名犯下的罪行，还奉命率队调查德国空军假借神经精神医学和神经病理学之名犯下的劣行。为此，他不得不接触令人憎恶的纳粹核心思想。

在第三帝国的统治下，这些思想已经渗透到医学领域的方方面面。纳粹德国认为，不是所有人都生而平等，有些民族甚至不属于人类。根据纳粹学说，包括犹太人、吉卜赛人、同性恋者、波兰人、斯拉夫人、苏联战俘、残疾人和精神病患者在内的“劣等人类”（Der Untermenschen），与实验室里的小白鼠或兔子无异，因此为推动第三帝国的医学发展，可以利用这些人进行人体实验。

“‘劣等人类’是大自然创造的某种生物体，”党卫军头子希姆莱宣称，“他们也有双手、双腿、眼睛和嘴巴，甚至还有类似大脑的东西。即便如此，这种可怕的生物并非完全意义上的人类……他们虽然看起来近似人类，但并不真的就是人类。”当被问及是否相信这种所谓的“学说”时，不计其数的德国公民选择了沉默。德国的科学家和医师未经允许在受试者身上开展残酷的医学实验，而他们正是利用这种种族政策为自己进行开脱。“劣等人类学说”摇身一变，变成开展种族屠杀的“正当”理由。

《防止具有遗传性疾病后代法》

根据臭名昭著的《防止具有遗传性疾病后代法》(*Law for the Prevention of Genetically Diseased Offspring*)，纳粹德国曾经对国内几乎所有精神病患者实施绝育手术和安乐死，其中甚至包括数万名儿童。作为一名战争罪调查员，亚历山大博士是最先得知此事的美国军人之一。

在德国南部地区，不计其数的医生向亚历山大承认，他们听说过儿童安乐死计划。亚历山大的导师和前任教授、神经学家卡尔·克莱斯特便是其中之一。两人在法兰克福会面时，克莱斯特向亚历山大坦承，他了解安乐死计划，并拿出军方的精神病报告，以逃避个人责任。他一再声称，自己只是在执行命令。克莱斯特始终没有被逮捕。数年后，他的姓名出现在“回形针行动”的秘密招募名单上。至于他是否到过美国，迄今人们仍然不得而知。

每天都会出现令人发指的新消息。“有时候，纳粹分子似乎千方百计将所有噩梦都变成现实[③]。”亚历山大博士在战后告诉妻子。在他看来，纳粹医学仿佛来自阴森可怖的德国神话。

《防止具有遗传性疾病后代法》为安乐死计划披上“合法”的外衣，所以德国公众始终被蒙在鼓里，那些了解该计划的医生们对此毫不讳言。亚历山大博士突然察觉，纳粹医生开展的罪恶人体试验似乎被什么人精心掩盖起来，包括威尔茨参与过的冷冻实验。如果他想了解德国空军的医生在战争期间究竟做过些什么骇人听闻的医学实验，他必须从全局着眼。此外他仍需确定，德国空军医生还在其他哪些地方从事过此类恶行。

最好的办法就是对休伯特斯·斯特拉格霍尔德进行审问，因为他的地位在德国航空医学界的权威无人能及。在纳粹统治的 12 年间，斯特拉格霍尔德曾经担任德国空军航空医学研究所的主管长达11年。当亚历山大博士得知，斯特拉格霍尔德就住在属于英占区的哥廷根时，他立即动身赶往此地。

在前往哥廷根的途中，亚历山大得到了意外的收获。“也许是皇天不负有心人，”亚历山大写道，“在前往哥廷根的途中，我在韦斯特林山伦讷罗德第433营军官餐厅里用餐时，碰巧遇到随军牧师毕格罗中尉，他也是无意间经过那里。在交谈中，毕格罗中尉告诉我，他很想听听我对达豪集中营残酷人体实验的看法。几天前，达豪集中营的一些俘虏通过盟军在德国的广播电台谈起这些实验，而他是从这些广播节目中得知此事的。”这正是亚历山大博士希望得到的线索，于是他问毕格罗是否记得报道里还说了哪些事情。

毕格罗中尉告诉亚历山大，作为一名牧师，他接触过许多战俘，并且从他们那里听说许多可怕的故事，这些故事都与集中营内医疗区发生的事情有关。

然而，所有这些故事都无法与他从广播中听到的报道相提并论。达豪集中营的医生曾经把活人放进装满冰水的木盆里冻死，观察他们是否能被解冻，达到起死回生的效果。这些实验显然是在模拟德国空军飞行员在英吉利海峡被击落后的情况。

现在，亚历山大博士已经掌握了可靠的新线索。在他看来，毕格罗所提到的实验与“威尔茨博士及其团队在弗莱辛牛奶场开展的动物实验如出一辙”。

德国空军是否卷入了集中营里的活动？亚历山大问牧师是否能记起参与过达豪集中营医学实验的医生名字，毕格罗回答说没有记住，但是他敢肯定，广播中提到德国空军曾经参与其中。亚历山大认为事关重大，需立即开展调查，于是火速赶往哥廷根，准备对休伯特斯·斯特拉格霍尔德博士进行审讯。

掩护下的“怪医生们”

在哥廷根医学院，亚历山大博士找到了休伯特斯·斯特拉格霍尔德，并安排与后者见面。亚历山大透露，有人从广播报道中听说了德国空军在达豪集中营实施的冷冻实验。作为德国空军航空医学研究主管，斯特拉格霍尔德是否了解发生在达豪的这些犯罪行为？斯特拉格霍尔德说，他的确有所耳闻，但只是在 1942 年 10 月纽伦堡的一次医学研讨会上听说过一次。

这次名为“海上和冬季遇险时的医学问题”的会议在杜特斯赫尔霍夫酒店召开，共有 90 名空军医生参加。在会上，斯特拉格霍尔德称，一个名叫西格蒙德·拉舍尔的博士向众人讲述了自己从达豪集中营俘虏身上获得的实验研究结果。此人就是“前些天盟军广播中提到的医生”，斯特拉格霍尔德说。他还表示，“怪医生”拉舍尔只有一名助手，就是他的妻子妮妮。但现在拉舍尔夫妇均已身亡。

亚历山大问，斯特拉格霍尔德是否曾批准进行这些实验？后者声称“虽然拉舍尔博士在实验中使用过犯人作为实验对象，但他（即斯特拉格霍尔德）原则上不赞成在未经受试者同意的情况下从事此类实验”。斯特拉格霍尔德向亚历山大博士保证，他在柏林的研究所“一向禁止提起此类实验……首先是出于道德原因，其次是碍于医学伦理”。亚历山大问他是否知道有哪些德国空军的医生参与过达豪的人体实验。斯特拉格霍尔德回答：“我们开展的所有人体实验仅限于自己的员工和感兴趣的学生，而且严格遵循自愿原则。”但是，他并未透露手下定期到达豪集中营开展研究实验的医生人数。

在哥廷根，亚历山大博士还审讯了斯特拉格霍尔德手下的几名医生，并问起他们有关人体实验的事情。所有人的回答都大同小异：西格蒙德·拉舍尔应当为此负责，但他现在已经死亡。只有一位名叫赖因的教授提供了一条重要线索。拉舍尔博士是党卫军成员，赖因说。亚历山大仿佛得到了手中一直缺少的一块重要拼图。直到此时他才知道，党卫军也卷入了集中营的冷冻实验。

次日，亚历山大博士又得到一条重大讯息。“我听说，盟军发现了希姆莱在德国哈莱因秘密巢穴里藏匿的大批文件，其中包括党卫军各种各样的秘密记录。”这些文件是在另一处秘密巢穴找到的，随后被送往海德堡第七集团军文档中心。文件上清清楚楚地盖着党卫军的印章，上面还有希姆莱用绿色铅笔在空白处做的亲笔批注。亚历山大博士立即赶往海德堡的文档中心，希望能从希姆莱的文件里找到些有用的东西。事实证明，这些文件是“二战”中盟军发现的最重要的资料之一，将有很多人因此遭到指控。

当亚历山大抵达海德堡时，工作人员正在为希姆莱的文件编制目录，并分门别类地加以整理。其中一名负责人叫休·伊尔蒂斯。他的父亲是一名捷克医生，为躲避种族屠杀，他们举家逃离欧洲。在“二战”的最后几个月里，年仅 19 岁的伊尔蒂斯正在法国前线作战。他回忆道：“一辆汽车突然出现在我面前，一名军官跳下车来，指着我喊道：‘你，跟我过来！’”伊尔蒂斯上了汽车，跟随这名军官离开战场，一路疾驰而去。有人指出，这可能是因为休·伊尔蒂斯能讲一口流利的德语，或者因为他的父亲是一位著名的遗传学家和反纳粹人士。军方需要伊尔蒂斯到巴黎翻译刚刚缴获的纳粹文件，而且文件似乎源源不断。6 个月后，他被派往海德堡，为联合国战争罪行委员会搜集纳粹实施暴行的证据。伊尔蒂斯很快确定，希姆莱的这些文件至关重要。它们不仅揭露了纳粹开展人体实验的罪行，而且还将成为纽伦堡法庭上最重要的档案之一。

亚历山大来到海德堡的第七集团军文档中心，告诉伊尔蒂斯，他正在搜寻西格蒙德·拉舍尔博士有关人体实验的档案。两人一起拆开了臭名昭著的“第 707 号医学实验卷宗”的原始封条，发现其中包含了数年来拉舍尔与希姆莱之间的书信往来。

“显然，是拉舍尔首先提出在达豪开展人体实验。”亚历山大在秘密情报报告中写道。他还从文件中得知，拉舍尔远不是唯一一个参与此事的纳粹医生，人体实验也不仅限于冷冻实验。更为可怕的是，亚历山大博士发现，同斯特拉格霍尔德关系最密切的同事和合著人、生理学家齐格弗里德·拉夫博士曾经负责监督拉舍尔在达豪开展的人体实验。这条消息令人震惊。“拉夫博士及其助手罗姆伯格博士带着低压舱，与拉舍尔一起来到达豪。”亚历山大在报告中写道。这个低压舱用于进行与高海拔有关的另一种致命实验。亚历山大博士坐在第七集团军文档中心浏览希姆莱的文件时，忽然意识到，斯特拉格霍尔德博士对自己撒了谎。拉舍尔肯定不是唯一一个参与达豪集中营人体实验的纳粹“怪医生”，因为负责监督此人工作的正是斯特拉格霍尔德的朋友和同僚。

最令人不安的是，亚历山大还发现一组在实验过程中拍摄的照片。在这些照片中，一些由纳粹分子列为“劣等人类”的健康年轻人被绑在低压舱内，进行爆炸减压实验。这些拍摄于实验之前、当中以及之后的照片揭露了纳粹令人发指的暴行以及纳粹分子打着医学研究的旗号开展的屠杀。在希姆莱的文件中，还有一些照片记录了在达豪开展的其他人体实验。拉舍尔的实验绝不是某个邪恶之徒单枪匹马从事的行动。照片显示，斯特拉格霍尔德的另一名同事恩斯特·霍尔茨勒纳博士曾将俘虏置于冰水盆内，并记录其死亡时的体温。亚历山大认为，拍摄这些照片的正是拉舍尔的妻子妮妮。

在 CIOS 的一份秘密报告里，亚历山大博士对斯特拉格霍尔德第一次在哥廷根接受审讯时供述的真实性表示怀疑。达豪集中营的实验显然是由德国空军和党卫军共同开展的。尽管休伯特斯·斯特拉格霍尔德一再否认此事，但此时证据确凿——他手下几名航空医生的姓名出现在希姆莱的文件里，其中包括他的直接下属。“斯特拉格霍尔德至少知晓其朋友和同僚拉夫的职责。”亚历山大写道。他在递交给盟国远征军最高统帅部的报告中表示，虽然现在他尚不能确定斯特拉格霍尔德博士是否直接参与过这些死亡实验，但“斯特拉格霍尔德显然仍在掩饰”纳粹的医学罪行。

1945 年 6 月 20 日，亚历山大返回慕尼黑，准备与威尔茨博士对质。但威尔茨的同事卢茨博士精神崩溃，并向亚历山大供认，他知道其团队成员开展过人体实验。卢茨博士说，威尔茨曾交给他一项“与人有关的工作”，但遭到他的拒绝，原因是自己“过于软弱”。

在与斯特拉格霍尔德对质前，亚历山大首先返回达豪，希望找到目击证人。有 3 名俘虏愿意为此事作证，他们分别是约翰·鲍德温、奥斯卡·豪瑟曼、保罗·胡萨雷克博士。在集中营里，作为党卫军的清洁工，他们得以大难不死。达豪解放后，3 人选择留在这里，协助调查人员揭露纳粹的医学罪行，并自称为“党卫军医学罪行调查委员会”。亚历山大博士从他们口中得知，纳粹医生的实验均在“5 号实验牢区”的秘密地堡里进行。

“被转移到 5 号牢区的俘虏平均 2 ～ 3 天就会死亡。”约翰·鲍德温在作证时说。第二名证人是捷克学者胡萨雷克博士，因为“写作罪”被送往达豪。他告诉亚历山大，“只有少数受试者在低压实验中幸存，大多数人死于非命。”这 3 人表示，唯一一个在这些实验中活下来的是波兰籍神父利奥·麦克洛维斯基。

尽管纳粹德国对死亡医学实验进行了精心掩盖，但麦克洛维斯基神父的证词成为亚历山大手中缺失的关键一环。德国空军在报告中使用的“小白鼠”、“大型猪”和“动物”等词语，暗指犹太人、吉卜赛人、同性恋者和天主教神父。在亚历山大从威尔茨那里查抄的资料中,有一份题为“酒精与复温”的文件。威尔茨写道,他们“在大型猪身上对船只失事后的情况进行模拟实验”。在这些实验当中,他们把猪丢进放有冰块的水盆里,以了解白酒是否能够恢复其体温。其结果是,威尔茨写道:“猪体内的酒精并没有增加或加速体温的下降。”在宣誓作证时,麦克洛维斯基神父讲述了他在达豪的亲身经历:“我被带到 5 号牢区的 4 号房……扔进漂着冰块的水里。1 个小时后,我开始丧失意识……随后,有人给我灌了些朗姆酒。”在威尔茨的文件里,所谓“大型猪”指的就是“天主教神父”。

次日,即 6 月 22 日,亚历山大博士返回海德堡文档中心,希望在休 · 伊尔蒂斯的帮助下找到更多证据。根据幸存者证词中出现的细节和关键词,亚历山大找到一系列新的文件,即拉舍尔博士的“实验报告”。这些图表详细记录了纳粹医生的罪恶行径。亚历山大立即返回哥廷根,准备再次审讯斯特拉格霍尔德博士,以确定后者是否一直在说谎。

在哥廷根,情况发生变化。美国陆军航空队和英国皇家空军科学情报部门的调查人员也对包括斯特拉格霍尔德博士在内的纳粹医生进行了审问,但他们的审讯结果与亚历山大博士截然不同。他们并未到过海德堡的文档中心,也没有看过希姆莱的文件。

美国陆军的报告旨在敦促建立新的研究实验室,对于这一点阿姆斯特朗和格罗早有提议。英国皇家空军中校 R.H. 温菲尔德在报告中写道:“斯特拉格霍尔德是德国航空医学研究的主心骨”,其手下有包括拉夫博士在内的大批员工,但他们似乎全部“由于在战争年代与世隔绝而遭受极大痛苦”。温菲尔德表示[④],他“并未从审讯中获得多少盟国尚不了解的信息”。温菲尔德认为,斯特拉格霍尔德博士颇具贵族气质,“极其关注下属的安危,因此没有撤离柏林,但现在他却受到了苏联人的威胁”。

负责为美国陆军航空队撰写 CIOS 报告的是高海拔逃生和降落伞研究专家 W.R. 拉芙莱斯。20 世纪 50 年代末，作为水星宇航员的医生，拉芙莱斯这个名字一度家喻户晓。为完成 CIOS 的秘密报告《德国空军航空医学研究》，他审讯了斯特拉格霍尔德博士及其同事，其中包括乔格·威尔茨。拉芙莱斯认为，威尔茨的研究并无危害，并用了整整 5 页纸称赞威尔茨对“冷却动物迅速复温技术”的研究。尤其令他感到着迷的是，威尔茨冷冻的“小白鼠”死亡后心脏仍在跳动。“如果将动物置于寒冷环境之中，其心跳还可能继续维持一段时间。”拉芙莱斯在总结威尔茨的实验结果时称。

拉芙莱斯上校还审问了西奥多·本津格博士。本津格是一名高海拔飞行研究专家，掌管柏林北部德国空军雷希林测试中心的实验站。拉芙莱斯最感兴趣的是本津格有关“高海拔跳伞逃生”的工作。后者为此收集了大量数据，并对“可逆死亡与不可逆死亡”进行了大量研究工作。本津格告诉拉芙莱斯，他曾利用兔子进行过相关实验。最后，拉芙莱斯还审问了康拉德·谢弗博士，后者因致力于盐水淡化研究工作，一度在德国航空界声名鹊起。拉夫、本津格和谢弗成为阿姆斯特朗和格罗研究实验室最合适的 3 名人选，而且拉芙莱斯给予他们极高的评价。

6 月底，亚历山大博士的实地调查工作已接近尾声。他奉命返回伦敦，完成了 7 份长达 1 500 页的 CIOS 报告。亚历山大离开德国两周后，美国陆军航空队航空医学部主管戴特列夫·布朗克和航空队飞行心理及生理压力专家霍华德·伯切尔也来到德国，对阿姆斯特朗和格罗研究实验室的进展进行评估。布朗克和伯切尔审问的医生与亚历山大博士大致相同，并且两人认为，这些医生都是陆军航空队研究中心的合适人选。

与温菲尔德中校和拉芙莱斯上校不同的是，布朗克和伯切尔了解公众对斯特拉格霍尔德及其同事的争议。两人在报告中表示，“尚未对这些纳粹医生的政治背景和伦理观点及其战争罪责进行评估”。他们在报告的末尾写道：“斯特拉格霍尔德为某些研究提供了支持，但他并没有完全坦白这些工作的真正意义。”

布朗克和伯切尔认为，陆军情报部门此时应当确定，美国军方“出于政治原因”拒绝录用哪名医生。其结果是，陆军情报部门反对聘用本津格博士和拉夫博士，因为两人都是坚定的纳粹分子。然而就在次月，陆军情报部门一反常态，决定批准两人在海德堡从事“短期”工作，并为美国军方雇用后者扫清了障碍。

美国陆军航空队与斯特拉格霍尔德博士达成工作协议，后者将与阿姆斯特朗共同负责美国陆军航空队在海德堡威廉皇家学院暗中展开的绝密航空研究项目。该中心被命名为“陆军航空队航空医学中心”。根据参联会第 1076 号令，任何人不得在德国开展任何形式的科学研究。因此除了一小部分人以外，外界无人知晓这个颇具争议的项目。

斯特拉格霍尔德博士亲自为该研究项目挑选了 58 名德国军医，其中包括齐格弗里德·拉夫博士、西奥多·本津格博士和康拉德·谢弗博士。他们成为美国陆军航空队雇用的第一批纳粹医生。乔格·威尔茨在慕尼黑遭到逮捕，随后被押往拘留所接受审讯。他将从那里被送上纽伦堡法庭接受审判。

第8章
审讯高级战俘

深谙乔装的情报专家多利布瓦

在华盛顿，随着非正式政策的出台，国务院—陆军部—海军部协调委员会对有关纳粹科学家项目的争论变得越发激烈。此外，国务院最近卷入了另一桩与此有关的事件，从而使局面进一步恶化。众所周知，"二战"结束后，很多纳粹分子纷纷从德国逃往南美洲国家，这些国家成为纳粹战犯的避风港，尤其是阿根廷和乌拉圭。国务院正向这些国家施压，迫使其将纳粹分子遣返欧洲，接受战争罪行的指控。如果此时国务院同意为美国的纳粹科学家提供庇护和工作机会，势必引发一起国际丑闻。在战争部，一些高级将领对纳粹科学项目表示赞成，但也有人坚决反对。五角大楼的一段秘密录音记录了两位将军之间的谈话，也概括了人们对德国科学家为美国军方工作的不同态度。

"将他们带回国内有一条基本原则，即他们只是暂住美国，任务完成后，他们必须被遣返德国。"一位不知姓名的将军说。

另一位将军与他意见相左。"我反对此事，波普·鲍尔斯反对此事，整个战争部都反对此事。""张开双臂欢迎德国的技术人员，像对待贵宾一样对待他们”是一个极其糟糕的主意，这位将军说。

由于要对这些前敌国分子进行背景调查，司法部工作量剧增，其工作人员对此感到十分不满。劳工部担心，外国劳工会引起一系列法律问题，商务部则为专利问题烦恼不已。为缓和局面，战争部副部长罗伯特·帕特森向战争部总参谋部发去一份备忘录，提议委派战争部助理部长约翰·J. 麦克洛伊出面调停此事。

在始于 1949 年的“回形针行动”中，约翰·J. 麦克洛伊将成为一个关键人物。但是 1945 年夏，在纳粹科学家的问题上，麦克洛伊有两种身份需要兼顾。首先，战争部副部长罗伯特·帕特森委派他对“如何对待赴美工作的纳粹科学家”这一问题进行协调，并制定相关政策。其次，帕特森的上司战争部部长亨利·史汀生命令麦克洛伊协助制订战争罪调查计划。在利用纳粹科学及科学家的问题上，麦克洛伊认为，该项目能够增强美国的军事优势，并确保其经济繁荣。而为了达成这一正当目的，美国可以采取任何手段。当然，麦克洛伊并不认为这些纳粹分子可以逍遥法外，他们必须接受法庭的审判。但在麦克洛伊看来，这两件事情泾渭分明、互不抵触。这些人当中既有科学家，同时也有战犯。

麦克洛伊认为，所谓战犯是指希姆莱、赫斯（即鲁道夫·沃尔特·理查德·赫斯，纳粹党副元首，“二战”后判处终身监禁，最后于柏林施潘道军事监狱内的小别墅上吊自杀。——译者注）、戈林以及施佩尔之流。这些战犯均已遭到逮捕，并被关押在卢森堡一座代号“垃圾桶”的绝密审讯中心内。审讯人员会榨干他们身上的信息，然后将他们送上纽伦堡法庭接受审判。

在“二战”结束前的 8 个月里，美国军事情报部门陆军参谋部二部（担负陆军战术情报任务）的陆军军官约翰·多利布瓦一直在观看纳粹宣传片《意志的胜利》（*Triumph of the Will*）。这部长达 3

个小时的影片由希特勒最宠爱的制片人莱尼·里芬施塔尔摄制。每周四晚上，在华盛顿 80 英里以外卡托克廷山上美国军事情报培训中心里奇营的放映室里，26 岁的多利布瓦都会向即将奔赴战场的高级将领和情报官员讲解德国的作战序列和纳粹党的等级制度。

对多利布瓦来说，纪录片《意志的胜利》就像一部理想的教材，可以用来向学生讲解纳粹党内大小人物的言行举止、徽章标志以及隶属关系。在这部纪录片中充斥着满怀仇恨的言论、无休无止的阅兵仪式、阿谀奉承的纳粹高官以及接二连三的纽伦堡集会。对希特勒臭名昭著的股肱心腹，约翰·多利布瓦早已耳熟能详，甚至能一字不落地背诵他们的演说。

多利布瓦喜欢教学，但就像很多同龄的美国人一样，他热切希望能够参加海外行动。他甚至有些羡慕那些被派往国外的同行，也一直与预备役军官学校的同事保持联系。几个月前，大部分同事都被派往欧洲，有些已经晋升为上尉和少校。随着欧洲战事接近尾声，约翰·多利布瓦不得不接受现实。他可能没有机会加入战俘审讯团队，前往海外执行任务。但复活节那天，即 1945 年 4 月 1 日，他突然接到命令，与下一支分遣队一起登船出海。几天后，多利布瓦站在“法兰西岛号”的甲板上，望着轮船缓缓驶出纽约港。就在这时，有人递给他一份电报——他已被晋升为中尉。

轮船渡过大西洋后，四处的景象突然发生了变化。4 月 13 日，多利布瓦的轮船停泊在西苏格兰港。由于罗斯福总统在前一天逝世，港口所有船只都下半旗志哀。随后，他们乘坐火车，很快便到达伦敦。所到之处“满目疮痍，惨不忍睹”。每一条街道的两旁都瓦砾成堆。在一个满月之夜，多利布瓦乘船横渡英吉利海峡，所幸最终平安抵达勒阿弗尔港口。“我们从里奇营来到勒阿弗尔之前，一切都井然有序，”多利布瓦回忆，“而现在到处都乱作一团。”在乘车前往慕尼黑的途中，多利布瓦看到，路上七零八落地堆放着被炸毁的车辆和被遗弃的枪炮。在几处林间空地，德国空军的战斗机群早已面目全非，不是机翼被炸断，就是机身遍布坑洞。壕沟里堆满腐烂的尸体。“刹那间，战争仿佛触手可及。”多利布瓦回忆道。

达豪被解放两天后，他来到这座集中营，执行第一项任务，检查是否有重要将领、纳粹高官和科学家混迹于被俘的德国士兵中。“我的首要任务是寻找经过伪装的纳粹高官。”多利布瓦说。“我们接到报告，有很多纳粹分子冒充普通德国士兵，希望蒙混过关并趁乱逃跑。”因此，他必须依靠直觉，找出那些可能对盟国有用的俘虏，送往另一处审讯中心进行详细审问。

在达豪，约翰·多利布瓦开始在人群中寻找特征鲜明、难以掩饰的面孔。其中最明显的当数纳粹精英们在决斗（来自一项司法取证制度，原是日耳曼民族的一种神明裁判方式。这种制度在欧洲延续了一千多年，到19世纪前后逐步被法律废除。后来德国法西斯的党卫军曾企图恢复决斗裁决名誉事件。——译者注）时留下的伤疤。在里奇营，多利布瓦同样是一名深谙乔装改扮的高手。如果有人最近刚刚刮过胡子，或者在制服上打了新的补丁，这就说明此人必定有所隐瞒。作为一名真正的情报专家，多利布瓦最擅长发掘这些细微的差别。

被纳粹死党视作“知己”

几天以后，多利布瓦接到奉命前往CCPW32号，即欧洲大陆战俘中心32号，参加一项高度机密的行动。当多利布瓦向其他人打听CCPW32号时，所有人都表示从未听说过这个地方。司机开车带着多利布瓦离开德国边界，进入卢森堡境内。此时，多利布瓦的脑海中充满回忆。命运真是变化无常，他偏偏被派到这里执行任务。

约翰·多利布瓦出生于卢森堡。12 岁那年，母亲死于流感，他和父亲一起迁往美国。1945 年的今天，多利布瓦第一次回到阔别 14 年的祖国。当他乘坐的军用吉普驶入温泉小镇蒙多夫莱班时，儿时的画面历历在目。他还记得蒙多夫莱班“美丽的公园、安静的小溪，到处都绿树成荫、繁花遍野”。这座小镇位于静谧的摩泽尔河畔，是古罗马人的疗养胜地。这里空气清新，具有康复治疗功能的矿区浴更是名闻遐迩。但如今已物是人非，这里只不过是另一座被战争摧毁的小镇。大多数住宅和商店或被洗劫一空，或被炮火夷为平地。汽车沿着主干道徐徐驶过，多利布瓦看到，很多住宅临街的墙壁都已被炸毁，人们不得不继续在断壁残垣间维持生计。

吉普车抵达目的地后，多利布瓦才意识到，自己已经来到了皇宫酒店。但这里早已面目全非，只见主楼四周围着一圈高 15 英尺的栅栏，楼顶还装有双股带刺铁丝网。除此之外，里面还有第二道栅栏，看起来像是通了电。栅栏上悬挂着迷彩网，每棵树之间都扯起大幅帆布帘。巨大的白炽散光灯将这里照得雪亮。里面共有 4 座警戒塔，每一座都有荷枪实弹的美国士兵把守。即使是在照片上，多利布瓦也从未见过，欧洲战场还有如此戒备森严的盟军监狱。酒店前门停着一辆吉普车，发动机已经熄火，车里坐着一名表情严肃的军士，他的名牌上写着 :“罗伯特·布洛克卫士长。”

布洛克冲多利布瓦点了点头。

“下午好，中士，”多利布瓦说，“我是来这里报到的。”

布洛克没有接腔，只是目不转睛地盯着他。多利布瓦问，这是什么地方？布洛克回答，他没有到过里面。接下来便是一阵漫长又令人尴尬的沉默。最后，布洛克终于开口。“要有上面签发的通行证才能进到里面去，”布洛克一边说，一边冲着身后关押战犯的地方点头示意，“而且还会有人查验上面的签名。”

多利布瓦把文件递了过去。布洛克看过以后，将大门缓缓打开，向多利布瓦挥手示意可以通行。多利布瓦的面前就是皇宫酒店，令人惊讶的是，这座酒店在战火中竟然完好无损。酒店的大楼呈回力镖状，共有 7 层。门前的喷泉里没有水，空空如也的池塘中间突兀地矗立着一尊仙女石雕。两名卫兵已经在前厅等候，第 3 名卫兵交给他一把钥匙，然后指了指旁边的一处楼梯。他告诉多利布瓦把个人物品放在 2 楼的 30 号房间。

“我爬上楼梯，找到 30 号房间，用他给我的钥匙打开房门。那是酒店里一个普普通通的房间，”多利布瓦回忆道，“壁纸看起来十分花哨。”但这家高级酒店原本华丽的吊灯和奢侈的家具已不见踪影，取而代之的是一张折叠桌、两把椅子和一张行军床。多利布瓦刚打开行李袋，外面突然响起了敲门声。

这座代号“垃圾桶”的审讯中心外围虽然壁垒森严，但里面的俘虏仍有一定自由，甚至可以四处走动。多利布瓦打开房门，只见面前站着一名身材高大、体形肥胖的男子。此人身穿破旧的珍珠灰制服，领口镶有金色穗带，肩膀上戴着金色徽章，一只胳膊上还搭着一条裤子。他咔嗒一碰鞋跟，向多利布瓦颔首示意，并大声自报家门：“帝国元帅戈林！”仿佛他是前来赴宴的宾客，而不是落魄的俘虏。原来这就是大名鼎鼎的赫尔曼·戈林。多利布瓦立即认出这张曾在《意志的胜利》中无数次出现的面孔。但如今站在他面前的不再是虚幻的影像，而是活生生的血肉之躯。

在希特勒仍然在世的心腹中，戈林无疑是最臭名昭著的一个。他不仅是德国空军总司令和“四年计划”（希特勒提出的一项经济计划，共有两次，目标分别是使德国达到人民生活富足以及资源上自给自足，以防未来战争爆发后免受第一次世界大战被协约国封锁而物资的缺乏问题。——译者注）负责人，还是长期以来希特勒指定的接班人。

直到纳粹德国覆灭前，由于被希特勒怀疑不忠，他被解除了所有职务。戈林曾下令“安全警察”局长莱因哈德·海德里希，组织和协调“彻底解决犹太人的问题”。此外，他还直接参与第三帝国几乎所有重大决策。

像希特勒一样，赫尔曼·戈林也是一个罪恶昭彰的魔鬼。

“我立即明白了自己的任务。”多利布瓦回忆道。他之所以被派往卢森堡，是为了对纳粹党中的高级战犯进行审讯。现在他面对的可不是纳粹宣传片中的人物。在过去的8个月里，他一直在里奇营教学，这些声名狼藉的人物形象已经深深根植于他的脑海之中。如今，这些人就在卢森堡的监狱里，沦为盟军的阶下之囚。

戈林气喘吁吁、面带怒容地站在多利布瓦面前。

戈林称俘虏他的人不公正地欺骗了自己。“有人曾经告诉他，军方会将他送到一座豪华的矿泉疗养中心。”多利布瓦解释道。所以，当戈林带着贴身男仆罗伯特·克罗普来到“垃圾桶”时，他早已做好度假的打算，准备好好享受一番。戈林随身携带了11个衣箱和2万片镇咳药，手脚指甲上都涂上鲜红的指甲油。但蒙多夫昔日的温泉和水晶吊灯已经不见踪迹，等待他的只是一座大型秘密监狱。房间里的床垫是稻草做的，甚至连枕头也没有。戈林冲多利布瓦大发雷霆。像他这样级别的官员，理应得到更好的待遇。

多利布瓦看了看戈林，便已心中有数。

“你会不会就是负责后勤的军官，能不能保证根据《军法条例》(Articles of War)，让我们受到公正的待遇？”戈林问多利布瓦。

作为一名审讯员，多利布瓦立即从中看到机会。“是的。”他答道，他将会“按照规定”办事。戈林这才面露悦色。“他再次咔嗒一碰鞋跟，向我鞠了个躬，然后拖着280磅重的躯体，离开了我的房间。”

戈林找到其他狱友，告诉这些纳粹分子，有一位新来的军官能够为他们带来更好的待遇。突然之间，所有人都渴望与约翰·多利布瓦中尉交谈。

代号“垃圾桶”的 CCPW32 号关押着许多纳粹的大人物。“克拉科夫的犹太屠夫”汉斯·弗兰克躺在担架上来到这里，丝绸睡衣上血渍斑斑。他企图刎颈自尽，但最终未能如愿。弗兰克被俘时，盟军抄没了他的 38 本日记。这些日记均写于战争期间，详尽地记录了他犯下的种种罪行。弗兰克“头发稀疏，长着一双黑色的眼睛，双手肤色惨白、汗毛浓密”。“垃圾桶”的指挥官伯顿·安德勒斯写道。

这里的俘虏还有纳粹德国总参谋部成员：陆军元帅、武装部队高级司令部司令威廉·凯特尔，及陆军大将阿尔弗雷德·约德尔，国防军最高统帅、潜艇舰队指挥官、海军元帅卡尔·邓尼茨，意大利武装部队指挥官、德军西线总司令、陆军元帅阿尔贝特·凯塞林，外交部部长约阿希姆·冯·里宾特洛甫，以及军备与军工生产部部长阿尔伯特·施佩尔等。正是这些人辅佐希特勒发动了第二次世界大战和种族屠杀，他们既未成功逃脱，也没有战死沙场或畏罪自尽。

“另外一个圈子或者派系里，都是地道的纳粹死党，”多利布瓦解释道，“他们从希特勒执政之初就开始追随此人，是他昔日的部下。”其中包括“帝国劳工阵线”最高领袖罗伯特·莱伊，反犹主义报纸、宣传喉舌《冲锋队员》(*Der Stürmer*)的主编尤利乌斯·施特赖歇尔，纳粹思想家阿尔弗雷德·罗森伯格，因出卖奥地利而成为荷兰总督的阿图尔·塞斯–英夸特，前内政部部长、波希米亚和摩拉维亚帝国保护长官威廉·弗利克。

他们失去了往日呼风唤雨的权力，很多细节顿时暴露无遗。戈林害怕雷电交加的暴风雨；凯特尔痴迷于晒日光浴，经常对着“垃圾桶”前厅里的唯一一面镜子顾影自怜；罗伯特·莱伊喜欢在浴缸里当众自慰，并因此数次遭到训斥；连续 9 年被纳粹宣传部部长提名为“德国最佳着装人士”的约阿希姆·冯·里宾特洛甫其实是一个懒惰的邋遢鬼。约翰·多利布瓦每天都会对他们进行审问。

“在‘垃圾桶’里，几乎所有人都盼望与我交谈，”多利布瓦回忆说，“如果接连几天没有被提审，他们就会觉得受到了怠慢……他们最喜欢嫁祸于人，并把这当成一种消遣。”对多利布瓦及其同事来说，最大的困难是如何确定哪些人开诚布公，而哪些人在信口开河。“我会进行交叉审问，或者采取离间计。当他们需要一个哭诉的对象时，我经常被他们视作知己，”多利布瓦说，“即使在蒙多夫，他们仍然认为，他们不会因为战争罪受到审判。”

第 9 章

化学战研究中心

禁忌的 9/91 号熏蒸剂

战争即将结束时，美国化学战研究中心开始网罗纳粹化学家，并将其送往美国。研究中心认为，如果能将纳粹的神经毒剂项目据为己有，它们必将发挥巨大的潜力，因此不遗余力企图获取这些机密。1945 年 4 月中旬，英军的坦克开进明斯特诺德的“强盗巢穴”，在一片密林间发现大批装有塔崩毒剂的炸弹。化学战研究中心已将该神经毒剂的样本送往美国的研发实验室，对其化学属性进行分析。这项工作从 1945 年 5 月 15 日开始，于 2 周后完成。

研究中心的首席战地情报官员菲利普·塔尔上校表示分析结果令人震惊。塔崩是一种革命性毒剂，能够大规模杀伤敌军士兵。化学战研究中心主管威廉·N. 波特将军要求立即将这批 260 千克装有塔崩的炸弹运出“强盗巢穴”，“当务之急是将其空运”到美国，进行实地测试。

此外，波特将军命令美国陆军航空队和美国陆军军械部分别开展可行性研究，以确定美军是否可以在实战中使用塔崩炸弹。但与 V–2 火箭面临的情况一样，缴获纳粹武器是一件事，掌握其科技知识、抓捕科学家则另当别论，为此需要具备尖端的研究以及开发能力。

很多人都对化学武器深恶痛绝。1943 年 6 月，罗斯福总统明确表达了对化学战的憎恶之情，称使用化学制剂进行屠杀是不道德、不人道的罪恶行径。总统甚至否决了化学战研究中心更名为“化学特种部队”的请求，以免使人误以为这是一个永久性机构。

但此时对化学战研究中心来说，这条消息各有利弊。由于德国的神经毒剂已应用到化学战领域，美国必须在和平时期制订相应的化学战计划。“1945 年第二次世界大战结束后，美国陆军化学战研究中心决定侧重研究和开发德国神经毒剂，这无疑是技术上的重大挑战。正因为如此，虽然美国在战后解除了武装动员并削减军事预算，但该机构却得以保留下来。”化学武器专家乔纳森 · B. 塔克解释道。德国投降后的几个月内，共有 530 吨塔崩神经毒剂被运往美国，在绝密的场地进行实地测试。

很快就有人提议，将德国的化学家送往美国专门从事武器研究。但向纳粹化学家颁发签证势必会引起国务院的愤怒。国务院护照部负责人霍华德 · K. 特拉弗斯得知此事后，在发给同僚的内部备忘录中明确了自己的立场：“我们应当坚持一贯政策，竭力阻止德国化学家及其他人员进入我国。”在德国，自从盟军跨过莱茵河后，“阿尔索斯行动”的科学主管塞缪尔 · 古德斯密特就一直在搜寻为希特勒工作的纳粹化学家。同样，美国化学战研究中心菲利普 · R. 塔尔中校及其英国同事埃德蒙 · 蒂利少校率领的 CIOS 化学武器小组也开展了不懈的搜索行动。

当“阿尔索斯行动”得知化学家理查德 · 库恩仍在海德堡的威廉皇家医学研究院时，他们立即登门造访。库恩曾经是享誉世界的有机化学家，但有传闻称他在“二战”期间成为一名狂热的纳粹分子。1938 年，库恩荣获诺贝尔化学奖，而希特勒宣称这是犹太人的奖项，应元首的要求，他拒绝前往瑞典领奖。为了对理查德·库恩进行审问，塞缪尔·古德斯密特特地带来两名美国化学家：哈佛大学的路易斯·菲泽教授和威斯康星大学的卡尔·鲍曼。实际上，两人均曾在战前与库恩有过合作。在热情地互致寒暄后，他们开始对库恩进行审问。“阿尔索斯行动”希望了解与第三帝国神经毒剂项目有关的信息。库恩对此都知道些什么？

库恩长着一头蓬松的棕红色头发，稚气的面孔上总是带着狡狯的笑容。他发誓，自己与第三帝国的军事研究毫无瓜葛。他是一位“纯粹”的科学家和学者。在战争期间，他一直致力于现代医药化学性质研究工作。但古德斯密特对此表示怀疑。“我认为理查德·库恩的记录并不清白”。古德斯密特在战后回忆。“作为德国化学协会的会长，他严格遵守纳粹的礼仪。每次上课前，他都像真正的纳粹官员一样，不仅要行纳粹礼（亦称‘德国式问候’，是纳粹德国的一种敬礼。动作为右臂和右手伸直并垂直于胸口或稍微举起，手心向下。通常敬礼时亦会说‘希特勒万岁’‘我的元首万岁’。——译者注），还会高呼‘胜利万岁’。”古德斯密特说。但“阿尔索斯行动”突击队没有足够的证据逮捕库恩，只能对其进行秘密监视。

CIOS 化学武器调查员塔尔和蒂利继续在德国的其他地区进行搜索。他们俘虏了很多德国化学家，并将其送往被捕地附近的战俘营。从 1945 年 6 月 1 日起，这些化学家陆续被押往法兰克福郊外的一座独立仓库，代号为“垃圾箱”（Dustbin）的绝密审讯基地。与此同时，盟国远征军最高统帅部开始从法国的凡尔赛迁往德国的法兰克福，并计划于 7 月中旬完成搬迁任务。刚刚成立的占领区美国军事政府办公室（OMGUS）将负责包括科学研究在内的所有事务，其司令官是艾森豪威尔的副手卢修斯·D. 克莱将军。盟国也改变了搜集科技情报的方式，将 CIOS 分为战地技术情报调查局（FIAT）

和英国情报资料调查小组委员会（BIOS），但 CIOS 小组并未撤销，而是继续开展公开调查。

“垃圾箱”审讯中心坐落于陶努斯山间的克兰斯堡。这是一座中世纪古堡，战争期间曾经是德国空军情报中心。这里完全不像古拉格式的劳改营房，而是有宽敞的房间、硬木地板、漂亮的石砌壁炉和璀璨的水晶吊灯。在保密性方面，“垃圾箱”可谓首屈一指，其安全程度仅次于“垃圾桶”绝密审讯中心。由于“垃圾箱”是一座独立建筑，四周有数百年历史的石壁，俘虏们可以在城堡内四处走动、互相交谈。每天清晨，希特勒的私人医生卡尔·勃兰特会在花园里组织体育锻炼，也有人喜欢对弈。实业家们在大型宴会厅举办讲座，而这里曾经是戈林的棋牌室。“垃圾桶”羁押的多是纳粹高级指挥官，而“垃圾箱”监禁的则是纳粹科学家、医生以及企业家，其中包括 20 余名法本的化学家和该公司至少 6 名董事会成员。

1945 年夏初，法本公司塔崩毒气项目的几个关键人物仍然在逃。对蒂利少校来说，法本公司如何开始制造神经毒剂以及何时进行大规模生产，始终是个未解之谜。直到法本化学家格哈德·施拉德博士被俘并关到“垃圾箱”后，这个谜团才终于解开。盟军在“强盗巢穴”发现的神经毒剂就是由施拉德负责监督制造的，因此他掌握的信息成为盟军最希望得到的机密军事情报之一。蒂利本来已经做好打算，准备与这名法本化学家针锋相对。但恰恰相反，施拉德博士却有问必答、言无不尽，并告诉蒂利少校，法本公司是在 1936 年秋发现了塔崩的惊人秘密。

施拉德博士曾在科隆以北莱沃库森法本公司的一座杀虫剂实验室工作过几年。1936 年秋，他接受了一项重要任务。象鼻虫和叶螨肆虐导致德国境内农作物严重减产，施拉德需要制造一种能够消灭这些小型害虫的合成农药。为此德国政府每年要花费 3 000 万马克，用于购买法本和其他公司生产的杀虫剂。法本希望研制出一种造价低廉的杀虫剂，以便垄断杀虫剂市场。

施拉德告诉蒂利，人工合成有机碳基化合物需要经过反复试验，从失败中找到解决办法，因此是一种艰辛而危险的工作。因为他在操作时格外谨慎，总是打开通风橱，以免自己受到感染。即便如此，他所接触的化学物质日积月累，也可能置人死地。施拉德经常感到头痛，有时甚至呼吸短促。一天夜里，在法本工厂完成对新产品的检测后，施拉德开车回家，但无法看清眼前的道路。他立即停车，对着镜子进行自我检查，发现瞳孔已经收缩到仅有钉头大小。随后的几天里，他的视力变得越发模糊，喉部也出现搏动性抽搐。最后，施拉德只得入院治疗，在观察两周后，医生让他回家休养。

8 天后，待病情稍有缓解，施拉德就返回了工作岗位。他一直在研制一种含有氰化物的熏蒸剂（指在所要求的温度和压力下能产生使有害生物致死的气体浓度的一种化学药剂。这种分子态的气体，能够渗透到被熏蒸的物质中去，熏蒸后通风散气，极易扩散。——译者注），其代号为 9/91 制剂。施拉德从上次尚未完成的实验着手，首先准备少量新物质，然后将其稀释 20 万倍，以观察其是否能够毒死叶子上蠕动的蚜虫。实验结果令人惊讶，这种新型制剂杀死了所有蚜虫。于是，施拉德又为同事重复了实验过程。他们一致认为，相比莱沃库森实验室里杀伤力最强的剧毒制剂，9/91 号制剂的致命程度超出前者百倍有余。

施拉德博士将这种新型致命熏蒸剂的样本送给法本公司的工业卫生主管埃伯哈德·格罗斯教授（格罗斯教授并非盟军在格拉贝格俘虏的武装党卫部队细菌专家卡尔·格罗斯。——作者注）。格罗斯按照每千克体重 0.1 毫克的比例，在猿猴身上测试了这种名为 9/91 制剂的物质，结果猿猴在不到 1 个小时内死亡。随后，他又在吸入室内利用猿猴进行测试，发现健康的猿猴会在16分钟内死亡。格罗斯教授告诉施拉德，他已将9/91号制剂样本送往柏林。至于接下来该怎样做，施拉德博士要等待上级的指示。

在“垃圾箱”审讯中心，施拉德告诉蒂利少校，当他得知这种化合物可以通过空气传播，在短短的十几分钟内杀死健康的猿猴时，他顿时感到十分不安。他的发明不会被当作杀虫剂使用，但这种制剂对任何温血动物（其活动性并不像冷血动物即变温动物那样依赖外界温度。——译者注）或人类都过于危险。施拉德说，他发明这种制剂的本意是为第三帝国节约资金。尽管9/91制剂威力强大，他却感到自己之前的所有努力都付诸东流。于是，施拉德继续开展研究工作，希望找到一种能够杀死象鼻虫和蚜虫效果更好的熏蒸剂。

与此同时，法本公司的工业卫生主管格罗斯教授将这种物质带给上级。1935年，纳粹德国颁布法令，要求向陆军部上报所有适于军事应用的新发明。德国化学武器部开始评估施拉德9/91制剂用于化学战的潜在可能性。1937年5月，施拉德受邀前往柏林，向众人演示如何合成9/91制剂。“人们无不对此感到震惊。”施拉德告诉蒂利。这有望成为继芥子气之后杀伤力最强大的化学武器。陆军部将9/91制剂列为“高度机密”，其代号“塔崩”源自英语“taboo”，意为“禁忌”。施拉德博士奉命为军方制造了1千克9/91制剂，随后这种物质由陆军部接管。从那时起，后者便开始大规模生产塔崩。陆军部为施拉德颁发了5万马克奖金，并通知其返回原工作岗位。就像从前一样，法本公司需要他研制一种杀死蚜虫的药剂。

法本公司的高层从新的神经毒剂塔崩当中看到商机。董事长卡尔·克劳赫开始与赫尔曼·戈林勾结，制订法本公司为军方生产化学武器的长期计划。并作出构想，这种武器可以利用飞机向敌军投掷。在写给戈林的报告中，克劳赫称塔崩是一种“出自高级智慧和高级科技思维的武器”。神经毒剂的绝妙之处在于，德国可以“利用其攻击敌国腹地”，克劳赫写道。戈林对此表示同意，化学武器的确能够令人闻风丧胆，而这正是他最看重的一点。他在给克劳赫的回信中指出，塔崩之类的神经毒剂具有致命的威力，能够“对平民造成心理恫吓，使他们处于极度恐惧之中”。

1938 年 8 月 22 日，戈林提名卡尔·克劳赫出任“化工生产特殊问题全权代表”。法本公司计划从零开始打造第三帝国的化学武器工业。第一次世界大战后，《凡尔赛条约》迫使德国摧毁境内所有化学武器工厂，因此生产神经毒剂必须在暗中进行。这项艰巨的任务很快成为纳粹秘密“四年计划”的正式组成部分。早在德国宣战前，法本公司就通过克劳赫了解到第三帝国的作战计划。

在“垃圾箱”审讯中心，蒂利少校问施拉德，法本公司在哪里进行大规模生产？从盟军在“强盗巢穴”发现的数万吨塔崩炸弹来看，法本公司一定有一个庞大的秘密生产基地。施拉德博士称，他没有参与大规模生产，此事由他的同事奥托·安布罗斯负责。

蒂利少校让施拉德谈谈安布罗斯的情况。施拉德说，如果蒂利少校想知道安布罗斯究竟为法本公司做过什么贡献，他应当审问法本公司的另外两名董事会成员：卡尔·克劳赫博士或乔格·冯·施尼茨勒男爵。目前，两人均被关在“垃圾箱”审讯中心。

“谁是安布罗斯？”蒂利少校问冯·施尼茨勒。这次审讯后来为纽伦堡审判提供了重要证据。

“他是我们的首席技术专家，青年才俊，”乔格·冯·施尼茨勒男爵说，“他主管戴赫福斯、奥斯威辛和根多夫的集中营。”

安布罗斯如今身在何处？男爵让蒂利少校询问卡尔·克劳赫，后者同样被关在“垃圾箱”。蒂利少校从卡尔·克劳赫那里获得了更多有关安布罗斯的消息。安布罗斯曾经担任根多夫和戴赫福斯集中营技术部门的主管。根多夫是大规模生产芥子气的基地，而戴赫福斯主要生产塔崩和沙林神经毒剂。但戴赫福斯工厂已落入苏联人手中，克劳赫告诉蒂利少校。

最后，卡尔·克劳赫还透露一条信息，令蒂利感到十分惊讶。“几个月前，我在医院与美国战略轰炸调查团的斯诺上校和化学战研究中心的塔尔中校交谈过，”克劳赫说，“从这次谈话来看，他们最感兴趣的似乎是沙林和塔崩，并向我问起工厂的建设计划和生产细节。当我明白这些人准备在美国建立类似的工厂时，我告诉他们去找安布罗斯博士及其在根多夫的下属，这些人熟知所有的细节。”这让蒂利猝不及防。作为他在 CIOS 的搭档，塔尔中校竟然没有向自己透露他曾到医院审讯克劳赫的事情。不言而喻，塔尔在为化学战研究中心执行一项显然有别于 CIOS 行动的任务。

毒气专家争夺战

1945 年 6 月，第三集团军已经对奥托·安布罗斯开展了无数次审讯。但迄今为止，美国化学战研究中心仍不清楚，在纳粹执政期间，安布罗斯曾是法本公司的化学武器生产主管。对第三集团军来说，安布罗斯只不过是巴伐利亚小镇根多夫的一位“普通化学家”。此人笑容可掬、衣着考究，是一个地地道道的生意人，还曾免费为美军士兵提供肥皂。

在“垃圾箱”，蒂利少校向战地技术情报调查局的上级汇报了有关奥托·安布罗斯博士的重大情报，后者立即向驻扎在根多夫的第六集团军发去紧急电报，下令立即逮捕安布罗斯博士，并将其直接押往“垃圾箱”审讯中心，由蒂利少校进行审讯。蒂利在安布罗斯的卷宗里放入一张提示卡。虽然有关此人的信息零零散散，但事实变得越发清晰。“21877 号卷宗。奥托・安布罗斯博士。据传涉嫌在根多夫集中营的俘虏身上，对制造的新型毒气进行测试。”

中央登记处，即战争罪与安全嫌疑人中央登记处立即通知最高统帅部，势必将安布罗斯博士缉拿归案。作为法本公司在奥斯威辛丁腈橡胶工厂的经理，奥托・安布罗斯涉嫌参与了大屠杀和奴役俘虏的暴行。第六集团军火速展开抓捕行动。然而，当他们带着逮捕令抵达奥托・安布罗斯在根多夫的住宅时，此人早已不见踪影。

第六集团军首先想到的是，安布罗斯有可能已经逃走。但事实证明这个猜测大错特错——安布罗斯已被菲利普・塔尔中校带走。起初，“垃圾箱”的指挥官觉得此事令人难以置信。也许塔尔只是企图抢在其他化学武器专家之前审讯安布罗斯，早在众多盟军科技情报工作组跨过莱茵河后，这种竞争行为就已出现。但塔尔中校何以胆敢违抗最高统帅部的命令，擅自将安布罗斯带走？当第六集团军在根多夫的士兵百思不得其解时，塔尔和安布罗斯正乘坐一辆美国军用吉普赶往海德堡。他们的目的地是美国的一座审讯中心，由化学战研究中心一名军事情报官员主管。数日来，“垃圾箱”中所有工作人员都不清楚，塔尔和安布罗斯究竟去了哪里。

奥托・安布罗斯的思维极其敏捷，他总是面带笑容，看似和蔼可亲，实则像狐狸一样狡猾。美国战争罪行公诉人约西亚・杜布瓦称，安布罗斯就像“魔鬼般友善”。安布罗斯有一个奇特的习惯，喜欢像兔子一样嗅一嗅周围的空气。他身材矮小，体形肥胖，长着一头白发和一双扁平足。他本是一位才华横溢的科学家，曾师从诺贝尔化学奖得主理查德・维尔斯泰特，致力于化学研究和农学。作为一名化学家，安布罗斯完全有能力推动科学发展，探索未知领域。在战争期间，他在法本公司中的地位无可企及。

法本公司从 1935 年开始生产合成橡胶，因其主要成分是丁二烯，所以将这种橡胶命名为“布纳”。1937年，法本公司向全世界推出商用丁腈橡胶，并于同年在巴黎世界博览会上荣获金奖。1939年10月，纳粹德国入侵波兰，其进口天然橡胶的能力大幅缩减。但坦克履带和飞机轮胎都需要橡胶，因此军工行业对人工合成替代品的需求量剧增，而法本公司先知先觉，早在德国入侵波兰之前就意识到这一点。希特勒直接命令法本公司进一步增加丁腈橡胶的产量，安布罗斯受命负责此事。为满足战争需要，他亲自监督建立了法本公司另外两座丁腈橡胶工厂。当时德国最高司令部曾设想苏联入侵，因此希特勒便再次召集法本公司的董事会，要求后者扩大合成橡胶的生产量。为此，法本公司需要新建一座规模庞大的丁腈橡胶工厂，而筹划设计的重任再次落在奥托·安布罗斯肩上。

奥斯威辛曾经只是一座不起眼的小镇。“这里住着普普通通的人们，还有游客前来这里参观牛群、教堂、中世纪的大型集市和犹太会堂。”历史学家黛博拉·德沃克和罗伯特·简·范·佩尔特写道。在20世纪30年代，游客从这里发出的明信片上写道：“来自奥斯威辛的问候。”当奥托·安布罗斯手拿上西里西亚的地图寻找建立丁腈橡胶厂的合适地点时，他发现了奥斯威辛。新建法本公司生产工厂需要考虑到4个因素：丰富的水源、平坦的地势、便捷的铁路交通以及充足的劳动力。奥斯威辛恰好符合上述4点。索拉、维斯瓦和普热姆沙3条河流在此交汇，每小时水流量多达52.5万立方英尺。这里地势平坦，海拔65英尺，因此不会遭到洪水侵袭。此外，铁路运输也十分便利。但最重要的还是劳工问题，附近的集中营刚好可以提供源源不断的劳动力。这些劳工不仅代价低廉，而且可以一直工作直到死亡。

对法本公司来说，使用俘虏充当劳力可以极大提升经济效益。但首要问题是，他们必须与党卫军在财务问题上达成协议，而安布罗斯可以从中接洽。1940 年秋，几个月以来，党卫军和法本公司始终就项目开工前的种种问题争执不下。部分相关文件在战火中保存了下来。1940 年 11 月 8 日，帝国经济部致函法本公司董事会，要求后者“解决工厂选址的有关问题”。奥托・安布罗斯极力游说，希望将工厂建到奥斯威辛。同年 12 月，法本向奥斯威辛派去一车橡胶专家和建筑工人进行选址考察，并任命埃里克・桑托担任奥托・安布罗斯的建设工长。

“这座集中营已有大约 7 000 名俘虏，所以亟须扩建。”桑托在法本公司的正式报告中指出。但安布罗斯仍不清楚，法本公司与党卫军是否在使用俘虏问题上达成协议。“有鉴于此，公司需尽快与帝国党卫军领袖希姆莱进行谈判，以讨论需要采取哪些措施。”安布罗斯在正式报告中称。海因里希・希姆莱和奥托・安布罗斯从小学时代起就彼此相识，如今已有数十年交情。因此，只有安布罗斯能够说服希姆莱，法本公司和党卫军都将从奥斯威辛获益。

事实上，党卫军和法本公司都需要彼此。希姆莱希望得到法本在奥斯威辛生产的产品，所以急于在俘虏问题上达成交易。为此，他命令手下在当地党卫军的宴会厅设宴招待法本公司在奥斯威辛集中营的橡胶专家和建筑人员。在晚宴上，双方最终敲定了所有遗留问题。法本公司将为党卫军提供的劳力每人每天支付 3 马克，但这笔资金直接流入党卫军的金库，并不发放给俘虏本人。“在集中营管理人员为我们举行的晚宴上，我们就集中营参与丁腈橡胶厂建设的问题，敲定了所有协议。”1941 年 4 月 12 日，安布罗斯在写给上司弗里茨・特尔・米尔的信中称，“事实证明，我们与党卫军新结下的友谊将会带来极其可观的经济效益[①]。”

党卫军同意立即向法本公司提供 1 000 名劳工。如果需要，这个数字可以很快增加到 3 万名，希姆莱保证。现在，法本公司与党卫军正式确立合作关系。丁腈橡胶厂能否取得成功，奥托·安布罗斯无疑是个关键人物。他不仅对合成橡胶颇有研究，而且曾经负责法本公司的秘密神经毒气工厂，具有丰富的管理经验。因此，奥托·安布罗斯是管理奥斯威辛丁腈橡胶厂工作的不二人选。

蒂利少校正在“垃圾箱”等候塔尔中校和安布罗斯的到来。除了奥斯威辛的丁腈橡胶项目，安布罗斯还负责根多夫和戴赫福斯的化学武器生产。蒂利最近获悉，在奥斯威辛导致数百万人丧生的毒气“齐克隆 B”（由德国化学家弗里茨·哈伯发明的氰化物化学药剂，原为杀虫剂，“二战”中纳粹德国曾在奥斯威辛集中营用该化学药剂进行过大屠杀。——译者注）也是法本公司的产品。在“垃圾箱”审讯法本公司的董事会成员乔格·冯·施尼茨勒男爵时，蒂利询问，奥托·安布罗斯本人是否知道，法本公司的化学制剂被用于进行屠杀。

“你昨天提到，法本公司的员工曾经‘暗示’你，法本公司制造的毒气和化学制剂被用于屠杀集中营里关押的俘虏。”蒂利厉声质问冯·施尼茨勒。

“的确如此。”男爵答道。

“你是否进一步过问这些员工有关使用毒气的事情？”

“他们声称知道使用毒气的目的。”冯·施尼茨勒说。

“当这名员工告诉你，法本公司的化学制剂被用于屠杀集中营里的俘虏时，你作何反应？”蒂利少校问道。

“我感到极为震惊。”冯·施尼茨勒回答。

“你是否曾采取任何措施阻止这类事情？”

“我并没有告诉其他人，因为这件事太可怕了，”冯·施尼茨勒坦承，“我问那名法本的员工，你们和安布罗斯以及奥斯威辛的其他董事会成员是否知道，这些毒气和化学制剂被用于进行屠杀？”

“他怎样回答？”蒂利少校问。

“他回答说，在奥斯威辛，所有法本的董事会成员都知道此事。”冯·施尼茨勒说。

1945 年 6 月，奥托·安布罗斯坐在菲利普·R. 塔尔中校驾驶的军用吉普上，离开了巴伐利亚，前往海德堡执行任务。美国化学战研究中心的一群军官正等着对他进行审讯，首先是敌国装备情报服务队——塔尔既是 CIOS 团队成员，也是该服务队成员，然后是战地技术情报调查局。这两个部门需要的信息只有奥托·安布罗斯博士才能提供。他们尤其希望得到生产塔崩神经毒气的设备图纸。

当塔尔和安布罗斯来到海德堡后，美国化学战研究中心还拘捕了另一名法本公司的化学家。他们要求安布罗斯与此人合作，从事一项机密任务。此人在文件中被称作“赫尔·斯顿普菲”。安布罗斯与斯顿普菲的任务是，开车前往哈瑙的一座特种金属冶炼厂，寻找“三四十幅图纸，图纸上绘制的是一种内壁镀银的设备”。出于对安布罗斯的信任，化学战研究中心在无人押解的情况下，派遣两人外出执行任务。

制造塔崩毒气是一个极其精密的过程。虽然美国急于恢复神经毒气生产，但如果没有法本公司的专利配方和秘密设备，无异于向任何参与生产的化学家宣判死刑。法本公司曾斥资数千万马克，用于研究和开发塔崩。在集中营里，成百上千名劳工在试验过程中丧生。

美国化学战研究中心获悉，用于大规模制造塔崩毒气的镀银内壁锅炉来自一个名为“赫劳斯”的特种金属冶炼厂。因此，他们希望在那里找到这种设备的设计图和操作示意图。安布罗斯和斯顿普菲奉命从海德堡出发，前往这座工程公司寻找图纸，并将其带回审讯中心。由于对这种设备一无所知，位于此地反间谍特种部队的特工根本无从下手。

这两名法本公司的化学家立即动身，前往哈瑙执行秘密任务。“他们来到哈瑙的工厂后，当地的反间谍特种部队人员逮捕了二人，”一份秘密报告中写道，“当他们解释自己正在执行任务后，反间谍特种部队的人员与海德堡取得联系，确认这两名德国工程师的供述，随后将二人释放。”安布罗斯和斯顿普菲随即驱车离开。“从这两名德国工程师那里获悉图纸的事情后，反间谍特种部队的人员没收了图纸，并将其送往总部。”秘密报告中写道。化学战研究中心未能得到他们想要的图纸。但塔尔认为，至少他还控制着安布罗斯博士。

从哈瑙的赫劳斯工程公司被释放后，奥托·安布罗斯返回海德堡，其间他与自己“在根多夫的间谍和线人网络”取得了联系，一份情报报告称。安布罗斯从线人处得知，美国第六集团军的士兵曾奉命前往根多夫试图将其逮捕。与此同时，“垃圾箱”的军官通过CIOS小组的同事，终于联系到塔尔中校，并命令其立即押解安布罗斯返回审讯中心。但塔尔对这一命令置之不理，蒂利少校只得亲自前往海德堡寻找安布罗斯，而且发现后者就住在法本公司的宾馆科尔霍夫别墅中。安布罗斯告诉蒂利，他可以继续与美国化学战研究中心合作，但是有一个条件，蒂利必须“保证释放关押在‘垃圾箱’的所有化学武器专家”。这个要求简直荒谬至极。

蒂利的上级、战地技术情报调查局敌对人员审讯处的P.M.威尔逊少校试图控制局面，下令立即将安布罗斯带回“垃圾箱”，“这不是合作与否的问题，上级命令逮捕此人”。但塔尔中校拒绝执行，甚至游说英国军需部（英国负责化学战问题的部门）出面协调，释放关押在“垃圾箱”中安布罗斯的同事。塔尔认为，他必须设法获得安布罗斯掌握的尖端技术，其重要性远超出将他缉拿归案的需要。但英方断然拒绝了塔尔的提议。

“僵局已经形成。”来自情报局局长办公室的一份战地技术情报调查局秘密报告写道。

塔尔中校随即飞往巴黎。当天夜间，“垃圾箱”的工作人员收到一封神秘电报。这份电报从表面看是从英国军需处发出，但实际来自巴黎。电报由英国军需部的J.T.M. 蔡尔兹上校签署，要求立即释放“垃圾箱”法本公司所有在押化学武器专家。“垃圾箱”的官员察觉事出荒谬，于是立即联系蔡尔兹上校，告诉后者不能接受其要求。但蔡尔兹信誓旦旦地表示，他不仅没有签发这封电报，而且对此事毫不知情。他指责是塔尔中校伪造电报。

战地技术情报调查局千方百计想在海德堡逮捕安布罗斯博士，但行动以失败而告终。为逃避抓捕，安布罗斯早已逃往法占区的安全地带。他欺骗了塔尔中校，并与法国化学武器专家达成合作协议。作为交换，安布罗斯将担任法本公司在路德维希港的化工厂经理。

得知此事后，战地技术情报调查局的官员感到怒不可遏。奥托·安布罗斯本来不可能逃之夭夭。“显然，他既未被拘留，也没有被软禁。”英国军需部军官 R.E.F. 埃德尔斯滕指出。P.M. 威尔逊少校对此事的看法更加悲观，在一份报告中声称，他认为是塔尔中校“设法协助安布罗斯逃跑”。“安布罗斯涉嫌犯下战争罪，但却得到如此友善礼遇。”这令威尔逊感到十分震惊。话虽如此，安布罗斯如今已是自由之身，并开始在法占区工作和生活。但塔尔、安布罗斯和美国化学战研究中心之间的关系远未结束。时隔不久，美国的一家化工厂就得知，美国军方对一种新型化学武器产生了浓厚的兴趣。

当时，美国化学家威廉·赫斯坎德博士也在德国。他临时从陶氏化学公司请假，为美国军方调查德国化工厂。几个月来，赫斯坎德博士一直在检查法本公司位于美占区和英占区的生产厂房。最近他刚刚来到海德堡，希望能与安布罗斯会面。于是，塔尔中校找到负责路德维希港法本公司化工厂的法国指挥官韦斯上校，与安布罗斯约好随后见面。

1945 年 7 月 28 日，陶氏化学公司西部地区研究主任赫斯坎德博士在海德堡见到了奥托 · 安布罗斯博士和塔尔中校。安布罗斯还带着一名助手，即前“垃圾箱”拘留犯、法本公司化学家尤尔根 · 冯 · 克伦克。这次会面持续了几天。离开之前，威廉 · 赫斯坎德对安布罗斯说：“在缔结和平条约后，作为陶氏化学公司的代表，我期待我们的合作关系能够继续发展下去。”

战地技术情报调查局后来才得知赫斯坎德见过安布罗斯。蒂利的疑虑终于得到证实。美国化学战研究中心内部还存在一个小组，其成员包括他的前任搭档塔尔中校。该小组有着不可告人的隐秘动机，其宗旨与战地技术情报调查局背道而驰。“人们普遍认为，战地技术情报调查局（为盟军最高统帅部和欧洲战场的美军高层所支持）和塔尔中校之间的冲突，是因为后者希望利用安布罗斯制造工业化学品，而且企图阻止军方将其缉拿归案，并对其涉嫌参与化学战一事进行调查。”军事情报部门的一份机密报告显示。

总之，只要目的正当，就可以不择手段。

鼠疫、牛瘟武器化

在化学战研究中心内部，还有另一个部门——生物武器部，正对纳粹科学家进行搜捕。如果原子弹不足以结束对日战争，美国计划对日本的农作物投放生物武器。因此，纳粹生物武器专家成为化学战研究中心的觊觎对象。位于追捕名单之首的正是“阿尔索斯行动”的搜寻对象库尔特 · 布洛梅。

1945 年 6 月 29 日，希特勒的生物武器专家库尔特 · 布洛梅博士被押往“垃圾箱”，但他对审讯人员的态度反复无常。“第一次审讯时，他闪烁其词，不愿详谈任何话题。”布洛梅的两名审讯者、“阿尔索斯行动”的 J.M. 巴恩斯少校和威廉 · J. 库洛马蒂上尉称。1944年,库洛马蒂去过尤金·哈根博士位于法国斯特拉斯堡的寓所。当时,他和“阿尔索斯行动”的科学主管塞缪尔 · 古德斯密特发现了纳粹德国在战争期间开展人体实验的大量证据。

在提到对布洛梅的审问时，库洛马蒂写道：“随后的审讯涉及诸多细节问题，他的态度急转直下，似乎急于全面讲述他过去的所作所为以及未来的研究计划。”对布洛梅一反常态的表现，库洛马蒂和巴恩斯不知是该感到高兴还是怀疑。

“垃圾箱”里的囚犯可以在花园里和餐厅中互相交谈。审讯人员注意到，布洛梅与德国反情报局细菌战负责人海因里希 · 克利韦曾进行长时间交谈。战争期间，克利韦博士的职责是监视第三帝国的敌国，尤其是苏联在生物武器研究项目中取得的进展。“克利韦声称，他会亲自评估收到的所有报告，并决定该部门应当采取哪些行动。”“垃圾箱”的调查人员在克利韦的卷宗中写道。克利韦告诉布洛梅，之后他很可能被带往海德堡，由“阿尔索斯行动”的特工进行详细审问，而事实也的确如此。

布洛梅的反常态度令审讯人员感到惊讶，但他们也注意到，布洛梅所说的大部分内容都无法得到证实。“对他的很多说法，我们很难去一一核实。下面就是他所供述的内容。”“垃圾箱”的审讯人员在布洛梅的卷宗里写道。布洛梅讲述的是一个恐怖的故事，即党卫军头子海因里希 · 希姆莱发起的生物武器计划。

虽然海因里希 · 希姆莱只是一个门外汉，但他对生物战极为痴迷。他在学校学过农学，后来经营一座农场养鸡。据布洛梅透露，希姆莱是纳粹德国生物武器项目的主要操纵者。希特勒并未批准这个项目，对其详细计划也一无所知[2]，据布洛梅称，而希姆莱最感兴趣的领域是鼠疫病菌研究项目。1943 年 4 月 30 日，戈林设立癌症研究中心主任之职，由库尔特·布洛梅担任。事实上，这只不过是纳粹德国开展生物武器研究的一个幌子。在随后的19个月里，布洛梅表示，他一共与希姆莱见过5次面。

1943年夏，布洛梅记得仿佛是7月或8月，希姆莱命令他研究鼠疫病菌的不同传播方式,用于向敌军发起进攻。据布洛梅供述，他曾向希姆莱表示担心，因为动用鼠疫炸弹极有可能产生“飞镖效应”(在社会心理学中指行为反应的结果与预期目标完全相反的现象。——译者注),殃及自身,从而对德国造成危险。希姆莱回答，若情况果真如此，布洛梅就应当立即开始研制疫苗，以防止类似事件发生。为加快疫苗研究速度，布洛梅说，希姆莱命令他在实验中“使用人体”。

就像在达豪一样，希姆莱在集中营里向布洛梅提供了一个医疗区，以完成这项研究。布洛梅告诉希姆莱，他担心在疫苗试验中使用人体“会遭到某些圈子的强烈反对”。但希姆莱回答，人体实验在战争中不可避免，拒绝这项研究就“等同于叛国”。

很好，布洛梅说。他自认为是一名忠诚的纳粹分子，也愿意帮助德国在战争中赢得胜利。“历史上，人类疾病影响战争结局的例子不胜枚举，”布洛梅解释道，“从远古时期直至拿破仑战争，疫病和饥荒常常会决定战争的胜负。拿破仑之所以兵败俄国，很大程度与战马的鼻疽病不无关系。”尽管如此，布洛梅说，集中营人口过于密集，并非开展鼠疫实验的最佳地点。

布洛梅告诉希姆莱，他需要一座属于自己的研究所，这座研究所要建在远离人烟、地处偏远的地方。希姆莱和布洛梅一致认为，波兰波森帝国大学附近的小镇内塞尔斯泰德是最佳地点。这个研究机构后来命名为“内塞尔斯泰德细菌学研究所”。

在此期间，布洛梅利用疫病的传统携带者——老鼠，在柏林进行了实地测试。至于老鼠是否为疫病的最佳携带者，武装党卫军的卫生研究所内众说纷纭。希姆莱认为，可以“将感染的老鼠带上U型艇，投放到敌国海岸，使其自行游到岸上”。但布洛梅怀疑老鼠是否能够游过如此远的距离。他认为，只要皮毛内的空气能让老鼠漂浮起来，它们就能继续游下去。

为了证明这一点，布洛梅在柏林的湖中进行了试验。“警艇上携带大约30只老鼠，它们分别在顺风和逆风的情况下，从距离岸边远近不同的地方被投入水中。”布洛梅说，老鼠比他想象的要笨拙得多。在丢进水里后，“它们无法分辨哪边是陆地，因此向不同的方向游去”。一些老鼠在10分钟内就被淹死，还有一些坚持了较长时间，但最多也只有30分钟。在距离岸边约半英里的地方投入湖里的老鼠中，仅有三分之一抵达岸边。因此布洛梅认为，希姆莱从U型艇上投放老鼠的想法不切实际。

一两个月后，也就是1943年9—10月，二人再次见面。但结果与上次大同小异，布洛梅说，只有一件事情取得重大进展。希姆莱问布洛梅是否需要助手。布洛梅回答，一名细菌学家将有助于开展研究。于是，希姆莱派遣武装党卫军卫生研究所前任成员卡尔·约瑟夫·格罗斯博士为布洛梅充当助手。但两人的相处并不融洽。布洛梅开始怀疑，格罗斯博士是希姆莱派来的奸细。他告诉审讯人员，为加快研究速度，他承受了巨大的压力。希姆莱“反复表示，要研究发动生物战的方法，以便弄清如何部署防御措施”。这就是说，希姆莱希望布洛梅利用人体实验对象进行鼠疫实验，以观察人在感染鼠疫之后会发生什么情况。

第3次会面发生在四五个月后，即1944年2月。布洛梅坦白，当时内塞尔斯泰德的研究所已经建好。那里有足够的住房和先进的设备，还有一座动物农场。试验区包括气候控制室、冷藏室和消毒室，以及用于开展“干净实验”和“肮脏实验”的地方。此外，研究所内还有一间可以容纳16个人的隔离病房，以防布洛梅手下的员工感染病菌。研究工作进展缓慢，布洛梅说，为此希姆莱大发雷霆。盟军即将攻打欧洲大陆的传闻使这个党卫军头目如坐针毡。希姆莱急于知道，第三帝国的生物武器项目何时才能取得进展。他问布洛梅，是否可以“立即采取行动，例如散布流感病毒，以延迟英美军队从西线入侵的时间”。布洛梅告诉审讯人员，他回答“绝不可能采取此类行动”。希姆莱提出了另一个想法。

是否可以传播口蹄疫病毒或土拉菌病毒（即兔热病，在人群中的传播方式与瘟疫相似），希姆莱问。布洛梅告诉希姆莱，这些方案都很危险，一旦暴发瘟疫，势必殃及德军自身。因此，在发动任何生物袭击之前，德国需要储存大批疫苗。

但希姆莱异想天开，提议对盟国内部发动袭击。是否可以在美国或英国本土散布牛瘟病毒？希姆莱告诉布洛梅，敌军的粮食供给一旦受到感染，就会对战势造成极大的影响。布洛梅同意他的观点，并且表示他会立即调查如何在敌国的牛群中传播瘟疫。但有一个问题，布洛梅解释道，有关国际条约禁止在欧洲的任何实验室储存牛瘟病毒，所以只能从第三世界获得菌株。

希姆莱称，他会亲自操办此事，随后便派遣兰斯岛德国国家研究院的兽医埃里希·特劳布博士亲自前往土耳其。特劳布博士从当地得到了致命的牛瘟病毒。在布洛梅的指挥下，他们开始利用健康的牛只进行病毒实验。兰斯岛位于德国北部的格赖夫斯瓦尔德湾，不仅与世隔绝，而且自给自足，因此是开展这种危险实验的绝佳地点。兽医部用飞机在牛群放牧的草场上喷洒牛瘟病毒。至于该项目的具体细节及最终结果，布洛梅说，他并不了解。1945年4月，红军攻占兰斯岛后，研究所的二号人物特劳布博士被苏联人掳走。

1944 年 4—5 月，布洛梅与希姆莱第 4 次会面。当时希姆莱已经开始疑神疑鬼，布洛梅说。希姆莱认为，盟军正在策划对德国本土发动生物武器袭击。“布洛梅接到电话，命他火速会见希姆莱。后者近来接到了一系列奇怪的报告：在澳大利亚的部分地区，有青草从空中飘下，一头牛在食用过这些青草后死亡。”布洛梅告诉希姆莱，他会对此进行调查。还有一些怪异的事件，希姆莱向布洛梅透露。“曾有人在萨尔斯堡和贝希特斯加登一带发现一些小型热气球”，而那里距离希特勒的山间别墅伯格霍夫仅咫尺之遥。此外，有人在诺曼底投放了马铃薯瓢虫。布洛梅答应，他们会调查每一起事件。

布洛梅告诉希姆莱，他现在有一件更为紧急的事情。随着苏联红军不断逼近波兰，他认为，最好将波森的鼠疫研究所迁往德国内地。布洛梅建议，最佳地点是格拉贝格，因为这座村庄位于哈尔茨山区边缘图林根茂密的森林间。希姆莱认为，苏联人绝不可能攻克波森。但当年初秋，希姆莱改变了主意；同年 10 月，他在格拉贝格的松林间建立了一座新的生物武器研究所。

与此同时，布洛梅告诉审讯人员，疫苗研究也取得了进展，不过并非在他的两座研究所内，而是在军队内部。戈林将传染病控制工作划归帝国军医署长瓦尔特·施莱伯少将管理。虽然布洛梅只是军医署副署长，但两人的职权大体相当，布洛梅解释道。他负责制造生物武器，而施莱伯博士负责保护德国免遭生物武器袭击——假如盟国真会使用生物武器的话。布洛梅是细菌专家，施莱伯少将专攻传染病控制，两人不啻纳粹德国生物武器项目的利剑和盾牌。“阿尔索斯行动”对布洛梅所说的疫苗很感兴趣。布洛梅希望他们找瓦尔特·施莱伯少将谈谈。这位施莱伯博士如今人在何处？布洛梅说，有人在柏林见过施莱伯。传闻他现在已经成为苏联的俘虏。

布洛梅所说的另一件事引起了审讯人员的警惕。战争期间，克利韦博士曾告诉布洛梅，苏联人拥有世界上最全面的生物武器项目，其技术之精湛甚至令日本科学家也难以望其项背。此外，苏联人还缴获了兰斯岛上实验室内的所有物品，包括特劳布博士从土耳其获得的牛瘟病毒菌株。

随后，1945 年冬，苏联攻占了布洛梅在波森郊外内塞尔斯泰德的细菌学研究所。这就意味着，苏联已经继承了纳粹德国最先进的生物武器研究设备，包括蒸汽箱、恒温箱、冷藏箱和深度冷冻仪等。他们还控制了布洛梅向西逃窜前一直在研究的所有病毒和细菌。

迄今为止，“阿尔索斯行动”掌握了两条信息：苏联人不仅带走了波森的实验设备，而且俘虏了疫苗专家瓦尔特·施莱伯少将。这意味着苏联人同时拥有制造生物武器的科学知识和科学家。

第 10 章
受雇还是受死？

窃听行动和“垃圾桶”里的自白

“垃圾箱”中的在押科学家前途未卜。他们会受到聘用，还是将作为战争罪犯接受审判？“垃圾桶”里囚犯的命运无疑将面临更加严峻的考验。由于俘虏们相互勾结，有意隐瞒信息，约翰·多利布瓦和其他审讯人员感到十分沮丧。“他们总是在私下谈论重大机密，”“垃圾桶”的指挥官伯顿·安德勒斯上校回忆道，“这些人态度坚决，一谈到被藏匿的赃物、马丁·鲍曼之流的下落以及各种涉及战争罪的暴行，他们就缄口不言。”安德勒斯上校绞尽脑汁，想让他们开口：“为促使囚犯认清他们此刻所面临的严峻现实，我们决定为他们播放在布痕瓦尔德拍摄的记录纳粹暴行的影片。”

安德勒斯上校将手下的 52 名囚犯集中到一个房间。电影开始前，他对这些纳粹俘虏说道：“你们想必了解这些事情，我也毫不怀疑，很多人曾经积极参与其中。为你们播放影片，不是为了让你们重新认识已经知道的事情，而是要你们清楚，我们已经掌握了哪些事实。”

灯光暗了下来，纪录片的第一组镜头开始在银幕上闪烁。安德勒斯上校仔细观察了俘虏的表现。波兰总督、律师汉斯·弗兰克博士曾在当地对犹太人大开杀戒，此时却用手帕掩口作呕吐状。约阿希姆·冯·里宾特洛甫以前只是一名香槟推销员，后来一跃成为希特勒的外交部部长。他曾敦促其他国家将境内的所有犹太人驱逐到东欧的灭绝营，这时突然独自走到室外。德国空军元帅阿尔贝特·凯塞林曾经率部入侵波兰、法国和苏联，并指挥了不列颠战役，此时面色煞白。赫尔曼·戈林不停地叹气，好像感到十分无聊。尤利乌斯·施特赖歇尔曾经是一名小学教师，后来成为希特勒反犹主义的代言人，这时却坐在椅子上“反复攥紧和松开双手”。影片结束后，所有人都一言不发。片刻之后，55 岁的前任战时经济部部长、德国国家银行总裁瓦尔特·芬克要求单独面见安德勒斯上校。

芬克个头矮小，身躯肥胖，还患有性病。这名一度呼风唤雨的纳粹高官一边紧张地绞着手指，一边告诉安德勒斯上校他要认罪。“芬克看起来连汽车加油站都无法管理，更不用说国家银行了。”安德勒斯回忆道。芬克显得坐立不安。“我有事要告诉你，长官，”芬克说，“我过去是个坏人，上校，我想讲给你听听。”芬克说着竟然哭了起来。他告诉安德勒斯上校，他曾下令拔掉第三帝国境内所有集中营俘虏口中的金牙，并收归国家银行保管。芬克承认，一开始他会“一脚踢出活人口中的金牙，但后来发现如果他们死了，事情就更好办”。安德勒斯对此感到极为惊骇。“以前我从不敢相信，竟然会有人像芬克供述的那样，下达如此恐怖的命令。”安德勒斯说。

安德勒斯上校让芬克退下。在回忆录中，安德勒斯问自己，瓦尔特·芬克究竟想要通过自首获得什么，但他始终没有找到答案。芬克在“垃圾桶”招供的动机，如今已无从知晓。几个月后，在纽伦堡审判中，芬克极力否认他曾与安德勒斯谈过话。反之，芬克发誓，他与从犹太人那里攫取金牙的命令毫无关联。“如果真有此事，”芬克宣称，“我也是直到此时才知道。”

除了芬克声泪俱下的供述以外，布痕瓦尔德的纪录片并未对其他俘虏造成明显影响。观看影片时那些掩口欲呕、离开房间的人仍对安德勒斯表示无可奉告，而其他纳粹高官也对自己的罪行三缄其口。安德勒斯上校逐渐感到心灰意冷。俘虏们可以在皇宫酒店的花园里小坐，他们经常三三两两地在卫兵听不到的地方闲谈。在那里，安德勒斯仔细观察了这些希特勒心腹的表现。

“在春日的阳光下，他们坐在花园里尽情交谈，”安德勒斯回忆道，“毫无疑问，他们在交换审讯经验，因为他们每天会分别在16个隔间里接受审问。”可惜陆军参谋部二部不能从“垃圾桶”的花园里搜集情报。想到这里，安德勒斯上校有了主意。他列出一份只有4个人的名单。他认为，这几个人最喜欢“背后中伤他人、散播流言”“那些对纳粹同僚心怀不满的人通常喜欢互相攻讦，推脱罪责”，其中包括“喋喋不休”的戈林、“居心叵测”的冯·巴本（德国政治家和外交家，于1932年担任德国总理。“二战”后，成为纽伦堡审判被告之一。——译者注）、“自命不凡”的凯塞林，还有自以为“盖世无双的奥地利王储”海军上将霍尔蒂（匈牙利的军人与政治人物。1920—1944年为摄政王，掌握军政实权。——译者注）。在得到总部批准后，安德勒斯想出了一条妙计，试图以此从他们口中套出情报信息。

这4人稍后得知，他们即将被移交给英方，前往德国境内的一座别墅接受审讯。陆军参谋二部特地在距离监狱3.5英里的地方租借了一所住宅。这是一座传统的德式半木结构房屋，四周矗立着高高的围墙。美国陆军的信号情报工程师用了几天时间，在房间里、地板下、墙壁间、坐垫内以及照明设施里铺设了数百码电线。最后，他们挖开后院的土地，埋设了电线，并在休息区的一棵树上安装了微型麦克风。所有电线都被连接至一台录音设备，这台设备可以在留声机上刻下音轨。在1945年夏，这还是一门先进技术。

在“垃圾桶”拘留中心，戈林、冯·巴本、凯塞林和霍尔蒂被押进一辆救护车，离开了当地。战后，救护车变成最常见的运输工具。所有车窗都被拉上黑色的遮光帘，所以俘虏们看不到汽车驶向何地。几个小时中，救护车一直按照安德勒斯所说的“迂回路线”曲折行进，虽然行驶了 50 英里的路程，但实际并未离开卢森堡。最后，救护车终于在一栋德式房屋前停下了。

“我认识这座房子！”戈林夸口道。他向同僚保证，他们已经到达美丽的海德堡。“我能认出墙上的装饰。”戈林一踏进房间就说。

新营房的卧室里有干净的床单、毛绒床垫和柔软的枕头。戈林一边在房间里转悠，一边指着水晶吊灯，警告其他纳粹分子要当心有人窃听。其中一名俘虏问，他们是否可以坐在花园里，卫兵请示过上级后，回答“可以”。戈林发现垂柳下有一小片树荫，几个人便把花园里的椅子拖到树荫下，坐下来开始闲谈。

“我能够清晰地听到他们低沉粗嘎的声音，”安德勒斯回忆道，“这些声音都被录在了黑色的唱片上。”

这无疑是一个良好的开端。但没过多久就下起了雨。几个人只得返回屋内，坐在房中闭口不言。次日，雨仍没有停。当天晚上，安德勒斯接到盟军最高统帅部的命令，要他立即停止窃听行动。他只有 24 小时带这些囚犯离开此地返回拘留中心。

这一次，救护车直接返回了 3.5 英里外的蒙多夫。“戈林怒不可遏，”安德勒斯回忆说，“他们怎么可能这么快就返回拘留中心！直到那时，他们才回过神来。”

在“垃圾桶”中的情况突然发生了变化。1945 年 8 月 10 日，约翰·多利布瓦接到“当局的来信”，称 CCPW32 号即将关闭。多利布瓦也是运输队员之一，负责将俘虏们送往新地点。“垃圾桶”中的 52 名拘留犯中有 33 名即将被押往陶努斯山间奥伯鲁塞尔小镇上一座新的战犯审讯基地国王营，但其中的原因不得而知。直到后来多利布瓦才获悉，这些纳粹分子即将受雇于美国军方，其任务是撰写情报报告，记录他们在战争期间从事的工作。奥伯鲁塞尔镇距离克兰斯堡的“垃圾桶”审讯中心仅有数英里之遥。

为运送这些囚犯及其行李，军方共出动6辆救护车、1辆指挥车、1辆吉普、1辆拖车和1辆卡车。多利布瓦被派往1号救护车，他的俘虏包括海军元帅卡尔·邓尼茨、陆军元帅阿尔贝特·凯塞林、陆军炮兵上将瓦尔特·瓦利蒙特、财政部部长什未林·冯·科洛希克、海军上将利奥波德·伯克和海军上将格哈德·瓦格纳。

从蒙多夫到奥伯鲁塞尔镇途经德国乡间，运输队所到之处无不遭到严重破坏。多利布瓦注意到，一开始这些纳粹分子在后座相互攀谈，但从卢森堡进入德国境内后，当他们看到德国满目疮痍、哀鸿遍野时，车内“突然变得鸦雀无声”。“这是他们在战后第一次看到祖国的状况。”多利布瓦说。无论是教堂、办公楼还是商铺，都被炸得面目全非，整个小镇只剩下一片断壁残垣。虽然《和平条约》已经签订3个月之久，但德国仍无财力清理战场。饥肠辘辘的人们挣扎着想要活下去。“希特勒决心‘要坚持战斗到最后一个人’，这就是他所造成的毁灭性后果”。

车队终于来到了奥伯鲁塞尔。同战后其他很多美占区的军事审讯基地一样，这里在战争期间曾经是第三帝国的一座军事据点。奥伯鲁塞尔是座历史悠久的小镇，镇上的“杜拉格”（临时战俘营）是德国空军唯一的审讯和评估中心。纳粹的审讯者就是在这里审问战争期间被俘的盟军飞行员的。德国空军的首席审讯员汉斯·沙夫在日记中写道：“每一名敌军飞行员被俘后，都会被带到这里接受审讯。至于此人是在前线被俘还是在偏远地区坠机，没有任何区别。他们都会被送往奥伯鲁塞尔。”

奥伯鲁塞尔的杜拉格被盟军占领后，其外观并未发生太大变化。这座审讯基地的中央是一座宽敞的半木结构“山庄”，被当作军官俱乐部，附近的 14 栋建筑可供军官住宿。俘虏的营房是一栋高大的 U 形建筑，其中包括 150 个单独牢房。这座建筑在“二战”期间被称为“冷藏箱”，也是汉斯·沙夫审讯被俘盟军飞行员的地方。至少在接下来的一段时间内，这里将成为 33 名前“垃圾桶”拘留犯的新家。

多利布瓦将俘虏交给了奥伯鲁塞尔的卫队。按照原计划，他应该返回卢森堡，等待新的命令。于是，多利布瓦与另一名士兵一起，坐在领头的汽车上，赶往“垃圾桶”。从法兰克福向南行驶一个多小时后，多利布瓦看到，不远处一队美国军用卡车停在路旁。其中一名士兵挡住他们的去路，示意多利布瓦的车队停下。约翰·多利布瓦刚走出吉普车，一股恶臭顿时扑面而来，其中夹杂着“令人作呕的甜味”。他听到有人在干呕。他的车队中也有几个人下了汽车，站在路旁吐了起来。

“这到底是什么味道？”多利布瓦问路旁一辆汽车上的军官，“你们运的究竟是什么东西？”

上尉跳下吉普车，一言不发，而是示意多利布瓦跟他来到其中一辆载重 2.5 吨的卡车后。接着，他解开绳索，掀开车厢上罩着的帆布。多利布瓦看见，卡车上堆满了尸体。沉吟片刻，他才意识到，这些都是腐烂的尸体。“很多尸体已经开始流脓，”他回忆道，“大部分尸身赤裸。有些仍然穿着睡衣模样的条纹裤，那是集中营的制服，如今只剩下腐烂的破布。这是我生平见到过的最可怕的景象。”

这名陆军上尉的语气十分平淡，不带任何感情色彩。“5 辆卡车上共有上万具尸体，”他告诉多利布瓦，“我们正把它们从一座大型坟墓运往另一座大型坟墓。别问我这是为什么。”达豪集中营被解放后，盟军发现了这些尸体。上尉的车队之所以停滞不前，是因为其中一辆汽车抛了锚。他们只好在路边等候另一支护卫队，恰好遇见多利布瓦的车队从奥伯鲁塞尔返回途经此地。上尉问多利布瓦，他们是否能够护送车队到公路尽头的另一座军事基地。多利布瓦点头应允。“我发现自己带领着一支奇怪的队伍：6 辆空的救护车和 1 辆空空如也的武器运输车，后面还跟着 5 辆载重 2.5 吨的卡车，上面装满在盟军到来之前的最后一刻惨遭纳粹屠戮的俘虏尸体。”多利布瓦回忆道。根据占领区美国军事政府办公室的命令，这些尸体将被送往适当的埋葬地点。

返回“垃圾桶”后，他的世界观发生了巨大的转变。希特勒的一些残部仍被关在这里，而他们“要为运输车上那些可怕的景象负直接责任”。过去的 3 个月中，他一直在“垃圾桶”对这些纳粹分子进行审讯。假如说当初多利布瓦对他们的凶残行径和集体罪责还存有疑虑，那么如今这种疑虑已荡然无存。在 93 岁高龄时，约翰·多利布瓦回忆道：“我仍然能够闻到死亡散发出的那股恶臭。”

1945 年 8 月，这名年轻的审讯员并未来得及思考他目睹的一切。返回“垃圾桶”后，他躺在床上沉沉睡去。次日清晨，约翰·多利布瓦接到安德勒斯上校的另一道命令。审讯中心还有 15 名纳粹分子需要被移送纽伦堡监狱，多利布瓦是护卫队成员之一。安德勒斯亲自挑选多利布瓦与这 15 名纳粹高官乘坐同一架运输机。

1945 年 8 月 12 日黎明，太阳还没有升起。剩余的 15 名纳粹分子被押出“垃圾桶”审讯中心，乘坐救护车来到附近的卢森堡市机场。一架极其简易的 C–47 运输机正在停机坪上等候。飞机两侧各有一排座位，机身后部的一扇门上挂着一个便桶和一把尿壶。多利布瓦察觉，安德勒斯上校十分紧张。“事情有些不对劲。”多利布瓦回忆道。上校最担心的还是安全问题。“啊哈！”多利布瓦忽然意识到问题所在——“卡尔滕布伦纳！”。

在这 15 名囚犯当中，恩斯特·卡尔滕布伦纳被视作最危险的纳粹分子。他身高 6.4 英尺，体形魁梧，头部硕大，脸上长满痘疮，额头、两颊和下巴各有七八处深深的刀疤。他烟瘾和酒瘾很大，口中还缺少几颗牙齿。英国记者丽贝卡·韦斯特写道，卡尔滕布伦纳看起来就像“一匹邪恶的老马”。他拥有法律学博士学位，最擅长从事秘密警察工作，是帝国中央保安总局局长以及秘密警察和特务机关头目。就像其他纳粹分子一样，他积极参与了集中营的暴行。据战略情报局描述，即使海因里希·希姆莱也对他忌惮三分。

如果有人会“在飞往纽伦堡的途中制造麻烦”，此人非恩斯特·卡尔滕布伦纳莫属。“必须采取特别预防措施，”多利布瓦将卡尔滕布伦纳铐在自己的左手上。“如果他向门口逃跑，”安德勒斯告诉多利布瓦，“立即开枪射击！”随后，安德勒斯祝多利布瓦“一路好运”，并且表示飞机在纽伦堡着陆后，他会立即过来检查。安德勒斯上校将乘坐另一架飞机前往纽伦堡。

但在飞行途中，卡尔滕布伦纳并未夺路逃跑，而是主动与多利布瓦攀谈起来。他告诉多利布瓦，他希望这名年轻的审讯人员能够理解，自己不应当为战争罪负责。“他认为自己有必要对犹太人的事情作出解释。”多利布瓦回忆道，“卡尔滕布伦纳承认自己痛恨他们，但声称自己并未参与集中营里虐待犹太人的恶行，反而表示他曾规劝希特勒改善这些人的待遇。”当飞机即将在纽伦堡着陆时，卡尔滕布伦纳说了一句许多纳粹分子都曾在战后说过的话：“作为一名士兵，我的任务就是执行上级的命令。”

“我没有与他争执，只是静静地听着，”多利布瓦说，“卡尔滕布伦纳是一个冷血的刽子手，只想保住自己的性命。他的温言软语不会改变我对他的看法，但可以帮我打发时间。”飞机终于平安着陆，多利布瓦如释重负。俘虏们被押下飞机，由安德勒斯上校重新接管。

多利布瓦没有回头再看一眼，而是匆匆回到运输机上。飞机开始在跑道上滑行，然后缓缓起飞。多利布瓦独自坐在空无一人的机舱里。几周以来，他对这些纳粹高官的审讯终于结束。刚才与他一起坐在这架飞机里的纳粹分子即将在纽伦堡的正义宫接受审判。他们均被判定犯有战争罪，其中大多数将被处以绞刑。

返回“垃圾桶”后，多利布瓦来到营房准备收拾行李，突然遇到一件奇怪的事情。一名当地中年男子站在护栏外面，此人头戴贝雷帽，双手插在口袋里。3 个月前，多利布瓦乘坐军用吉普刚到这里时，就是在他所站立的地方下车的。只见他站在那里，正冲着皇宫酒店的方向大喊。多利布瓦停了下来，想要听清他说的究竟是什么。

“Hallo Meier! Hallo Meier!”那名男子反复喊着同一句话，“Wie geht’s in Berlin?”

多利布瓦好半天都不明白此人是何用意。这段话翻译过来就是：“喂，迈耶！喂，迈耶！柏林现在怎么样啊？”直到最后他才恍然大悟。“二战”初期，赫尔曼·戈林坚信第三帝国必胜，因此曾向德国人夸下海口：“如果英国和美国会轰炸柏林，我就改名叫迈耶。”（迈耶是德语中一个十分常见的人名。——译者注）

伴随着这名卢森堡中年男子对戈林的嘲讽，约翰·多利布瓦在“垃圾桶”的任务圆满结束。由于此人兴致正浓，多利布瓦认为自己没有必要告诉他，赫尔曼·戈林已经离开这里，而且永远都不会再回到这里。

“多云行动”：从德国到美国

1945 年 7 月 6 日，在华盛顿，参联会终于批准了“将德国科技专家带往美国”的行动计划，但杜鲁门总统对此事毫不知情。一份长达5页的备忘录被分送到战争部的8个机构，概括了这项秘密行动的“原则和程序”。其中最重要的3点如下：

◎ 利用某些德国专家，提升我国对日作战能力，促进我国在战后的军事研究进一步发展；

◎ 不得将战犯或被指控犯有战争罪的嫌疑人带回美国；

◎ 该计划的宗旨应当为在军事领域暂时利用极少数必不可少的德国专家。

这份战争部参谋总部的备忘录中写道，任务一旦完成，所有德国“专家将会被遣返欧洲”。在这里，备忘录用“杰出的德国专家”一词代替“德国科学家”，因为并非所有参与该项目的纳粹分子都是科学家，其中还包括很多纳粹官员、商人、会计和律师。直到此时，这项机密计划才拥有一个正式代号——“多云行动”，并在8个月后被更名为“回形针行动”。

有意聘用德国专家的军事机构需要向陆军参谋部二部提交申请。“只有理由极其充分，才能将德国专家带回美国。”备忘录中这样规定。这些专家必须具备“出类拔萃的头脑，而我们希望继续利用其聪明才智进行创造”，否则申请将不予批准。这项行动由参联会下设的军事情报处负责，后者将制定“招募、利用和控制德国专家的总体方针”。此外，美国还会将该项行动的大致内容告知英国。在第一批科学家抵达美国后，战争部将“适时”召开一次新闻发布会，以“避免美国公众产生愤慨之情”。

备忘录后附有一份美国有意聘用的德国专家名单。这份名单被称作“I号名单”，其中包括115名火箭专家。当英国得知美国军方意欲雇用德国的火箭科学家时，他们提出要允许英国首先开展两个火箭开发项目。美国表示同意，并将一批科学家、工程师和技术专家移交给英国羁押，其中包括沃纳·冯·布劳恩、瓦尔特·多恩伯格和亚瑟·鲁道夫。

第一个项目名为“逆火行动”。英国将在德国北部沿岸的前克虏伯海军火炮射击场进行 V–2 火箭实地测试。在“逆火行动”中，纳粹火箭工程师将向北海地区的目标试射来自诺德豪森的 4 枚火箭，以分析 V–2 火箭的技术数据。英国可以据此对火箭的发射方式、飞行控制以及燃料情况进行评估。发射技术专家、前米特尔维克运营总监亚瑟·鲁道夫后来在回忆“逆火行动”的场景时，告诉传记作者：“V–2 火箭靠酒精与液态氧作推进剂，酒精的化学成分与杰克·丹尼（著名美国威士忌品牌，世界十大名酒之一。——译者注）和老祖父威士忌差不多。试验场的人们显然知道这一点。”

一天夜里，鲁道夫回忆说，英国和德国的 V–2 火箭技术人员因痛饮“火箭燃料”而酩酊大醉。一名英国军官看到，这群人手挽手，“看起来已经成了志同道合的朋友，正劲头十足地唱着德国军歌《我们要出征英格兰》”。多恩伯格将军没有参与这场闹剧。他被拴在试验发射场外一根较短的皮带上，始终有人在旁监视。对于瓦尔特·多恩伯格，英国人另有打算。他们感兴趣的并非多恩伯格所掌握的知识，而是希望将他送上法庭接受战争罪审判。发射试验结束后，英国人并不打算兑现当初的承诺，将其交还美国。

“英国人耍了我们。”斯塔弗少校说。他也参与了“逆火行动”，但行动结束后，他未能将多恩伯格带回美占区。因为英国人要继续“借用”多恩伯格，并将其送往英国。多恩伯格和冯·布劳恩“接受了英国人为期一周的审讯。在随后的一个多月里，他们被关在温布尔登一座外面围着带刺铁丝网的建筑内，一直等着被美国人接走”。英方最后交还了冯·布劳恩，但将多恩伯格将军扣押，并发给后者一套背面印有“PW”（战俘）字样的褐色连衣裤。一队荷枪实弹的卫兵将他押往温德米尔桥附近的伦敦区牢房接受审问。随后，多恩伯格被转送到威尔士的一座城堡，移交给南威尔士小岛农场的第 XI 特别战俘营。在那里，他显然是一名极其不受欢迎的俘虏。

“瓦尔特·多恩伯格无疑是营地里最令人憎恨的对象，”罗恩·威廉姆斯中士回忆道，“就连他的部下也对他十分厌恶。他从来不像其他俘虏那样，到外面的当地农场去工作。”被关押在小岛农场的第 XI 特别战俘营期间，多恩伯格将军无论去哪里，身旁都会有人看守，因为英国人担心他会被其他俘虏杀死。

1945 年 9 月 12 日一早，沃纳·冯·布劳恩、埃伯哈德·里斯博士以及其他 5 名 V–2 火箭中级工程师永远离开了美军在维岑豪森为其提供的住处。他们分别乘坐两辆军用吉普，前往目的地法国。这几个德国人清楚，他们很快就会到美国工作。但他们并不知道，司机莫里斯·塞普瑟中尉会讲德语。在驾驶吉普车开往巴黎的途中，塞普瑟中尉听到冯·布劳恩讲了一个非常粗鲁的笑话，讥讽美国人。当他们穿过萨尔河进入法国境内后，塞普瑟无意间听到冯·布劳恩对其他人说：“好好看看德国吧，伙计们。你们可能很长一段时间看不到它了。”

虽然“多云行动”作为“临时”项目刚刚得到华盛顿批准，但冯·布劳恩早就料到，很多火箭专家和工程师会被送往美国，并且留在那里工作。“（我们的）研究成果将来会被应用到何种领域，我们没有任何道德方面的顾忌，”冯·布劳恩后来对《纽约客》杂志的作者丹尼尔·朗说，“我们唯一感兴趣的就是探索外太空。这个问题对我们来说其实很简单，就是如何成功地从金牛身上挤出奶来。”

抵达巴黎后，这几个德国人被送往奥利机场的军官俱乐部用餐。即将和冯·布劳恩、里斯以及其他 5 名 V–2 火箭工程师一起前往莱特空军基地的还有 4 名来自赫尔曼·戈林研究所的科学家。他们分别是西奥多·佐贝尔、鲁道夫·埃兹、沃尔夫冈·诺格拉特和格哈德·布劳恩，均由帕特上校亲自挑选。德国空军试飞员卡尔·鲍尔及其机械师安德烈斯·西博尔德也加入了这支队伍，鲍尔曾经是“梅塞施密特”Me–262 战斗机的首席试飞员。当晚 10 点左右，大雨如注，这些德国人鱼贯登上一架早已在停机坪上等候的 C–54 军用运输机。

“飞机很快穿过云层，迎接我们的是晴朗而美丽的月夜。”卡尔·鲍尔在日记中写道，“这是我生平第一次忘记了年份。对一名旅客来说，这次行程令人心旷神怡。”

在亚速尔群岛的圣玛利亚岛加油后，飞机越过大西洋，重新在纽芬兰加油，于 1945 年 9 月 20 日凌晨 2 点抵达特拉华州威尔明顿的纽卡索机场。由于仍处于军事羁押之中，这些德国人没有接受海关的例行检查。几个小时后，这 16 名德国人再次乘坐一架小型飞机，前往马萨诸塞州昆西斯冈特姆的海军航空站。

到达海军基地后，这些德国人乘坐轿车，前往附近的码头，一艘运兵船已经在那里等候。他们弃车登船，迤逦经过波士顿港港岛群岛，来到尼克斯梅特沙洲的尽头。在远离公众视线的海面上，漂浮着一艘小艇。艇长名叫库尔奇，接管这群德国人的是 21 岁的情报官员亨利·柯尔姆。士兵用绳索上系着的背带将这些德国科学家放到下方的小型波士顿捕鲸船上。“他们个个都吐得稀里哗啦的。”科尔姆后来回忆道。

斯特朗堡是南北战争时期的一座军事训练营，第一次世界大战期间不时被军方使用。如今，这座城堡般的临海防御工事成为开展秘密军事项目“多云行动”的最佳地点。1945 年 9 月，当第一批德国科学家抵达这里时，城堡仍处于军方的控制之下，但已近 30 年无人使用。炮台和基座间杂草丛生，办公楼和瞭望台年久失修。不过营房很容易改造，这里后来被人称作“多云行动宾馆”。一些德国战俘也被转移到这座岛上，充当宾馆的工作人员，包括翻译、厨师、面包师和裁缝。科尔姆负责采集指纹、进行身体检查以及协调联邦调查局等工作。这些琐碎的工作需要相当长的时间，而德国人向来缺乏耐心。没过多久，这些科学家就开始蠢蠢欲动。

天气晴好时，这些德国人会到空地上打排球。如果极目远眺，他们还可以看到波士顿的地平线以及海岸边在阳光的照耀下闪闪发亮的高楼大厦。但有一段时间，这座岛上经常一连数天云气氤氲、浓雾弥漫，仿佛笼罩着某种不祥的气氛。为了打发时间，科学家们只好待在室内玩“大富翁”（又名地产大亨，是一种多人策略图版游戏，参赛者分得游戏金钱，凭运气及交易策略，买地、建楼以赚取租金。——译者注），并将这种游戏称作“资本家”的游戏。即便如此，不可否认，斯特朗堡仍然像个流放地。这些德国人很快开始将他们的新住处称作“魔鬼岛”。

1945 年 9 月 29 日，陆军军械部情报官员詹姆斯·P. 哈米尔少校来到美国东岸（又被称为大西洋海岸，是指美国的最东部的海岸地区，东向面临大西洋，北边为加拿大，南边为墨西哥湾。——译者注），准备带走一批德国人。战争即将结束时，哈米尔与斯塔弗少校都到过诺德豪森。他曾经参与 1945 年 5 月末的那次行动，缴获纳粹德国大批火箭零件，而这些零件足以在“白沙滩”（美国最大的军事设施，占地约 3 200 平方英里的火箭试验区域。——译者注）组装 100 枚火箭。

哈米尔的出现对魔鬼岛上的火箭科学家来说无疑是个好消息。他将其中 6 名专家带往马里兰州的阿伯丁试验场，包括埃伯哈德·里斯、埃里克·纽伯特、西奥多·波珀尔、奥古斯特·舒尔茨、威廉·荣格特和瓦尔特·施维德茨斯基。这些人开始负责翻译、登记和评估美军从多伦顿矿井中发掘出的情报。哈米尔的下一项任务是将沃纳·冯·布劳恩押解到得克萨斯州的布利斯堡。

1945 年 10 月 6 日，两人搭乘火车前往目的地，其间发生了一件令人难忘的事情。由于“多云行动”属于绝密军事项目，哈米尔少校奉命每天 24 小时严密监视冯·布劳恩的一举一动，因此必须不惜一切代价避免吸引他人注意。在圣路易斯，哈米尔少校和冯·布劳恩被分配到一节普尔曼式卧车车厢，与大名鼎鼎的第 82 空降师和第 101 空降师的伤兵挤在一起。前者参加过西西里岛和撒勒诺的突袭，后者参与过诺曼底登陆和突出部战役。显而易见，让他们与这个身躯庞大、带有德国口音的男人同处一节车厢是个糟糕的主意。经过安排，哈米尔立即带着冯·布劳恩转到另一节车厢。火车平稳地向得克萨斯州边境驶去。进入特克萨卡纳后，哈米尔注意到，坐在冯·布劳恩身旁的一名男子开始与他友好地攀谈起来，并且问他“来自哪里，做什么生意”。冯·布劳恩显然十分擅长随机应变，答道自己来自瑞士，从事“钢铁生意”。

“结果这位先生对瑞士了如指掌，”哈米尔回忆说，“而他本人也从事钢铁生意。”冯·布劳恩灵机一动，称自己所说的“钢铁生意”是指“滚珠轴承”。事有凑巧，这名男子恰好也是一名滚珠轴承专家。就在这时，火车拉响了汽笛，准备在特克萨卡纳站停车，也就是这名生意人的目的地。下车前，他转身看了看冯·布劳恩，与后者挥手道别。

“如果不是你们瑞士人向我们伸出援手，还指不定谁会打赢这场战争呢。”这名生意人说。

铁桶里的化学武器订单

陆军军械部终于将这批德国科学家网罗到美国，并要求其立即开始在白沙滩工作。在德国，美国化学战研究中心和战地技术情报调查局之间就战争罪嫌疑犯奥托·安布罗斯的竞争日渐升级。尽管盟国远征军最高统帅部曾下令逮捕安布罗斯博士，但他一直逍遥法外。在法占区工作和生活期间，安布罗斯同样没有受到惩罚。战地技术情报调查局的官员从代号“垃圾箱”的克兰斯堡获得诸多相关信息，包括安布罗斯的真正身份及其在化学武器研究和开发过程中所扮演的角色。

在审讯阿尔伯特·施佩尔时，战地技术情报调查局获悉，希特勒之所以能够拥有数量如此庞大的神经毒剂和军用毒气武器库，奥托·安布罗斯功不可没。“据闻，他曾在德国的一次化学战高级会议上与希特勒相谈甚欢。”战地技术情报调查局的一份报告中写道。另一份报告也指出：“从情报角度来看，最近在‘垃圾箱’开展的化学战调查再次证明，安布罗斯在这个项目中发挥的作用极其重要。施佩尔和德国的化学战专家一致认为，他是德国化学武器生产的关键人物。”然而，除了对安布罗斯进行监视以外，战地技术情报调查局几乎无计可施，对此蒂利少校感到义愤填膺。

虽然战地技术情报调查局希望抓获安布罗斯博士，但一开始，他们仍对此人十分客气，并未打算要采取强制手段将其逮捕。“1945年8月底至9月初，我们试图劝说安布罗斯返回美占区。”蒂利少校在战地技术情报调查局的报告中写道。作为答复，“安布罗斯声称因法国当局不允许他离开法占区，所以暂时无法返回美占区”。蒂利清楚这是一派胡言。他从跟踪人员那里得知，安布罗斯定期往返于法占区的路德维希港和美占区的法本公司宾馆科尔霍夫别墅之间。他感到怒不可遏。

“此人十分危险，绝不应当逍遥法外，更不必说为盟国当局所聘用。”蒂利写道。战地技术情报调查局授权蒂利少校设下圈套，以诱捕安布罗斯。英国上尉 R.E.F. 埃德尔斯滕奉命全天候监视奥托·安布罗斯的行踪，并派出一批便衣特工对其进行盯梢。“在 LU（路德维希港）发现了安布罗斯的行踪，”其中一份报告写道，“他经常独自驾驶私人汽车在此出没。有一天晚上，他把汽车停在路边，在车里睡了两个小时。”另一名特工透露。

安布罗斯频繁造访弗里堡、莱茵费尔登和巴登-巴登。他甚至还回过根多夫，考虑到当地的第六集团军仍然持有对他的逮捕令，这一肆无忌惮的举动简直是对美军的恶意挑衅。相比第六集团军，安布罗斯不仅拥有更加灵通的情报网络，而且行动总比美国士兵领先一步。每当有美军出现试图将其逮捕时，他早已逃之夭夭。

为了逮捕安布罗斯，海德堡的反间谍特种部队设下圈套，由埃德尔斯滕上尉和芒福德上校负责。“埃德尔斯滕告诉安布罗斯，芒福德上校急于与他见面，”行动报告中写道，“他们计划于 8 月 26 日周天下午 4 点在法本公司的别墅会面，身着便衣的反间谍特种部队人员将在科尔霍夫附近等候，然后将安布罗斯捉拿归案，带往‘垃圾箱’”。但安布罗斯总是比美国军方棋高一着。他的“个人情报网络包括秘书和信童”，正是这些人提前警告安布罗斯，此次会面是为将其逮捕而设下的计策。

埃德尔斯滕上尉来到科尔霍夫别墅，准备对安布罗斯实施抓捕，但未能准时见到这名博士。反之，安布罗斯的秘书笑容满面地告诉他说，她非常遗憾“安布罗斯博士无法前来赴约”。秘书邀请埃德尔斯滕到室内喝茶，房间里早已摆好一张精致的桌子，桌旁还放着 8 张椅子。在茶会中间，秘书凑近埃德尔斯滕悄声耳语“你到过根多夫吧”，仿佛是在奚落后者。

事实证明，安布罗斯曾经派出一队“来自路德维希港和根多夫的手下”，跟踪战地技术情报调查局负责监视他的特工。这一厚颜无耻的举动让埃德尔斯滕感到无比尴尬。他强压怒火喝完茶，站起身离开了这里。“但埃德尔斯滕刚刚离开，安布罗斯的雪佛兰就开进了别墅”，埃德尔斯滕满以为自己就要捉住诡计多端的安布罗斯时，他再次上当。“另一个人从车上下来，表示他（安布罗斯）无法前来”，原来此人只是安布罗斯派出的一名替身。

虽然战地技术情报调查局遭到了戏弄，但却无计可施。埃德尔斯滕面红耳赤地离开了法本的别墅，最终空手而归。“根据反间谍特种部队的描述，”他在报告中写道，“安布罗斯开着一辆浅蓝色雪佛兰四门轿车。”埃德尔斯滕吩咐手下盯紧海德堡附近的桥梁，下令一旦安布罗斯露面，立即将其绳之以法，但安布罗斯始终未曾出现。更加令人气愤的是，奥托·安布罗斯于次日正式致信埃德尔斯滕。来信字体工整，信笺十分华丽，信头用凸版字印着法本公司在战时的地址。“很遗憾未能如约。”安布罗斯在信中写道，随后用深黑色的墨水签上大名。

在“垃圾箱”，蒂利少校继续对安布罗斯的同事展开审讯。1945年8月底，蒂利有幸从法本公司的化学家尤尔根·冯·克伦克那里得到一条线索。如今克伦克就在“垃圾箱”，在与安布罗斯一起见过塔尔以及来自陶氏化学公司的代表后，他的一举一动都处于美军的严密监视之下。“垃圾箱”中有关冯·克伦克的档案材料数量可观。作为纳粹的忠诚追随者，他于1933年加入纳粹党，并于1936年成为一名党卫军军官。一名审讯人员在对他进行描述时称，此人“老奸巨猾”、“不可信任”以及“不能予以聘用”。此外，因信奉精英统治论（一种哲学观点，主要观点认为统治阶级由少数权力精英所构成，精英人物通过高压和操纵相结合的手段来维持其统治。——译者注），冯·克伦克为此结下了不少仇敌。

他的一名同事、“垃圾箱”的在押囚犯、化学家威廉·霍恩在向蒂利少校谈到尤尔根·冯·克伦克时表示，此人“富有魅力、才思敏捷、相貌英俊、教养良好、能言善辩，但缺少成为伟人的基本素质”。这是因为冯·克伦克“不仅是一个自视甚高的利己主义者……对自己姓名中隐含的贵族身份引以为傲，同时他还是一个善于投机取巧的机会主义者”。霍恩透露，长期以来，冯·克伦克从不讳言自己是一名纳粹分子。“像希特勒及其爪牙这样的市井之徒竟然身居高位，他向来对此感到十分不满，认为有损自己的尊严。”霍恩说。

在制造化学武器方面，冯·克伦克究竟有多重要？蒂利问霍恩。据后者供述，冯·克伦克曾经担任“C 委员会”，即“化学武器委员会”副主席。也就是说，尤尔根·冯·克伦克是奥托·安布罗斯的左膀右臂。得到这些信息之后，蒂利少校拟出一份声明，要求冯·克伦克在上面签字。声明中表示，“本人对其他人所隐瞒的事实一无所知”。但冯·克伦克拒绝签字。蒂利告诉他，隐瞒信息等于犯罪，并威胁要将其逮捕。冯·克伦克只得承认，他对有些事情并未和盘托出。

冯·克伦克告诉蒂利少校，1944 年秋，安布罗斯曾命令他销毁与化学武器有关的所有文件，特别是法本公司与纳粹国防军签订的合同。但冯·克伦克并未执行这一命令，而是“精心挑选”了一批重要文件，将其藏到一个大型铁皮桶里。随后，冯·克伦克指示他人将铁桶埋在根多夫郊外一座偏僻的农场。但冯·克伦克声称，自己并不清楚具体的埋藏地点。他告诉蒂利，为否认自己了解有人藏匿文件这一事实，他故意没有问起这些文件的下落。接着，冯·克伦克列出了一些可能的埋藏地点。

两个月来，蒂利少校一直在根多夫的乡间搜寻铁皮桶。他一边向当地人打探消息，一边耐心等待可靠线索。1945 年 10 月 27 日，蒂利终于找到了自己想要的东西。在对根多夫的消防队长布兰德迈斯特·凯勒进行审问时，后者透露了铁皮桶的下落。此外，凯勒还为奥托·安布罗斯藏匿了许多机密文件。“一开始，凯勒否认自己藏匿过任何文件，”战地技术情报调查局的报告中写道，“但当他得知蒂利少校的口袋里装着他的逮捕令时，他随即表示记得安布罗斯曾在 1945 年让他取走 4 个箱子……安布罗斯让他将这些箱子分别藏到根多夫的几座农场。”其中最重要的就是冯·克伦克的铁桶，凯勒将它“藏在布格豪森附近洛伦茨莫泽一座荒凉的农场里”。

在冯·克伦克隐匿的铁桶中，安布罗斯的来信为他们的罪行提供了铁证。安布罗斯在信中表示他将负责销毁文件，并解释其中缘由。“必须销毁所有能够证明我们在地下工厂参与过塔崩和沙林毒气生产的文件，或者也可以将其转移到安全地点。”铁桶中一封署名为奥托·安布罗斯的信中写道。此外，这封信中还附有一叠法本公司与帝国军备部签订的神经毒剂制造合同，也就是冯·克伦克下令销毁的文件。这些合同按照时间顺序，“详细记录了从 1938 年或更早至 1945 年 3 月期间，塔崩毒气的生产细节和戴赫福斯的其他情况，包括所有建筑计划、大量仪器、照片、图纸以及其他许多宝贵数据”。现在，蒂利少校手里掌握了两条前所未有的关键证据。

除此以外，铁桶里还藏有更多有关奥托·安布罗斯的信息。其中一份署名为阿尔伯特·施佩尔的文件，记录了 1944 年 6 月这名军备部部长与安布罗斯、希特勒会面的情况。这份文件不仅揭示了安布罗斯在化学武器制造领域中的重要地位，而且证明他曾在战争中大发横财。“我（施佩尔）向元首汇报，法本公司的安布罗斯博士发明了一种新方法，可以用于制造与天然橡胶品质相当的丁腈橡胶。有朝一日，我们将不再需要进口天然橡胶……元首下令拨款 100 万马克用于奖励安布罗斯。”施佩尔写道。另外一条证据显示，法本曾经居心叵测，计划在奥斯威辛进行长期商业投资。除了修建丁腈橡胶厂以外，法本公司还计划在死亡集中营里制造化学武器。该公司

“计划于1945年……在奥斯威辛进一步开展化学武器项目”，蒂利在战地技术情报调查局的报告中写道。

蒂利带着铁桶和其中的文件匆匆返回“垃圾箱”。当蒂利告诉冯·克伦克他已经找到铁桶的下落时，后者感到十分震惊。“有迹象表明，冯·克伦克认为我们无法找到这些文件。”蒂利在一份情报报告中写道。战地技术情报调查局现在已经掌握了详尽的书面证据，可以证明安布罗斯“隐藏与德国军备有关的文件，从而触犯美国军政府的相关法令”。数以千计的文件包含了“戴赫福斯的全面资料、生产塔崩和其他化学武器的工作表、与德国陆军总司令部埃曼博士的通信，以及安布罗斯声称已于1945年4月在根多夫烧毁的文件”。

同一天，军方还在根多夫的一个保险箱里发现了1935—1945年法本与纳粹德国签订的秘密化学武器制造合同。“正是这些文件、方案、图纸和合同让我们对德国的化学武器生产有了全面的认识，我们在这方面所掌握的情况甚至超出对德国其他大部分军工生产领域的了解。”蒂利少校终于在科技情报上取得重大突破。

蒂利将这一消息告诉了一名同僚，后者提醒他，还有一种情况需要加以考虑。“根据个人经验，一些敌方间谍往往会对其阴谋供认不讳。但这种做法有可能是为了转移注意力，他们承认某些次要的秘密，是为避免审讯者对更重要的秘密进行调查。”这名资深情报官员解释道。战地技术情报调查局将搜捕人员人数增加了一倍，以逮捕战争罪嫌疑人安布罗斯。1945年10月29日，也就是蒂利找到冯·克伦克藏匿的铁桶两天以后，英国情报调查小组委员会也批准了“逮捕安布罗斯博士”的命令。迄今为止，在3个西方盟国中，已有两个国家希望立即逮捕这名希特勒御用化学家。

奥托·安布罗斯是一名“危险的不良分子”，因此不应当任其“逍遥法外”，逮捕令中写道。但战地技术情报调查局清楚，只要安布罗斯继续留在法占区，他们就无计可施。“此人诡计多端，因为他清楚自己在美占区受到通缉，所以一定会继续待在那里。”蒂利在报告中写道。除了耐心等待，战地技术情报调查局别无良策，但是很快，他们的耐心再次获得了回报。

3 个月后，奥托·安布罗斯终于被狂妄自大冲昏头脑。1946 年 1 月 17 日，他离开法占区后立即遭到逮捕，被送往“垃圾箱”接受蒂利少校的审讯。战地技术情报调查局想方设法从他口中获取了不少信息，随后将他交给纽伦堡的新任监狱指挥官伯顿·安德勒斯上校。可以预见，不久以后安布罗斯将在纽伦堡法庭接受审判。

如果当时有人表示，奥托·安布罗斯有朝一日会在文明社会飞黄腾达，被美国以及其他国家政府争相雇用，所有人都会觉得这是不可思议的幻想。然而，随着冷战拉开序幕，许多举世公认的原则逐渐在发生改变。

第三部分

冷战阴影笼罩

往事犹如异乡。

L.P. 哈利特

20 世纪最受好评的英国小说家之一

第 11 章

矛头转向"苏联威胁"

篡改对纳粹科学家政策

1945 年夏末，根据国务院－陆军部－海军部协调委员会以及战争部总参谋部的命令，美国联合情报调查局（JIOA）宣告成立。该部门隶属参联会联合情报委员会，其唯一目标就是网罗纳粹科学家。若想了解联合情报调查局的职责，你就必须首先明确联合情报委员会的工作内容。从后者的名称我们可以看出，该机构负责向参联会提供情报信息。中情局历史学家拉里·A. 瓦莱罗认为，无论过去还是现在，联合情报委员会都是美国所有情报机构当中最鲜为人知的一个部门。对于其下属机构联合情报调查局的内部工作机制及其负责的纳粹科学家项目，有关记录更是少之又少。但纳粹科学家的故事以及部分解密文件让我们得以对这个战后大权在握的神秘机构窥见一斑。

德国投降后，联合情报委员会立即将工作重点转向日渐抬头的"苏联威胁"。1945 年 6 月 15 日至 1945 年 8 月 9 日，联合情报委员会编写了 16 份重大情报报告和 27 份政策文件，并陆续提交给参联会。"其中最重要的内容是对苏联军事能力及其未来发展意向的预测。”瓦莱罗说。联合情报委员会认为，苏联人不仅在意识形态上与西方对立，而且必将继续谋求世界霸权，他们只不过在“二战”期间成功地隐藏了这一战略意图。1945 年 9 月，联合情报委员会向参联会表示，为重建军火储备，苏联将推迟近期与西方的“公开冲突”。截至 1952 年，苏联将恢复作战能力，届时美苏之间将会爆发“全面战争”。

次月，联合情报委员会在 250/4 号情报报告中警告参联会，“在制导导弹领域的 10 名德国顶尖科学家中，有 8 名最近在德国失踪，很可能已被苏联人俘获，目前正在苏联境内从事研究”。同样严峻的是，这份报告指出，红军在占领德国的两座物理研究所后，不仅抄没了实验室和图书馆，还掳走了研究所的科学家，随后在苏联重建了实验室。第 250/4 号报告发出警告，“苏联正在全国范围内深入开展科学研究项目”，此举无疑对西方造成了严重的安全威胁。在美国对苏联严重猜疑的氛围下，联合情报调查局应运而生。这就意味着，纳粹科学家项目从被该部门接管之日起，就成为一项攻击性军事行动。时值 1945 年夏末，数周之前，日本刚刚遭到两枚原子弹袭击。美国此时聘用德国科学家的主要战略目标，就是想赶在苏联形成对美国的压倒性军事优势之前，取得军事霸权地位。

要想在军事上压倒苏联，美国必须从第三帝国的废墟上搜罗其所有尖端科技。军事情报部门认为，尽管一些科学家恰好也是纳粹分子——这一事实固然棘手，但属细枝末节，无碍大局。更何况时不我待，据联合情报委员会预测，美苏战争将于 1952 年左右爆发。

联合情报调查局认为，在现有针对纳粹科学家的政策中，有些措辞必须予以调整，尽快删除“不能是已知战犯或战争罪嫌疑犯”以及“不能是狂热的纳粹分子”等说法。这些词语只不过是为了平息某些人的义愤之情，其中包括五角大楼的一些高级将领、国务院的部分高官以及诸如艾森豪威尔的科学情报主管 H.P. 罗伯逊博士之类的卫道士。根据联合情报调查局制定的最新战略，为推动这项计划的快速实施，上述措辞必须予以更改。

在接管与德国科学家有关的所有项目后，联合情报调查局开始积极招募新人。调查局的管理机构由联合情报委员会各个成员部门的代表组成，其中包括陆军情报主管、海军情报主管、空军参谋二部助理主管及一名国务院代表。因此，该群体中外交官人数与军官人数比例为 3∶1。

国务院派驻联合情报调查局的代表叫塞缪尔·克劳斯。上任伊始，他就被调查局的同僚视作眼中钉。克劳斯当年 42 岁，是国务院的风云人物。他不仅是一位杰出的律师，而且是一名优秀的骑手。此外，这位希伯来语学者还会讲俄语和德语。由于克劳斯负责为赴美的德国科学家颁发签证，因此若联合情报调查局想要有所成就，就必须与克劳斯取得一致。但塞缪尔·克劳斯从根本上反对纳粹科学家项目，因此在联合情报调查局内部发生了激烈冲突。

“二战”期间，克劳斯曾在美国对外经济管理局任职，对纳粹思想并不陌生[①]。当时，克劳斯是“避风港行动”的主管，负责在世界范围内追缴纳粹资产，包括失窃的艺术品和黄金。战争期间，出于安全问题的考虑，纳粹曾将这些物品偷运出德国，存放在一些中立国家。在开展“避风港行动”期间，克劳斯审问了数千名德国平民，并且越发相信，很多“普通德国人”曾经从纳粹党那里获利。至于这种做法需要付出何种代价，他们心照不宣。作为国务院驻联合情报调查局代表，克劳斯认为，这些德国人并非无意间卷入邪恶漩涡的天才科学家，而只不过是一群庸庸碌碌、缺乏道德原则的机会主义者[②]。联合情报调查局的记录显示，在国务院至少还有两人与克劳斯所见略同，即赫伯特·卡明斯和霍华德·特拉弗斯，但只有塞缪尔·克劳斯对自己的感受和看法毫不讳言。

1945 年深秋，在联合情报调查局召开的一次会议上，克劳斯郑重宣布，在他的监督下，“最终只会有不到 12 个德国科学家得以进入美国”。克劳斯虽然被军事情报部门视作眼中钉，但始终孤掌难鸣。根据联合情报调查局的章程，他们需要向一个内阁级的顾问委员会通报行动计划，而该委员会中有一名来自商务部的代表。事有凑巧，虽然这位名叫约翰·C. 格林的代表并不清楚这些德国科学家的真实面目，但他仍然明确表示将大力支持联合情报调查局开展的德国科学家项目。当年秋天，格林作出的一个提议，使塞缪尔·克劳斯为反对“多云行动”所做的努力前功尽弃。

美国商务部部长亨利·华莱士的背书

“二战”结束后，美国举国上下欢庆和平，渴望走向繁荣昌盛。为迎合公众的愿望，德国科学开发项目必须拥有一个良好的公共形象。1945 年秋，经杜鲁门总统批准，商务部开展了大规模公共关系运动，旨在激发公众兴趣，关注在希特勒统治时期德国科学家所取得的惊人成就。作为战败国，德国无力对美国进行经济补偿，但美国人可以从另一种赔偿方式中获益，即充分利用德国的科技知识。为此，总统委任商务部部长亨利·华莱士监督，由商务部出版局发布数千份报告，其内容包括 CIOS 情报人员战后在德国境内搜集的与普通民众相关的非军事信息。

美国公众得知，正是由于德国科学家的发明，如今饮料制造厂无须加热即可为果汁消毒，妇女们穿上了不褪色的针织内衣，工人可以用每小时 1 500 磅的速度制造黄油。这项清单远不止于此。现在人们可以大批量生产酵母，在不伤及兽皮的情况下从绵羊身上采集羊毛，而这些全都要归功于杰出的德国科学家。此外，纳粹专家还发明了磁带，将真空电子管缩减到小拇指大小。为让公众了解上述报告的发表时间，商务部出版局每周都会向各大图书馆发布新的文献目录，每份起价 10 美分。

商务部部长亨利·华莱士认为，科学能够为美国带来繁荣，并不遗余力地推广这一观念。1944 年，在华莱士担任副总统期间，罗斯福总统曾经承诺，要为 6 000 万美国人提供就业机会。1945 年，华莱士出任商务部部长，他的新书便以《6 000 万人就业》（*Sixty Million Jobs*）为名出版。现在，他准备兑现当初的承诺："工商业部门与政府可以齐心协力，让世界变得和平兴旺。"

美国还有第二份从德国获得的科技项目清单，但这份清单被列为"机密"，因此并未向公众发布。其中包括 1 800 份报告，均与具有潜在军事价值的德国技术有关。这些项目的标题为"火箭""化学战""医学实践""航空学""军械""杀虫剂""核物理"等。然而，无论是机密清单或非机密清单都由同一个人负责，即亨利·华莱士的行政秘书及商务部驻联合情报调查局的代表约翰·C. 格林。

对于这份秘密清单，格林另有打算。从原则上来讲，和平与繁荣固然是好事，但战争可以为一些企业带来巨大的商机。因此，格林希望某些工业集团能够拿到这份清单，按图索骥，聘用相应领域的德国科学家赴美工作。1945 年秋，格林专程来到代顿莱特空军基地，与唐纳德·帕特上校商谈此事。

1945 年秋天，首批 6 名德国专家[③]被送往莱特空军基地一个地处偏远、防守严密的住宅区。这里被称作"希尔托普"，意即"山巅"，曾经是国家青年局的所在地，共有 5 座单层木质结构建筑和 3 座小型别墅。除了该项目的管理者以外，几乎没有人知道德国科学家住在这里。仅有一条单车道的土路经过"希尔托普"，当地人只有在前往小镇的垃圾场时才会途经此地。接连几周，装满垃圾的卡车和货车从“希尔托普”疾驰而过，因此道路上总是尘土飞扬，雨后这里便是一片泥淖。这一情景令德国人十分不快。尽管他们满腹牢骚，但并没有立即向帕特上校抱怨此事。因为这些德国“专家”清楚，现在还轮不到他们挑肥拣瘦。相比德国很多同行的遭遇和所处的环境，他们此时此地的境遇可谓天上人间。然而，一旦时机出现，这些纳粹科学家便会适时地表达出他们的愤恨之情，这对纳粹科学家项目造成了异乎寻常的影响。

莱特空军基地的首批科学家包括发动机研究专家格哈德·布劳恩博士、空气动力学家西奥多·佐贝尔博士、火箭燃料专家鲁道夫·埃德塞博士、超声速专家奥托·博克、空气动力学家汉斯·里斯特和企业家阿尔伯特·帕丁。他们的平均年薪为 12 480 美元，此外还有每天 6 美元的津贴，两项合计相当于 2013 年的 17.5 万美元。由于税务部门工作上的“疏忽”，当时这些德国人不需要向美国政府交税，不过这一漏洞后来被发现并予以改正。

一对夫妇暂时充当希尔托普的管家，照料这些德国人的日常起居，为他们清洗衣物、收拾床铺。一些尚未被遣返德国的战俘也被送到这里，成为他们的厨师。很快，军方为这 6 名专家和其他德国人配发身份卡，卡片正面印有一个醒目的绿色“S”，意味着他们不得擅自离开基地。每天从下午 5 点到次日早上 7 点，希尔托普四面的大门都会落锁。每逢周末，在美国陆军情报官员的护送下，这些德国人可以前往代顿的基督教青年会。军方特地从辛辛那提调来一名牧师，用德语为他们主持主日弥撒（指在周日举行的弥撒。——译者注）。“我们希望你们清楚来到这里的目的是进行科学研究工作，也希望双方可以和睦相处、密切合作，进一步推动和拓宽你们感兴趣的课题。”军方在发给莱特空军基地德国专家的介绍手册中写道，

“我们将竭尽全力，为你们提供愉快舒适的生活环境。”

这些德国人最渴望得到他人的尊重，但在这里却难以如愿。在战争期间，纳粹科学家和企业家在第三帝国备受器重，其中大多数人还得到过经济奖励。但是在莱特空军基地，很多美国同行都对他们嗤之以鼻。“在美国陆军航空队，只要一提起德国科学家，就足以触发人们的义愤之情。”该项目的一名负责人在正式秘密报告中写道。

作为莱特空军基地的情报主管，唐纳德·L. 帕特上校负责德国专家的项目。帕特对他们尤为钦佩，其中大部分人都由他亲自从德国布伦瑞克的赫尔曼·戈林航空研究中心精心挑选出来。因此他无法理解，人们为什么会对这些德国专家不屑一顾。“他们想要的只不过是一个工作机会。”帕特说。帕特上校认为，这些德国人在美国的工作应当重点围绕三个方面展开。首先，他们需要就自己过去和未来的工作撰写报告；其次，这些报告经过翻译后，应当在美国莱特空军基地的工程师们内部传阅；最后，航空技术勤务司令部在莱特空军基地举办研究和开发讲座，邀请国防承包商、大学实验室科研人员和其他具有涉密权限、与美国陆军航空队签订保密协议并对此感兴趣的人士参加。但帕特的这项计划遭到严重阻碍，因为战争部在回复中称，该提议“存在一定风险”。德国科学家项目属于绝密军事项目，不能将其公之于世。战争部在一份备忘录中要求，继续将这些德国人“和其他与其工作没有直接关系的人进行适当隔离”。在目前这个阶段，美德两国科学家绝对不会化敌为友，这些德国人更不可能与国防承包商以及其他人士进行合作。

希尔托普的生活条件令这些德国专家十分不满。有传闻称，Hs-292 反舰导弹的发明者赫伯特·瓦格纳博士在长岛的古尔德城堡居住和工作，军方还特地为他安装了大理石浴缸。海军情报部门甚至允许被拘押的德国科学家到曼哈顿游玩。莱特空军基地的德国人向帕特表示，与古尔德城堡的科学家相比，他们就像一群“困兽”，并要求后者改善其生活条件。帕特上校从中看到契机。他在写给陆军参谋部二部的信中称，莱特空军基地的德国人对现状感到极为不满，从而“严重影响”他们的工作能力。但五角大楼对帕特的来信置之不理，他只好找到航空技术勤务司令部的上司休·奈尔少将，由后者再次致信五角大楼。“日常生活中的无形因素会对这些科学家的研究成果造成直接影响。”奈尔写道。但他的去信同样石沉大海。在华盛顿，人们普遍认为，“多云行动”只是一个临时项目，这些德国人可以在美国工作，他们应该为此感到庆幸。更何况，纽伦堡审判即将拉开序幕。

1945 年 10 月 18 日[④]，国际军事法庭开始对重要战犯进行审判，审判在纽伦堡正义宫的东翼进行，并于 11 月 20 日发布开庭声明。军事法庭的判决由法官而非陪审团宣布。纽伦堡曾在纳粹党的崛起过程中发挥过独一无二的作用。这座城市既是希特勒召开纳粹党集会的地点，也是《纽伦堡种族法》（1933 年 9 月颁布的《帝国公民法》和《德意志血统和尊严保护法》的统称，由此纳粹德国正式在法律上排斥犹太人、吉卜赛人、黑人。——译者注）的发源地。如今时过境迁，昔日的纳粹高官即将因密谋罪、破坏和平罪、战争罪及反人类罪在这里接受审判。

随着审判开始，21 名被告[⑤]拥挤地坐在第 600 号审判室的两张长凳上。他们的身后就是墙壁，在他们头顶的正上方悬挂着一尊具有象征意义的大理石雕像：面目狰狞的蛇发女妖美杜莎。如果被判有罪，出庭的 21 人将面临死刑。“我们要谴责和惩罚的罪行是经过如此精心的策划，是如此的恶毒，是具有如此的毁灭性，”首席检察官罗伯特·H. 杰克逊法官的这一宣判被广为传颂，“以至文明对之不能放任不管，因为如果这些罪行在今后重兴，文明将不复存在。”

这场审判持续了整整 1 年之久。有关纽伦堡审判和纳粹战争罪行的新闻铺天盖地[6]，因此对战争部总参谋部来说，莱特空军基地的德国人对自身待遇的抱怨没有任何意义。

纽伦堡审判开始的当月，即 1945 年 10 月，美国陆军航空队在莱特空军基地举办了一场为期两天的大型展览。在展会上，公众在战争结束后首次见到盟军缴获的德国和日本的飞机及火箭。来自 26 个国家的 50 多万人来到这里，参观这些价值 1.5 亿美元的敌军设备，其精湛绝伦的设计工艺令人叹为观止。参加展览的纳粹“奇迹武器”包括战时令人谈之色变的 V–2 火箭、福克－沃尔夫 Fw190 引擎战斗机和“梅塞施密特”Me–262 喷气式战斗机等。尤其引人注目的是一些飞机尾翼上印着的纳粹字符，令人不寒而栗。这次展览大受欢迎，因此美国陆军航空队将展期又延长了 5 天。然而公众并不知道，设计和制造这些武器的部分德国专家就住在希尔托普，距离这次展会的所在地仅一箭之遥。

约翰·C. 格林也是 50 万参观者中的一员。他既是商务部驻联合情报调查局顾问委员会的代表，也是亨利·华莱士的行政秘书，负责监督商务部出版局发布的有关报告。最近，该委员会更名为“技术服务办公室”，意在突出这一部门的职能转变，即从消极被动的“委员会”到积极利用尖端科技的“服务处”。格林按照计划前往莱特空军基地，找到帕特上校。他有无数的问题要问后者，但都与一个想法有关：如何利用展会上的科学技术推动美国工业的发展？一开始，帕特对格林的来意感到十分不安，但最后决定冒险一试。格林毕竟有权接触到这份秘密科技项目清单，因此帕特向他透露了有关希尔托普德国专家的一些信息。出于某种政策原因以及华盛顿特区某些圈内人士的偏见，他们就这样任其天赋被白白浪费。这些人需要的只是一个工作机会，帕特喟叹。也许格林能助他一臂之力。

据帕特的个人文件记录，两人似乎一拍即合。“在造访美国陆军航空队莱特空军基地期间，他（约翰·C. 格林）显然很感兴趣，并问起工业企业对聘用德国科学家一事的反应。”帕特在备忘录中写道。虽然他尚不清楚格林“是否能发挥有利作用”，但仍然认为应该赌一把。帕特向格林出示了一些来自国防承包商的信件，后者表示“有意”雇用德国科学家。航空器材中心指挥部也收到了这些文件，其中包括来自陶氏化学公司、航空研究制造公司和航空工业协会的来信。国防合同意味着巨大的商机，但华盛顿特区挡住了承包商的去路。按照目前的情况，帕特向格林解释，这些私人企业的涉密级别太低，无权直接与德国科学家打交道。

约翰·C. 格林接过帕特上校手中的信件，发现良机就在眼前。于是，他写信给联合情报调查局，阐述了自己的想法：应当允许这些“享誉世界”的德国科学家及其家属来到美国长期工作，此举有益于美国的商业发展。国防承包商的来信表明，他们对此类科技人员的需求量巨大。格林还表示，商务部将成立专门委员会，以淘汰该项目中的纳粹分子，仅允许品行正直的德国人进入美国，从而使所有美国人能够“全面自由地”接触到德国科学家的知识与技术。这种做法必将推动工业发展，为美国创造数以万计的工作机会。

但联合情报调查局内部对此意见不一，顾问委员会为此争执不休。内政部助理部长对商务部是否能够确保将昔日的纳粹分子排除在该项目之外表示怀疑，战争部也反对将德国科学家的亲属送往美国。但陆军情报部认为，从经济角度来看，格林的提议十分有效。如果商务部也参与到德国科学家的项目中来，军方就无须承担如此沉重的经济负担。但国务院仍持有异议，称无论该项目由谁买单，如果不能对这些德国专家进行彻底的个人背景调查，他们绝不会为美国的敌人颁发签证。纳粹分子项目只不过是一个临时的军事项目，仅此而已。约翰·C. 格林还有另一个计划。他没有继续与联合情报调查局争论下去，而是开始游说上司亨利·华莱士，由后者直接致信杜鲁门，希望总统支持德国科学家的项目。华莱士说，这个项目能为美国创造 6 000 万个就业岗位，在和平时期，对一个国家来说，没有什么事情比就业问题更重要，将那些“能为美国科学和工业作出积极贡献的科学家”送往美国，是一种“明智且合理”的做法。

为证明自己的观点，华莱士提到了所有德国科学家中背景最为清白的一位——混凝土和道路建筑专家 O. 格拉夫博士，他曾经参与设计德国的高速公路。“从中选出一批专家（大约 50 位）有利于我们的经济发展，如果您同意这一看法，我建议您明确宣布并批准其成为美国的一项公共政策。”华莱士敦促总统。

在莱特空军基地，对唐纳德·帕特上校以及联合情报调查局的军事情报人员来说，亨利·华莱士的背书无疑令人鼓舞。在华莱士写信给总统前，国务院的塞缪尔·克劳斯曾经提醒他，该项目一旦泄露，必然会激起众怒。纸里包不住火，更何况商务部也并不打算保密。克劳斯说，将纳粹科学家送往美国从事武器研究，会给人们留下这样一种印象，即为了国家安全，美国陆军和海军宁愿与魔鬼打交道。但商务部部长亨利·华莱士另辟蹊径，从经济角度对德国科学家项目表示支持，不仅能改变人们的固有印象，还能为其披上一层民主的外衣，从而抵消其中咄咄逼人的意味。

在战争期间，亨利·华莱士对纳粹分子恨之入骨。在杜鲁门担任副总统之前，他是罗斯福总统的副手，曾经公开斥责希特勒是一个“披着人皮的恶魔”。在一次著名的演说中，他先后 7 次将希特勒比作“撒旦”。亨利·华莱士敦促杜鲁门总统，为确保美国的经济繁荣应当支持德国科学家项目，这项提议为“多云行动”奠定了基础。此举无异于为联合情报调查局雪中送炭。

招募航空医学狂人

1945 年 11 月 4 日,《华盛顿邮报》(*Washington Post*)发表题为《军方揭秘：骇人听闻的纳粹人体研究冷冻实验》(*Army Uncovers Lurid Nazi 'Science' of Freezing Men*)的头条新闻，引起举国关注。这篇重大报道由记者乔治·康纳利独家采写。纽伦堡军事审判日期渐渐逼近，为了赢得公众支持，战争部向康纳利透露了战争罪调查员利奥波德·亚历山大博士撰写的机密 CIOS 报告。该报告揭示了诸多鲜血淋漓的细节：纳粹在达豪集中营 5 号实验牢区开展过人体冷冻实验，德国医生借着医学研究的名义将许多囚犯虐待致死。这一骇人听闻的事实令大多数美国人感到不可理解。据《华盛顿邮报》披露，利奥波德·亚历山大博士已经找到人体实验中的唯一幸存者。德国医生的实验对象多为纳粹所谓的“劣等人类”，他们或死于实验过程当中，或遭到屠杀，而其中唯一的幸存者，一位天主教神父，有可能在纽伦堡法庭上作证。

美国军方对公众隐瞒的事实令世人皆惊，其伪善面孔暴露无遗。就在距纽伦堡法庭不足 150 英里的地方，几名曾经参与过罪恶医学实验的医生被美军雇用，正在海德堡名为“美国陆军航空队航空医学中心”的机密实验室从事相关研究。在接下来的数十年里，这座实验室仍是“回形针行动”的高度机密之一。该实验室由哈里·阿姆斯特朗上校和马尔科姆·格罗少将在法国圣日耳曼会面时构想产生。从 1945 年 9 月 20 日起，休伯特斯·斯特拉格霍尔德博士亲自挑选的 58 名医生在海德堡美国陆军航空队航空医学中心继续从事曾经为第三帝国开发的医学研究项目。这些纳粹医生采用的部分数据来自达豪集中营的人体实验，而绝大多数受试对象当时场死亡。

格罗和阿姆斯特朗计划将这 58 名德国空军医生置于美国军方监

管之下，继续在海德堡从事研究工作。之后，他们准备将其送往美国，对更多课题进行研究。作为纳粹科学家项目之一，他们把从德国收缴的全部航空医学文献以及与航空医学相关的所有资料交给美国陆军航空队。该项目被军方列为“高级机密”，其原因有二：一是这些研究所需的数据取自集中营里进行的人体实验；二是在德国开展军事研究违反了波茨坦协议管理委员会第 25 条法令。

该科研项目由两名医生负责，他们分别来自美国和德国。其中的美国人哈里·阿姆斯特朗很快被擢升为美国空军军医署长，而德国主管休伯特斯·斯特拉格霍尔德因为其杰出成就，被誉为美国“航天医学之父”。许多人称，两人经历极为相似，简直就是对方的翻版。

哈里·阿姆斯特朗出生于 1899 年，他加入行伍之际，战马仍在沙场上冲锋陷阵。第一次世界大战期间，阿姆斯特朗学会了驾驶需要由 6 匹骡子牵引的救护车，并下定决心从事医生之职。获得路易斯维尔大学医学博士学位后，他在明尼阿波利斯开了一家私人诊所。本来阿姆斯特朗可以成为一名出色的乡村医生，但飞机和飞艇时常在脑海中盘旋，于是他毅然决定从军，并且获得医疗预备队中尉之职。1924 年，阿姆斯特朗来到得克萨斯州圣安东尼奥市布鲁克菲尔德航空医学院任教。1925 年，从未驾驶过飞机的他决定投身当时世人闻所未闻的医学领域：航空医学。

在欧文·N. 尼克尔斯军士长的鼓励下，阿姆斯特朗平生第一次跳伞。阿姆斯特朗在接受跳伞训练时曾经构想：有朝一日，整个步兵团可以从飞机跳下，然后集体投入战斗。培训结束后，阿姆斯特朗与尼克尔斯促膝长谈。后来，阿姆斯特朗回忆道：“尼克尔斯曾经告诉我，他对一件事感到大惑不解——他手下的学员几乎全都没有遵守他的指令，在离开飞机后数到十再拉开伞绳。尼克尔斯认为，跳伞者可能由于暂时昏厥或惊慌失措过早拉开伞绳，并且暗示，他希望有军医能够参与跳伞，在亲身实践中去尝试解决这个问题。”听到这话，阿姆斯特朗决心继续练习跳伞，并尽可能推迟开伞时间。

几周后，阿姆斯特朗身着飞行服，头戴华达呢头盔，置身于一架双翼机机舱中，准备一试身手。事后，阿姆斯特朗回忆道：“我当时感到一阵恐慌。”即便如此他还是毅然跳下飞机。在身体急速下坠的过程中，阿姆斯特朗闭上双眼用心体会身体坠落时的感觉。事后，他回忆道：“恐慌感很快就消失得无影无踪。”下坠时，他既没有失去意识，也没有昏厥过去。在持续自由落体运动大约 1 200 英尺后，阿姆斯特朗才拉开伞绳。降落伞打开后，他又飘落大概 1 000 英尺，最后在得克萨斯州如茵的草地上着陆。这次跳伞让哈里·阿姆斯特朗创下美军的一项纪录：首位亲自从飞机上跳伞的航空医生。

培训结束后，阿姆斯特朗返回明尼苏达州，从此不可遏抑地倾心于航空事业。1930 年 3 月 31 日，阿姆斯特朗结束在明尼阿波利斯的训练，开始了毕生的军旅生涯。此后，他将成为美国航空航天医学史中最重要的人物之一。

1934 年，当阿姆斯特朗携家眷抵达莱特空军基地后，整个世界开始对飞机痴迷不已。当时，驾驶飞机象征着开拓冒险的精神，航空制造业也在和平时期取得了长足发展，但尚未有人将飞机与战争联系起来。吉米·杜利特尔曾经驾驶飞机连续航行 11 小时，从加利福尼亚州飞往新泽西州，创下跨州航行的纪录。韦利·波斯特和哈罗德·加蒂用 8 天时间环行地球一周。在莱特空军基地，德国航空医生的主要任务是确定哪些人身体健康，可以从事飞机驾驶工作。但是，阿姆斯特朗不仅是一名普通士兵，他还具有常人不具备的远见卓识。他认为，未来战争将以天空为战场。当时，美国陆军航空兵团（美国陆军下属的一支单位，于 1926 年 7 月 2 日自美国陆军航空勤务队改组而来，后于 1941 年起编为美国陆军航空队，也就是后来美国空军的前身。——译者注）最先进的战斗机是一种时速约200英里的双翼机，其航行高度的上限为1.8万英尺。阿姆斯特朗肩负一项重要任务，即解决与高空飞行时缺氧、冻伤有关的问题。

一天，在莱特空军基地16号楼的办公室里，阿姆斯特朗无意中发现地板上有一扇暗门。他打开暗门，看到一节楼梯通向地下室，里面有不少陈旧的机器和几张绘图桌。他还注意到，其中有一间古怪的密室。就像儒勒·凡尔纳（法国小说家，博物学家，科普作家，现代科幻小说的重要开创者之一。一生中写了60多部科幻小说并以其大量著作和突出贡献,被誉为“科幻小说之父”。——译者注）小说中描述的那样，这间球形密室由钢铁制成，窗户如同潜水艇的舷窗。事实上，这是军方第一个也是唯一的高空实验舱。这个实验舱是在几十年前建造的，“一战”期间由航空医学院使用。该学院位于长岛米尼奥拉，战争结束后学院被关闭，但高空实验舱最终落到了莱特空军基地。

阿姆斯特朗办公室的隔壁就是美国陆军航空队的工程师们，他们正在设计速度更快、飞行海拔更高、航程更远的飞机。阿姆斯特朗灵机一动，决定开始研究驾驶新型飞机对飞行员身体造成的医学影响。于是，他写信给莱特空军基地工程部，请求上级予以批准。他的信件被转到华盛顿特区。很快，阿姆斯特朗被任命为莱特空军基地航空医学研究实验室的主管。

他的实验室一鸣惊人。车间技术工人利用废旧飞机的零件建造了实验舱。此外，他还从哈佛大学聘请了科学家约翰·比尔·海姆博士。海姆和阿姆斯特朗开始对自愿受试对象进行试验，以搜集飞行时人体对速度、低氧条件、失压症和极限温度反应的实验数据。有一次，阿姆斯特朗将一只兔子放在膝头，亲身作为受试对象进行实验。这次实验令他成为航空医学界的传奇人物。

阿姆斯特朗苦苦探寻一些令他困扰不已的问题：在1万英尺以

上的高空驾驶飞机飞行时人体会有哪些反应？飞行员为什么会在高空丧生，以及在海拔多高的情况下才会死亡？进入低压舱后，阿姆斯特朗把兔子放在膝头。技术人员调整了舱内的压力，以模拟高海拔飞行环境。很快，阿姆斯特朗开始感到胸口收紧，关节疼痛。当他摩擦双手时，他感到肌腱内充满了微小的气泡，他甚至可以来回移动皮肤下的这些气泡。阿姆斯特朗推测，他所触到的这些气泡是血液和肌肉组织中形成的氮气泡，并推断高空死亡是凝血作用的结果。他示意技术人员对实验舱进行调整，模拟更高海拔环境下的飞行条件。阿姆斯特朗戴有氧气面罩，他膝头的兔子没有任何相应保护措施。随着舱内压力的增加，兔子开始剧烈抽搐并迅速毙命。实验结束后，阿姆斯特朗走出实验舱，对兔子进行解剖，并在兔子体内发现了氮气泡。实验结果证明，他的假设是正确的。

阿姆斯特朗的发现为航空医学带来里程碑式的重大进展。后来，他与海姆博士合作进行了更多实验。有一次，他还在一头试验动物的动脉里注射了一根显像管。阿姆斯特朗和海姆记录了海拔 4 万～5 万甚至在 6.5 万英尺时动物体内生理机能变化的数据。他们首次发现，在 6.3 万英尺的高度下体液会以蒸汽泡沫的形式“沸腾”，这一试验结果被称作“阿姆斯特朗极限”（指在此特定的海拔高度下，由于周遭的空气压力过低导致水的沸点也降低至接近人类的体温。——译者注）。也就是说，在未穿宇航服的情况下，如果航行高度超出这一界限，那么飞行员就必死无疑。

1937 年，哈里 · 阿姆斯特朗上尉成为举世公认的美国航空医学先驱之一。当年 10 月 2 日，他参加了在华道夫酒店的阿斯特美术馆召开的航空医学协会首次国际会议。会上，阿姆斯特朗和海姆就二人在莱特空军基地的近期研究结果作了报告，吸引了大批与会者的关注，其中包括德国代表空军医生休伯特斯 · 斯特拉格霍尔德博士。

阿姆斯特朗和斯特拉格霍尔德都是该领域的领军人物。“我们一拍即合。”哈里·阿姆斯特朗在数十年后回忆道。这次偶然的经历为斯特拉格霍尔德在纳粹政权垮台后的研究生涯产生了重大影响。

一次偶然事件足以改变人的一生。1910 年,年幼的休伯特斯·斯特拉格霍尔德在德国威斯特图恩家中后院的树屋里观测到哈雷彗星划破夜空疾驰而过。此后，斯特拉格霍尔德开始痴迷于空中的一切。同年，还发生了影响他未来职业生涯的第二件事：斯特拉格霍尔德透过玻璃片观测日食时，险些失明。由于镜片暗度不够，他的右眼视网膜被灼伤,造成了永久性损伤。“如果我用右眼对着别人的鼻子,就看不到这个人的鼻子……如果我用右眼对着街上大约 100 米外的某个人，这个人看起来就好像没有脑袋。我只有用双眼才能看清物体。”斯特拉格霍尔德说。

通过这次意外事件，休伯特斯·斯特拉格霍尔德得到教训，在自己身上做实验极其危险。但当时他年轻无畏、精力旺盛，加之想象力丰富，他仍继续把自己当作实验对象。在大学，他先后进修过物理学、解剖学和动物学，但最感兴趣的还是生理学，并着迷于研究有机体及其各个器官的功能。

在乌兹堡大学，斯特拉格霍尔德教授首开了一门课程，专门讲授高海拔飞行对人体造成的影响。他的实验数据全都源于亲身实验。每逢周末，斯特拉格霍尔德就会乘坐热气球，记录视觉、耳压和肌肉所受高空飞行影响的有关数据。在航行过程中，斯特拉格霍尔德教授记录了身体对迅速上升和下降产生生理反应的数据。他希望了解，在急速转弯时人体会产生哪些感受。从事这项实验还需要一架飞机。于是，斯特拉格霍尔德找到第一次世界大战时的王牌飞行员罗伯特·里特尔·冯·格雷姆。

冯·格雷姆是一位传奇人物。第一次世界大战期间，他一共参加过 28 次战斗，在战场上英勇无畏的事迹家喻户晓。20 世纪二三十年代，作为德国最杰出的飞行员之一，他执行了一系列航空任务。在一次飞行表演中，冯·格雷姆曾与同为德国王牌飞行员的恩斯特·乌德特展开空中格斗。1920 年，由于发生卡普政变（一场企图推翻魏玛共和国的政变，导火线是魏玛政府签署《凡尔赛条约》。——译者注），阿道夫·希特勒需要一名飞行员将自己从慕尼黑送往柏林，他最终选中冯·格雷姆担当此任。冯·格雷姆开办了一所航空学校，校址恰巧位于加尔根堡的山顶，距休伯特斯·斯特拉格霍尔德讲授航空医学课程的地点仅有两英里之遥。

斯特拉格霍尔德聘请冯·格雷姆训练自己驾驶飞机，并向其支付每节课 6 马克的费用。两人一见如故。休伯特斯·斯特拉格霍尔德发现，两人是绝佳搭档。冯·格雷姆不惜以身试险，将飞行技术推向未知之境。他们把自己绑在冯·格雷姆敞开式座舱的飞机上，在加尔根堡的上空绕圈或滚动飞行。斯特拉格霍尔德记录了他们对极限航行的生理反应，并希望探寻到以下问题的答案：人在上下颠倒飞行时能否画出直线？飞行员在进行翻滚飞行后，能否立即在一张纸上标出靶心？氧气浓度低至何种程度时，飞行员仍然能够清晰地写下自己的名字？航行多远以后，飞行员的视力才会开始减弱？对冯·格雷姆而言，斯特拉格霍尔德这些稀奇古怪的问题是个巨大的挑战。但是，他愿意加快飞行速度、增加航行高度，让这位年轻的医生，也是刚刚结识的朋友记录自己在空中的表现和生理反应。斯特拉格霍尔德的实验史无前例，他希望借此引起美国人的兴趣。1928 年，他终于如愿以偿，接到洛克菲勒基金会（1913 年在纽约注册，是美国最早的私人基金会，通过资助各种研究机构和社会团体，对美国政治、外交、军事和经济进行广泛的研究，予政府决策以重大影响。——译者注）的邀请，担任研究员之职。斯特拉格霍尔德立即收拾行装，登上“德累斯顿”号轮船，前往纽约。

休伯特斯·斯特拉格霍尔德在美国如鱼得水。他后来回忆那段经历时说，作为芝加哥大学的洛克菲勒基金会研究员，年仅二十多岁的他成为众人瞩目的焦点。在每次飞行结束后，他最喜欢听爵士乐来打发时间。斯特拉格霍尔德经常参加芝加哥城内举办的各种歌舞表演、聚会和舞会，不久就能讲一口流利的英语。他喜欢喝酒，而且总是烟不离手。他的英语中夹杂着浓重的德国口音，显得与周围的人格格不入，因此所有人都对他印象颇深。

斯特拉格霍尔德的首篇英语论文是关于缺氧状态下如何使用电击使人心脏复苏的研究。该项研究以狗为实验对象，由于当时使用美国本土狗进行实验属于非法行为，所以实验用狗需要从加拿大进口。在波士顿参加会议期间，斯特拉格霍尔德分别参观了哈佛大学、明尼苏达州梅奥诊所以及纽约州哥伦比亚大学的实验室，其间与很多美国航空医学先驱结下了深厚友谊，其中包括哈里·阿姆斯特朗。

一年后，在洛克菲勒研究所的任职到期，斯特拉格霍尔德重返德国。他和冯·格雷姆“再续前缘”，继续携手合作研究。有一次，为研究人的眼球在受损前所受压力极限，冯·格雷姆驾驶着一架双层乌德特“火烈鸟”飞机（一种木制特技运动教练机）载着两人飞上高空，然后迅速向下俯冲，直到其中一人昏厥过去。

1933 年，冯·格雷姆的故交兼同事阿道夫·希特勒执掌大权。赫尔曼·戈林置《凡尔赛条约》于不顾，秘密召见冯·格雷姆，命令他组建德国空军。因与冯·格雷姆相交甚笃，斯特拉格霍尔德得以跻身纳粹权力核心。1935 年，他被任命为位于柏林的帝国空军部航空医学研究所主管，从此跃上德国航空医学研究学术界的巅峰。该研究所的实验室位于夏洛滕堡郊区，拥有 1 个技术尖端的低压舱和 1 台高 10 英尺的离心机，受试对象可以置身其中，以模拟不同程度重力牵引条件下的飞行环境。该低压舱同时适用于猿类和人类，舱内重力可以增至20G（G代表gravity unit，即重力单位。——译者注）。

这项工作耗时费力，而且研究人员必须具有甘于奉献的牺牲精神。纳粹德国试图借助空军之力征服整个欧洲。为便于工作，斯特拉格霍尔德收拾行李迁往柏林。身为航空医学研究所主管，他可以直接向德国空军医疗队队长埃里克·希波克汇报，而后者的上司即赫尔曼·戈林。斯特拉格霍尔德的职业生涯从此攀上巅峰，他从大学教师一跃成为德国航空医学的核心人物。纳粹德国资源丰富，为提高航空技术，他亟须开展突破性实验。虽然实验存在风险，但斯特拉格霍尔德从中获得巨大的回报。在随后十年中，他一直是第三帝国重权在握的医生之一。

斯特拉格霍尔德在柏林开展了各种危险实验，而空间开阔的新实验室成为冒险者的天堂。每当同僚、纳粹党和党卫军军官[⑦]路经此地参观时，都会对斯特拉格霍尔德博士在低压舱和离心机里进行的开创性研究惊叹不已。实验取得了累累硕果。斯特拉格霍尔德的几名医学助手总是手持各种稀奇古怪的装置，在遍布管道、阀门和软管的实验室辛勤工作。为确定在何种航行高度才会造成飞行员昏厥，两名空军部官员看到，斯特拉格霍尔德博士将两位助手锁进低压舱内，其中一名佩戴氧气面罩，另一名则没有相应保护措施。随着压力增加，没有佩戴氧气面罩的助手逐渐失去意识，并双眼紧闭，头部垂于胸前。于是，佩戴面罩的那名助手迅速对其进行施救。过了一会儿，昏厥的助手才恢复知觉。

“我们的研究风险很大[⑧]，”斯特拉格霍尔德告诉这两名纳粹官员，“在这些实验里，助手需要具备娴熟的能力和极强的责任心。如果其中一人没有及时对另外一人施氧抢救，昏厥者极有可能在5分钟内丧生。”在德国空军厉兵秣马之际，斯特拉格霍尔德不仅继续将助手作为实验对象，还不惜亲身蹈险。据说他曾经“在离心机里待了”足足两分钟，当时他所承受的压力相当于飞行员驾驶飞机时的15倍。斯特拉格霍尔德及其手下的生理学家急于取得突破，所以这些危险实验均要遵循自愿原则。1939年10月，德国入侵波兰后，战场逐渐扩大，从挪威到北非再到苏联边境。新开辟的战场出现了极端气候，给德国步兵、空军带来各种困难。随着战事推进，德国空军不断推出新型飞机，而航空医学也面临着巨大的挑战。

1940年，包括涡轮、喷气式引擎在内的新型发动机系统问世，不计其数的试验参数有待验证，其中包括航行速度、低氧条件、减压症以及极端温度对人体的影响等诸类问题。在财力雄厚的帝国研究委员会的扶持下，一系列研究机构在德国及其征服的领土上如雨后春笋般出现，其中包括斯特拉格霍尔德的柏林航空医学研究所。该研究所与毗邻的两座德国空军实验室开展了密切合作，斯特拉格霍尔德博士也与两家空军实验室的主管成为挚友。他们分别是柏林北部德国空军雷希林测试中心实验站西奥多·本津格博士，以及柏林的航空医学部德国航空医学实验站主管齐格弗里德·拉夫博士。

战后，哈里·阿姆斯特朗邀请斯特拉格霍尔德共同管理位于海德堡的美国陆军航空队秘密航空医学实验室。斯特拉格霍尔德提出要求，请本津格博士和拉夫博士共同参与，并安排两人分别掌管4个航空研究领域之一。

西奥多·本津格博士身材颀长，骨瘦如柴，身高5英尺11英寸（1英寸≈2.54厘米），体重仅有138磅。他拥有一双深蓝色的眼睛和棱角分明的脸，黑色的头发被梳成左分大背发型，总是显得油光可鉴。有关情报档案显示，本津格生于1905年，是“一个老派的普鲁士人，固执己见、自私自利，为得到自己想要的东西可以不择手段”。在海德堡，西奥多·本津格博士奉命负责为飞机研制供氧设备。从国家社会主义肇始，本津格就是一名顽固的纳粹分子。1933 年希特勒上台后，他加入了纳粹党。此外，他还加入了纳粹准军事组织冲锋队，并担任医疗军士长。他与妻子伊尔泽·本津格同为纳粹福利协会成员，而该机构负责人正是帝国宣传部部长约瑟夫·戈培尔。伊尔泽积极参与纳粹福利协会赞助的一些项目，其中包括“母子项目”，该项目安排未婚德国母亲在乡下托儿所诞育雅利安后代。

1943 年，年仅 29 岁的本津格博士成为德国空军雷希林测试中心实验站负责人。就像哈里·阿姆斯特朗一样，本津格也曾预言，在不远的未来飞行员将能在 6 万英尺的高空翱翔。为了实现这一抱负，本津格在雷希林实验站进行了一系列有关高海拔耐久性和爆炸性减压的研究项目。本津格和同事冒着巨大风险亲身上阵。有一次，本津格手下的一名德国技术人员在低压舱内因缺氧并发症死亡。除了致力于航空医学研究工作，本津格还是一名飞行员，曾获得德国空军上校的军衔。他曾经亲赴英伦三岛开展侦察和战斗任务，还驾驶过容克 Ju–88 多用途作战飞机。1939 年，由于在战场上“临敌英勇无畏”，本津格被授予一级和二级铁十字勋章。

战后在海德堡的美国陆军航空队航空医学中心，斯特拉格霍尔德安排齐格弗里德·拉夫博士负责研究太空环境或低重力对人体的影响。战争期间，拉夫曾经在雷希林的实验中心与本津格博士共同从事过此项研究。与本津格一样，齐格弗里曼·拉夫也是一名忠诚的纳粹分子，并于 1938 年加入纳粹党。他负责掌管柏林安德尔斯霍夫德国航空实验研究所，而该研究所在德国的地位与美国的兰多夫空军基地航空医学院大体相当。阿姆斯特朗上校对拉夫博士的研究成果极为钦佩。拉夫博士是斯特拉格霍尔德博士的同事与合作者，也是战争罪调查员利奥波德·亚历山大博士从希姆莱的文件中发现的纳粹生理学家。在达豪集中营，拉夫曾经负责监督拉舍尔博士在

5号实验牢区进行高海拔实验，并亲自将低压舱从柏林运往集中营。

在战争期间，拉夫和斯特拉格霍尔德共同撰写了数篇论文，并合作编辑了纳粹党杂志《航空医学》。他们共同撰写的一篇文章引起了美国陆军航空队的注意。1942年，情报人员将其译为英文在莱特空军基地的空军医生中传阅。两人还合著《航空医学纲要》（*Compendium on Aviation Medicine*）一书，这本书后来成了德国空军医生的必备手册，其中包括数篇有关爆炸性减压和飞行员缺氧状态的文章。战后在海德堡，拉夫博士将再次开展这项研究，只不过这一次由美国军方出资。

据美国陆军航空队解密的文件显示，康拉德·谢弗博士在美国陆军航空队航空医学中心齐格弗里德·拉夫手下工作，负责研究不同重力环境对人体的影响，但这不是他最擅长的领域。谢弗博士战时的工作由纳粹党帝国研究委员会和德国空军赞助，主攻人体产生干渴感的病理学。战争期间，谢弗一度身兼生理学家、化学家两种身份。他身材魁梧，长着一头亚麻色头发，体重约200磅。与很多同事不同，谢弗并没有加入纳粹党。后来他曾经抱怨说，正是这一点造成了他被解雇。1941年，他应征入伍后，被派往法兰克福奥得河畔一座德国空军基地。谢弗曾经是谢林股份有限公司的首席生理化学家，在其化学天赋崭露头角后被调往柏林，奉命为德国空军开展海上紧急营救的研究课题。“其中包括研究淡化海水的不同方法。”谢弗在出庭作证时回忆称。

海难营救是德国空军极为重视的研究领域。作为德国空军航空医学研究负责人，斯特拉格霍尔德博士将这项研究作为当务之急。在空战中，所有飞行员都清楚，一旦摄入海水，他们的肾脏会被迅速摧毁，比起忍受可怕的干渴，这会让他们更快死亡。但仍然有德国飞行员在飞机被击中落水之后，在等待救援的过程中由于精神崩溃而饮用海水。为此，空军方面承诺，凡是能够研究出海水去盐方法的医生或化学家，将得到军方的巨额奖励。

作为斯特拉格霍尔德在柏林的门徒之一，康拉德·谢弗试图解决这个问题。谢弗开始与法本公司合作，研制一种名为沃尔芬的物质，“即钡和银沸石的混合物”，谢弗后来解释道。他将这种物质合成为“一种名为沃尔菲特的药片，以分离海水中的盐分”。实验获得了非凡成就，成功将海水转换成可饮用水。海水去盐实验令许多科学家纷纷铩羽而归，但谢弗却连创佳绩。

据德国空军医疗队负责人奥斯卡·施罗德博士供述，谢弗“发明了一种能够使盐分从海水中沉淀的工序”。这种方法被学界称作“谢弗法”，制作工艺被德国空军医疗队采纳。但竞争对手很快出现，另一批空军医生采取了名为“贝尔卡法”的不同制作方法也完成了去盐实验，这对谢弗来说是个糟糕的消息。因为德国空军医学服务中心的主管认为，“谢弗法”操作不便，且代价高昂。有人提议通过竞赛方式以确定孰优孰劣。德国空军决定在达豪集中营的“劣等人类”身上同时使用“谢弗法”和“贝尔卡法”，以测试两者的效果。赫尔曼·贝克尔－弗莱森医师奉命协助谢弗博士共同记录此次试验结果，并撰写一篇名为《紧急海难中的干渴感以及止渴办法》的论文。该团队中资历最深的医生当数齐格弗里德·拉夫博士，他曾经在达豪监督拉舍尔博士进行相关研究，因此空军方面派他监督贝克尔－弗莱森、谢弗以及参与海水去盐实验的其他专家的工作。

赫尔曼·贝克尔－弗莱森于1938年加入纳粹党，专攻人体氧中毒发生及其防治研究项目。贝克尔－弗莱森相貌古怪，耳朵奇大，仿佛脑袋两侧长了两个手柄。在战争期间，贝克尔－弗莱森曾经担任德国空军航空医学和医疗服务部主管，该部是斯特拉格霍尔德博士监管的一系列医学实验分支机构之一。贝克尔－弗莱森在同僚中声誉卓著。很多人在接受审讯时表示，他心甘情愿以身犯险进行极端试验，并且纷纷夸赞他“英勇无畏”。贝克尔–弗莱森曾在自己身上开展了 100 多次试验，并在其中大多数试验中出现昏厥，甚至至少有一次濒临死亡。

一提到贝克尔–弗莱森，人们说得最多的就是，他曾在低压舱内与一只兔子进行的那次实验。因为需要确定氧气中毒临界值，贝克尔–弗莱森带着一只兔子进入低压舱，进行为期 3 天的实验。距离实验结束只有几个小时之际，贝克尔–弗莱森开始出现肌肉抽搐及呼吸困难等症状。“虽然兔子暴毙，但贝克尔–弗莱森最终得以康复。”斯特拉格霍尔德在出庭作证时回忆道。上述研究均在战争期间展开。现在，战争已经结束，拉夫、本津格、谢弗、施罗德和贝克尔–弗莱森经斯特拉格霍尔德力荐，由哈里·阿姆斯特朗上校批准，继续从事航空医学秘密试验项目。这些项目的初衷是服务于希特勒的战争机器。

海德堡美国陆军航空队航空医学中心是一座低矮的两层砖木结构楼房，对面就是波光粼粼的内卡河。这里曾是威廉皇家医学研究所，也是纳粹科学的前沿阵地之一。众多化学家和物理学家曾在此地为第三帝国的军队开展各种研究项目。在前威廉皇家研究所的正门，第三帝国国旗黯然落下，美国国旗迎风飘扬。元首希特勒的照片已被人从威廉皇家研究所的墙上撤下，代之以镶嵌在相框内的空军将领军姿飒爽的照片。其他大多数陈设原封未动。在餐厅内，身着洁白侍者服的德国服务生正在为客人上菜。一份宽 5 英寸长 8 英寸、落款为“1945 年 9 月 14 日”的征用收据上写道：“此处房产为美军所需，兹从该国予以征用。”从那时起，美国陆军航空队航空医学中心在此正式成立。该项目被列为“高度机密”，其目的一言以蔽之，即“利用尚未完成的德国航空医学研究项目增强国家军事实力”，而斯特拉格霍尔德的职责是聘用“那些在特定医学领域公认为权威的人士”。

在德国的美占区，许多实验室被全部拆除后运至海德堡的秘密基地重新组建。美军在柏林郊外的滕珀尔霍夫机场缴获了重达 20 多吨的医学研究设备，其中包括一台大型人体实验离心机和一个低压舱，其长度相当于两节普通的普尔曼车厢。还有很多美国医生闻所未闻的设备[⑨]：一副内格尔色盲检查镜、一台蔡斯工厂制造的干涉仪、一台恩格尔金－哈尔顿适应测量仪、一副施密特－黑尼施曝光计以及一架精密的西门子电子显微镜。就连在慕尼黑奶牛场附近弗莱辛乔格·威尔茨的研究中心缴获的低压舱也被送往海德堡。就是在这座研究中心，战争罪调查员利奥波德·亚历山大博士获悉，曾有受试者在纳粹医生的人体冷冻实验中丧生。

1945 年秋，纽伦堡审判在即，国际媒体焦点聚集于纳粹分子所犯下的战争罪行。人们开始对德国医生疑心重重。此时，那些曾经效命于第三帝国的医生个个如履薄冰。《华盛顿邮报》一篇有关纳粹医生的报道让德国医学人员成为众矢之的。

很多医生迂回辗转，从德国逃往南美洲才得以脱险；还有人试图混迹于人群之中，在难民营里为流离失所的人们提供服务；也有一些医生选择了自尽。柏林夏洛蒂医学院精神病系主任马克西米利安·德·克里尼斯在战争即将结束时吞下了一粒氰化物胶囊；党卫军帝国医师兼德国红十字会会长恩斯特·罗伯特·格拉维茨在柏林郊外的家中引爆一枚小型炸弹，和家人同归于尽，其中还包括他年幼的孩子；帝国医生领袖里昂纳多·康蒂在纽伦堡的牢房自缢；曾在达豪集中营与西格蒙德·拉舍尔一起进行人体冷冻实验的柏林大学高级医师恩斯特·霍尔茨勒纳，在接受英国调查人员的审讯之后，于 1945 年 6 月自杀身亡。

畏罪自杀的医生名单很长，而涉嫌战争罪的德国医生的数量则更多。美国战争罪办公室首席法律顾问编写了一份涉及纳粹“安乐死计划”医学研究的医生名单。这份名单被列为“机密”，并附上说明称，该名单“从成文之日起 80 年内，仅供内部人士阅读”。这就意味着，直到 2025 年，世人才有可能看到这份名单，届时名单上的人物早已归西。

这份名单的副本被送往美国陆军航空队航空医学中心指挥官罗伯特 · J. 本福德手中。从 1945 年秋起，在海德堡航空医学研究中心工作的 5 名医生都出现在该名单上：西奥多 · 本津格、齐格弗里德 · 拉夫、康拉德 · 谢弗、赫尔曼 · 贝克尔 – 弗莱森和奥斯卡 · 施罗德。上述医生全部涉嫌犯有骇人听闻的战争罪，但军方并未将其解雇，而是将这份名单列为“机密”，以便这些医生继续为其服务。直到 2012 年，笔者为撰写本书提出申请，国防部才终于批准将这份名单解密。

第12章 国家利益至上

军火商助推“回形针行动”

截至1946年1月底[①]，共有160名纳粹科学家被秘密送抵美国。其中人数最为庞大的一批是由沃纳·冯·布劳恩领导、栖身于得克萨斯州布利斯堡的115名火箭专家。他们住在布利斯堡居留地一栋两层营房里，工作地点是一座实验室 。这个实验室曾经是威廉·博蒙特综合医院的所在地。他们用餐的地方也是美国印第安土著餐厅，此情此景更加令冯·布劳恩感觉自己好像出没于冒险小说的惊险场面之中。“这段经历仿佛卡尔·麦笔下的探险故事。”冯·布劳恩在写给德国家人的信中称。卡尔·麦是德国著名小说家，擅长描写西部牛仔和印第安探险故事。很快，冯·布劳恩开始创作自己的科幻小说，题材是前往火星的太空旅行。

冯·布劳恩喜欢这里荒无人烟的景象。他经常乘坐美军敞篷吉普车，穿越仙人掌和广袤的硫酸钙沙丘原一路长途跋涉前往火箭试验场。火箭研究虽然尚未完工，但进展顺利。“坦率地说，对于第一年在这个国家所做出的研究成果，我们感到十分失望，”冯·布劳恩后来回忆道，“在佩内明德，德国军方对我们十分迁就，但在这里，他们锱铢必较。”冯·布劳恩所说的“他们”，当然是指美军。美军将在80英里以外的白沙导弹试验场进行V–2火箭发射。在前往试验场的途中，他们可以饱览沿途美景。一辆军方巴士载着德国科学家们，在富兰克林群山间行驶，穿过埃尔帕索，沿着里奥格兰德河，来到拉斯克鲁塞斯。接下来的路途崎岖不平，他们要越过圣安德烈斯山口，进入图拉罗萨盆地，即美军试验场的起点。每次都有12～15名德国人被送往白沙导弹试验场，他们住在通用电气公司和军方一支技术队驻地旁的营房里。

火箭发射始于1946年春天，在一个深达40英尺的火箭发射井中进行，而德国科学家就在附近一座庞大而简陋的水泥碉堡中实施观测。当年4月，军方进行首次V–2火箭发射，火箭在攀升3英里后,其中一片尾翅从空中坠落。但冯·布劳恩仍然备受鼓舞,并向“原子弹之父”、洛斯阿拉莫斯实验室主管罗伯特·奥本海默送交一份备忘录，提出将导弹与原子弹合为一体的构想。随后，冯·布劳恩根据这份备忘录，拟就一份名为《在飞弹中使用原子弹头》的提案呈送军方。他在文件中提出，将着手研制一种能够携带2 000磅左右的核武器、射程为1 000英里的火箭。

在此期间，冯·布劳恩身上发生了两个重大转变。第一个是他加入了福音派（西方基督教新教的一个运动,而非一个教派,其与自由派、基要派等不同，常被视为介于自由派和基要派之间。——译者注）基督教堂，感到自己“重获了新生”，但很少在公开场合提及此事。第二件事是他决定迎娶舅舅亚历山大·冯·奎斯托普的女儿——表妹玛利亚·冯·奎斯托普。1946年夏，玛利亚芳龄十八，而冯·布劳恩年纪相当于她的两倍，并且玛利亚远在德国。于是，冯·布劳恩开始在得克萨斯州风光旖旎的郊外，筹划将未来的新娘带往美国。

至于其他火箭科学家对于在美国西部的生活作何感想，可谓人言人殊。“美国人的雇用条件总体来说还算不错，也十分慷慨。”迪特尔·哈兹尔说（此人之前曾将V–2火箭文件藏在多伦顿矿井中）。这里的游泳池和保龄球场每周都有一天下午供德国人专用，对此亚瑟·鲁道夫感到十分满意。他对自己的传记作者说（该作者没有公开自己的身份，而是化名为托马斯·富兰克林），他想念自己的家人。冯·布劳恩的弟弟因出售非法走私到美国的铂金棒，正在接受联邦调查局的审讯。司法部工作人员在审讯时发现，马格努斯·冯·布劳恩“极其势利且妄自尊大”，并且认为他所造成的安全威胁“甚至超过了十几名党卫军将领”。

美国陆军军械部有很多问题亟须解决，最重要的问题是资金奇缺。“二战”结束后，军事预算大幅削减，导致导弹研究经费极为紧张。另外，在布利斯堡，军方发现许多所谓的火箭科学家都名不副实。譬如卡尔·奥托·弗莱舍，即向斯塔弗少校透露有关多伦顿矿井情报的线人，曾经自诩为德国国防军的业务经理，但实际上他只负责给养勤务。在得克萨斯州，弗莱舍曾一度担任军官俱乐部的管理人，最终被“遣返”德国。冯·布劳恩曾向美军吹嘘，瓦尔特·魏泽曼是一位“杰出的科学家”，并极力游说军方雇用此人。但实际上魏泽曼只不过是纳粹公共关系部门的一个无名小卒，仅仅在佩内明德的阀门车间做过一些工作。在为美国军方工作期间，魏泽曼才逐步掌握了相关工程技术。

截至1946年冬，共有30名德国科学家在莱特空军基地工作。帕特上校认为基地的科学家数量过少，因此致信美国陆军航空队驻华盛顿总部，申请聘用更多德国科学家，并质问后者为何在引进这些“罕见人才”一事上进展如此缓慢。在莱特空军基地，很多德国科学家因为无事可做而感到焦躁不安。航空文档研究中心最初位于伦敦，后来也迁往莱特空军基地的航空资料指挥部总部。在那里，

500多名工作人员正在为“阿尔索斯行动”、CIOS和T部队在战后缴获的1 500吨德国文件进行整理、归类、编目、拍成微缩胶片等工作。由于资料浩如烟海，共有10万条技术术语被添加到航空资料指挥部的词典之中。如此巨大的工作量为此前无所事事的德国专家提供了工作机会，但他们十分厌恶从事这类工作。因为这些德国人自认为是发明家和梦想家，而不是图书馆员或者区区小吏。

空军基地中一个名叫阿尔伯特·帕丁的德国商人，一直在留心记录这群人的种种抱怨，并将其呈送到帕特上校的办公桌上。“这项工作不仅缺乏挑战性”，德国人抱怨说，而且他们与美军达成的整个交易都存在问题。例如，希尔托普就像一个垃圾场，薪水支付得太晚，向德国寄信速度太慢，代顿没有文化氛围，莱特空军基地的实验室完全无法与第三帝国规模宏大的实验室相提并论，等等。总而言之，这些德国人告诉帕特，“由于美国官员违背了当初的承诺”，他们开始“不再相信”美国的赞助者。

帕特上校转而向阿尔伯特·帕丁寻求帮助，这一做法使前者饱受争议。当年58岁的帕丁是希尔托普资历最老的德国人之一。在战争时期，他曾是一名军火商，名下拥有众多为德国空军制造过军工设备的工厂。美军占领帕丁的工厂之后，技术调查员H. 弗莱伯格上尉对帕丁灵光的工业头脑赞叹不已，称这是一个“意外的发现”。帕特上校认为，阿尔伯特·帕丁的工厂在战时的发明创造代表了德国科学的尖端水平。帕特十分觊觎帕丁工厂大规模生产的产品，例如导航系统、航行转向机械、自动控制设施等科技产品。帕特相信，这些产品足以令美国陆军航空队在科学技术方面超越苏联10年。

聘用帕丁为美国陆军航空队服务，就意味着对他的过去既往不咎。帕丁的兵工厂曾经使用集中营的奴隶劳工，犯下不可饶恕的战争罪行。在一本关于帕特上校的自传体小说中，阿尔伯特·帕丁承认，在他手下的 6 000 名工人中，大多数都是由海因里希·希姆莱的党卫军提供的俘虏。帕丁表示他不会为此感到羞愧，并向帕特上校吹嘘，自己是第三帝国最仁慈的雇主之一，因为他并未像其他实业家那样在工厂四周拉起电网。帕丁承认，在战争期间，他曾与希特勒的高层人物有过接触，并且从中获益良多。然而，他并不认为自己是一个大发战争横财的奸商，他不过是奉命行事而已。有几年夏季，帕丁曾与戈林一家共度假期，还在冬季与阿尔伯特·施佩尔手下的军火采购主管迪特尔·斯塔尔外出旅行。当时很多商人皆是如此，他虽然不是仁人志士，但也绝非心狠手辣之徒。

在莱特空军基地期间，帕特上校令阿尔伯特·帕丁暗中调查其他德国人，收集他们的种种意见，并写入正式文件。随后，帕特会将报告呈送给航空资料指挥部的上级主管。帕特表示，帕丁的任务就是强调德国科学家遭受的各种不公平待遇。由于长期无法与家人见面，而且没有得到美军当初承诺的长期工作，这些德国人情绪低落，甚至有人出现自杀倾向。帕丁的报告被呈送华盛顿的空军总部后，引起了约翰·A. 桑福德准将的关注。帕特上校在附函中建议军方应立即采取行动，以“重振士气，解决现有困境”。

阿尔伯特·帕丁这个名字引起桑福德准将的注意。按照规定，所有寄给莱特空军基地科学家的邮件需要首先接受陆军情报部门的检查。阿尔伯特·帕丁昔日在德国的员工定期寄信给他，其中很多人希望到美国谋生。最近，有人在寄给帕丁的一封来信中称，法国和苏联情报部门的特工已经向他们开出高昂的价码。这一意外的变化引起了桑福德准将的警觉。于是，他将这些德国人提出的问题连同军方截获的信件，一起呈送战争部。“在这种情况下，我们必须立即采取行动，以便使这些重要的科学家为美国服务，而非法国或者苏联。”桑福德准将如此告诫同僚。

这番言辞确实收效甚丰，在有关部门之间掀起了一场风暴。当时，联合情报委员会正着手对德国科学家项目政策作出重大修改，并向参联会发出警告，要求后者重新考虑目前对待苏联戒急用忍的态度。“除非苏联方面停止将掌握重要科技知识的德国科学家及技术专家迁往苏占区，”联合情报委员会在写给参联会的一份备忘录中不无忧虑地表示，“否则，我们认为，短期内在原子弹及制导导弹研究领域苏联和美国就会并驾齐驱，并在红外线、电视机和喷气推进技术等其他具有重要军事价值的领域超过美国。”

此外，联合情报委员会声称，许多德国核物理学家正在协助苏联人研制核弹，“在将上述技术投入实际应用方面，德国科学家做出的贡献很可能为苏联的科研过程缩减大量时间，甚至缩短数年”。实际上这种说法并不正确。苏联的确在原子弹研究方面取得了一定进展，但并非因为哪个德国科学家才智过人，而是因为他们从洛斯阿拉莫斯实验室窃取了美国科学家的研究成果。直到 1949 年，中情局才得知，一个名叫卡尔·福克斯的英国科学家其实是苏联间谍，而他曾经参与过“曼哈顿计划”。

联合情报委员会认为，苏联正在网罗所有“重要的德国科学家”，并建议联合情报调查局立即对纳粹科学家项目作出三项修改：第一，在德国千方百计阻止更多科学家为苏联效力；第二，美国军方必须确保，德国科学家及其家属能够享受他们所要求的待遇，并且为其颁发美国移民签证；第三，尽快拟订另一份由 1 000 名德国科学家组成的名单，并将其送至美国，让其从事与武器研究相关的工作。

但塞缪尔·克劳斯认为，第二项提议难以实现。纳粹科学家项目最初被界定为“临时”军事项目，这些科学家会在军方的监管下工作。战争部也正是以此为借口，使在美德两国的科学家能够规避移民法。而现在，联合情报委员会要求为这些科学家及其家属颁发移民签证。克劳斯认为，即使这项政策得到当局的批准，签证签发过程也十分缓慢。因为根据相关法律，国务院需要单独审批每一位科学家的签证申请。这件事情不可能一蹴而就，需要经过漫长的调查过程。首先，签证申请人需要列出申请联系人，而且后者要接受国务院代表的约谈。其次，占领区美国军事政府办公室还必须为每一名科学家撰写安全报告。为此，他们必须从柏林的文档中心调取纳粹党的相关记录。“如果其中某位科学家曾经获得过纳粹党的表彰，或者曾经加入党卫军或冲锋队，按照法律规定，当事人必须对此作出合理的解释。”克劳斯说。

在掌握了有关苏联科技活动的最新情报后，战争部部长罗伯特·帕特森一改往日对纳粹科学家项目的厌恶之情，转而对其表示大力支持。仅在一年前，帕特森还将这些德国科学家斥为“足以破坏战局的敌人”，并警告参联会说，“将他们送往美国会引发一系列棘手的问题”。但现在，他在一份备忘录里表示，“战争部应当千方百计扫清国务院可能制造的障碍”。他的表态使塞缪尔·克劳斯的上级国务卿詹姆斯·F. 伯恩斯对“多云行动”的语气也变得缓和起来。鉴于预防苏联威胁的需要，国务卿伯恩斯和战争部部长帕特森公开表示，如果对德国境内的科学家放任自流，他们就有可能投奔对手而去，结果将不堪设想。“如果国务院一定要对这些科学家进行背景调查，那就如其所愿。”伯恩斯说。帕特森则在另一份报告中直截了当地表示：“美国应允许德国科学家及其家属在军方监管下入境。道理一目了然，如果我们不能控制他们，苏联人就会将其掳走。”

作为联合情报调查局的顾问部门，美国国务院－陆军部－海军部协调委员会对战争部的立场表示赞同，但仍顾虑重重。如果任由德国科学家掌控尖端设备，将会“对美国的安全造成严重的军事威胁”。换言之，他们借用塞缪尔·克劳斯的说法，以子之矛攻子之盾，反对军方提出的加速签证申请程序。不可否认，德国科学家无法予以信任。如果无人监管，并任由其掌握核心军事科技，情况恐怕更加严重。

1946 年 3 月 4 日，国务院－战争部－海军部协调委员会第 # 275/5 号文件正式生效。根据这份文件的相关条款规定，德国科学家将得以经过官方渠道进入美国，因为该机密项目符合“国家利益”。由此，军方的工作重点发生变化：在此之前，他们需要确定某人是否为纳粹分子，而现在的职责是确定苏联人是否对此人感兴趣。驻德美军司令约瑟夫·麦克纳尼将军接到上级命令，拟订一份囊括 1 000 名顶尖德国科学家的名单，并迅速将这些科学家送往美国，以免苏联人捷足先登。

陆军参谋部二部的军事情报人员 R.D. 温特沃斯上校负责为麦克纳尼将军提供后勤支援，他的任务是为这些科学家家属提供食品及衣物，并将其安置在慕尼黑北部一处名为兰茨哈特的军事基地，直到他们的签证得到国务院批准为止。上述情形实际上是对德国科学家项目的最初条款作出重大更改，此举正中联合情报调查局下怀。

次月，联合情报调查局召开会议，花费一整天时间敲定新项目的草案。一批专家顾问受邀出席会议，包括“阿尔索斯行动”的科学主管塞缪尔·古德斯密特。参联会也下令，加快德国科学家项目进度。迄今为止，共有 175 名德国科学家在军方的监管下进入美国，但无一人获得签证。除了克劳斯以外，众人一致认为，必须加速申请程序。其中最棘手的问题是，如何令国务院批准那些曾经身为纳粹分子或者党卫军、冲锋队成员的科学家入境。此外，对那些贡献突出、曾经得到纳粹党高级表彰的科学家，各部门也存在种种争议。按照规定，这些人绝不可能通过国务院的背景审查成为美国公民。

与会各方最终达成妥协。出于谨慎，对那些容易引起“麻烦”

的科学家，比如，负责撰写占领区美国军事政府办公室安全报告的军方情报人员，他们的文件上会被别上一枚回形针，而且这些文件不会立即被呈交国务院。这些“回形针”科学家会继续留在美国，处于军方的监管之下，而且他们在美国停留的时间很可能比其他同事更久。由于德国科学家的家属把美国军方提供的住处称为“多云营地”,“多云行动”显然已经暴露。自此,纳粹科学家项目更名换姓，有了一个新的代号：“回形针行动”。

并非所有人都对这种谨慎做法表示赞同。几个月后，即 1946 年 7 月 17 日，该项目首次遭遇重大挫折。驻德美军司令约瑟夫·麦克纳尼将军在写给联合情报调查局的信中说，他曾经与温特沃斯上校一起确认了 869 名德国科学家的身份，他们即将与美方签署“回形针行动”协议，但有一大困难横亘于前。“这份名单上出现大批前纳粹分子，而有关法律规定禁止用人机构雇用此类人员，”麦克纳尼将军写道，“无论现在还是将来，他们都不能在德国的美占区接受聘用，除非是从事体力劳动。”根据美军驻欧洲战场司令部的规定，所有党卫军和冲锋队成员必须强制接受肃清纳粹思维的审判。

因事关美国“国家利益”,联合情报调查局修改了“回形针行动”原章程的部分措辞。“非已知战犯或涉嫌战争罪者”和“非狂热纳粹分子”被修改为“不会妄图恢复德国军事能力的人员”。1946 年 7 月 2 日，战争部助理部长霍华德·彼得森在一份备忘录中表示，新的措辞使联合情报调查局得以“绕开签证人员”的审查。但这仅是权宜之计，这一措辞最终会激怒塞缪尔·克劳斯之流的国务院官员。现在，联合情报调查局亟须杜鲁门总统的支持。

1946 年夏，美苏关系日趋破裂。在此期间，美国驻莫斯科外交官乔治·F. 凯南（美国国家政策顾问、围堵政策创始人。——译者注）向国务院发去一封著名的长电报。经总统及其顾问审阅后，这封电报被发往美国驻世界各地的大使馆。在分析了苏联“对国际事务疑神疑鬼的看法”后，凯南向国务院高层发出警告，美国与苏联“从长期来看不可能永久和平共存，两国注定会成为不共戴天的敌人”。

受到凯南观点的影响，杜鲁门总统授意白宫法律顾问克拉克·克利福德撰写一篇关于当前美苏关系状态及其未来前景的军事研究报告。为此，克利福德从战争部部长、国务卿、海军部部长、司法部部长、参联会、多家军方和民间情报机构的负责人以及乔治·凯南那里，搜集了大量报告和简报，完成了这份令人惊恐不安的机密分析报告。报告开宗明义，并在结尾重申：“苏联领导人认为，苏联与资本主义国家之间的冲突不可避免，因此他们必须未雨绸缪，防患于未然。”克利福德告诫说，苏联领导人正在走上“谋求世界霸权”的道路，苏联人正在研制核武器和制导导弹，组建战略空军，开展生化武器研究项目。“社会主义和资本主义国家能够和平共处的想法无异于天方夜谭。”克利福德写道，而应对这一威胁的唯一办法就是诉诸“军事力量”。所谓军事力量，不是指军队，而是指军事威慑力。

1946 年 8 月 30 日，国务次卿迪恩·艾奇逊敦促杜鲁门总统就“回形针行动”作出决定。艾奇逊写道，如果总统不立即采取行动，很多德国科学家“可能与我们失之交臂”。经过 4 天的慎重考虑，杜鲁门正式批准该项目，同意扩大“回形针行动”范围，招募 1 000 名德国科学家和技术专家赴美工作，并允许其移民美国。

有了总统的一纸批文[②]，司法部部长迅速行动，对该项目的相关条款作出重大改变。联合情报调查局拟定了一份新的协议，允许已经在美国停留 6 个月的德国科学家续签次年的工作合同，而政府部门将保留再次与其续签 5 年合同的权力。由此，“回形针行动”从一个临时项目过渡为长期项目。昔日的国家公敌、罪恶昭彰的纳粹分子如今摇身一变，成为美国公民的合格人选，这真是莫大的讽刺。

作为对克利福德报告的回应，联合情报委员会也展开了对“苏联威胁”的秘密评估，JCS1696 号文件正式出台。联合情报委员会写道，苏联正在谋求世界霸权，第一步就是将其他国家置于苏联的掌控之下，以孤立资本主义世界。联合情报委员会预测，未来的美苏战争将形同世界末日。

“我们必须设想，苏方会将任何国际公约或人道主义原则弃之不顾，并不择手段进行全面对抗。”JCS1696 号文件继续写道，“我国在着手准备应对措施并制订计划时，必须以此假定为基础进行防御工作。”这就是说，为准备与苏联开展“全面战争”，美国必须在所有作战领域保持军事主导优势，包括化学战、生物战、核战以及其他任何苏联可能想到的作战方式。共有 37 或 38 人收到了这份秘密报告的副本，其中包括参联会的成员。至于杜鲁门总统是否收到过 JCS1696 号文件副本，人们不得而知，因为他不在发放名单之列。

细菌学和流行病学专家的控告

在联合情报调查局拟订的一千名德国科学家名单中，库尔特·布洛梅博士赫然在列。盟军尚无法确定如何处置纳粹生化武器专家。显然，无论联合情报调查局怎么谨慎，即使将回形针别在库尔特·布洛梅博士的档案上，也无法抹去他曾担任第三帝国军医署副署长、身居纳粹政权高位的事实。然而，据 JCS1696 号文件分析，美苏之间一旦擦枪走火，双方的冲突必将演变成“全面战争”，并极有可能包括生物战。因此，美国必须未雨绸缪，同时掌握利剑和盾牌，以防患于未然。几个月来，布洛梅博士一直被关押在克兰斯堡“垃圾箱”审讯中心，最近才被转移到法兰克福以南 18 英里处达姆施塔特的美国陆军军情服务中心。1946 年夏，布洛梅博士改头换面，“以医生身份”受雇于当地美军。

虽然美军急需利用库尔特·布洛梅博士的专长开展生物武器项目，但他的命运仍前途未卜。布洛梅曾在波兰波森的实验室从事生物武器研究，并在腺鼠疫、肺鼠疫等鼠疫病菌研究领域取得重大突破。至于这项研究曾经推进到何种程度，军方尚不得而知。一旦对此开展调查，纳粹曾在当地进行人体实验的真相就会被公之于众，此事势必引起舆论哗然。布洛梅曾多次向调查人员表示，尽管他有意开展人体试验，但最终并未付诸实践。

在战争期间，就像布洛梅一样，美国左倾细菌学家西奥多·罗斯伯里博士也在从事鼠疫武器研究。由于他的工作性质高度保密，外界一度认为他在进行原子弹研究。罗斯伯里的秘密实验室位于华盛顿郊外“德特里克营”，与布洛梅在伯森的实验室构造相似，但面积更宽阔。在德特里克营中共有 2 273 名工作人员从事绝密生物武器项目研究。罗斯伯里负责开展鼠疫研究，而他的同事负责进行其他 199 种细菌弹项目研究，即通过研究炭疽孢子、植物及动物病菌的侵染途径，筛选传播病菌的最有效载体。

美国公众对军方进行生物武器研究的事实茫然不知。1946 年 1 月 3 日，战争部发布一篇言简意赅、经过审查的官方专著《默克报告》(*The Merck Report*)。直到此时，美国公众才首次获悉政府部门的这一绝密研究项目。官方对该项目“在战时讳莫如深”，其保密程度类似原子弹研究项目“曼哈顿计划”。该报告声称，开展这项研究的原因与战争时期开展化学武器研究的原因相似，如果纳粹德国生物武器对付盟军士兵，那么美国军方必须做好以牙还牙的准备。不可否认，战争的大幕虽然已经落下，但新的威胁正在悄悄逼近，《默克报告》警告说这个无形潜在的“恶魔”具有前所未有的巨大威力，极有可能导致数百万人丧生。报告明确指出，美国亟须继续开展生物武器研究项目。美国或许正是利用威力强大的原子弹赢得了“二战”的胜利，但生物武器如同穷人的“核武器”，即使“不具备雄厚资金和庞大生产场地”，任何国家都可以研制生物武器，并为其“披上医学或细菌学研究的合法外衣”。

《默克报告》的作者乔治·W. 默克是一位化学家，同时也是新泽西州制药厂默克公司的产权人，在罗斯福总统和杜鲁门总统任期内默克还担任美国战时生物武器研究的民间负责人。此外，默克公司还从事疫苗研制生产，1898 年美国第一代天花疫苗和 1942 年第一代常规抗生素之一青霉素是就由该公司研制的。“二战”期间，美国士兵曾接种默克公司研制的天花疫苗。默克不仅向美国政府游说进行生物武器研究的必要性和紧迫性，而且还有可能向政府兜售过应对之策。1946 年，人们对于类似企业的态度不像数十年后那样严苛，因为当时美国的军工复合体（指军队与私有产业以相关的政治经济利益紧密结合而成的共生关系。——译者注）尚未成为尽人皆知的事实。

《默克报告》没有具体说明美国曾研制过何种细菌武器，只表示研究地点位于“马里兰州”的一处绝密设施。该绝密设施位于德特里克营，隶属化学战研究中心。其面积为 154 英亩，四周环绕着辽阔的牧场，距离华盛顿特区北部约有一小时车程。后来，化学战研究中心被批准更名为化学特种部队。随着《默克报告》的公布，加之克利福德报告和 JCS1696 号文件中有关“全面战争”的不祥预言，国会决定拨付巨款用于化学特种部队生物武器研究，而德特里克营的面积也随之倍增。

德特里克营的细菌学家对库尔特·布洛梅博士所掌握的信息垂涎三尺，并计划对其进行审讯。但在 1946 年夏，纽伦堡正义宫发生一起出人意料的事件，使“回形针行动”聘请库尔特·布洛梅博士出山的计划化为泡影，至少在短期内很难如愿以偿。在审讯进行到第10个月时，苏联出人意料地向重大战犯审判法庭提交一名证人，其证词引发外界对布洛梅博士的高度关注及憎恶之情。这名证人即瓦尔特·施莱伯博士少将，如果把布洛梅比作美国的一柄利剑，那么施莱伯就是苏联抵御利剑的盾牌。

1946年8月12日，苏联检察官宣布，失踪的纳粹高级将领、前第三帝国军医署长瓦尔特·P. 施莱伯少将即将在纽伦堡法庭上庭指证自己昔日的同事。这一突如其来的消息令整个法庭震惊不已。施莱伯证实，在斯大林格勒遭遇惨败后，第三帝国计划实施报复行动，拟对苏军发动大规模生物武器袭击。这是首次有人向纽伦堡法庭透露有关生物战的信息。由于苏联拒绝了美国检察官试图提前对施莱伯审讯了解证词内容的要求，因此事先盟军方面对施莱伯出庭作证的情况一无所知。利奥波德·亚历山大博士亲自出面申请与施莱伯交谈，但也徒劳而返。

战争期间，施莱伯曾担任德国国防军最高统帅部医学服务处战时主管。他不仅是第三帝国军衔最高的医生，还兼任柏林大学研究院下属所有科研机构的负责人。最重要的是，他还掌管纳粹德国的疫苗研究工作。从1945年4月30日在柏林被红军抓获起到出庭作证的16个月中，施莱伯一直被苏联人羁押。据施莱伯供述，他曾在元首地堡附近的地下隧道里开设了一家大型军事医院。遭到苏联人逮捕时，他正在照料“数百名受伤”的士兵。施莱伯突然出现在纽伦堡法庭上，这也是“二战”结束后他首次公开露面。在此之前，包括他的家人在内，无人知晓他的行踪。

这位前帝国军医署长准备协助苏联检察官将自己昔日的同僚送上绞刑架，这既是莫大的讽刺，也足以骇人听闻。施莱伯博士早就出现在美国军方战争罪和安全嫌疑人中央登记处的CROWCASS黑名单上。战争结束后，瓦尔特·施莱伯少将及其同事因涉嫌战争罪行遭到盟军的追捕。如果当时美国捷足先登，率先找到施莱伯博士并及时审讯，那么现在施莱伯很可能正与他的同事一起，在纽伦堡的被告席上接受审判，面临被执行绞刑的命运。但事到如今，他反而变成指证这些同事的证人。

1946 年 8 月 26 日周日清晨，纽伦堡法庭第 211 天开庭日，施莱伯博士木立在证人席前。副检察长、苏联上校 Y.V. 波克罗夫斯基向法庭提出由施莱伯出庭作证的申请。德方辩护律师、武装部队高级司令部总参谋部和最高统帅部法律顾问汉斯·拉特恩泽尔表示反对，理由是证据提交时限已过。“特别法庭不赞成采纳超过举证期限的任何证据，或者对开庭前已经经过充分盘问的事情再次进行审讯，”法庭庭长、英国大法官杰弗里·劳伦斯勋爵表示，“但另一方面，鉴于施莱伯少将证词的重要性，及其与某些特定被告人案件和最高统帅部案件的高度关联性，特别法庭将允许对施莱伯少将进行听证。”简而言之，施莱伯身为高级纳粹军官，法官希望听听他究竟会说些什么。于是，施莱伯被带到证人席。

施莱伯身材矮胖，身高 5 英尺 6 英寸，体重 156 磅，拥有一双蓝色的眼睛和一头淡金色头发。他身着长袖衬衫，遮住了右前臂上的刀疤。53 岁的施莱伯从 1921 年起就是一名忙碌的军医。他以细菌学和流行病学专家的身份周游世界各地，对包括西非、突尼斯在内的瘟疫、疟疾等传染病进行研究。据称，在第三帝国，他对沙漠战和冬季作战医学领域的研究水平无人望其项背。此外，他还是一名资深生化武器专家，对黄斑疹伤寒、疟疾的传播方式及疽病和坏疽的感染原因也颇有研究。

施莱伯为人和蔼、雄心勃勃，他的父亲是一名邮政工人。战争爆发后，他之所以能够一路青云直上跻身德国国防军医学领域高层，部分是由于德意志人对细菌具有强烈的恐惧心理。在公共卫生与传染病防治领域，施莱伯知识渊博、经验丰富，他的专长被纳粹党奉若至宝。他奉命研究传染病的预防方式以及传染病暴发后的治疗手段。因此，施莱伯将军能够从纳粹高层获悉第三帝国的医学政策。1942 年，赫尔曼・戈林任命施莱伯将军组织开展预防毒气战和生物战研究项目，并负责纳粹德国的疫苗生产工作。

“我在全知全能的上帝面前发誓，我所述之言均为事实，既不刻意隐瞒，也不擅自夸大。”施莱伯郑重宣誓。

苏联检察官 G.A. 亚历山德罗夫少将问施莱伯博士：“你决定出席纽伦堡法庭作证的动机是什么？”“第二次世界大战期间，德国医学界发生了违反医学伦理的行为，而医学道德是永恒不变的真理，”施莱伯在证人席上表示，“为了德国人民和德国医学的利益，为了培育未来年轻一代的医生，我认为有必要对上述事情予以澄清。我想说的是，德国曾经准备发动细菌战，直接导致传染病实验和人体实验的产生。”施莱伯的意思是，为了发动生物武器袭击，纳粹德国曾经使用“劣等人类”作为实验对象。

亚历山德罗夫将军继续盘问施莱伯：“为何如此久之后才决定公布此事？你出庭作证是因为受到威胁，还是出于自愿？”

“我完全出于自愿，”施莱伯宣称，“在纽伦堡法庭上听到克雷默博士和霍尔茨勒纳教授的报告后，我对某些德国医生肮脏堕落的想法感到极为震惊。”事实上，霍尔茨勒纳与施莱伯曾经是挚友和同事。1942 年，当施莱伯在纽伦堡会议上得知，霍尔茨勒纳曾经实施过惨无人道的人体冷冻实验后，他随即邀请后者前往柏林医学院就此课题进行演讲。

“那么，从 1945 年 4 月到 1946 年 8 月的这段时间内，假如施莱伯博士被关押在苏联监狱中，你是如何得知上述报告的？”亚历山德罗夫质问。这也是在场很多人心头的疑团。

“在战俘营的娱乐室里，我们可以看到德国的报纸。”施莱伯解释说。在他口中，臭名昭著的卢比扬卡监狱俨然是一座贵族俱乐部，而非严厉的刑罚机构。“我一直在耐心等待，留意纽伦堡法庭审判是否会涉及细菌战的问题，”施莱伯说，“当我得知无人谈及此事时，今年 4 月我决定出庭作证。”

“证人，”亚历山德罗夫将军说，“你是否能够告诉大家，对于德国最高统帅部为发动细菌战所做的准备，你都了解哪些情况？”

“1943 年 7 月，德国国防军最高统帅部召开了一次秘密会议。作为陆军医学视察团的代表，我也参加了这次会议。”施莱伯说。“会议通过了组建细菌战小组的议题。随着战局不断发生变化，最高统帅部当时对于是否应该在战争中使用细菌武器的态度也发生了改变，与此前陆军医学视察团的观点相左，”施莱伯表示，“最终元首阿道夫・希特勒授意帝国元帅赫尔曼・戈林负责细菌战的筹备工作，并且委以重权。”

当时人们普遍认为，希特勒从未授权手下将领利用生化武器对盟军发动袭击，但施莱伯的证词否认了这一看法。而且在第二次世界大战中，双方确实并未使用化学或生物武器发动袭击。但匪夷所思的是，苏联人为什么不辞辛苦将施莱伯带到纽伦堡，就某些毫不相干的事情出庭作证？施莱伯现身于此，到底意欲何为？

“在这次秘密会议上，高层决定组建研究所，开始大规模培养细菌，以进行科学实验、检验战争中运用细菌武器的可能性。”施莱伯说，“此外，研究所还会开展家畜和农作物感染虫害的试验。如果这种做法可行，相关技术就会被投入应用。”

“随后发生了什么事情？”亚历山德罗夫少将厉声质问。

“几天后，我听说……帝国元帅戈林命令德国医师联盟副主席库尔特·布洛梅博士主持这项研究工作，并督促他尽快在波森附近建立研究所。”

“纳粹德国为发动细菌战而进行了一系列的实验，对于这些实验你都了解哪些内幕？”亚历山德罗夫将军问。

“实验是在波森的研究所里进行的，”施莱伯将矛头直接指向布洛梅（他说的研究所是指后者进行鼠疫研究实验的地点），“我不了解这些实验细节，只知道他们曾经动用飞机喷洒细菌乳剂，使用诸如甲壳虫之类的植物害虫进行实验，但我不清楚具体细节，因为我没有参与这些实验。”

亚历山德罗夫问：“最高统帅部是否了解这些实验？”施莱伯回答：“我猜他们知道。”

“你是否能够告诉大家，德军最高统帅部到底为什么决定准备发动生物战？”亚历山德罗夫问。

“德军在斯大林格勒的惨败迫使最高统帅部重估形势，作出新的决定，”施莱伯说，“统帅部的官员一定考虑过使用新型武器来扭转局势的可能性，使战争朝着有利于我们的方向发展。”

“那么，德国最终为什么没有使用生物武器？”亚历山德罗夫问。

施莱伯将军并没有正面回答，而是详细讲述了 1945 年 3 月与布洛梅博士会面时的情形。

“1945 年 3 月，布洛梅教授从波森来到军事医学院，在办公室里与我会面，那时他显得异常激动，”施莱伯回忆道，“他问我，是否能够让他及其手下在萨克森堡的实验室住上几天，这样他们就可以在那里继续工作。随着苏联红军不断逼近柏林，他们只能离开波森的研究所。在逃离之前，他企图用斯图卡炸弹摧毁研究所，但最终未能如愿。他非常担心苏联人会发现波森研究所的人体实验设备，因为通过这些仪器可以轻易推断出实验目的，其军事用途昭然若揭。

因此，他问我是否能让他在萨克森堡继续进行鼠疫菌培养，因为临行前他把鼠疫病菌带出了波森研究所。”

事实上，当时布洛梅博士并未出庭接受审判。但施莱伯为何如此大费周章，将大部分证词指向布洛梅博士的病毒实验？“来访期间，布洛梅告诉我，他可以在图林根格拉贝格的另一座实验室继续工作，”施莱伯说，“但由于那里的实验室尚未建成，仍需几天甚至几周才能完工。在此之前，他需要一个住处。”他还补充道：“（当时）盟军的军事行动愈演愈烈，已经逼近德国边境，有朝一日苏联红军的部队踏上德国领土时，德国便会决定将鼠疫病菌投入使用，那么就必须提前生产某种血清，为德国军队和平民提供特殊防护。但目前时不我待，一旦有所延误，之前的努力很可能付诸东流。”

施莱伯的证词再次对准库尔特·布洛梅博士，两人之间究竟有何深仇宿怨？或许，苏联是想在双方明争暗斗的生物武器项目上，向所谓的盟国美国暗示些什么？施莱伯本应在纽伦堡重点供述第三帝国的生物武器袭击计划，但苏联的检察官一再引导施莱伯谈及布洛梅博士的鼠疫实验研究。苏联人的言外之意或许是：“你们虽然有利剑在手，但是我们掌握着盾牌。”直到数十年后，有关事实才得以公之于世。接着，轮到总参谋部和最高统帅部法律顾问汉斯·拉特恩泽尔博士对证人进行盘问。拉特恩泽尔博士问施莱伯“你对苏联检察官陈述的证词是否事先就准备好了？”施莱伯回答：“不是。”

“是否有人利诱，让你提供这样的证词？”拉特恩泽尔问。

“不是，没有人对我做过任何承诺。我会拒绝任何人的威逼利诱。”施莱伯说。

“既然如此，我们假设利用细菌作战的邪恶想法确实存在，难道这样不会令贵国的军队也陷入危险境地？”拉特恩泽尔问。

“不仅是我们的军队，还包括所有德国人，因为难民正从东向西迁移，鼠疫很快就会传播到德国境内。”

“我还有一个问题，你曾表示反对发动细菌战，是否存在文字记录？”拉特恩泽尔问。

施莱伯回答：“是的，在我此前提到过的一份备忘录中提到过此事。”

拉特恩泽尔问：“你是什么时候提交的这份备忘录？”

“1942 年。我可不可以——”

“够了，”拉特恩泽尔打断了施莱伯，因为他发现后者在说谎，“秘密会议是在 1943 年 7 月召开的！”

拉特恩泽尔的盘问到此结束，随后法庭休庭。也许是被人发现证人说谎而感到尴尬万分，苏联人没有让施莱伯返回证人席。亚历山大博士再次表示，希望对施莱伯进行审问，但又一次碰壁。苏联人表示十分遗憾，声称施莱伯博士已经被带回莫斯科。

两天后，一辆军车驶入了法兰克福以南 18 英里处达姆施塔特的美国陆军情报服务中心。在此之前，美国军方曾经“以医生身份”聘用了布洛梅。被捕后，布洛梅博士被押往纽伦堡监狱。有关方面对布洛梅的情况报告作出“秘密更改”，将其列为纽伦堡第 6850 内部安全分处的阶下囚。

突变的风云改变了布洛梅的命运。他不再是“回形针行动”的科学家，而是即将成为纽伦堡医生审判的被告。

纽伦堡大审判：体育馆上的绞刑

距离美国陆军情报服务中心 150 英里的地方就是美国陆军航空队在海德堡的秘密研究所。在那里，一项规模庞大的工程正在进行。在过去的一年中，58 名德国医生[③]身着洁白的实验服，一直在尖端实验室里对人体耐力、夜间视力、血流动力、遭到炸弹袭击后的生理状况以及听觉生理学等一系列项目进行研究。此外，与这些前纳粹医生并肩工作的还有数十名军方翻译，他们负责将这些医生的报告译成英文。1946 年 9 月，翻译人员共撰写了 1 000 多页的文件。这些文件被迅速编纂成一套两卷本的专著《第二次世界大战期间的德国航空医学》，供美国陆军航空队使用。

在海德堡的研究所陷入混乱之前，斯特拉格霍尔德手下医生的工作进展顺利。1946 年 9 月 17 日，反间谍特种部队第 303 分遣队的几名军事安全官员突然带着 5 张逮捕令出现在海德堡。纽伦堡国际军事法庭以“涉嫌战争罪”为由，缉拿西奥多·本津格、齐格弗里德·拉夫、康拉德·谢弗、赫尔曼·贝克尔－弗莱森和奥斯卡·施罗德。如果美国陆军航空队雇用战争罪嫌疑人在德国境内从事军事武器研究的事实泄露一丝一毫，哈里·阿姆斯特朗的研究所就会被立即关停，而他本人也必将沦为这桩国际丑闻的笑柄。

从 1946 年 12 月 9 日开始的纳粹医生审判是纽伦堡重大战犯审判之后的首例“附加审判”。与第一次审判不同，美国公众对这 23 名被告并不熟悉，其中包括 20 名医生和 3 名党卫军官员。他们只是事先从媒体报道中获悉，令人恐怖的纳粹科学家将被推上审判庭的被告席。借用检察长泰尔福特·泰勒的话来说，纳粹医生精通进行杀戮的“死亡科学”。他们在集中营的俘虏身上进行了各种各样残忍的医学实验，包括冷冻实验、高海拔实验、芥子气研究、海水淡化实验、疟疾实验、集体绝育实验及安乐死等。

《纽约时报》称，这些医生的罪行“令最堕落的医学实验也相形见绌”，其中一些细节令人不寒而栗。为了帮助某所大学搜集“劣等人类”的骨骼标本，党卫军医生奥古斯特·希尔特曾屠杀大批“犹太人和斯拉夫人”。这些被告中既有“德国医学界的败类”，也有像库尔特·布洛梅博士之流享誉世界的医学专家。

1946年10月12日，五角大楼的《星条旗报》(*Stars and Stripes*)一一列出了受到指控的医生名单，其中包括从美国陆军航空队航空医学中心逮捕的5名德国空军医生：西奥多·本津格、齐格弗里德·拉夫、康拉德·谢弗、赫尔曼·贝克尔－弗莱森和奥斯卡·施罗德。数周后，这些医生将不再是美国军方聘请的专家，而将以战争罪被告的身份出现在纽伦堡法庭。所有纳粹医生最终将受到法律的严惩，而且有可能被判处死刑。

随后一周，纽伦堡监狱里发生了一件咄咄怪事。本津格博士在预审时承认，他知道纳粹医生曾在集中营里开展过医学实验，而这些实验均在未经受试者允许的情况下进行，其中大多数受试者已在实验过程中死亡。据本津格供认，他参加了1942年10月在纽伦堡召开的名为“海上与冬季灾难的医学问题”研讨会。在这次会议上，90名德国空军医生公开讨论了从已经死亡的受试者身上获得的数据。在本津格博士被囚于纽伦堡监狱期间，检察官向他透露，检方已经掌握其在医学领域为虎作伥、助纣为虐的罪行。战时在柏林空军部，海因里希·希姆莱曾经邀请一小群医生观看恐怖的人体实验短片，而本津格即是受邀者之一。现在，面对审讯人员，本津格无法否认其作为帝国空军部高级军医之一的事实。但本津格坚称，“知情”并不等于犯罪。检方掌握的证据中并未显示，他曾经参与过上述任何致人死亡的医学实验，但也没有文件记录和目击证人能够证明，他与这些实验毫无瓜葛。

1946年10月12日，法庭认定西奥多·本津格博士为纳粹医生审判中即将上庭受审的被告之一。但10月23日，本津格从纽伦堡监狱被释放，而官方也未对此作出任何解释。随后，他被交给美国陆军航空队羁押。据官方解密的纽伦堡监狱档案显示，在纽伦堡度过一个多月的牢狱生活后，本津格返回海德堡继续从事医学研究工作。至于本津格为何从纳粹医生审判的被告名单中被划掉，并无一人对此作出说明。

直到几十年后，纽伦堡审判专家和医学历史教授保罗·万德灵发现一条重大线索。资料显示，1946年秋，本津格刚刚完成一篇有关飞行员在平流层航行时生理机能参数与飞行状态变化动态对应的论文。“1946年10月，莱特空军基地的美国陆军航空队在内部传阅了本津格博士就这一课题撰写的报告[④]，而数周前他刚刚从纽伦堡的监狱中获释。”万德灵解释道。万德灵暗示，也许美国陆军航空队某位高官认为，较之于对本津格的战争罪进行审判，发挥他的专长更符合“国家利益”。在得知本津格获释后，纽伦堡检察官亚历山大·哈代十分不满，认为对他的审讯“过于草率”[⑤]。

在海德堡美国陆军航空队航空医学中心，一石激起千层浪，5名医生因战争罪被捕的消息令所有人都惶恐不安。该中心的机密项目也开始悄无声息地偃旗息鼓。当拉夫、谢弗、赫尔曼·贝克尔-弗莱森和施罗德在纽伦堡接受审判的同时，该中心还有34名医生正准备登船前往美国，被纳入“回形针行动”。第一批于1947年2月前往美国的医生中就包括西奥多·本津格博士。

在纽伦堡，当从海德堡被捕的医生在狱中等候审判时，另一项工作也即将拉开序幕——重大战犯审判终于尘埃落定。1946年10月1日清晨，法官依次宣读裁决意见：在22名被指控犯有战争罪的被告中，19人被定罪，3人宣告无罪，其中1人缺席判决。当天下午，特别法庭宣布判决结果：12人死刑，3人终身监禁，4人长期徒刑。在这群人中，只有阿尔伯特·施佩尔对自己的罪行供认不讳。他被判处20年有期徒刑。

海德堡的几名医生被关押在纽伦堡监狱一侧独立的厢房之中，这里被称作“第6850号内部安全分处”。大部分预审调查将持续两个月之久。库尔特·布洛梅博士和奥托·安布罗斯博士也被关押在这里。安布罗斯将接受法本公司法庭即第 VI 号案件的附加审判，按照计划，这场审判将于 1947 年夏启动。

伯顿·安德勒斯上校仍然负责监管纽伦堡的囚徒，包括即将被处以绞刑的罪犯。这些死刑犯还有 13 天的生命。在安德勒斯眼中，这些即将赴死的纳粹分子在纽伦堡的最后时光显得怪诞离奇。里宾特洛甫、卡尔滕布伦纳、弗兰克和赛斯－英夸特在接受圣餐后，最后一次向纽伦堡的牧师奥康纳做了忏悔；戈林把自己的修面刷和剃须刀赠给了监狱里的理发师；施特赖歇尔埋头一连写了 6 封信札；里宾特洛甫读完了一整本书；凯特尔请求在接受绞刑时让他人用管风琴演奏一首德国民谣。“10 月 14 日夜，我安排狱警在监狱四周加强戒备，”安德勒斯上校回忆道，“我希望直到最后一分钟再告诉这些死刑犯，他们上绞架的时间到了。”

纽伦堡体育馆被选定为行刑地点。每天晚上，美国军队的狱警都会在那里打篮球，以减轻心头的压力。在绞架立起的前一天夜里，安德勒斯允许他们像平时一样继续运动。“当天深夜，”安德勒斯回忆道，“当大汗淋漓的狱警一路小跑去冲澡时，面色凝重的行刑队员穿过步道旁特意开凿的一扇小门，开始在体育馆里执行任务。在这栋建筑远离众人视线的一侧，他们开辟了一条通道。这样一来，囚犯们就不会看到脚手架被搬进来。”当然，囚犯也不会看到，有人用担架把尸体抬走。

在建立绞刑架时，监狱里发生了一起戏剧性的事件。戈林请求被执行枪决而非绞刑，因为他认为绞刑不能与自己的高贵身份相配。对他的请求，盟军管制委员会在审议后予以否决。临刑前一天，戈林吞下了一个由黄铜和玻璃制成的药瓶，里面装有剧毒物质氰化钾。他巧妙地将这个药瓶成功地藏匿了 18 个月之久。在遗书中，戈林解释说，他将药瓶交替藏在肛门和松弛的肚脐间，这样他就可以在自己选择的时间自尽。直到后来，战争罪调查员利奥波德·亚历山大博士才得知，戈林用于自杀的药品出自拉舍尔博士之手。后者曾经在臭名昭著的达豪集中营开展过人体冷冻实验。

午夜时分，3 副漆成黑色的绞刑架已经搭好。在每一副绞刑架下，都有 13 级台阶通向一个站台，站台上的横梁上吊着由 13 圈绳子组成的绞索。行刑者是军士长约翰·C. 伍兹。在过去的 15 年里，他曾经对 347 名被判死罪的美军士兵处以绞刑。凌晨 1 点，安德勒斯上校大声宣读死刑犯的姓名。每宣读一个名字，身旁的助手都会用英语和德语宣布“Tod durch den Strang”，即“处以绞刑”。

这些纳粹分子接连被送上绞架。凌晨 4 点，他们的尸体被装上两辆卡车，运抵慕尼黑郊外的一处秘密地点进行焚化。在达豪集中营，这些“二战”战犯和大屠杀刽子手的尸体在焚化炉里被烧成灰烬。之后，他们的骨灰被人铲出来，抛进一条不知名的河流。

当被《时代》(*Time*) 杂志记者问及对这次绞刑作何感想时，行刑手约翰·C. 伍兹这样说道：“我绞死了 10 名纳粹分子……我对此感到自豪……我没有感到紧张……因为干这一行绝不能心神不定……至于刽子手这种行当，我的看法是，总得有人去干。”

“二战”结束几个月后，纽伦堡对重大战争罪犯的审判也宣告结束。

一些纳粹分子被处以绞刑，另一些人却获得了报酬可观的新工作，海德堡美国陆军航空队航空医学中心的 4 名医生则处于中间的灰色地带。德国有句老话“Jedem das Seine”——人皆有报，那么他们是否人人都得到了报应？

第 13 章 舆情危机

“做科学家可是逃脱罪名的唯一途径”

1946 年 10 月中旬，就在纽伦堡重大战犯被定罪并处以绞刑的同一周，国务次卿迪恩·艾奇逊将塞缪尔·克劳斯召到国务院办公室商讨“回形针行动”的有关内容。他们讨论的重点是一份联合情报调查局发布的绝密命令即 JIOA#257/22 号令，命令中对“回形针行动”参与者的申请签证方式作出了重大修改。

根据相关法律规定，在颁发签证前，国务院代表会在欧洲执行前期审核，命令发布后，改为由美国移民暨归化局（INS）在美国本土执行这一程序。“国务院须承认，联合情报调查局的有关调查和安全报告将作为审核工作的最终版本，并承诺为报告中涉及的申请者扫清全部障碍。”局长托马斯·福特上校写道。艾奇逊和克劳斯心知肚明，联合情报调查局此举罔顾美国法律，企图控制颁发签证的方式。但总统已经签署这道命令，此时他们已无力左右局面。于是，“回形针行动”正式变成一个符合“国家安全利益”的“秘密项目”。

迄今为止，共有 233 名“回形针行动”科学家处于美国军方的监管之下。国务院获悉，次月将接到这批科学家及其家属的入境签证申请。占领区美国军事政府办公室承诺，上述科学家安全档案里所提供的内容，将包含该部门“能够获得的最全面的信息”。塞缪尔·克劳斯清楚，这种新的表述方式措辞模糊，它意味着军事情报人员可以向国务院官员隐瞒对相关科学家不利的信息。如此一来，将狂热纳粹分子及其家人送往美国的通道已经全面敞开。

3 周以后，《纽约时报》首次曝光，一批纳粹科学家已经来到美国，但该行动属于军方的机密项目，具体进展仍不得而知。其消息来源是苏联的军方报纸《每日评论》（*Tägliche Rundschau*）和苏联管制的东德报纸《柏林日报》（*Berliner Zeitung*）。在一篇后续报道中，有匿名消息人士称，“还有 1 000 名德国科学家”正在前往美国的途中。“据称他们均出于自愿，并与美国签订了一系列秘密工作合同。”这篇报道称，“他们的试用期一般为 6 个月，随后可以申请入籍，并将其家属迁往美国。”据《新闻周刊》（*Newsweek*）杂志透露，该秘密军事项目的机密代号为“回形针行动”。

战争部并未对此表示否认，其工作人员应该向民众发布一份有关该项目的报告，同时安排莱特空军基地的几名科学家“登上报纸、电视和画刊”，并设立开放日，由军方检查员向公众提供有关纳粹科学家的工作细节和照片，这样就能营造一种良好的印象：这些在美国的德国科学家都是温和善良的人。在莱特空军基地，“飞船专家”西奥多·纳克向众人示范如何使用降落伞；80 岁高龄的齐柏林公司前任董事长雨果·埃克纳向记者解释说，在与军方签订合同后，如今他正与固特异公司合作，设计一种新型软式飞艇。“梅塞施密特”Me–163“彗星”喷气式战斗机的发明者亚历山大·李比希长着突兀的鹰钩鼻，只见他身着西服，手持一架三角翼飞机的标度模型，俯视着飞机的尾翼，让记者拍照。

军方强调，李比希发明的喷气式战斗机不仅在战争中创造了击落盟军飞机数量最多的纪录，还刷新了最快航行速度的世界纪录。喷气发动机燃料专家恩斯特·埃克特，操着浓重的德国口音向记者讲解高速燃气涡轮发动机的原理及结构。联合情报调查局的文件显示，埃克特既是纳粹分子，也是前党卫军和冲锋队成员。在这种情形下还安排埃克特与记者聊天，只能说这是战争部的失策之举。随着该项目变得日益复杂，管理日渐臃肿，无论联合情报调查局如何竭尽全力，试图掌控全局，他们也不可能毫无遗漏，面面俱到。这些德国科学家的发言人是一名美国军官。他告诉记者，他十分乐意与德国科学家合作，“我希望能有更多德国科学家来到美国”。

军方认为，碍于深厚的纳粹背景，应该使莱特空军基地的其他德国科学家远离公众视线。据空气动力学家鲁道夫·赫尔曼的情报档案记录，赫尔曼曾经公开发表支持希特勒的言论，在科赫尔从事风洞研究时，每逢清晨集合报到，他总是穿着褐色的冲锋队制服。据占领区美国军事政府办公室有关工程师埃米尔·萨蒙的安全报告显示，他在飞机制造厂工作时，经常肩扛步枪，身穿党卫军制服。这一举动让他更加显得罪大恶极。“1933—1945 年间，他是冲锋队成员，曾经担任地区总队长之职。”一份标注有“仅限内部参阅”字样的备忘录中写道。军方在将其带回美国后，明确表示十分清楚“萨蒙先生曾经积极参与纳粹活动，并受到欧洲一些同事的指控”。具体说来，埃米尔·萨蒙曾经参与过焚毁家乡路德维希港犹太教堂的暴行。萨蒙的专长是建造飞机发动机试验台，他之所以受到莱特空军基地聘请，是因为美国陆军航空队认为，对于他所掌握的知识和技能，“他人难以复制，亦无法加以模仿”。

军方向媒体提供了一些看起来较为“温和”的德国科学家的照片，在这些人身上绝不会出现纳粹分子的决斗伤疤。在这些照片里，有满头银发的科学家在下棋，有人站在代顿玩具店的橱窗外吸烟，还有人在军方的基地内晒太阳。凡是参加开放日的记者，必须允许军方检查员对其报道进行审核，之后这些文章才能见诸报端。军方也在《星条旗报》上刊登报道，意在向公众表示：这些德国科学家并非纳粹分子；他们虽然身在美国，但处于严格的监管之下；这些人都是“对国家安全至关重要的”杰出的科学家和技术专家，他们品行端正，有家有室。

有关莱特空军基地科学家的新闻报道引起了公众的强烈反感。多家报纸就此发表社论，还有人写信给参议员对此事进行尖锐批判。随后一周进行的民意调查显示，大多数美国人认为，再次向美国引进 1 000 名德国科学家是一个“糟糕的主意”。对外事务记者乔基姆·乔斯顿对“回形针行动”感到怒不可遏，并在《国家》(*Nation*)杂志中写道：“如果你喜欢大屠杀，又要全身而退，那就去做个科学家吧，孩子。如今这可是逃脱杀人罪名的唯一途径。”美国犹太人委员会主席拉比史蒂文·S. 怀斯也致信战争部部长帕特森，这封措辞尖锐的信札后来被公开：“如果我们放任纳粹受害者在难民营流离失所而不顾，却仍对希特勒的仆从予以褒奖，那么我们就不能自诩，在追求我们为之而战的目标上，取得了任何真正的进展。”

埃莉诺·罗斯福对此感到义愤填膺。她亲自参与抗议“回形针行动”的活动，在纽约市的华尔道夫酒店组织会议，并邀请阿尔伯特·爱因斯坦作为嘉宾出席。这位前第一夫人敦促美国政府在未来12 年中暂缓向所有德国人颁发签证。当锡拉库扎大学教授得知，他们的新同事、远红外技术专家、前纳粹党成员海因茨·费希尔博士，是在与军方签订了秘密合同后才来到该校实验室工作时，他们在集体为《纽约时报》写的一篇社评中强调：“我们对此表示反对，并非因为他们是敌国公民，而是因为他们肮脏的过去——他们曾是纳粹分子，现在很可能仍是纳粹分子。”

“防止第三次世界大战协会”由数千名作家、艺术家和新闻工作者组成。在当年12月发行的一份期刊中，该协会也对“回形针行动”作出严厉谴责。“防止第三次世界大战协会”成立于“二战”期间，旨在呼吁有关各方对其认为在本质上具有侵略性和军国主义的国家，及其认为曾经从纳粹政权获得重大利益的个人，采取严厉的惩罚措施。“这些德国‘专家’为德国发动战争创造‘奇迹武器’，提供科技知识。我们怎能忘记他们的毒气室和焚化炉，忘记他们从死人金牙上提取黄金的行为，忘记他们最擅长的就是掠夺和偷窃？”该协会成员包括美国著名记者威廉·L. 夏勒和制片人达里尔·扎纳克，他们共同致力于敦促美国同胞对战争部予以谴责，要求将纳粹科学家遣返德国。

事有凑巧，战争部正准备将莱特基地的一名工程师、隧道专家乔格·里克希遣返德国，但遣返原因并非迫于公众的压力，而是由于莱特空军基地另一名德国人的一系列活动。

秘密法庭：绞杀俘虏案

1946年秋，在233名旅美纳粹科学家中，共有140人在莱特基地工作。由于希尔托普远离人烟，加之大批单身汉聚集在此，因此这些德国人很快结成了不同派系。作为帕特上校安插在德国人中的耳目，商人阿尔伯特·帕丁继续负责向后者汇报这些德国人的意见和要求。这样一来，帕丁在希尔托普便大权在握。1946年夏，在前米特尔维克总经理乔格·里克希抵达莱特基地后，阿尔伯特·帕丁看到了商机。里克希既是帝国军备部的前任雇员，也是诺德豪森米特尔维克奴隶工厂的总经理。美国战略轰炸调查团的比斯利上校曾将里克希疏散到伦敦，在当地的工作结束后，莱特基地向里克希抛出橄榄枝。当军事情报人员问起里克希，他在莱特基地具体从事何种工作时，里克希回答：“在规划、建筑和运营地下工厂方面，为军方提供丰富的知识和经验。”

47 岁的乔格·里克希是一名隧道工程师，曾主持修建第三帝国多处规模庞大的地下建筑。这一经历成为他与美方最有力的谈判筹码，而美军看重的也正是他在这些工程中积累起来的知识。在里克希的档案里，一份由陆军情报局副局长办公室撰写的备忘录将他的这项专长列为“机密”。备忘录中写道：“他掌管柏林希特勒总部‘鹰巢’正下方的所有隧道。”柏林的元首地堡正是在乔格·里克希的监督下竣工，希特勒生前的最后 3 个月零 2 周就是在那里度过的。元首地堡位于柏林地面 30 英尺以下，共有 30 多个房间、多处隐蔽通道和紧急出口以及数百级台阶，是工程界公认的杰作。

随着冷战不断加剧，美国军方急需建设具备防御生化武器袭击或核打击能力的政府地下指挥中心。直到数十年后，这些位于蓝岭山脉凯托克廷山地公园和韦瑟山间的地下指挥中心才逐渐为世人所知，并将其称之为“拉文克罗山建筑群”或“R 地点”。元首地堡历经盟军数年之久的猛烈轰炸而丝毫无损，这一事实令美国军方赞叹不已。此外，乔格·里克希还是第三帝国德马格汽车公司的董事，负责监督大型地下坦克制造厂和军工厂的建设。同时，作为米特尔维克公司的总经理，他还负责诺德豪森附近火箭组装工厂的建设。据里克希的情报卷宗显示，他曾经监督建设的地下建筑面积超过 150 万平方英尺。在莱特空军基地，里克希担任美国军方工程师地下工程项目顾问。由于建筑工程进展缓慢，里克希还身兼两职。虽然英语讲得不伦不类，他仍奉命负责检查美军从诺德豪森缴获的 V–2 火箭文件，并“在报告中对其中的观点进行阐释”。

1946 年夏末，阿尔伯特·帕丁和乔格·里克希开始在希尔托普从事黑市交易，以高昂的价格向同事们出售烟酒。在战争期间，里克希从事黑市交易长达数年，所以这类交易对他来说驾轻就熟。军事情报部门直到后来才获悉，德国军备部为集中营劳工分配的口粮本已极其有限，但里克希有时仍会将其贱价出售他人，获得额外报酬，而集中营劳工却要忍受饥饿辛苦劳作。在莱特空军基地，里克希和帕丁的黑市生意越做越大，于是两人招募里克希的姐姐雅黛海德·里克希作为帮手，但后者当时住在新泽西州的宾馆。碍于交通不便，雅黛海德同意搬往俄亥俄州，帮助他们将黑市交易扩大到代顿等地。由于德国人的信件均需接受审查，没过多久，莱特空军基地的高级官员就发现了他们的勾当，但美国陆军航空队对此视若无睹。直到 1946 年秋，他们的黑市生意遭遇了挫折。

私下里，里克希和帕丁嗜赌好饮。两人在希尔托普定期聚会，经常喝酒打牌直到深夜。当年秋天的一个晚上，63 岁的德国飞机工程师赫尔曼·内尔森感到忍无可忍。当时是 10 月份的第二周，午夜刚过，里克希、帕丁和另外一名男子仍在打牌取乐。他们的喧哗惊扰了赫尔曼·内尔森，他敲门警告正在打牌的 3 人安静一点。一连两次，他们都对内尔森的请求置若罔闻。于是内尔森推开房门，径直走进房间，关掉牌桌上的台灯。后来据内尔森回忆，当时里克希已经醉意醺醺。当内尔森准备离开时，里克希燃起一支蜡烛，奚落这名德国同事说，“有了这根克什蜡烛他们照样可以打牌”。

这起事件惹恼了赫尔曼·内尔森，他找到帕特上校，正式对里克希和帕丁提出申诉。内尔森还补充说，里克希是一名战犯。在诺德豪森，党卫军曾用起重机集体绞死 12 名俘虏，而里克希正是这起事件的主谋。在乘船前往美国的途中，他还向其他人吹嘘过此事。至于阿尔伯特·帕丁，赫尔曼·内尔森告诉帕特上校，他也是一名狂热的纳粹分子，而且还是冲锋队成员。此外，帕丁的公司也使用过来自集中营的奴隶劳工。但内尔森并不清楚，对美国陆军航空队雇用的这些德国科学家，帕特上校对他们昔日的所作所为并不感兴趣。更何况，帕特与阿尔伯特已经达成君子协定，以利用后者监视希尔托普的其他德国人。帕特回答，他会对此事进行调查，但背地里却使人留意内尔森是否会违反保密条例。对于里克希深夜扰民这件事，内尔森余怒未消，并写信给住在纽约市的一位朋友欧文·洛伊抱怨此事。至于内尔森是否清楚军方会审查他所有的信件，就不得而知了。但内尔森写给洛伊的信引起莱特空军基地信件检查员的注意。之后这封信立即交由情报处进行分析。几周后，赫尔曼·内尔森再次违反保密条例，离开基地长达一周的时间，到密歇根州探望亲属。帕特上校向航空文件指挥部总部汇报了内尔森的行踪。在他的安排下，内尔森被调往纽约州的米切尔基地。

赫尔曼·内尔森在写给欧文·洛伊的信中提到了乔格·里克希。这封信最终被送至华盛顿特区美国陆军航空队总部空军参谋长行政助理米勒德·刘易斯上校处。信中对里克希的指控措辞严厉，因此刘易斯上校认为，里克希有可能涉嫌犯下战争罪。于是，路易斯向战争部总参谋部情报处长发去一份备忘录，简述了有关情况，并建议派人对此事进行调查。“内尔森先生谈到，制导导弹工程和制造领域专家、现年 47 岁的乔格·里克希博士，曾经作为一名纳粹党成员受雇于诺德豪森的地下工厂担任总经理之职。1944 年，在这座集中营里，12 名外国工人被吊在起重机举起的一根横梁上，当众绞死，”刘易斯上校在备忘录中写道，“当时旁观的一名工人声称，里克希博士是这次行刑的元凶。”收到备忘录后，五角大楼立即派遣陆军航空队少校尤金·史密斯前往莱特基地调查乔格·里克希一案。

在莱特空军基地，帕特上校认为，有关乔格·里克希的指控早已被人抛诸脑后。与此同时，指控他的赫尔曼·内尔森反而被放逐到米切尔基地。1947 年 1 月,帕特提议莱特空军基地应当与乔格·里克希签订长期聘用合同。4 月 12 日，帕特的申请得到当局批准，乔格·里克希如愿得到由战争部签署为期 5 年的工作合同。然而，帕特并不知道，有关当局正在对里克希进行调查。在华盛顿的陆军航空队总部，尤金·史密斯少校正准备前往各军事基地进行审问。

史密斯的任务是与里克希昔日在诺德豪森的同事进行交谈，并就调查结果撰写报告。在史密斯少校来到莱特空军基地之前，帕特上校对这次调查毫不知情。帕特建议史密斯与希尔托普的“回形针行动”负责人阿尔伯特·埃布尔斯上尉讨论里克希的案件，以使埃布尔斯澄清有关问题。埃布尔斯告诉史密斯，这些科学家之间“相互嫉妒”，他们所说的话只不过是一些道听途说的流言。但史密斯少校对此心存怀疑。于是，他来到米切尔基地，准备对赫尔曼·内尔森以及其他有可能了解里克希案件的德国科学家进行审问。

在米切尔基地，赫尔曼·内尔森仍坚持自己的说法。“1944 年，有 12 名工人当众在起重机举起的一根横梁上同时被绞死，”内尔森在宣誓过后供述，“里克希是这次行刑的主使。”也就是说，绞死这些人是里克希的主意。此外，米切尔基地出现了第二名证人，即前诺德豪森火箭装配线工程师韦纳·沃斯。沃斯也在作证时称，里克希参与了这次绞刑，并且提供了有关这次绞刑的重要背景。在行刑之前，英国飞机曾经散发传单，鼓励诺德豪森的奴隶劳工起来造反。在被处以绞刑的人当中，就包括这些起义者。绞刑是公开进行的，以便杀一儆百。这两名证人的供述无疑使里克希面临严重的战争罪指控。为了获得进一步证据，史密斯少校准备前往得克萨斯州的布利斯堡调查。当地军方向史密斯表示，因为沃纳·冯·布劳恩及其部分同事们曾在诺德豪森的隧道里与乔格·里克希开展过密切合作，他可以对这些纳粹科学家进行审问。

在布利斯堡，每逢夜晚，德国的火箭专家就会聚集在三角叶杨树林间的一座俱乐部里一边打牌，一边开怀畅饮美国的鸡尾酒和啤酒[①]。这里荒无人烟，他们在林间挂好吊床，尽情享受宜人夜色。这些德国科学家每个月都会结伴到埃尔帕索购物，或者到饭馆用餐。其中大多数火箭专家都曾经到过诺德豪森，但那里噩梦般的情景似乎已经渺然远去。直到史密斯少校抵达米切尔基地，代表美国军方取证时，他们才不得不回忆起往日的情形。

史密斯少校准备首先对沃纳·冯·布劳恩及其胞弟马格努斯·冯·布劳恩进行审问。然而，当史密斯少校抵达布利斯堡后，基地方面却声称，布劳恩兄弟已经离开镇上。史密斯只好对甘瑟·豪克尔进行审问。豪克尔是诺德豪森火箭装配线的最初设计者。就像沃纳·冯·布劳恩一样，他也曾是一名党卫军军官。豪克尔告诉史密斯少校，他已记不清战争结束前的最后几个月里，隧道里都发生过什么事，但他可以肯定，集中营里的俘虏遭到了虐待。虽然有人称里克希曾参与其中，但那“很可能只是传闻”。

V–2 火箭工程师汉斯·帕拉罗和鲁道夫·施密特也对豪克尔的说法表示支持，并声称他们对战争即将结束时发生的事情记忆模糊。工程师埃里克·鲍尔曾在诺德豪森的火箭装配线工作。他告诉史密斯少校，他目睹隧道里实施过两次绞刑，但可以肯定乔格·里克希并未参与其中。史密斯少校表示，这些人也许的确无法记述诸多细节，但作为工程师，他们肯定记得隧道布局。史密斯要求豪克尔、施密特、帕拉罗和鲍尔，利用其专长帮助自己绘制一张诺德豪森隧道布局的精确示意图，包括组装火箭以及执行绞刑的地点。这张图纸成为此次调查的重要收获。

接下来，史密斯少校审讯了前米特尔维克的运营总监亚瑟·鲁道夫。与乔格·里克希一样，鲁道夫主管米特尔维克监狱实验室供应处，负责为劳工提供口粮。审讯中，亚瑟·鲁道夫最初矢口否认见过虐囚的事情。于是，史密斯少校向他出示了鲁道夫在诺德豪森的同事豪克尔、施密特、帕拉罗和鲍尔绘制的地图。史密斯向鲁道夫指出，后者的办公室紧邻12名暴动者被处以绞刑的地点。鲁道夫极力否认见过有人虐待俘虏，这令史密斯对他的证词愈加怀疑。史密斯所审讯的其他人都曾表示，他们目睹俘虏遭受虐待，但鲁道夫却坚称："我没有看到有人对他们进行惩罚和殴打，或者将他们绞死或击毙。"

史密斯的看法却与他截然相反。他继续追问鲁道夫，对于起重机上被绞死的12个人，后者是否能够回忆起任何情形。鲁道夫的同事均对这次公开行刑予以承认。史密斯试图将众人的证词拼凑起来，以描述此事的发生时间和具体过程。但鲁道夫仍拒不承认，只表示："当我到那里时，只看到有人从地上站起来。"史密斯少校认为，诺德豪森发生的事情一定被故意集体隐瞒，而亚瑟·鲁道夫肯定没有和盘托出。但是，正如史密斯在报告中指出，这次调查的对象不是亚瑟·鲁道夫，而是乔格·里克希。"鲁道夫先生给人一种奸诈狡猾的印象，"史密斯写道，"他不想卷入任何有关地下工厂非法活动的调查，因此出言十分谨慎。"

在返回华盛顿美国陆军航空队总部后，史密斯向上级递交了报告。与此同时，在德国发生了一起偶然事件。为顺利进行战犯审判，美国战争罪调查队中的一名荷兰籍调查员威廉·阿曼斯一直在追缉朵拉－诺德豪森的党卫军军官。这座集中营内曾有3 000名党卫军军官，阿曼斯已经缉拿到其中的11人。

1945年4月，在盟军解放集中营后，阿曼斯对其中很多囚犯进行了审讯，并且发现米特尔维克的雇员电话簿被人藏匿到隧道的墙缝里。高居名单之首的两人正是乔格·里克希和亚瑟·鲁道夫。阿曼斯并不知道，两人已经被“回形针行动”所招募转至美国工作。在德国，所有被阿曼斯审问过的人都不清楚这两人的下落。1947 年 5 月，一个阳光明媚的下午，阿曼斯放下手中的工作准备稍事休息。他随手翻开《星条旗报》，“一个不起眼的标题跃入眼帘：‘德国科学家申请入籍’”，其中提到了乔格 · 里克希这个名字。几十年后，阿曼斯告诉记者汤姆 · 鲍尔说：“当时我兴奋地叫出声来，立即冲进总部办公室高声喊‘我们找到他了！’”3 天之后，里克希被美国军方遣返德国。

1947 年 5 月 19 日，华盛顿陆军民政司战争罪行处签发了对乔格 · 里克希的逮捕令。“兹对诺德豪森集中营一案的主谋乔格 · 里克希予以通缉。”逮捕令中写道。里克希对此事的第一反应是声称“自己被人污蔑”。这起案件主谋不是我，你们抓错了人，里克希辩称。作为答复，欧洲司令部总部情报局副局长办公室表示：“目前，一位名叫乔格 · 里克希的博士受聘于莱特基地，此人就是诺德豪森的工程师。诺德豪森的首席医生卡尔 · 拉尔博士在接受审讯时声言他认识里克希，其年龄在 50 岁左右，而且在诺德豪森只有一个名叫乔格 · 里克希的人。有鉴于此，本办公室正在安排将里克希遣返德国，并就诺德豪森集中营绞杀俘虏一案接受审判。”战争部情报处委派莱特基地的安全主管乔治 · P. 米勒少校将里克希解往德国。由此，军方终止了与里克希刚刚签署的 5 年期合同。至于乔格 · 里克希，他即将成为朵拉 – 诺德豪森战犯审判的被告，出庭受审。

1947 年 6 月 2 日，联合情报调查局副局长博斯盖 · N. 韦弗致信联邦调查局局长 J. 埃德加 · 胡佛，详述诺德豪森集中营绞杀俘虏一案的有关情况，并附上里克希的秘密档案。双方心知肚明，若公众得知“回形针行动”中的某位科学家被遣返德国接受战争罪审判，无论是联合情报调查局，还是军方、战争部和联邦调查局，都需要将很多情况对公众作出解释。为确保各方利益，上上之策是对乔格·里克希一案守口如瓶。

1947 年 8 月 7 日，乔格·里克希现身于朵拉 – 诺德豪森审判法庭，是 19 名被告之一。这些纳粹分子被检方指控通过非人的手段致使至少两万名劳工死亡。这些劳工遭到殴打、折磨，或被饿死、绞死，甚至在工作中活活累死。这次审判在达豪集中营旁的前党卫军兵营进行，一共持续了 4 个月零 3 周。检方要求沃纳·冯·布劳恩出庭作证，但军方声称将此人带到德国安全风险过大。美国军方表示，苏联人可能会将其绑架。但他们并未提及冯·布劳恩最近到过德国，与表妹成婚后才被军方带回得克萨斯州。

在这次审判中，19 名被告中有 15 人被判犯有战争罪，包括乔格·里克希在内的 4 人被无罪释放。“随后，军方将所有庭审记录列为‘机密’，而这种做法在此前闻所未闻。”记者琳达·亨特写道。因为公众一旦得知诺德豪森地下隧道发生的真实情况，美国军方将面临来自各方的舆论危机。届时，布利斯堡 115 名火箭科学家的背景必将受到公众质疑。由于美国导弹项目的未来发展至关重要，而且此时苏联人已经拥有一批极其出色的火箭专家，美国也必须针锋相对，建立自己的科学家队伍。

里克希获释后不久，华盛顿特区空军部接到国务院来电。来电者自称亨利·考克斯。接听电话的空军上尉在一份备忘录中记下了考克斯的谈话内容：“在互致寒暄后，考克斯询问，我们是否曾将一名专家遣返欧洲接受审判。我考虑了一下，意识到里克希一案已经为公共所知。由于里克希的姐姐多次询问，国务院多半已经获悉此事，我不敢予以否认。因此，我告诉考克斯先生，这名专家只是因为受到怀疑被送往欧洲出庭，而据我所知，他现在已经被证实无罪。但无论如何我们都不希望在这起案件上冒险，所以没有将他带回美国。”国务院似乎相信了他的说法。

尽管里克希被遣返德国，但前往莱特基地工作的纳粹分子还是络绎不绝。1947 年 8 月 22 日，第三帝国十大杰出飞行员之一齐格弗里德·克内迈尔来到此地。他既是一名勇敢无畏的飞行员，也是一名工程师。赫尔曼·戈林曾经亲昵地将他称作“我的孩子”。阿尔伯特·施佩尔也曾经企图拉拢齐格弗里德，让他为自己驾驶飞机逃往格陵兰岛。

“由于擅长交际、为人和蔼，克内迈尔在德国同事间人缘很好，”在他的情报档案中，有一份备忘录写道，“他工作勤奋，善于创新。他对工作十分投入，热衷于参加航空实验。”没过多久，克内迈尔的妻子多丽丝和 7 个孩子也来到他的身边，并且即将成为美国公民。克内迈尔一家人搬到耶洛斯普林斯路一座宽敞开阔的农庄居住。但多丽丝不喜欢俄亥俄州代顿的乡村生活。战争结束前，克内迈尔在柏林夏洛滕堡区拥有一栋豪华的宅邸，共有 7 名仆役照料克内迈尔一家的起居。但在美国独自抚养 7 个孩子，不是多丽丝想要的生活。在莱特基地，克内迈尔的主管注意到他的家庭出现了裂痕。

“自从家人到来后，他似乎备感疲倦，开始不顾及个人形象。”一份内部安全报告写道。但克内迈尔决心追求事业的成功。被派往莱特基地通讯和导航实验室后，克内迈尔的工作步入正轨。他不再为陆军服务，而是开始为其新主顾——美国空军在导航仪器研究方面作出重大贡献。“克内迈尔在创造航空控制新理念方面有着过人的天赋。”其实验室上级约翰·马丁上校写道。

按照计划，克内迈尔的朋友、希特勒的轰炸航空兵总监维尔纳·鲍姆巴赫将与克内迈尔一起在莱特基地工作，但鲍姆巴赫的情报档案显示，这项计划被临时改变。“从今日起，由泽臣中尉代替鲍姆巴赫中校。”上面写道。鲍姆巴赫被改派阿根廷，为胡安·贝隆（阿根廷民粹主义政治家，曾两次出任阿根廷总统。——译者注）训练战斗机飞行员。至于他为何突然退出“回形针行动”（抑或是胡安·贝隆为他开出更高的价码使其放弃美国的光明前途），迄今为止仍是个谜。几年后，鲍姆巴赫驾驶的试验飞机在乌拉圭附近的拉普拉塔河河口坠毁，他也在这次事故中丧生。

1947 年夏天，刚刚从英国监狱南威尔士小岛农场第 XI 号特别营获释的瓦尔特·多恩伯格将军也来到莱特基地。在将多恩伯格交给美国人之前，英国将其列为“重大威胁”，并警告盟国军方要警惕此人的狡诈本性。在多恩伯格因涉嫌战争罪被拘留期间，英国情报部门曾对他进行窃听，并录下他的谈话内容。当美国人听到这些秘密录音时，他们作出了同样评价，认为这位希特勒的前任“首席火箭研究专家不仅喜欢挑拨离间，而且毫无信誉可言”。

但 1947 年 7 月 12 日，从监狱获释仅数周后，多恩伯格还是成功地与美军签订了“回形针行动”合约，负责利用其技术专长为陆军军械部撰写秘密情报概要。“无论那些喜欢唱反调的人们对我作何看法，美国都必须重视导弹研制工作，因此他们必须雇用我。”多恩伯格自信满满地说。

“苏联此时正争分夺秒，想要抢在美国前面为战争作好准备。”1948 年，在陆军军械部的赞助下，多恩伯格在一份秘密预算申请中写道。“美国必须建立一个研发项目，以最短的时间和最小的代价取得令人满意的结果，”多恩伯格指出，“即使该项目看似有悖于美国的经济目标和美国的武器发展传统，也必须予以批准设立。”从中至少可以看出，多恩伯格仍然具有明显的极权主义倾向，但美国军方对他的这种思想却一味纵容。当然，当时的美国公众对于此事一如既往毫不知情。直到 2012 年，才有人在德国国家档案馆收藏的多恩伯格个人文件里发现这份秘密预算申请的副本。

爱因斯坦的诘问

在公共领域,随着美国科学精英的参与,民众反对“回形针行动”的呼声越来越高。1947 年 2 月 1 日，美国科学家联合会在纽约市举行集会，要求杜鲁门总统终止这项行动。这些科学精英将“回形针行动”视作美国“谋求军事力量的极端措施”。

美国再次招揽大约 1 000 名德国科学家并将其派往美国各所大学的做法令许多科学精英难以接受。“我们既不希望妨碍国防建设的合法需求,也不赞成对昔日的敌人采取仇恨与报复政策。但我们认为，引进大批德国科学家赴美工作的行动本身，有悖于美国对内对外政策的终极目标。”美国科学家联合会成员写道。一名科学家单独写信称 :“如果有人因为发放餐券的主顾发生了变化，就抛弃了对原有信仰的忠诚，那么这个人还不如犹大！”

在公开谴责“回形针行动”的科学家中，阿尔伯特 · 爱因斯坦成为最受尊敬的人物之一。在一封代表科学家联合会慷慨激昂的信中,他向杜鲁门总统疾呼 :“我们认为,这些人具有潜在的危险性……他们之前在德国身份显赫，要么是纳粹党员，要么是纳粹支持者，这一事实让我们不得不仔细忖度其中的利害关系。这些人是否为美国公民的合格人选，他们是否能够在美国工业、科学和教育机构担当重任？”美国科学家认为，这些德国人要么本身就是纳粹分子，要么曾经从纳粹党获益，或者两者兼而有之。

另一个重要反对人物是核物理学家汉斯 · 贝蒂。贝蒂于 1933 年逃离纳粹德国,在“二战”期间曾经为“曼哈顿计划”工作。在《原子科学家公报》中，贝蒂和科内尔大学的同事亨利 · 萨克博士就“回形针行动”提出一系列看似简单实则尖锐的问题。“在‘回形针行动’中，既然很多德国人甚至绝大多数德国人都是顽固的纳粹分子，那么这一交易是否符合我们的道德标准？”贝蒂与萨克质问道，“这些德国人有可能为美国节约数百万美元，但这一事实是否意味着，美国的永久居留权和公民身份可以用金钱购买？他们一直被灌输对苏联人的仇恨思想，从而进一步加大列强之间的分歧，那么美国是否能够指望这些德国科学家为了和平而进行科技研究？我们加入战争的目的，难道就是为了让纳粹思想暗中潜入我们的教育和科研机构？”最后，他们发出诘问："我们是否要为了科学而不惜一切代价？”

美国杰出科学家对“回形针行动”的谴责在公众中引发了连锁反应。记者开始寻觅有关德国科学家战时经历的线索，但由于该项目属于国家高级机密，记者们无法获得任何消息，纷纷铩羽而归。美国民众感到愤怒异常，开始向莱特基地和布利斯堡的科学家发出威胁信件，军方被迫加强德国科学家住地的安全和警戒措施。在华盛顿特区，战争部担心，公众的强烈反对和官方的失误宣传会使整个项目陷入岌岌可危的境地，许多人的辛勤工作付之东流。1947 年冬，战争部禁止继续向外界发布有关该项目的任何信息。

尽管军方严加防范，布利斯堡还是有两人的身份被愤怒的民众揭穿，公众称赫伯特 · 埃克斯特夫妇是“货真价实的纳粹分子”。赫伯特 · 埃克斯特是德国前国防军中校，1940 年加入纳粹党。他是一名科学家，同时还是一名专利代理律师、会计师。在佩内明德，他曾经担任多恩伯格将军的参谋长。他的妻子伊尔泽 · 埃克斯特是“国家社会主义妇女联盟”（NS-Frauenschaft）的领导人之一。在对埃克斯特夫妇的签证申请进行例行调查时，他们的邻居告诉美国情报人员，称埃克斯特夫人是一个凶残成性的纳粹分子，在埃克斯特夫妇的住宅里关押着 40 名“政治犯”，其中包括苏联人和波兰人。他们把这些人当作牛马驱使，邻居们还说，埃克斯特夫人用马鞭抽打用人的事情在当地可谓尽人皆知。这一信息最初被呈报给美国犹太人委员会主席拉比史蒂文·S. 怀斯，随即有人将其透露给媒体。“军方本应对这些科学家及其家属严加‘甄别’，”怀斯写信给战争部说，“但埃克斯特夫妇的事情证明，所谓的‘审查’只不过是一场儿戏，而战争部的‘检查员’根本没有履行自己的职责。”司法部虽然撤销了赫伯特·埃克斯特的合法移民申请，但埃克斯特夫妇并未被遣返回国。最终，两人离开布利斯堡，之后赫伯特·埃克斯特在威斯康星州的密尔沃基开了一家律师事务所。

战争部发电报给美军驻欧洲战场司令部，要求后者对埃克斯特夫妇如何通过军方审查程序作出解释，但得到的回复仅是一封密电。这封密电声称，在战争结束后不久，由于对德国科学家的背景“无据可查”，一小部分“狂热的纳粹分子”有可能借机混入了该项目。

第 14 章
“美式民主”庭审

人体海水实验受害者竟成“犯人”

“医生审判”是纽伦堡国际军事法庭开设的第一例附加审判。所谓附加审判，是美国政府对曾经效命于第三帝国的特殊职业群体进行起诉，其中包括工业家、律师、将军。第一场审判是对重大战犯进行的审判，由苏美英法 4 个盟国进行起诉。但是这场审判于 1946 年 10 月结束后，美苏之间的紧张局势陡然升级，两国已然无法继续展开合作。随后的 12 场审判同样在纽伦堡进行，但只有美国的法官和检察官出席。“医生审判”中的 23 名被告被指控打着医学研究的旗号犯下谋杀、虐待、密谋等种种暴行。“仅对被告进行惩罚，”泰尔福特·泰勒准将在开庭陈述中表示，“不足以弥补纳粹分子对这些不幸的人造成的深重伤害。”但泰勒将军提醒特别法庭和世界各国，这场审判的核心目的就是建立犯罪证据记录，“以使任何人都深信不疑，这是事实，而非杜撰。作为美国的代理人和人道主义的发言人，本法庭认为，上述行径以及引发这些行径的观念是野蛮和可耻的。”

出生于维也纳的美国精神病学家利奥波德·亚历山大博士向世人揭发了德国空军人体冷冻实验的真相。他协助泰勒将军拟订这次开庭陈述并在审判中担任“战争部专家顾问”。换言之,在“医生审判”中，他是除泰尔福特·泰勒将军之外影响力最大的人。亚历山大博士锲而不舍，为检方小组提供了供庭审使用的有关信息和专业答案。为此，他对所有被告进行了长达数百小时的庭前审讯，还约见了数十名证人和受害者。他会讲德语和英语，因此用两种语言做了广泛翔实的记录。在审判过程中，亚历山大博士负责出示证据以及盘问证人。由于撰写了《纽伦堡法典》，审判结束后，亚历山大博士受到各界人士高度赞誉。

在 23 名被告中，有 4 人已经被纳入“回形针行动”，为美国陆军航空队服务。其中两人，奥斯卡·施罗德和赫尔曼·贝克尔－弗莱森将被定罪，并被判处长期监禁。齐格弗里曼·拉夫和康拉德·谢弗被无罪释放。拉夫是少数承认曾监管集中营人体医学实验的被告之一，但他坚称并未亲自实施任何一项实验，而且在辩护时声称，他的做法在道德层面没有任何瑕疵。“据我所知，集中营里的死囚曾被用于人体实验，作为补偿，他们获得减刑机会被改判为终身监禁，”拉夫告诉法官，“从个人角度来看，我不认为这些实验有悖于道德，尤其是在战争时期。”

在庭审中，谢弗一案出现了分歧。谢弗曾经发明了“谢弗法”，即将海水中的盐分和水分离的方法。因此他很清楚，集中营囚犯会被当作实验对象，毫无疑问这会导致许多人在实验中丧生。德国空军医学服务中心主管奥斯卡·施罗德宣誓后供述：“1944 年 5 月，为商讨下一步实验措施，贝克尔－弗莱森博士和谢弗作为我的办公室代表参加了会议。会议决定实施人体实验，实验对象由党卫军首领海因里希·希姆莱负责提供。”随后，贝克尔－弗莱森向希姆莱写了一封信，要求提供更多活人用于实验研究。至于谢弗是否到过达豪集中营并参与这些实验，人们不得而知，因为相关证据已经在战火中付之一炬。据说在达豪这项骇人听闻的海水实验中，唯一的幸存者名叫卡尔·霍伦莱纳。在亚历山大博士的帮助下，检方找到了此人，并将其带到证人席上。

霍伦莱纳体形矮小，长着一头黑色的头发。只见他紧张不安、浑身战栗地站在德国纽伦堡正义宫的主法庭。时值1947年6月27日，“医生审判”已经进入第6个月。

“证人，”检察官亚历山大·G. 哈代问，“是什么原因导致你在1944年5月29日被盖世太保逮捕？”

“因为我是一个混血吉卜赛人。”霍伦莱纳回答。

霍伦莱纳的罪名是与一名德国女子恋爱并结合，违反了恶名远扬的《纽伦堡法案》。该法案禁止任何非雅利安人与德意志第三帝国公民结婚或发生性关系。被捕后，霍伦莱纳曾先后被押往3座集中营，包括奥斯威辛、布痕瓦尔德和达豪。在最后一座集中营里，他被选为德国空军医生的医学实验对象。在战争时期，由于飞机在海上失事后，德国空军飞行员经常在等待救援时饮用海水，从而造成人体脱水、肾脏衰竭，甚至死亡，因此德国医生在达豪5号实验牢区实施人体实验，以获取造成器官永久性损伤或精神失常前人体摄入盐水的极限数据。

在达豪，德国医生不准卡尔·霍伦莱纳喝水，只让他饮用经过化学处理的海水，然后对其肝功能衰竭及精神失常的迹象进行监测。在进行的多次实验中，有一例格外耸人听闻。一名德国医生在没有进行麻醉的情况下，切除了卡尔·霍伦莱纳的一部分肝脏，以便进行各种测试。在纽伦堡，站在证人席上的霍伦莱纳向法官指证了这名对他实施肝穿刺手术的纳粹医生。

“如果今天看到这名医生，你是否能够认出他？”检察官哈代问。

“是的，”霍伦莱纳回答，“我一眼就能认出他来。”

霍伦莱纳向法庭对面望去，目不转睛地盯着被告席上 23 名被告中的一个人。这个人就是 40 岁的德国军医威廉·拜格尔伯克博士，他曾经参与过海水医学实验。此人面露凶光，嘴唇两侧有两道深深的皱纹，左侧面颊上还有 5 处明显的决斗伤疤。

霍伦莱纳目不转睛地盯着拜格尔伯克博士。“法庭上的所有人都在紧张地等待。”负责为这次审讯记录证词的美国法庭书记员维维恩·斯皮茨回忆道。当时她只有 22 岁。斯皮茨就坐在法官前方，因此对证人和被告的举动看得一清二楚。霍伦莱纳“身材矮小，我亲眼看着他站起身来”。随着霍伦莱纳缓缓起立，法庭上的气氛变得异常紧张。接着，检察官让霍伦莱纳走到被告席前，指认涉案的纳粹医生。这名医生在未经霍伦莱纳同意且没有采取任何麻醉措施的情况下，摘除了他的部分肝脏。

“他停顿了一下，”维维恩·斯皮茨记得，“双眼紧盯着被告席第二排的一名医生。接着，几乎就在转瞬之间，他飞身离开了证人席！”卡尔·霍伦莱纳行动迅速，霍伦莱纳似乎一下子跃过德国辩护律师的桌前，“如离弦之箭来到被告席前”，他的右手高举一把匕首，“直奔德国空军的顾问医生拜格尔伯克博士而去”。

在场的人无不大惊失色，法庭顿时陷入一片混乱。纳粹分子的辩护律师手忙脚乱地想要挡住霍伦莱纳的去路。3 名美国军警立即冲了上来，一把抓住霍伦莱纳。维维恩·斯皮茨记得，保安人员行动迅速，抢在卡尔·霍伦莱纳碰到拜格尔伯克之前将其“制服”，“阻止他自行惩奸除恶、伸张正义”。

几分钟后，法庭恢复了秩序。军警将卡尔·霍伦莱纳带到震怒异常的沃尔特·比尔斯法官面前。由于长期过度劳累，70 岁高龄的比尔斯法官身体欠佳。他坚持认为，自己在纽伦堡的主要职责，就是向德国人民展示美式民主形象和公平正义的法定诉讼程序。

“证人！”法官怒喝道，“作为一名证人，你被传唤到本特别法庭，是为了提供证据。”

“是的。”卡尔·霍伦莱纳温顺地回答。

“这里可是法庭。”比尔斯咆哮道。

“是是。”霍伦莱纳已经体如筛糠。

“你方才试图袭击被告拜格尔伯克的举动，已经使你犯下了藐视法庭罪！”

卡尔·霍伦莱纳向法官恳求：“法官大人，请宽恕我的行为。我对此非常难过——”

但法官打断了他，问他是否还有什么话要说，以减轻自己所犯下的罪行。

“法官大人，请您宽恕我。我实在气愤难当。这个人是个杀人凶手，”霍伦莱纳指着面无表情的拜格尔伯克哀求道，“他毁了我的一生！”

法官告诉霍伦莱纳，他的陈述并不能使他的行动得到宽容，因为他的所作所为侮辱了法庭的尊严。于是，作为对霍伦莱纳妨碍庭审的惩罚，特别法庭判决将他监禁 90 天，在纽伦堡监狱服刑。

卡尔·霍伦莱纳的声音轻柔而恳切。刚才驱使他健步如飞穿过法庭、企图用匕首刺死拜格尔伯克的力量和信念已经杳然无踪。现在，霍伦莱纳几乎就要痛哭失声。“特别法庭是否能够宽恕我？”霍伦莱纳问道，“我已经结婚，还有一个幼子。”他指着拜格尔伯克说：“这个人是个凶手。他让我饮用盐水，还对我实施了肝脏穿刺手术，现在我仍在接受治疗。”卡尔·霍伦莱纳请求比尔斯法官对自己开恩：“请不要把我关进监狱。”

但法官认为没有减刑的余地。反之，比尔斯令警卫将卡尔·霍伦莱纳带出法庭，并称其为“犯人”。

“我感到痛心疾首。”维维恩·斯皮茨回忆道。她唯一能做的就是低下头去。因为她是一名职业书记员，所以不能让任何人看到她泪眼婆娑的样子，否则有失检点。而60年后忆起此事时，她仍然对比尔斯法官的做法感到大惑不解。“我不可能对此无动于衷……为什么要判处90天监禁？难道一两天还不足以惩戒？因为证人已经身受非人折磨。所以在我看来，这种将法律程序置于事实之上的做法，简直情理难容。”

卡尔·霍伦莱纳被带出法庭，经过一条长长的秘密走廊，进入纽伦堡监狱。那里也是关押拜格尔伯克博士和其他纳粹战犯的地方。当初，是亚历山大博士决定让卡尔·霍伦莱纳出庭作证。他曾在日记里写道，对于自己这一决定他感到十分矛盾。10天前，亚历山大博士约见了霍伦莱纳，并希望他出面指证拜格尔伯克。亚历山大博士明显感受到后者心中难抑的怒火，并且在报告中写道，霍伦莱纳双手不停地颤抖。卡尔·霍伦莱纳告诉亚历山大博士，只要一想起达豪集中营发生的事情，他“心中就会无比愤怒”。霍伦莱纳说，自己感到十分孤立无助。他一闭上眼睛，“就会看到那个医生出现在他面前……这个人不仅毁了他的人生，而且杀害了他的3位朋友”。但亚历山大清楚，霍伦莱纳的证词将会发挥至关重要的作用，因为他是盐水实验中已知的唯一幸存者。他之所以会在庭审中飞身越过证人席，试图用匕首袭击拜格尔伯克，只是一时的激愤之举。而比尔斯法官想要借卡尔·霍伦莱纳以儆效尤的做法，令亚历山大博士和维维恩·斯皮茨心如刀绞。

想到霍伦莱纳正与折磨他的医生关押在一起，亚历山大博士便满腔义愤，他无法接受这件事。当天夜间，他找到比尔斯法官替霍伦莱纳求情。法官同意宽大处理，允许在其保释后交由亚历山大监管。4天之后，即1947年7月1日，检方允许卡尔·霍伦莱纳继续出庭作证。这一次，霍伦莱纳应付自如，详细讲述了人体在极度干渴时的可怕感受。他还描述道，他的朋友“口吐白沫”，在痛苦地死亡之前，“他们开始疯狂地胡言乱语”。

在轮到其中一名纳粹医生的辩护律师赫尔·斯坦鲍尔对卡尔·霍伦莱纳进行盘问时，他指责卡尔·霍伦莱纳说谎。

“如果一个人处于完全脱水的状态，他怎么可能口吐白沫？”斯坦鲍尔质问道。

霍伦莱纳回答，他的话句句属实。

“听着，卡尔·霍伦莱纳，”斯坦鲍尔说，“不要像吉卜赛人那样闪烁其词。作为一名已经宣誓过的证人，请清楚地回答我的问题。”

但霍伦莱纳还没有来得及张口，斯坦鲍尔就打断了他：“你们吉卜赛人都喜欢抱团，难道不是吗？”

从两人的对话中就可窥见整场审判的情形。在纳粹分子的眼中，人类只有“超人”和“劣等人类”之分。正因如此，泰勒将军才在开庭陈述时释放出强有力的信号。纳粹医生的行径以及引发这些行为的思想同样是“野蛮和可耻的”。当天深夜，亚历山大博士在日志中透露了一件令人震惊的事实：战争爆发前，他和拜格尔伯克曾在大学同班就读。亚历山大还记得，多年以前，拜格尔伯克因作弊被校方发现，被迫中途退学。如今，拜格尔伯克博士被判处十五年有期徒刑。

畅销书作家撼动正义

在医生审判中，另一个戏剧性的转折点出现在库尔特·布洛梅一案的审判现场。布洛梅承认，自己曾任第三帝国生物武器研究的主管，但这并不属于犯罪行为。布洛梅曾在数十份文件中言及，为推动由他负责的波兰波森细菌研究所的鼠疫研究工作，进行人体实验“极其必要”。布洛梅辩称，他虽然考虑过利用人体进行实验，但并未付诸实施，而主观意图本身不构成犯罪。况且检方始终未能找到任何证人指证布洛梅。虽然瓦尔特·施莱伯将军在第一场纽伦堡审判中作出许多不利于布洛梅的供述，但苏联人拒绝让亚历山大博士亲自审问施莱伯本人，因此始终无法证明其证词的真实性。

此外，控方掌握的证据中还包括许多文件。在这些文件中，虽然布洛梅与希姆莱谈到过人体实验计划，但并未显示布洛梅的确实施过上述犯罪行为。随后，在布洛梅的审判过程中出现了另一个令检方始料不及的状况。布洛梅博士的妻子贝蒂娜是一位医生兼畅销书作家。贝蒂娜对美国科学研究和发展办公室在战争期间曾经开展的实验进行了深入细致的研究，其中包括利用特雷霍特联邦监狱囚犯进行的疟疾实验。她还透露，19 世纪，在沃尔特·里德博士为美军开展的黄热病研究中，有自愿受试对象意外死亡。于是辩方律师罗伯特·塞万提斯对贝蒂娜提到的美军人体实验大肆渲染，将众人注意力成功转移至美方人体实验，并最终导致布洛梅被无罪释放。

塞万提斯在 1945 年 6 月出版的《生活》杂志中找到一篇文章，这篇文章描述了在战争期间，美国科学研究与发展办公室曾在 800 名囚犯身上进行实验的详细情形。在法庭上，塞万提斯一字一句地读完了这篇文章。由于所有美国法官和检方成员都不了解这篇文章，辩方突然将其提交法庭显然让美国人猝不及防。这篇文章详述了美国军方战争时期在囚犯身上开展的实验，此举无疑给予检方沉重一击。“开展人体实验需要处在严密的监控之下，因此，监狱是最理想的地点。”此前曾有一名美国医生接受了《生活》杂志记者的采访，塞万提斯正是引用了这名医生的原话揶揄美国检方成员。此时此刻，纽伦堡检察官在众人眼中如同伪君子，最终悻悻离开法庭。

1947 年 8 月 6 日，法庭判决其中 7 人死刑，9 人长期监禁，刑期从 10 年到终身监禁不等，包括库尔特·布洛梅、康拉德·谢弗和齐格弗里德·拉夫在内的 7 名医生被无罪释放。在宣布布洛梅无罪释放时，纽伦堡法官指出：“被告布洛梅极有可能准备从事有关细菌战的人体实验，但有关记录无法证明这一事实，或者说根本无法证明他确实从事过此类实验。”

康拉德·谢弗被交还给海德堡美国陆军航空队航空医学中心，随后谢弗得到擢升，接替了斯特拉格霍尔德博士的职位。为申请美国签证，斯特拉格霍尔德需要一封推荐信，于是谢弗亲自执笔为他写信。次年，谢弗带着“回形针行动”的合同乘船抵达美国。

至于布洛梅博士，他被视作“回形针行动”最中意的专家之一。由于他曾经身处纳粹党高层并获得过金质纳粹党党章，现在仍被法庭认定为一级战犯。然而，随着冷战不断加剧以及美苏之间的猜忌日益加深，就连库尔特·布洛梅之流的纳粹分子最终也被“回形针行动”悉数纳入囊中。

第四部分

炮制美国梦

只有统帅才能理解某些事情的重要性，他要独自征服和战胜所有困难。一支军队如果没有首领就如同一群乌合之众。

拿破仑·波拿巴

第 15 章

美版生化计划

最佳拍档：科学家战犯 &CIA

自 1946 年 3 月国务院－陆军部－海军部协调委员会第 #275/5 号文件颁布之日起，到当时已近一年。这份文件曾经授权联合情报调查局从德国引进 1 000 名纳粹科学家前往美国工作，以免其落入苏联人之手。对联合情报调查局来说，这项工作的进展速度仍不够快。在这段时间里，来到美国的“回形针行动”科学家人数几乎翻了一番，从 1946 年 3 月的 175 人增加到 1947 年 2 月的 344 人，但仍无一名德国科学家拿到签证。

联合情报调查局的官员认为，此事要归咎于国务院官员塞缪尔·克劳斯。1947 年 2 月 27 日，克劳斯与其他各方代表在五角大楼召开会议。会上，调查局局长托马斯·福特上校向克劳斯表示，他手上有一份已经抵达美国的德国科学家名单，这些人的签证需要尽快办理。福特要求克劳斯签署一份弃权声明，使联合情报调查局能够单独掌控签证颁发过程。

“我告诉他说，我难以从命，在为签证盖章前，国务院有权作出自己的判断。”克劳斯在一份备忘录中写道。他拒绝使国务院沦为联合情报调查局的“橡皮图章”(即受别人或其他机构之命令或示意而不加判断地赞同、批准或处理文件及政策等。——译者注)。福特上校提醒克劳斯说，联合情报调查局1946年9月3日颁布的命令中明确规定，“国务院需承认联合情报调查局的有关调查和安全报告将作为审核工作的最终版本，并为报告中涉及的申请者扫清全部障碍”。但克劳斯反驳道，他必须首先看看这份德国科学家名单，否则绝不会轻易在这纸弃权声明上签字。

福特告诉克劳斯，这份名单属于国家机密，而后者没有查看这份名单的权限。因此，克劳斯拒绝签署弃权声明。福特上校指责克劳斯妨碍“国家利益”。“福特用多种方式向我暗示，如果我不代表国务院接受这一纸声明，他会将这件事情告到参议员那里，而后者自会替他搞定国务院。”针对福特发出的恶意威胁,克劳斯如此写道。

后来，联合情报调查局从占领区美国军事政府办公室获悉一则消息，称社会各界对德国科学家的纳粹背景深恶痛绝，强烈要求相关部门彻查此事，因此福特上校的请求很可能受此影响。数月来，在美国科学家联合会率先发难后，媒体随即对“回形针行动”穷追猛打，加之美国犹太人委员会揭发布利斯堡的埃克斯特夫妇是“真正的纳粹分子”，战争部请求占领区美国军事政府办公室对旅美“回形针行动”科学家开展内部调查。战争部向占领区美国军事政府办公室表示，不希望再次因为发生任何泄密事件而穷于应付。

作为回应，占领区美国军事政府办公室向战争部送达了146份安全报告，并称报告中的信息一旦泄露，就有可能引发种种丑闻。战争部认为，火箭工程师库尔特·德布斯的情况最引人关注。据德布斯的同事称，他曾经是一名激进的党卫军成员，工作时总是身穿纳粹制服。最为棘手的是，占领区美国军事政府办公室提供的安全报告显示，由于一名同事发表了反纳粹言论，他曾经亲手将这名同事交给盖世太保。因为在国际社会有很高的知名度，冯·布劳恩的情况也同样麻烦。

占领区美国军事政府办公室在安全报告中揭露，冯·布劳恩身兼党卫军突击队高级领导人，而且党卫军头目海因里希·希姆莱曾经亲自为他担保。作为回应，联合情报调查局局长福特上校提议，此时的最佳应对之策是尽快为这些最不受欢迎分子办理入籍手续。如果克劳斯签署弃权声明，联合情报调查局将加快办理进程。

由于克劳斯拒绝签署声明，并开始自行对此事开展调查。次月，克劳斯获悉，乔格·里克希因涉嫌战争罪而出庭受审，已从莱特空军基地被遣返德国。由于相关机构将此事秘而不宣，国务院对这件事一无所知，克劳斯深感愤怒。在写给国务次卿的备忘录中，他坚持己见，认为不应对联合情报调查局作出妥协而盲目签署弃权声明。“一名由于野蛮的战争罪行而受到通缉的要犯就藏身于这些科学家之中，而且他即将被遣返德国。最近莱特空军基地发生的事情证明，国务院对国家安全问题的担心不无道理。”克劳斯和联合情报调查局各持己见、针锋相对，但克劳斯显然寡不敌众。

就在国务院和联合情报调查局陷入僵局的同一个月，化学特种部队终于引进第一名德国科学家——“塔崩”神经毒剂专家弗里德里希·弗里茨·霍夫曼博士。塔崩是纳粹医生研制出的一种突破性神经毒气，无色无味，易溶于水，可以通过空气传播，如果被用作化学武器，势必会造成大量敌军人员死亡。1945 年 5 月，在首次从德国的英占区“强盗巢穴”获取样本后，美国就开始考虑生产及囤积塔崩。化学特种部队负责塔崩神经毒剂项目的是马里兰州埃奇伍德兵工厂陆军化学中心指挥官查尔斯·E. 劳克斯上校。

51 岁的劳克斯上校毕生都在从事化学武器研究。查尔斯·E. 劳克斯在加利福尼亚州出生和成长，在斯坦福大学获得文学学士学位后应征入伍，参加了第一次世界大战，从那时起他就开始对军用毒气产生了强烈的兴趣。1922 年，他被派往埃奇伍德兵工厂的毒气团，这一经历影响了他的一生。此外，劳克斯还是一名出色的步枪手，曾在国家步枪和手枪射击比赛中力拔头筹，但他最感兴趣的还是化学武器研究。于是他重返校园，到麻省理工学院进修化学工程，并于 1929 年获得科学硕士学位。1935 年，劳克斯成为埃奇伍德化学武器研究与发展服务处技术主管。从此以后，他终身与化学武器为伍。

“二战”爆发第一年，劳克斯还是一名少校，当年他改进了美军标准配置的防毒面具，还曾与沃尔特·迪士尼和太阳橡胶公司合作，将外观可怖、面目狰狞的防护面罩改造成卡通人物米奇憨态可掬的外形，深受孩子们的喜爱。1943 年 8 月，劳克斯被任命为落基山兵工厂指挥官，负责筹划建造及经营管理这家美国规模最大的毒气制造厂。这座兵工厂将芥子气和燃烧弹投入工业化生产，美国对德国和日本投掷的燃烧弹便出自落基山。由于战时的突出贡献，劳克斯被授予功勋勋章。

在“二战”期间，美军共有 400 多个化学营。军方预测，一旦爆发化学战，芥子气将会投入使用。于是，共有 6 万名接受过化学战训练的士兵被派往前线。他们随身携带防毒面具和防护服，口袋里还装有一张卡片，上面记录了化学战爆发后的应对措施。幸运的是，直至“二战”结束，双方都未动用化学武器。但是，当查尔斯·劳克斯等专家获悉，纳粹化学家所取得的科技成就远远超出美国同行时，他们感到猝不及防。盟军发现，纳粹德国曾经大批量生产包括塔崩和沙林在内的不明神经毒气。他们意识到，德国一旦发动化学战，双方的力量将极为悬殊，盟军势必伤亡惨重。

战争结束后，英军从“强盗巢穴”兰布卡麦尔缴获了 530 吨塔崩毒气，并将其交由美国陆军化学特种部队保管。但到那时为止，化学特种部队尚不能自行制造塔崩，所以他们才将弗里德里希·弗里茨·霍夫曼博士带往美国，将其纳入“回形针行动”。1947 年 2 月抵达美国后，霍夫曼立即开始着手合成塔崩毒气。霍夫曼所擅长的就是研制神经毒剂。战争期间，他曾在柏林附近的德国空军技术研究所和乌兹堡大学化学战实验室制造毒气。

弗里茨·霍夫曼体形魁伟，身高 6 英尺 4 英寸，长着黑色眼睛，颧骨尖削高耸。他的头发总是拢向耳后，油光可鉴。霍夫曼是一名极具天赋的有机化学家，拥有哲学博士学位，一向好学深思。年幼时期，他曾患上了脊髓灰质炎。据国务院透露，他是“回形针行动”中极少数在战争期间反对纳粹的人士之一。

“二战”即将结束时，霍夫曼被捕。当时他随身携带着一份不同寻常的宣誓书，这份宣誓书来自美国驻瑞士苏黎世大使馆，由美国总领事萨姆·E. 伍兹签发。“该文件的持有者……弗里德里希·威廉·霍夫曼博士，在战时是一名坚定的反纳粹人士。”文件中声明。也许正因如此，霍夫曼的岳父、德国经济学家欧文·雷斯蓬德克才会在战争期间甘愿冒着生命危险[①]为美国充当间谍。“雷斯蓬德克在战争中为盟军提供了极为宝贵的情报信息。”伍兹总领事写道。“前任国务卿科德尔·赫尔了解他所开展的工作，这些工作不仅为他和他的家人带来巨大危险，而且没有分文酬劳，但对我们的事业极为宝贵……因此我们应当尽可能地对其家庭成员给予感激和帮助。”宣誓书中写道。

陆军情报部在对霍夫曼进行审问后，发现此人“适合由占领区美国军事政府办公室予以聘用”，于是将其送往柏林的美国陆军部化学中心。在加入“回形针行动”之前，他一直在为美国化学战研究中心工作。1947 年 2 月，当弗里德里希·霍夫曼抵达埃奇伍德兵工厂时，这座化学武器研究和制造厂已经拥有 30 年军用毒气生产的历史。这座半岛位于切萨皮克湾马里兰州巴尔的摩东北方 20 英里，占地 3 000 英亩，为辽阔的牧场和茂密的森林所覆盖。到当时为止，弗里茨·霍夫曼是首位来到埃奇伍德的德国人，因此只能住在美军士兵的营房里。他被派往一个名为“技术指挥部”的绝密研究部门，并在那里开始“合成新的杀虫剂和除螨剂”。所谓“杀虫剂和除螨剂”，实际上正是指塔崩。

劳克斯上校接到化学特种部队命令，着手展开代号为 AI.13 的机密项目，即研究大规模制造塔崩的方法。军事情报部门认为，由于苏联的化学武器项目研究水平远超美国，因此化学特种部队面临着巨大压力[2]，他们必须竭尽全力，迎头赶上。

在占领了波兰西里西亚戴赫福斯法本公司的实验室后，苏联人将所有物品悉数卷走，并在斯大林格勒郊外的别克托夫卡镇重新组建实验室，并将其命名为“91 号化工厂”。除了带走当地实验室中的所有设备和科技文献，苏联人还俘虏了戴赫福斯的法本公司化学家。苏联利用被俘的德国化学家冯·博克博士及其团队成员，也开展了类似“回形针行动”的项目，其代号为“奥索维亚基姆行动”。这群人被带往 91 号化工厂从事科研工作，其中包括研制空气过滤系统、排除污染系统和密封生产隔间。借助冯·博克的专业知识，苏联人获取了生产塔崩的重要技术参数。因此美国军方寄希望于弗里茨·霍夫曼，希望后者能够尽快弥补这一差距。

事实证明，弗里茨·霍夫曼对该机密项目的发展发挥了极其重要的作用。抵达埃奇伍德几个月后，他开始从事“高端工作”，并“显示出极大的独创性和渊博的知识”。当军事情报部门得知苏联人的 91 号化工厂也在生产沙林毒气时，军方旋即命令埃奇伍德在人工合成神经毒剂方面再接再厉，也开始效仿苏联大规模生产这种致命毒气。由于 AI.13 项目的重要性日益突出，其代号被变更为

AI.12–2.1。“回形针行动”也开始不遗余力地在德国搜寻了解塔崩和沙林毒气生产技术的纳粹科学家。

该项目的首要人选是奥托·安布罗斯，但美国无法招募此人。因为安布罗斯正被关在纽伦堡监狱，等候接受战争罪审判。与他一起入狱的还有同为法本公司董事会成员的弗里茨·特尔·米尔和卡尔·克劳赫。此外，安布罗斯与军备部的联络员、戴赫福斯地下工厂的负责人、党卫军旅长瓦尔特·施贝尔博士，也出现在目标名单之上。但招募施贝尔需要等待时机，因为此人目前也被关押在纽伦堡监狱待审。法本公司审判的官方名称是“美国诉卡尔·克劳赫等人案”，该审判计划于几个月后，即1947年夏开庭。至于这些纳粹化学家是否能够尽入彀中，只有等到审判结束后才能作出判断。

自《纽约时报》对“回形针行动”进行报道开始，迄今已经4个月有余，但公众对该项目的愤怒之情仍未平息。1947年3月9日，记者德鲁·皮尔逊撰写并公布了关于“回形针行动”的最新报道，报道的内容令人难以容忍。据皮尔逊透露，美国军方曾向身处纽伦堡监狱的法本公司总经理卡尔·克劳赫提供了“回形针行动”的合同。在即将开始的战争罪审判中，克劳赫是第一被告。他曾经是戈林手下负责化工生产的全权代表，并极力怂恿希特勒幕僚动用神经毒剂对付盟军。克劳赫还游说德国的其他实业家，调动各种资源为纳粹发动战争提供支持帮助。

德鲁·皮尔逊的专栏“华盛顿旋转木马”在美国家喻户晓，拥有很大的影响力。其中有关克劳赫的报道引发了巨大反响，使军方陷入丑闻之中，因此美国陆军参谋长艾森豪威尔将军要求了解“回形针行动”的具体情况。军情局长史蒂芬·钱伯林负责向艾森豪威尔汇报此事。两人仅面晤约20分钟后，艾森豪威尔转而对“回形针行动”表示支持。联合情报调查局的各位军事高官认为，因公众获悉有关“回形针行动”而造成的种种麻烦应归咎于国务院。就在艾森豪威尔听取“回形针行动”汇报后次日，当时就职于战争部助理办公室的迪恩·腊斯克在一份备忘录中概括了联合情报调查局对国务院的态度:“在德国科学家一事上,公共关系人员感到压力巨大……由于国务院表示难以对该项目给予支持，我们的立场先天软弱。”

联合情报调查局认为当前必须将塞缪尔·克劳斯排挤出局，使他无法继续阻碍“回形针行动”。托马斯·福特写信给史蒂芬·钱伯林将军，声称克劳斯“令人反感且极难相处”，希望将其调离国务院。一周后，克劳斯被国防部从国务院的签证处调往法律顾问办公室。这就是说，对于“回形针行动”的有关政策和程序，他不再具有任何发言权。至于公众以何种途径获悉该项目的内幕是否与克劳斯有关，至今仍是个谜。

在随后几年中，随着“麦卡锡主义”（1950—1954年以美国参议员麦卡锡为代表的美国国内反共、反民主行为的代称，它恶意诽谤、肆意迫害共产党和民主进步人士甚至有不同意见的人，是政治迫害的同义词。——译者注）抬头，克劳斯被指控曾向媒体泄露有关德国科学家的负面消息。但即使克劳斯已经无法妨碍该项目，媒体的报道以及社会舆论也使“回形针行动”自1945年春启动后，首次陷入岌岌可危的境地。战争部助理部长霍华德·彼得森向同僚表示，他担心战争部会陷入与纳粹科学家有关的种种丑闻而无法自拔，并预言，这个项目不出几个月就会寿终正寝。

但事实恰恰相反。1947年7月26日，杜鲁门总统签署了《国家安全法》(National Security Act)，对美国的军事和情报机构进行重组。战争部被改组为国防部，国务院－陆军部－海军部协调委员会被改组为国家安全委员会，中情局（美国中央情报局，Central Intelligence Agency，CIA）正式诞生。

对备受争议的“回形针行动”来说，一个新的时代刚刚拉开帷幕。一方面，该项目试图在公众视野中竭力粉饰这些德国科学家作为科学精英的虚假形象，而实际上他们只不过是一群涉嫌战争罪且名不副实、是非不分的战争投机分子。但正如冯·布劳恩向《纽约客》（*New Yorker*）作者丹尼尔·朗坦承，他真正关心的只是“如何从金牛身上成功地挤出奶来”。同样，中情局对这些德国人也抱着同样的态度，他们这种战战兢兢、如履薄冰却又一心想要谋取私利的人最容易被利用。因此，中情局认为，“回形针行动”是其搜寻科技情报的完美搭档。而“回形针行动”的参与者也发现，中情局是其到当时为止最有力的支持者。

“化学心理战”

1947 年春，埃奇伍德兵工厂的科学家启动塔崩神经毒剂人体实验项目。据称，所有参与该实验的士兵全都出于“自愿”，但事实上这些士兵并不了解他们即将暴露于低浓度的塔崩神经毒剂之中。这些实验分别在犹他州的达格韦试验场以及埃奇伍德的“人体试验毒气室”进行。后者的毒气室是一个长宽均为 9 英尺的砖瓦房间，装有一扇密不透气的金属门。

塔崩实验的观测者包括 L. 威尔逊·格林博士，他是埃奇伍德陆军化学中心化学和放射实验室的技术主管，也曾经与弗里茨·霍夫曼进行过密切合作。格林身材矮小，下巴呈方形，长着桶状胸。他个子不高，短小精悍，具有远见卓识。在观察接受塔崩毒气实验士兵的表现时，他忽然灵光乍现。

格林注意到，在被关进“毒气室”后，一部分士兵“在实验开始的 1—3 周内，出现了疲劳、倦怠、缺乏主动性、兴趣以及情感淡漠的心理问题”。实验中最令格林感到诧异的是，有些士兵在一段时间内完全丧失了行动能力，但并未被造成永久性损伤。这些人后来自行康复,他们唯一的解药就是时间。从这项实验中,L. 威尔逊·格林博士发现了一种新型战争方式。于是他开始潜心思考美国未来的作战方式，后来据此写成一本名为《化学心理战》的专著。

在这本书中，格林写道 :“每一次大型冲突都会引发大量人员死亡，造成巨大的人道灾难和财产损毁，如今这一趋势完全可以发生逆转。”他创造了“化学心理战”这一名词，并且设想在未来战争中，可以利用药物使敌方士兵在战场上丧失行动能力，而不是将其置于死地。格林认为，通过这种方式，战争的面孔将不再野蛮残酷，而是显得更加仁慈。能够使人丧失行动能力的制剂是一种“温和的”武器，它们可以在不造成永久性伤害的前提下将人击垮。如果发动化学心理战，美国就可以“无须大开杀戒或制造巨大破坏”就能克敌制胜。

实际上，格林并非主张在战场上使用低浓度塔崩毒气。他的意思是使用某种致使人们丧失行动能力的制剂，例如，某种颠茄制剂或其他致幻剂，使敌军在战场上动弹不得或者暂时麻痹。“他们的反抗意志会被随之而来的集体癔症和恐慌大大削弱,甚至完全被摧垮。”格林写道。

作为化学和放射实验室技术主管，格林提议“立即对能够导致心理异常、具有重要军事价值的稳定化合物开展研究”。格林也开始研究能够致使人精神失常的药物。在《化学心理战》一书中，格林为军方提供了一份由“61 种能够引起精神错乱的已知物质”组成的名单。格林表示，军方应对这 61 种化合物进行深入研究和改进，以遴选最适合军事用途的药物品种。

为此，格林申请了一笔 5 万美元的专款，并得到了军方批准，研究工作得以启动。格林委托同事兼朋友弗里茨·霍夫曼对众多来自自然界、具有潜在军事价值的毒素进行研究。在埃奇伍德，弗里茨·霍夫曼已经被视为化学特种部队中最具天赋的有机化学家。

如果有人能够发现并研制出这种能在战场上致人丧失行动能力的制剂，那么此人非霍夫曼莫属。他开始对一系列物质进行研究，从众所周知的街头毒品到第三世界鲜为人知的各种毒素，其中包括酶斯卡灵，这是美国印第安土著从佩奥特仙人掌中提取的一种致幻剂。还有蛤蟆菌，即蒙古国的荒山野岭上生长的某种能够引起幻觉的蘑菇。

他还对澳大利亚一种有毒的植物叶子“派罗里”进行检测，当地土著经常用这种叶子来抑制干渴感。此外，生长于委内瑞拉、哥伦比亚和巴西的植物“雅克西”和“伊皮那”也能够使人产生幻觉。几个世纪以来，当地的原始部落一直利用其致幻特性来消极遁世。很快，霍夫曼就代表化学特种部队，前往世界各地寻觅这些能够使人丧失行动能力的物质。

L. 威尔逊对化学心理战的构想不仅对美国陆军化学特种部队的未来产生了深远影响，而且也左右了华盛顿刚刚成立的民间情报机构的工作方式。刚刚诞生的中情局不仅财力雄厚，而且抱负远大。

中情局认为，利用药物使人丧失行动能力的做法除了可以用于战场之外，还有其他多种用途，因此开始着力推进该项目研究进程。在化学特种部队和中情局刚刚建立并日趋密切的合作关系中，弗里茨·霍夫曼和 L. 威尔逊·格林处于核心地位。没过多久，德特里克营的生物武器专家也被网罗进来。该生物武器项目由特种行动部负责，由“回形针行动”提供专家，并逐渐发展成为中情局历史上最饱受争议以及合作最广泛的项目之一。

细菌病毒暗杀法

自从关于生物武器威胁的《默克报告》发布以来，到当时已经一年半。由于国会拨付了大笔资金，德特里克营已经发展成为一个尖端生物武器研究和开发中心。军方购买了毗邻的545英亩土地建设营地，并将其称为“A区”，而后还建立了新的区域“B区”。战后，德特里克营用喷洒农药的飞机和喷雾胶管进行的第一批实地试验，其中有些就是在B区进行的。“二战”期间，德特里克营的病菌实验室测试和培养了包括炭疽及“X物质”在内的危险病原体。该实验室是一座简陋的木质建筑，上面覆盖着沥青油毡，因此被科学家们戏称为“黑色玛利亚”。实验室外的草坪上矗立着一座用于进行发酵的工业锅炉。考虑到将来的研究领域，德特里克营急需一座气雾室，这座气雾室要达到世界一流水准。因此，气雾室的设计工作被交给细菌学家哈罗德·巴彻勒博士，他很快开始着手制订计划。

英国的波顿唐也有类似德特里克营的研究机构，虽然该机构的气雾室条件优越，但空间过于狭小，只适合使用2~3只老鼠进行实验。而巴彻勒博士为德特里克营设计的气雾室独步一时。科学家们可以借助这座气雾室，迅速推进生物武器研究进程。最终，巴彻勒设计出一个规模庞大、容量为100万升的气雾室，并为其命名为“八号球”。这间气雾室看起来就像巨人的高尔夫球，下面有“铁腿”支撑，矗立于地面之上。芝加哥桥梁钢铁公司授命严格按照设计说明书建造“八号球”。“八号球”不仅密不透气，而且具有防弹功能。此外，这座气雾室还包含数个观察孔、一扇大门和一个升降口，其墙壁由钢铁制成，厚达1.5英寸。

在“八号球”内，人们可以模拟天气系统，由实验室外的科学家控制内部温度，室内温度的可调节范围为10~32.2摄氏度。此外，室内的湿度也是可控的，可以在 30%~100% 之间波动。德特里克营的科学家能够利用这一先进的环境控制设备，测试在户外不同海拔高度条件下呈烟雾状散开的生物制剂如何发挥作用。“八号球”重逾 131 吨，约有 4 层楼高。其四周有一条步道，当受试对象在气雾室内被暴露于世界上最致命的细菌之中时，科学家们可以站在这条步道上透过舷窗进行观测。

设计完成后，巴彻勒博士准备动身前往德国，一位重要的德国科学家正在那里等候。此人对生物武器的了解举世无双，尤其擅长腺鼠疫武器研究。这名医生就是前第三帝国军医署副署长库尔特·布洛梅博士。在最近的纽伦堡医生审判中，法庭刚刚宣布对他的战争罪指控不成立，布洛梅博士最终获释，因此再次出现在“回形针行动”招募对象的名单中[③]。

纽伦堡医生审判结束 42 天后，即 1947 年 10 月 2 日，一封来自德国海德堡、标有“机密”字样的电报，出现在化学特种部队主管的办公桌上。电报中写道：“目前库尔特·布洛梅博士已具备接受审讯的条件。”来自马里兰州德特里克营美国生物武器中心的哈罗德·巴彻勒博士即将对布洛梅博士进行审问。

按照计划，两人将于 11 月 10 日在海德堡见面。届时，德特里克营的几名医生会与巴彻勒博士一同进行审讯，其中包括反灭菌专家查尔斯·R. 菲利浦博士、爆破专家唐纳德·W. 福尔克纳博士和药剂专家 A.W. 戈雷利克博士。R.W. 斯旺森中尉是美国海军代表，沃伦·S. 勒罗伊中校是美国军方驻欧洲司令部总部代表，此外到场的还有一名翻译和一名速记员。布洛梅博士事先得知，他们谈论的所有事项都将被列为“机密”。

巴彻勒首先开口，并为当天的审讯奠定了基调。“我们来此对布洛梅博士的个人品行和职业素质进行评估，”巴彻勒说，“我们在德国有不少熟人，其中包括科学界的朋友，可以与布洛梅博士会面并探讨我们遇到的各种问题，这对我们来说无疑是个良机。”但巴彻勒也担心：“布洛梅博士是否会向我们提供他所掌握的全部信息？对于我们即将讨论的话题，其实质是什么？”

因为布洛梅用英语交流，所以时不时会停顿一下，由翻译帮他寻找合适的词语。“1943 年，我奉戈林之命，开始全面研究生物战，”布洛梅回忆说，“所有生物武器研究都以癌症研究的名义进行。癌症研究很早以前就已启动，我一直在从事此项工作，但是为了保密起见，德国对此进行了掩饰。”

随后，布洛梅博士供述了那些在曾经希姆莱手下工作、涉及生物武器研究的科学家姓名、他们之间的隶属关系以及现在的下落。令人惊讶的是，这个团体其实很小，仅有“大约 20 人”。作为帝国研究委员会主席，布洛梅解释说，戈林处于该团体的顶端，担任帝国科学负责人。另外 3 人的地位仅次于戈林，他们具有同等职位。布洛梅负责与病菌相关的所有研究工作与开发，在该领域工作的医生和科学家都需要向他汇报。瓦尔特·施莱伯将军负责生物武器的疫苗、解毒剂和血清研究。施莱伯就是苏联在纽伦堡法庭上意外提交的证人，并指控了布洛梅。所有在疫苗、解毒剂和血清领域工作的医生和科学家最终要向瓦尔特·施莱伯博士汇报工作。第三个人是陆军元帅凯特尔，布洛梅解释说，他掌管着代号“雷电委员会”的机构，工作人员包括负责研制生物炸弹投掷系统的军械专家。无论何人需要进行这些武器实验都必须经过凯特尔的首肯。

在接受纽伦堡重大战犯审判后，戈林和凯特尔均被判处绞刑。瓦尔特·施莱伯将军如今为苏联人工作。这样看来，在第三帝国生物武器项目的最高层，布洛梅博士是美国能够招募的唯一的德国专家，他对该项目不仅具有全面的了解，而且掌握大量内部信息。

戈雷利克博士问："布洛梅博士，你是否会向我们透露各个实验室的具体位置？"

布洛梅提到了梅克伦堡附近的兰斯岛，该实验室专攻"口蹄疫"研究。布洛梅说："那是一座大型研究机构，电线将兰斯岛与外界隔离起来。与生物武器防护项目有关的药物研究都在岛上开展。其主管是沃尔德曼教授。他的助手则是享誉世界的特劳布教授。"在"二战"爆发前的数年里，特劳布曾在美国担任洛克菲勒基金会的研究员。

"牛瘟是一种可怕的动物疾病。"布洛梅说。从很多方面来讲，这是他最担心的一种生物武器。"德国 60% 的牛奶和黄油都来自国内牛类的脂肪，"布洛梅说，"1944 年，假如有人在德国传播口蹄疫，就会造成巨大的灾难，而那将是一场前所未有的巨大灾难。如果某个国家完全依赖本国牛类获取牛奶和黄油，这种疾病一旦开始传播，人们将无法应对。"

"第三帝国是如何获取和培养病菌的？"巴彻勒问。

对于这个问题，早在两年之前，即纽伦堡医生审判开庭之际，布洛梅已经在"垃圾箱"审讯中心向"阿尔索斯行动"的审讯人员作出解释，但德特里克营的科学家显然并不了解他当时所说的内容。"国际法禁止欧洲科研机构保有及培养这种病毒，"布洛梅解释道，"这种病毒是在土耳其发现的，希姆莱曾经下令将其运往兰斯岛。"布洛梅供述，埃里希·特劳布博士奉希姆莱之命，前往土耳其，从当地获取这种危险病毒的菌株。在兰斯岛，特劳布利用这种菌株，成功地培育出危险的干燥病毒，这种形态的病毒在所有病毒中致命性最强。"经过岛上 7 个月的实验后，这种病毒仍然有极强的杀伤力。也就是说，它们仍在传播，并使岛上所有牛群感染了口蹄疫。"布洛梅说。接着，他又提到了利用德国空军飞机在苏联境内开展的实验。在这个实验中，科学家将病毒通过低空喷洒，散布在牛群放牧的草场上。

“其结果均为阳性。”布洛梅说。

“特劳布博士和沃尔德曼博士如今身在何方？”巴彻勒又问。

“我认为，他们已经被苏联人俘获，并且仍在为苏联人开展这项研究。”布洛梅说。

谈话转向了波森的鼠疫研究。在战争期间，布洛梅曾在当地建立了一个研究所。“也许我们可以谈谈有关人体实验的事情。”菲利普斯博士说。他使用了“我们”一词，好让这个令人不愉快的话题显得冠冕堂皇。42 天前，纽伦堡法庭宣布布洛梅博士的战争罪名不成立，与他一起受审的其他 7 名被告均被处以绞刑。显然，人体实验不是布洛梅希望讨论的话题。于是，菲利普斯改变了说法问道：“在你看来，第三帝国开展的最具突破性的生物武器研究包括哪些？”布洛梅说，在波森，他曾经设法将生物制剂与某种能够对咽喉产生影响的气体混合在一起，然后进行散播。布洛梅解释说，处于干燥形态的病菌最具危险性。“使用燃烧弹非常危险，但也是一个绝妙的主意。”他说。

菲利普斯博士再次提到前面的问题。所有人都想了解人体实验的事情，唯有纳粹医生掌握这些知识。“或许我们可以从人体的角度来谈谈，我听说这是克利韦的工作。”他说。

布洛梅当然不傻。“克利韦教授并没有亲自参与实验，”布洛梅说，“他只是负责情报工作，监视德国的敌国在生物武器项目研究方面的最新进展。”“克利韦对波兰和苏联遭到的破坏进行过调查，”布洛梅说，“发现在当地开展的一些行动，不是为了在人群中散布传染病，而是为了杀死某些特定的人群。”

德特里克营的医生对布洛梅的这番话很感兴趣，让他详加解释。

波森地区的波兰抵抗军成功地暗杀了大约 20 名德国人，布洛梅说，其中大部分都是党卫军军官。“由于当地很多人都患有伤寒，”

布洛梅说，“餐厅的服务员拿着带有种菌的自来水笔，在上餐的过程中将种菌投放到汤羹或食物里。克利韦确认，波兰抵抗运动一直在进行这种行动。一名在医院工作的德裔波兰妇女拿到了病菌，并将其转交给其他人。”

“他们有没有采取任何防护措施？”菲利普斯博士问。

布洛梅解释说，第三帝国曾经拨付巨额资金，在疫苗、解毒剂和血清领域开展了包罗万象的研究项目，以抵御包括霍乱、鹦鹉热和鼠疫在内的许多病菌和疾病，但其中最重要的还是对鼠疫开展的生物武器研究项目。“我认为，对德国来说最大的危险来自鼠疫。由于舆论宣传的原因，人们对鼠疫比其他病毒更为了解，”布洛梅说，“全世界的人都认为，这是最可怕的病毒。”

菲利普斯博士问：“你研究的活性疫苗有何用途？”

“作为传染病部门的主管，施莱伯手上掌握着对抗伤寒、副伤寒、霍乱、白喉和白痢的最佳疫苗原料。”布洛梅解释说，“对于鼠疫，他们虽然已经研制出血清，但效果并不理想。他们还没有任何鼠疫疫苗，所以我开始着手建立研究所，但研究所最终未能竣工。”有时候，布洛梅还会与其他疫苗研究实验室开展合作，为后者提供“高品质的疫苗原料”，即细菌。

“哪些实验室？”

“柏林的医学实验室，”布洛梅答道，“经施莱伯教授正式批准，仅开展传染病研究。”

“他的上级是不是克利韦？”菲利普斯博士问，显然他并未意识到，所谓的施莱伯教授就是指在纽伦堡法庭上作证的施莱伯少将。假如当时苏联希望通过施莱伯的证词，在纽伦堡向美国的生物武器研究者传达某种言外之意，那么如今德特里克营的细菌学家已经理解了这一意图。

布洛梅再次表示："施莱伯和我的职位相当，都仅次于戈林，而我开展的是癌症研究，所以他的上级是戈林。"这就意味着，在第三帝国的行政管理系统当中，布洛梅和施莱伯的地位相同，他们都是盟国的头号公敌。"施莱伯成了苏联的战俘，所有认识施莱伯的人都知道，他正在为苏联效力。"布洛梅说。在第三帝国医学界这个钩心斗角、离经叛道、尔虞我诈的世界里，任何人都无法辨清谁在讲述事实、谁在编织谎言。

此时，用餐时间到了。"在谈话即将结束时，我们对布洛梅的全力配合表示感谢。"巴彻勒博士说。他提议众人一起就餐，谈些愉快的话题。"就餐时，我们不再谈论这件事情。"巴彻勒说。听他的语气，仿佛美国人刚刚以战争罪为由试图将布洛梅送上绞刑架的事情根本不存在，仿佛布洛梅不是一个顽固的纳粹分子和第三帝国高级官员，仿佛他没有佩戴过纳粹党的金质勋章、没有提议对 3.5 万名肺结核波兰人进行"特殊处理"一样。4 人的会面暂时中止。随后，德特里克营的医生向陆军化学特种部队打听与埃里希·特劳布有关的所有情况。因为布洛梅博士曾经表示，他最担心德国爆发口蹄疫。这无疑是一条重大消息。特劳布是该领域的世界级专家，因此军方希望将其收至麾下。

特劳布博士是一名病毒学家、微生物学家和兽医教授。从 1942 年起，他就担任兰斯岛帝国国家研究所的二把手。此外，他还是禽鸟传染疾病"新城疫"专家，据传这种病毒已经被制成生物武器。陆军化学特种部队得知，特劳布博士能讲一口流利的英语。他长着深褐色眼睛，脸上有两道决斗刀疤，一道在前额，另一道在上唇。特劳布在战前的两名美国同事表示，他脾气暴躁，有时甚至会失去控制。从 1932—1938 年，埃里克·特劳布曾经是洛克菲勒医学研究院动植物病理学系成员，该研究院位于新泽西州的普林斯顿。据其中一名同事里特尔博士描述："特劳布是一个刚愎自用的德国人，性格乖戾、脾气暴躁。"另一名同事约翰·尼尔森博士表示："虽然他们对如何护理动物接受过长期培训，但特劳布仍然故意虐待它们。"这一点让尼尔森感到十分不安，因为他认为"虐待动物的人在对待同类时也是如此"。

战争爆发前，特劳布本来有机会留在美国继续进行全职研究，但他仍然选择返回国内向德意志帝国宣誓效忠。1939 年，特劳布应征入伍，加入了兽医队。1940 年，他升为上尉，参加对法战争。此外，他还是国家社会主义汽车部队、国家社会主义福利协会和航空保护联盟等纳粹机构的成员。由于"奥森伯格名单"以及随后发布的元首政令，特劳布得以崭露头角，发挥其在细菌学上的才华。军方将其从前线调回，开始从事生物武器研究工作。布洛梅声称，特劳布是第三帝国动物防疫领域最有天分的科学家，而他研制的生物武器足以断绝整个国家的粮食供给。

"二战"结束后，特劳布在兰斯岛的研究所被苏联人俘获。此外，一同被苏联人掳走的还有特劳布博士的妻子布兰卡和他们 3 个年幼的孩子。时值 1947 年，特劳布博士开始继续从事在兰斯岛中断的生物武器研究工作，但实验室被苏联人更名为"II 号动物防疫所"。

德特里克营的细菌学家得知，布洛梅刚刚从纽伦堡重大战犯审判中获释。假如现在就向他提供"回形针行动"的合同，显然风险过大。况且考虑到此前记者德鲁·皮尔逊有关"回形针行动"的报道曾揭露军方为尚在狱中的卡尔·克劳赫提供合同，这件事让艾森豪威尔将军感到极其失望，也险些断送了该项目的前程。因此，当布洛梅博士暗示，晚些时候他可以担任该项目的顾问并始终有意与联合情报调查局合作时，德特里克营的科学家开始想方设法网罗特劳布博士，力图将其纳入"回形针行动"之中[④]。

在哈罗德·巴彻勒博士返回德特里克营后，很多新的情况有待调查，其中包括布洛梅博士提到的用毒药进行暗杀的做法。纳粹德国不仅在研究能够散播传染病的生物武器，同时还在研究能够“杀死特定人群”的细菌病毒。这种暗杀方式与战争的历史同样悠久。罗马皇帝奥古斯都曾被无花果毒死，英王约翰也因饮用麦芽酒而殒命。随着科学技术的日益发展，利用某种携带有生物或化学制剂的装置进行暗杀的新式方法已达数百种之多。中情局对这一领域兴趣浓厚，而化学特种部队也已经找到了从事此项工作的最佳人选，即弗里茨·霍夫曼。但是首先，他要弄清人工合成塔崩毒气的方法。

瓦尔特·施莱伯少将 第三帝国的军医署署长。“施莱伯犯下最触目惊心的罪行，是将静脉注射致命苯酚引入集中营，”战争罪调查员利奥波德·亚历山大博士说，“这是一种快速、便捷的死刑执行方式。”曾先后为驻德国国王营的美国陆军、得克萨斯州美国空军服务。（美国国家档案与文件署）

库尔特·布洛梅医生 希特勒御用生物武器研发专家及第三帝国代理军医处处长。当红军占领其主管的波兰波森细菌研究所时，他几近完成一种黑死病武器的研发工作。与美国陆军签订的合同，在德国国王营工作。（美国国家档案与文件署）

埃里希·特劳布 一名病毒学家、微生物学家、兽医博士。他应纳粹党卫军全国总指挥海因里希·希姆莱的要求，试图把牛瘟武器化，并在战争期间前往土耳其黑市获取病毒样本。与美国海军研究所签订的合同，工作地点是马里兰州。（美国国家档案与文件署）

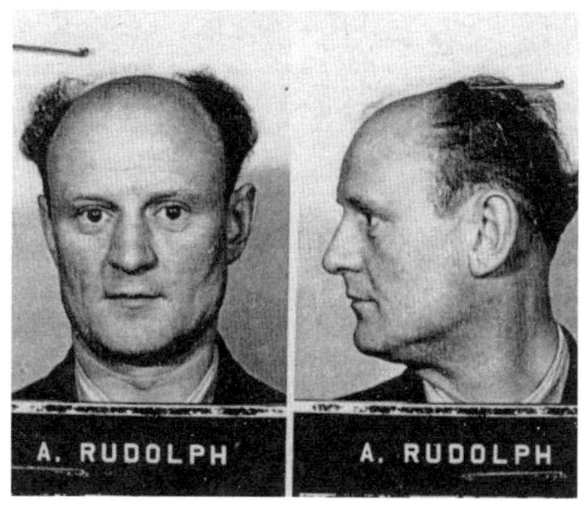

亚瑟·鲁道夫 专门负责V系列武器的装配工作，并担任诺德豪森奴隶工厂的运营总监。在美国，他被认为是“土星火箭之父”。“我读了《我的奋斗》，并认同书中的很多东西，”鲁道夫在1985年的一次采访中对记者说，“希特勒掌权的头6年，直到战争爆发，真的非常了不起。”与美国陆军签订的合同，在得克萨斯州工作。（美国国家档案与文件署）

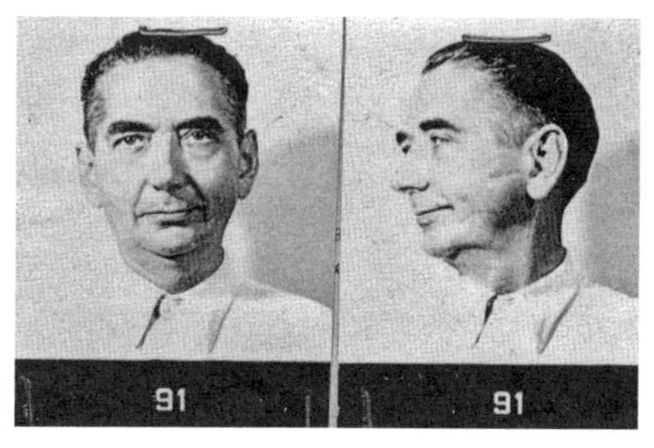

乔格·里克希 负责监管希特勒的柏林元首地堡隧道运转工作。在V-2火箭项目中，他担任奴隶工厂的总经理，并作为被告出席诺德豪森战争罪审判法庭。与美国陆军航空队签订的合同，工作地点位于俄亥俄州。（美国国家档案与文件署）

瓦尔特·多恩伯格少将 负责第三帝国V系列武器的研发。被英国人以涉嫌战争罪为由拘捕并羁押近两年，之后被转交给美国监管，并附带英方工作人员的警告——他是“一个重大威胁”。为美国陆军航空队服务。（美国国家档案与文件署）

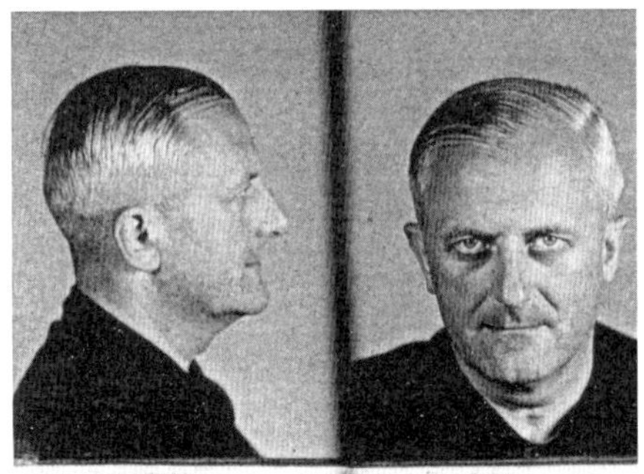

奥托·安布罗斯 希特勒最有价值的化学家，与他人合作发明了沙林毒气。“沙林”（sarin）中的字母 a 即代表他的名字。第三帝国化学武器委员会主席。美国陆军垂涎他的学识。在纽伦堡审判中，安布罗斯被判犯下大屠杀和奴役罪，随后被美方驻德国高级专员约翰·J. 麦科洛伊减刑并释放。与美国能源部签订的合同。（美国国家档案与文件署）

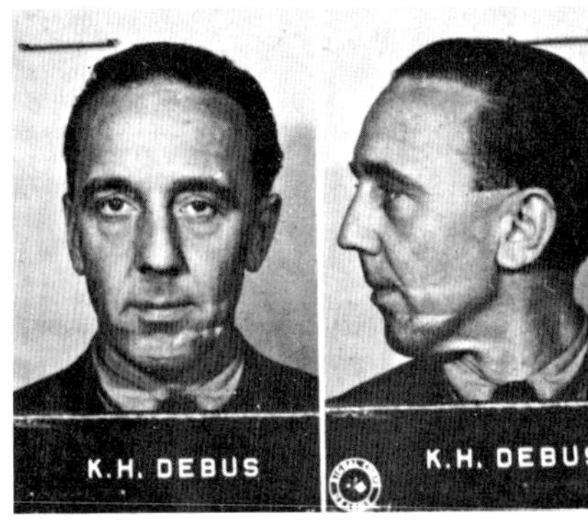

库尔特·德布斯 V 系列武器工程师，监管包括佩内明德在内的火箭移动发射工作。作为一名狂热的纳粹分子，他在工作场合也穿着纳粹党卫军制服。在美国，德布斯成为佛罗里达肯尼迪航天中心的首任主管。与美国陆军签订的合同，工作地点是得克萨斯州。（美国国家档案与文件署）

弗里德里希·弗里茨·霍夫曼 一名化学家、哲学家。被盟军逮捕时，他身上带着一份由美国外交官签署的文件，证明他是一位反纳粹分子。在美国，霍夫曼成功制成纳粹神经毒气，并为美国中央情报局毒气暗杀项目工作。为美国陆军化学特种部队效力，工作地点是马里兰州。（美国国家档案与文件署）

尤尔根·冯·克伦克　一名化学家，纳粹党卫军官员，化学武器委员会代理主席。鉴于冯·克伦克提供了诸多信息，他的审讯员总结，“他会承认一个小秘密，把审讯人员的注意力从一个更重要的秘密上转移”。与美国陆军签订的合同，工作地点是海德堡。（美国国家档案与文件署）

西奥多·本津格医生　在赫尔曼·戈林掌管的德国空军雷希林测试中的实验站工作，同时是纳粹党冲锋队的一名官员。在海德堡为美国陆军工作时，本津格遭到了逮捕，并收监纽伦堡监狱，被列入医生审判名单。不久后，他又被秘密释放。与美国陆军航空队签订的合同，工作地点是海德堡，之后在马里兰州海军医学研究所工作。（美国国家档案与文件署）

休伯特斯·斯特拉格霍尔德　柏林第三帝国空军部航空医学研究机构负责人。他因战争罪被通缉，但仍然被美国陆军航空队雇用，并且成为美国的“航天医学之父”。他不遗余力地粉饰自己作为纳粹党成员的历史。“只有守卫和动物饲养员是纳粹党成员。”1961 年，谈及自己曾工作过的机构，他这样告诉一名记者，刻意忽略了他曾与众多纳粹核心成员比肩而事的事实。与美国陆军航空队签订的合同，工作地点是海德堡，之后为美国空军效力，后者的工作地点是得克萨斯州。（美国国家档案与文件署）

康拉德·谢弗　一名生理学家和化学家，战争时期实施了一项“海水去盐”的实验，旨在帮助德国空军在海难营救领域取得进展。达豪集中营的医学实验即是以谢弗的项目为基础。谢弗在纽伦堡审判中被无罪释放。曾分别为驻海德堡的美国陆军航空队以及得克萨斯州的美国空军基地服务。（美国国家档案与文件署）

赫尔曼·贝克尔－弗莱森　一名航空生理学家，在斯特拉格霍尔德掌管的德国航空医学研究所工作，负责监管达豪集中营的人体医学实验。他在纽伦堡审判中被定罪，在狱中协助斯特拉格霍尔德前往美国工作。为美国陆军航空队服务，工作地点是海德堡。（美国国家档案与文件署）

齐格弗里德·拉夫医生　柏林德国航空医学实验站航空医学部门的主管，是斯特拉格霍尔德医生的亲密同事。在达豪集中营，拉夫负责监管医学实验，致使大量受试者死亡。他在纽伦堡审判中被无罪释放。为美国陆军航空队服务，工作地点是海德堡。（美国国家档案与文件署）

齐格弗里德·克内迈尔　赫尔曼·戈林掌管的德国空军技术部门主管，是第三帝国十大飞行员之一。阿尔伯特·施佩尔曾邀请他驾驶飞机帮助自己逃往格陵兰岛。为美国陆军航空队服务，工作地点是俄亥俄州。（美国国家档案与文件署）

埃米尔·萨蒙　航空工程师，纳粹党卫军官员，曾在战争期间参与烧毁犹太教堂的纳粹活动。“本机构十分清楚萨蒙先生从事的纳粹活动，并且他还受到其欧洲某些同事的指控。”美国陆军航空队官员在备忘录中写道。但他们发现萨蒙的专长“他人难以复制，亦无法加以模仿”。与美国陆军航空队签订的合同，工作地点是俄亥俄州。（美国国家档案与文件署）

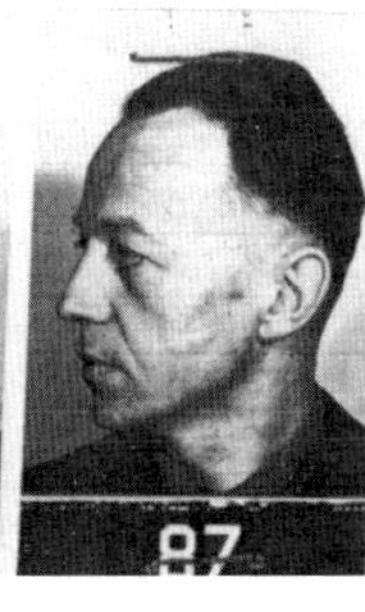

瓦尔特·里德尔　V系列武器设计局的一名工程师，同时是冯·布劳恩火箭小组中的一员。陆军情报部审讯员把他归类为“狂热的纳粹分子”。但里德尔威胁美国情报人员，声称他将为苏联人服务，之后他就被带到美国并被军方雇用。与美国陆军签订的合同，工作地点是得克萨斯州。（美国国家档案与文件署）

哈里·阿姆斯特朗 在德国成立了美国陆军航空队航空医学中心，并雇用了48名德国医生在那里继续原本为第三帝国进行的研究。此医学中心违反了《波茨坦协定》，于两年后关闭。34名纳粹医生追随阿姆斯特朗加入了位于得克萨斯的美国空军航空医学院。（美国空军）

查尔斯·E.劳克斯 劳克斯监管“回形针行动”科学家在埃奇伍德兵工厂的化学武器研制工作。被调往德国美占区工作后，劳克斯创建了一个编外工作小组，专门从事沙林毒气批量生产的研究工作，并邀请前纳粹化学家及希姆莱的得力助手到他家中进行每周一次的圆桌会议。（查尔斯·E.劳克斯档案，美国陆军军史研究所）

唐纳德·L.帕特 高级试飞员和工程师，在战争时期是第一批抵达位于福肯罗特赫尔曼·戈林航空研究中心的官员之一。惊异于自己的所见所闻，帕特为“回形针行动”雇用了数十位纳粹科学家及工程师，并监管他们在莱特空军基地的工作。（美国空军）

海因里希·希姆莱 第三帝国纳粹党卫军队长，与随行人员一起访问诺德豪森集中营。希姆莱的纳粹党卫军通过一个听起来无害的部门，即党卫军行政管理总办公室，监管着一个由政府主导、盘踞在欧洲纳粹占领区的庞大奴隶劳工网络。第三帝国的奴隶劳工负责生产各种军备，其中包括 V–2 火箭。（美国大屠杀纪念馆）

约翰·多利布瓦 一名年轻的美国陆军官员，能讲一口流利的德语，为情报机关陆军参谋部二部工作。他审问了卢森堡"垃圾桶"审讯中心的主要纳粹党战犯。（约翰·多利布瓦收藏资料）

阿尔伯特·施佩尔（左）作为军备部部长，施佩尔从 1942 年 2 月开始，负责第三帝国所有与战争相关的科技研发工作。

美国解放者站在诺德豪森地下隧道综合设施的入口，V–2 **火箭奴隶劳工正是在这里面进行火箭装配工作的。**（美国空军）

在第三帝国分崩离析的过程中，**纳粹党在德国境内的许多盐矿中藏匿了大量珍贵的科学仪器、秘密文件和黄金。**美国第 90 步兵师在德国梅尔克斯发现了这批庞大的德意志国家银行财富以及纳粹党卫军文件。

在这张罕见的照片中，**法本公司的员工正在公司奥斯威辛工厂进行体育比赛，不远处就是这座死亡集中营焚尸炉的 3 根烟囱。**篱笆后面的牌匾上写着“公司体育俱乐部，法本奥斯威辛”。法本工厂也被称为奥斯威辛III或布纳–莫诺维茨。（弗里茨·鲍尔学院）

奥托·安布罗斯和律师在纽伦堡审判中大笑，这场审判的被告人是法本公司高管。安布罗斯曾担任奥斯威辛工厂经理，并同时管理第三帝国在西里西亚的戴赫福斯毒气工厂。

库尔特·布洛梅博士在纽伦堡“纳粹医生大审判”上与律师协商。康拉德·谢弗医生坐在布洛梅旁边。（美国国家档案与文件署）

这张之前从未被公开的照片是**美国陆军航空队工作的纳粹医生、科学家和一些美国官员一起合影，**照片拍摄时间大约在 1946 年，即海德堡航空医学中心的 5 名医生遭到战争罪指控之前。前排最左边的是齐格弗里德·拉夫医生（被拘捕），中间的是理查德·库恩，右起第三位是休伯特斯·斯特拉格霍尔德医生；第二排左起第三位是康拉德·谢弗（被拘捕）。最后一排左起第三位是西奥多·本津格医生（被拘捕），最右边打领带的是赫尔曼·贝克尔－弗莱森（被拘捕）。（美国空军航空医疗学院）

在纽伦堡“纳粹医生大审判”中，被告库尔特·布洛梅医生在皱眉（中间）。他后面的人从左至右分别为赫尔曼·贝克尔－弗莱森、乔格·奥古斯特·威尔茨、康拉德·谢弗、沃尔德玛·霍文和威廉·拜格尔伯克。**布洛梅右边的是卡尔·古泽医生，是纳粹党卫军成员，他曾在雅尼娜·埃文斯卡身上进行人体试验，后来被处以绞刑。**（美国国家档案与文件署）

威廉·拜格尔伯克监视达豪集中营的海水实验，并在没有使用麻醉剂的情况下切除了囚徒卡尔·霍伦莱纳的部分肝脏。**在审判期间，实验幸存者之一霍伦莱纳试图刺伤拜格尔伯克。**（美国国家档案与文件署）

利奥波德·亚历山大医生，在纽伦堡“纳粹医生大审判”时任战争罪调查员和专业顾问。他正在向法官解释雅德维加·支多在拉文斯布吕克集中营被迫遭受的人体医学试验。“回形针行动”招纳的瓦尔特·施莱伯负责监督那项试验。（美国国家档案与文件署）

在纽伦堡被无罪释放后，康拉德·谢弗与美军签订了“回形针行动”合同，接替斯特拉格霍尔德，在海德堡美国陆军航空队航空医学中心工作。在得克萨斯州，谢弗尝试将密西西比河河水净化为可饮用水，但实验没有成功。他的上级认为谢弗“在工作方面异常失败，且几乎不具备科学家应有的敏锐性”。**军方要求他离开美国，但遭到谢弗的拒绝，因为他已经通过“回形针行动”的工作合同拿到了移民签证。**（美国国家档案与文件署）

法本公司在法兰克福的厂房被美国陆军接管，并**在冷战期间成为许多美国军队和政治组织的大本营。**它就是今天的约翰·沃尔夫冈·歌德大学。（作者收藏）

克兰斯堡坐落在法兰克福郊外，它曾是戈林掌管的纳粹德国空军司令部。**盟军占领了克兰斯堡后，将其称为“垃圾箱”，并在那里审讯纳粹科学家及工业精英。**（作者收藏）

希特勒在克兰斯堡地下的防神经毒气地堡由阿尔伯特·施佩尔设计。希特勒政府最高指挥部认为，**第三帝国一旦将化学武器投入战场，盟军很可能会以牙还牙。**（作者收藏）

1924 年，希特勒在兰茨贝格监狱撰写《我的奋斗》一书。战后，兰茨贝格监狱里共关押了 1 526 名纳粹战犯，**后来约翰·J. 麦克洛伊给大多数被纽伦堡审判定罪的犯人减刑并释放了。**（作者收藏）

兰茨贝格监狱草坪上一片无名坟墓，**墓的主人是一批被处绞刑的纳粹战犯。**（作者收藏）

国王营在冷战时期是一座黑狱。**美国中情局、陆军、空军和海军情报部门都将抓捕的苏联间谍关押在此，并对他们实施“极端审讯”技术和“行为矫正计划”。**这些都是中情局“知更鸟行动”和“洋蓟计划”的一部分。按照“回形针行动”合同，莱伯博士和布洛梅博士在1949—1952年担任国王营的博士后医生。（作者收藏）

兰茨贝格监狱内的大教堂，供纳粹战犯祈祷。里面的座椅经过了特殊设计，能让守卫看清每一个人。（作者收藏）

约翰·J. 麦克洛伊（中间）和杜鲁门总统。从1945年5月，**纳粹科学家项目启动的第一天起，麦克洛伊就大力支持这项计划。**在他担任战争部助理部长以及驻德国高级专员期间，麦克洛伊同时兼任世界银行的行长。（美国国家档案与文件署）

查尔斯·E. 劳克斯和德国科学家等人在埃奇伍德兵工厂的一个派对上。劳克斯与纳粹科学家、诺贝尔奖获得者理查德·库恩相交甚笃，后者向他介绍了LSD。**后来军方和中情局利用LSD在埃奇伍德的数百名士兵身上进行人体实验。LSD还被用于化学心理战项目和中情局的“精神控制”项目。**（查尔斯·E. 劳克斯档案，美国陆军军史研究所）

纳粹党卫军少将瓦尔特·施贝尔担任纳粹党卫军队长希姆莱的私人幕僚，并在施佩尔执掌的军备部担任军械供应处负责人，负责监管塔崩和沙林毒气的生产。图片中显示的是1951年，他作为“回形针行动”的一分子，为美国陆军和美国中情局工作的一幕。（保罗-赫尔曼·施贝尔收藏）

德特里克营的“八号球”，密封，防弹，重131吨。这个容量100万升的装置，能让德特里克营的科学家了解生物雾化剂在野外不同海拔中的作用方式。这里的实验曾将猴子和人当成受试对象。（美国陆军）

图为“回形针行动”火箭科学家和专家在得克萨斯布利斯堡，拍摄时间约为1946年。后来，一些人被美国陆军发现根本不具备丝毫“罕见人才”的素质后被遣送回德国。比如，卡尔·奥托·弗莱舍声称自己担任过德国国防军的业务经理，而实际上他仅负责过餐饮服务工作。（美国国家档案与文件署）

一枚V-2火箭搭载首位猴子航天员阿尔伯特。图为火箭在白沙导弹试验场点火升空的瞬间。地点是新墨西哥州。（美国国家档案与文件署）

弗里茨·霍夫曼，中情局毒药大师。图为其在马里兰郊外家中前院草坪上休息。照片拍摄时间大约是1948年。（加布里埃拉·霍夫曼收藏）

1958 年，**冯·布劳恩和他的团队在红石兵工厂**。照片从左往右分别是恩斯特·史都林格、赫尔穆特·赫尔策、卡尔·亨堡、E.D. 盖斯勒、E.W. 诺伊贝特、瓦尔特·霍伊瑟曼、冯·布劳恩、W.A. 姆拉泽克、汉斯·许特、埃伯哈德·里斯、库尔特·德布斯和汉斯·毛斯。（美国国家航空航天局）

1965 年，**冯·布劳恩和库尔特·德布斯**在土星号火箭发射前交谈。（美国国家档案与文件署）

亚瑟·鲁道夫拿着一个土星 V 号火箭的模型，该火箭曾于 1969 年把人类送上月球。1983 年，司法部门就鲁道夫受到的战争罪的指控对其展开调查。他被告知，要么准备出庭受审，要么放弃美国公民身份并离开美国。鲁道夫选择了离开。（美国国家航空航天局）

图为美国国家航空航天局肯尼迪航天中心主任库尔特·德布斯，照片未标明日期。根据他在美国政府的安全报告显示，在战争期间，德布斯曾将一名发表过反纳粹言论的同事移交给盖世太保。华盛顿特区的国家航天俱乐部每年都颁发库尔特·H. 德布斯奖。（美国国家航空航天局）

阿尔伯特·爱因斯坦在 1940 年接受美国公民身份证件。战前，作为德国最著名的科学家，爱因斯坦在希特勒掌权数月后便离开纳粹德国，并宣称科学和正义已经沦陷在“一个阴险、狂热的纳粹暴徒”的魔爪中。他呼吁杜鲁门总统取消“回形针行动”，称任何曾为希特勒服务过的人，都不适合成为美国公民。（美国国会图书馆，世界电报）

第 16 章

从囚徒到座上宾

LSD 精神控制实验

1948 年 6 月，埃奇伍德"回形针行动"科学家的负责人查尔斯·E. 劳克斯上校被授予准将之职，并调往德国海德堡，担任欧洲司令部化学战计划情报局主管。在海德堡，劳克斯将军接触到希特勒手下的另一批化学家，其中既有位高权重的达官显宦，也有官卑职小的学界精英。在抵达海德堡数周后，劳克斯开始与当地威廉皇家医学研究院院长理查德·库恩建立起工作联系。无论是在战前还是在战争期间，库恩都是一位享誉世界的科学家，因此若想将其纳入"回形针行动"，军方需要处理很多棘手的问题。

"阿尔索斯行动"负责人塞缪尔·古德斯密特提醒众人，此人在战争期间曾经是一名激进的纳粹分子。每次上课前，库恩都要行纳粹礼，并且高呼"胜利万岁"。在战后接受审讯时，库恩曾经发誓，在战争期间，他从未参与过任何纳粹科学研究项目。但这显然是谎言。事实上，库恩不仅是第三帝国的化学武器专家，而且研制出了梭曼毒气，其杀伤力甚至超过沙林和塔崩。但由于它的性质极不稳定，投入工业化制造需要付出高昂的代价，所以并未被批量生产。

理查德·库恩开始在海德堡与劳克斯将军携手合作，为化学特种部队开展化学武器研究项目。劳克斯将军与理查德·库恩相交甚笃，这让英国人深感愤怒。当英方对两人的合作关系进行质问时，劳克斯回答："据我所知，库恩教授作为纳粹同谋的罪名已经被澄清，而且他已经接受了应有的惩罚，并且深受英美两国人民爱戴。"接着，劳克斯还写道："我相信，我们对他的背景十分了解。"对劳克斯将军而言，继续推进军事研究项目以维护美国的国家安全，远比重翻某个纳粹分子的旧账更为重要。

从历史的角度来看，这仍是"回形针行动"中最为错综复杂的问题之一。在与这些狂热的纳粹分子进行合作时，尽管一些美方负责人对他们嗤之以鼻，但包括劳克斯将军在内的另一些人却认为，他们只不过是普普通通的科学家，并对他们的纳粹身份视若无睹。

理查德·库恩认识一名瑞士科学家，而后者恰好是劳克斯将军期望合作的对象。此人一直在研究某种鲜为人知的化学制剂，这种制剂能够使人丧失行动能力，其潜在威力远远超出当时海军和陆军化学特种部队正在研制的毒剂。这名瑞士化学家曾在苏黎世向瑞士精神病协会和医师协会举办了题为"新型致幻剂"的讲座。

1948 年 12 月 16 日，劳克斯将军抵达瑞士。为低调行事，以免被人识破自己的身份，给美国军方造成麻烦，劳克斯脱下了戎装。军方解密的文件中没有关于此事的记录，但劳克斯在日记中写下了这次经历。这本日记后来被捐赠给宾夕法尼亚州的美国陆军遗产中心。"我返回家中，换上平民的装束。"劳克斯在个人办公日记中写道。他的妻子珀尔驾车将这位身着便装的将军送到火车站。在前往瑞士途中，劳克斯与一个"国籍不明的黑人"和一个"絮絮叨叨地打听个人情况的荷兰人"共处一个车厢。"车厢里舒适整洁、光线明亮。"劳克斯写道。当天晚间 8 点 55 分，他抵达瑞士伯尔尼。就寝之前，劳克斯坐在宾馆房间的壁炉前稍事休憩，但他没有在日记中记录与这名神秘的瑞士科学家会面的任何细节。

劳克斯于次日返回德国。他在日记中写道："理查德·库恩来到家里共进午餐，同时还有一名特殊的宾客参加，即9/91制剂塔崩的发明者格哈德·施拉德博士。"室外，大雪纷纷扬扬从空中飘落。室内，理查德·库恩、格哈德·施拉德博士和劳克斯将军一边享用猪扒，一边愉快地交谈起来。

数十年后，在为美国革命女儿会和美国革命之子组织的阿默斯特分会演讲时，劳克斯将军透露，理查德·库恩提及的这名化学家就是巴塞尔大学的精神病研究专家维尔纳·斯托尔教授。劳克斯在瑞士寻找的致幻剂也是埃奇伍德化学家威尔逊·格林试图寻找的首要制剂，即某种"能够使人丧失行动能力的化学制品"。这种制剂能够"将人击垮而非置于死地"。这种化学品的学名是"麦角二乙酰胺"，简称"LSD"。但率先合成LSD的人并非斯托尔，而是瑞士巴塞尔山德士制药厂的药剂师阿尔伯特·霍夫曼。斯托尔曾经与霍夫曼同在山德士公司工作。

据《纽约时报》报道，在重复进行这项实验后，斯托尔得出结论："经过改良的LSD–25是一种无毒的精神促进剂，治疗精神疾病的效果甚佳。"1947年，维尔纳·斯托尔教授在瑞士医学杂志《瑞士神经病学档案》（*Swiss Archives of Neurology*）上发表了首篇关于LSD的文章，并于两年后发表了第二篇文章，题为《新型致幻剂：用量小效果强》（*A New Hallucinatory Agent, Active in Very Small Amounts*）。但劳克斯将军认为LSD还有更广泛的用途：一种能够在战场上发挥巨大威力、致使敌军丧失行动能力的武器。没过多久，美国陆军和海军都开始利用LSD进行武器开发实验，而中情局也将其作为控制人体行为的手段，而开展"精神控制"实验项目。

很快,参与“回形针行动”的医生和化学家也将陆续开展以“鸟鸣”、“知更鸟”、“洋蓟”和 MK–ULTRA 等为代号的联合秘密行动。LSD 是一种烈性致幻药物，用药后会引发妄想及其他不可预知的行为，使人们看到虚幻的事物。它也成为对冷战的一种奇特讽喻。通过查尔斯・E. 劳克斯将军，上述行动从一开始就与“回形针行动”有了千丝万缕的关系。但在本书问世之前，对于这一事实，尚没有任何文字记载。

工业化生产沙林毒气

1948 年夏末的一天，查尔斯・劳克斯在海德堡的新办公室接到一通电话。来电的男子是一名德国中尉，他留下了一则加密信息，要求将其转达给劳克斯将军。这则信息简明扼要，只有一句话。

“我可以提供帮助。”他说。

这名德国人留下了联系电话和名字“施贝尔”。从 6 月份起，劳克斯将军就一直留在德国。作为欧洲化学战计划情报中心的主管，劳克斯的职责是确定哪个西欧国家正在研发化学武器，然后对其项目进展进行监控。此外，劳克斯在埃奇伍德还有一项工作尚未完成——化学特种部队始终没有掌握将神经毒剂投入工业化生产的方法。目前,他们的目标已经从塔崩转移到沙林毒气。来到海德堡之前，劳克斯聘请了数名美国大学教授，但这项工作始终裹足不前。“我们把沙林的样品和所有的一切都摆在他们面前……但他们还是造不出沙林毒气。”劳克斯将军后来回忆道。随后，埃奇伍德的沙林工厂还发生了一场火灾，导致该项目进展愈加缓慢。

就在此时，施贝尔打来了电话。

1947 年，占领区美国军事政府办公室编写了一摞厚厚的安全报告，内容涉及党卫军准将瓦尔特·施贝尔。从第三帝国垮台后，他就开始与美国军方过从甚密。纳粹头目施贝尔貌不惊人，身躯肥胖，留着希特勒式的胡须，还戴着一口假牙。从 20 世纪 20 年代起，他就被视作希特勒手下的“元老战士”之一，即久经考验的股肱心腹，获得过金质资深党员党章。施贝尔博士既是一名忠诚的党卫军成员，也是党卫军头子海因里希·希姆莱的随身侍从之一。

自 1931 年起，党卫军准将瓦尔特·施贝尔博士就是一名忠诚狂热的纳粹分子。作为纳粹核心人物之一，他与希特勒、希姆莱、鲍曼和施佩尔有许多合影。其中很多照片在战火中被保存了下来，迫于公众压力，军方不可能将他的背景信息向外透露一丝一毫，与他达成的任何交易都被列为“高度机密”。

作为帝国军备部供应处主管，施贝尔既是工程师也是化学家，负责第三帝国上述两个领域内的所有事务。当时，军备部还被称作军需部，由弗里茨·托特担任部长，改名后由阿尔伯特·施佩尔接管。作为工程师，施贝尔负责监督德国的众多地下工程项目。“在集中营设计兵工厂的任务几乎总是落在施贝尔的肩上。”党卫军和奴隶劳工问题专家迈克尔·撒德·艾伦教授写道。在至少一项集中营工程中，他还担任了化学家。

施贝尔曾计划在纳茨维勒集中营实施“营养计划”，试图为党卫军节省食物开支。整整 6 个月，800 名劳工的食物不再是汤羹，而是废旧的布片，“营养计划”导致大量劳工死亡。这座集中营内俘虏的死亡率高达 75%，但并非全都由所谓的“营养食品”所致，因为还有其他许多致命因素。最终,“营养计划”被终止。与施佩尔一样，施贝尔与数十万奴隶劳工的死亡脱不开关系。

但与施佩尔不同的是，施贝尔并未在纽伦堡接受审判，而是成为检方的证人。作为一名化学家、党卫军准将，瓦尔特·施贝尔博士是军备部与法本公司的联络人，负责监督塔崩和沙林毒气的工业化生产。有关情报档案显示，他还有一个头衔是“法本公司秘密职员”。在战争期间，瓦尔特·施贝尔博士和奥托·安布罗斯博士曾在戴赫福斯合作建立了神经毒剂工厂。1948 年夏，安布罗斯还被关押在纽伦堡监狱，而施贝尔却向美国军方打来电话。

“我现在已经获释，”施贝尔告诉接电话的劳克斯副官，“检方没有任何不利于我的证据。”

当然，实际情况比这更为复杂。

4 个月前，即 1948 年 2 月，前党卫军准将瓦尔特·施贝尔与联合情报调查局签署了一份绝密的“回形针行动”合约。美国陆军航空队已经更名为美国空军，莱特基地也被更名为莱特 – 帕特森空军基地。空军基地负责人唐纳德·帕特拟聘用施贝尔，但这件事存在不少隐患。联合情报调查局在写给法兰克福的军方总部的一份备忘录中，概括了事情的进展情况。“兹请求将瓦尔特·施贝尔博士……立即送往莱特基地。施贝尔学识渊博，其掌握的科技知识对美国来说极其宝贵。”联合情报调查局此案的负责人表示，在过去的 3 个月里，施贝尔一直在从事有关“地下工厂”的工程。这项规模浩大的工程位于美军驻德国总部，由弗朗茨·多施牵头，而多施的第一助手就是施贝尔。在德国，施贝尔和多施手下拥有“150 名曾经为第三帝国建造地下工厂的科学家和技术专家”。对此，联合情报调查局撰写了一份长达一千页的专题报告，供美国空军参考。这份报告称，施贝尔“十分配合，并同意前往美国工作。由于他在苏联颇有名气，因此也成为后者的物色目标。有鉴于此，强烈推荐军方将其录用”。

但还有一个问题尚须解决，联合情报调查局写道 ：“有记录显示，施贝尔于 1931 年 6 月 30 日加入纳粹党，后来担任党卫军准将，荣获过金质资深党员党章，还是党卫军、帝国劳工阵线、国家社会主义福利联盟和德意志化学家协会成员。”因为无法掩饰施贝尔作为纳粹核心集团成员的身份，联合情报调查局提出了另一个解决方案——“为了尽可能减少在美国引发负面舆论的可能性，拟通过空军将其押解至美国，或者使用化名”。只要无人知道施贝尔的真实身份，他就可以加入“回形针行动”。

瓦尔特·施贝尔与其他“回形针行动”申请者的标准操作程序不同，他的情报档案中并未附上本人照片。空军方面同意联合情报调查局的建议，“将瓦尔特·施贝尔送往俄亥俄州代顿的莱特基地，并将此案作为第一要务，加快办理”。但在此之前，联合情报调查局和空军方面强调，施贝尔博士需要首先接受去纳粹化审判。

战争期间，盟国一致认为，要使战后的德国转变为一个民主化、非军事化、非纳粹化国家。所谓去纳粹化审判，就是确定被告所犯罪行的严重性程度。因此，所有德国人都要接受评判，以确定其属于纳粹时代以下 5 类人中的哪一类：其一是重大罪犯；其二是纳粹党激进分子、军国主义者和投机商人；其三是罪行较轻的个人；其四是纳粹党的追随者；其五是被证明无罪者。大部分被告都被列为第四类，即纳粹党的追随者或同情者。对于罪行较重者，视程度不同，所受的处罚也不尽相同。惩罚措施分别是入狱服刑、暂时禁止从业、从事杂役及缴纳罚款等。

在接受过去纳粹化审判后，瓦尔特·施贝尔博士“自认为应被归入第三类”，因此开始打点行装，等待被美军送往美国，加入“回形针行动”。但事与愿违，1948 年 3 月 11 日的判决出乎他的意料。“在押犯瓦尔特·施贝尔博士，1897 年 9 月 13 日出生于贝恩施塔特，前帝国军备和军工生产部军备运输主管、电力公司中央办公室主任、帝国工业组织副主任、党卫军准将，”判决书上写道，“因涉嫌黑森诺伊施塔德－拉格一案，经去纳粹化法庭判决，应归入第二类人员，兹判处其在劳改营劳改，5 年内仅能从事普通劳动工作。”这样一来，施贝尔的“回形针行动”合同只得暂时作罢。

在接受去纳粹化审判 5 天后，施贝尔联系到美国陆军反间谍特种部队，向“回形针行动”负责人叙述了这次审判的详细情况：“审判结束后，赫尔·伯贝斯法官将我带入内庭，问我是否会前往美国。我回答，我认为身为一名罪犯，前往美国并不明智。赫尔·伯贝斯建议我立即申请复审，或者请求政治解放部对我予以赦免。赫尔·伯贝斯还向我表示，他会尽力从中斡旋。”施贝尔向“回形针行动”的负责人表示，他离开法庭后，就返回了拘留所。

但接下来发生了一件令人惊诧的事情，施贝尔说：“之后，伯贝斯法官又找到我，对我说了另一番话，这番话与此前的提议相互矛盾。他不再建议我请求复审或者赦免，而是让我立即前往法兰克福，与苏方的联络员取得联系，并申请不同占区间的通行证。有了这本通行证，我就可以畅通无阻地进入苏占区，前往施瓦察萨勒的一座工厂，而这家工厂正是由伯贝斯法官掌管。在那里，如果我想要得到与从前一样的职位，苏联将尽可能为我提供一切帮助。”这就是说，根据施贝尔的供述，审判他的法官不仅效忠于苏联人，而且向他提供了一个工作机会。施贝尔称，当时他就告诉法官，这个提议不可能实现。那么，是否真的有人建议施贝尔置法庭判决于不顾而逃离拘留所，在获得占区间通行证后转而为苏联人工作，还为他开出足以与他在希特勒当政时的薪酬相当的“高额价码”？“去纳粹化审判的庭长曾向我承诺，这项协议一定可以达成。”施贝尔说。是否果有此事？伯贝斯法官难道是一名苏联间谍？或者，施贝尔只是想借用苏联这张王牌敲诈美国人？

反间谍特种部队官员问施贝尔，他对法官的私下提议持何态度。施贝尔认为，去纳粹化审判是为了阻止他与美国签订工作合同，从而令他难以在德国立足，不得不接受苏联的提议。但反间谍特种部队的官员却有自己的看法。“如今施贝尔有可能身处险境，而在此之前，他一直全心全意地与当地的情报机构合作。假如此时突然取消与他的合约，那么无疑会对美国与其他专家的未来合作项目产生负面影响。这些德国人就会认为，美国人出尔反尔、背信弃义。”这名官员表示，“考虑到施贝尔对美国军方和民间的潜在价值，我们必须通过其他方式与他签订合同。”这名反间谍特种部队官员建议，聘用施贝尔为美军在海德堡的顾问，并为其支付薪酬。与此同时，施贝尔可以向去纳粹化法庭申请上诉，待公众对他的关注逐渐消失后，再将其纳入“回形针行动”麾下。

但美国空军已经对施贝尔感到厌倦，五角大楼也重新审核了他的案件。现在，空军方面对施贝尔加入纳粹党的历史有了截然不同的态度。空军认为，施贝尔已经不再是一名杰出的工程师，而是一个残酷无情、贪婪成性的战争投机分子。“瓦尔特·施贝尔从魏玛的古斯特洛夫工厂起家，该工厂是纳粹党麾下的一个联合集团，由 5 家实业公司组成。”空军在给反间谍特种部队官员的回信中写道，“他很快成为德国纤维素和人造丝工厂的主管，而该工厂是德国第二大纤维联合集团。此外，他还在施瓦察成立了图林根粘胶短纤维股份公司，最终取得了法国合成纤维联合集团的控制权。”这就是说，施贝尔曾在党卫军的帮助下，没收法国犹太人开办的企业充作第三帝国的资产。当时，纳粹德国急需合成纤维用以制作军装、毛毯和降落伞等军用物品。有许多照片资料显示，施贝尔曾向希特勒、希姆莱和鲍曼展示合成纤维制作的布匹，在场的所有人都面露得意之色。

“施佩尔任命施贝尔为军备部军需运输办公室主管，并被瓦尔特·芬克提名为国家工业集团副主管。”空军报告显示。但没有人知道施贝尔是如何从纤维生产者变成武器制造商的，也许是他的勃勃野心起了作用。“据称，他曾是纳粹战时经济部门的高级别人物。作为一名纳粹党党员，他经常从中渔利。”空军报告写道。有鉴于此，这份报告得出的结论是：“取消空军部门雇用瓦尔特·施贝尔的申请。后者不适合参与‘回形针行动’。”

法兰克福美军欧洲司令部向五角大楼的联合情报调查局发去电报，称后者的提议极为不妥，“虽然将施贝尔送往美国有可能招致如潮恶评产生风险，但我们认为此事仍需再三斟酌。如果需要，可以突破现行政策。此外我们建议，考虑到施贝尔将来的个人安全以及情报工作原因，以及官方拟采取对其不利的行动……他应当避免出现在公共场所。有鉴于此，我们强烈建议，有关部门应重新考虑是否应当取消施贝尔的工作合同，无论其上诉结果如何，军方必须将其送往美国”。欧洲司令部希望立即将施贝尔从德国带往美国。但3个月过去了，此事仍然没有任何进展。就在这时，查尔斯·劳克斯准将来到了海德堡。

在施贝尔致电劳克斯将军的办公室后，劳克斯令副官安排与他会面[①]。直到2013年，记录两人会面内容的文件仍未被解密。虽然“回形针行动”中有关施贝尔博士的档案只有部分得以解密，但劳克斯将军办公日志中的内容可以作为补充资料。1948年10月14日，施贝尔博士受邀在海德堡美军欧洲司令部的总部参加圆桌会议。“与会人员一同商讨了机密问题。”劳克斯在会议召开的当晚在日记中写道。施贝尔告诉劳克斯，他从一开始就参与了第三帝国的神经毒气制造工作。他的这番话激起了劳克斯将军的爱国热忱。“我希望您知道，如果我能够为西方提供任何帮助，我一定会挺身而出。”施贝尔说。对于施贝尔自告奋勇的表现，劳克斯感到十分高兴，随即邀请他到家中小酌。

当天夜间，劳克斯在办公日志中记录了自己的想法：“与瓦尔特·施贝尔博士一起参加会议，商讨机密事项。会上虽然没有获得任何具体信息，但相信在与其深交后，有望获得更多信息。下次他向美军欧洲司令部情报局报到时，我会设法与他再见一面。他的官阶很高，所以在制造军用毒气方面，他对一些细枝末节并不十分了解，但或许我能从他口中获知一些有用的人名。我会请他到家中小酌。”

劳克斯将军希望与施贝尔博士再次会面，并询问后者下一次是否能够帮助自己解决一个“问题”，因为美国军方在制造沙林毒气方面遇到了挫折。施贝尔表示乐意相助。他告诉劳克斯将军，在战争期间，法本公司的化学家负责制造沙林毒气，而自己与这些化学家私交甚笃。“他们曾在战时与我合作过。”施贝尔解释道。

“我们不会让你白白帮忙的。”劳克斯告诉施贝尔。两人计划在接下来的几周内再次会面。

1948 年 10 月 28 日，劳克斯和妻子珀尔在家中举行宴会。这一次，施贝尔仍是他们的座上宾。劳克斯对施贝尔赞赏有加，当天夜间，他在日记中写下了对此人的印象：“我对施贝尔很感兴趣，他是一个头脑聪慧、才具非凡的人。他的大部分经历都与苏联人有关。‘一战’结束后，作为战犯，他被关押长达 1 年之久。‘二战’期间，他曾经担任党卫军名誉准将。他还在纽伦堡被监禁了 7 个月。他的牢房紧邻戈林，后者在执行绞刑前自杀身亡。施贝尔曾经是托特的仰慕者，后来在施佩尔手下工作，并经常向希特勒直接汇报工作。在他身上发生过许多逸闻趣事。施贝尔是一个忠心耿耿的德国人，甘愿为世界和德国的未来鞠躬尽瘁。”对于党卫军准将瓦尔特·施贝尔博士昔日的罪恶行径以及身居第三帝国高层的事实，劳克斯将军为什么会视若无睹？数十年后，查尔斯·劳克斯向一名军方历史学家讲述了一则故事，也许我们从中可以窥知答案。

“二战”即将结束时，日本宣布投降，时任上校的劳克斯前往东京就任美国陆军首席化学顾问。在对日战争的最后5个月里，美国轰炸机对日本的67座城市发动了大规模燃烧弹袭击，致使近100万人丧生，其中大部分人都被活活烧死。但日本仍然拒不投降。为结束这场可怕的战争，美国向日本投掷了两颗原子弹，而向日本67座城市投掷的燃烧弹均产于落基山的兵工厂。在劳克斯上校的监督下，这座工厂生产了数以万计的燃烧弹。战争结束后，劳克斯经常外出往返于日本乡间，他总是随身携带一部相机，当地满目疮痍、尸横遍野的惨象被他一一摄入镜头。返回美国后，劳克斯将这100多张黑白照片装入一本相册。其中一张照片后来被宾夕法尼亚州的美国陆军遗产中心保存。在这张照片中，劳克斯上校站在一座废墟中，身旁死尸堆积如山。

数十年后，劳克斯上校向军方的历史学家解释了这张照片对他的意义。“一天，在驾驶吉普从横滨前往东京的途中，我将车停在路旁驻足观看。燃烧弹的袭击威力强大，”劳克斯说，“这里已经化作一片焦土，沿途皆成废墟。我们一共向横滨和东京之间的地带投掷了数万枚燃烧弹。我注意到，路旁有一堆燃烧弹的小型残骸。于是，我走过去想要看个究竟。它们看起来就像是我们在落基山制造的东西。没错，我可以肯定，它们的确出自落基山的兵工厂。仅仅在这一个地方，就有数十颗燃烧弹。它们燃起的大火已经熄灭，但被烧焦的尸体仍然随处可见。有人将这些尸体堆了起来。我站在旁边，拍下一张照片，因为这些燃烧弹是我们亲手制造的，所以我必须为此负责。沿途又遇到了许多类似的事件，这件事情看似微不足道，但我目睹了燃烧弹袭击过后的惨状。”

这张照片显示，在一堆余烬未熄的炸弹旁，横七竖八地堆着许多血淋淋的尸体。然而，在对这张照片进行描述时，劳克斯上校的关注点并非空袭造成的人员伤亡，而是炸弹本身。从党卫军准将瓦尔特·施贝尔博士身上，劳克斯看到了一种新的可能，即为美国化学特种部队制造一种新型化学武器——神经毒气炸弹。劳克斯又一次将关注点放在炸弹上。在劳克斯和施贝尔的第二次会面中，劳克斯向后者详细叙述了自己想要的东西。“你是否能够设计出制造沙林毒气的工序，并用书面形式进行表述，再附以图表、详细说明和安全规程？”劳克斯问。“是的，我可以。”施贝尔答道。

劳克斯在办公日志中记录了两人的这次会面情形：“施贝尔提到他们在柏林郊外有一座大型厂房，战争结束时，由于厂房刚刚竣工，工厂只是象征性地制造了极少量产品，尚未正式开始投入生产。当盟军宣布苏联接管该地后，那里的工程师和化学家全都向西逃窜，躲进美占区和英占区。”其实施贝尔在说谎。实际上，他所说的柏林郊外的神经毒气工厂位于法尔肯哈根，由奥托·安布罗斯的副手尤尔根·冯·克伦克经营（此人曾将装有机密文件的铁桶藏匿在根多夫郊外）。战争结束后，法尔肯哈根的工厂一共生产了500余吨致命沙林毒气，绝非施贝尔所说的“象征性地制造了极少量产品”。

如果劳克斯读过占领区美国军事政府办公室有关冯·克伦克的安全报告，或者埃德蒙·蒂利少校撰写的任何一篇CIOS报告，他就会立即揭穿施贝尔的谎言。情况恰恰与之相反。劳克斯将军问施贝尔，如果美国军方与他签订合同，他能否找到掌握沙林毒气生产工序的化学家，并将他们带到海德堡。“我们会为此承担所有开支，并为他们的工作支付酬劳。”劳克斯承诺。“是的，我可以做到。”施贝尔回答。施贝尔说，他认识法本公司所有的化学家，并能轻而易举地让他们透露美国人孜孜以求的所有信息。此外，施贝尔还列出了一份名单交给劳克斯。名单上共有6名法本公司的化学家，其中包括安布罗斯的副手、法尔肯哈根负责人尤尔根·冯·克伦克。

1948年10月29日，劳克斯将军为陆军化学特种部队撰写了一份备忘录。他提议，获得德国塔崩和沙林毒气技术信息的捷径就是聘用施贝尔博士。在日记中，劳克斯写道："希望这项提议能够得到上司的支持。如果得到他的首肯，我们就可以迅速获取德国化学武器的所有技术和开发能力。这些化学家很清楚，他们应该站在哪一方。而我们要做的就是给他们正常的礼遇。因为他们已经意识到德国在军事、政治和意识形态上的失败，并且接受了这一事实。"

一周以后，劳克斯将军告诉施贝尔，他的提议得到批准，并为施贝尔的顾问工作支付每月 1 000 马克的薪酬。施贝尔也向劳克斯透露了 6 名化学家和技术专家的联系方式。这 6 人后来与施贝尔一起共同负责详细解释沙林毒气的生产工序。1948 年 12 月 11 日，劳克斯在海德堡的家中主持首次秘密圆桌会议，并邀请前纳粹化学家参加。在接下来的 3 个月里，这些化学家每周六都会在劳克斯家中碰面，并且在那里完成按步骤分解的详细报告，解决了如何将沙林毒气投入工业化生产的重要问题。他们绘制了许多图表，并列出批量生产所需的材料和设备。数年后，劳克斯回忆道："这个团队中有一名成员是位年轻的工程师，他英语流利，这一点对我们帮助很大。这个人就是尤尔根·冯·克伦克。"

最终，这批德国科学家完成了制造致命沙林神经毒剂的配方报告，并将其送往埃奇伍德。劳克斯将军说，如果没有这些纳粹化学家，美国的研究项目一定会以失败而告终。正是因为有了他们的帮助，该项目才得以大获成功。"就是在那时，我们在落基山间建立了一座化学工厂。"劳克斯说。"二战"期间，他在这座兵工厂监督制造的燃烧弹，后被填充有沙林毒气的 M34 集束炸弹所取代。该绝密项目代号为"绞刑架速递"。

劳克斯将军和施贝尔准将很快成为莫逆之交。施贝尔曾写信给劳克斯，并送上一份礼物以示感激之情。这件礼物官方没有相关记录，但据施贝尔描述，“这是一件设备，建造于研究小组成立之初”。在纳粹时代，施贝尔曾经使用过这件不知名的设备[7]，首次为希特勒制造出了沙林毒气。在随后的 8 年里，劳克斯和施贝尔二人一直在圣诞节期间互致贺卡。

在位于海德堡的住宅中，劳克斯将军与这些编外的纳粹化学家召开了第二次秘密圆桌会议。正是在这次会议上，这位美军准将与前第三帝国准将瓦尔特·施贝尔达成了秘密协议。在他看来，将施贝尔纳入“回形针行动”是一桩符合美国利益的交易。在冷战期间，尽管这个秘密项目由美国军方资助，但官方始终对外界矢口否认它的存在。从此以后，“回形针行动”逐渐演变成了一只无头怪兽。

“柏林封锁”，美苏同盟瓦解

中情局在成立几个月后，就开始与联合情报调查局和“回形针行动”建立了密切的合作关系。中情局将负责处理与“回形针行动”有关事务的机构名为“搜集与传播处”，而该处负责人香农中尉向联合情报调查局提出的第一项申请就是，“获得韦纳·奥森伯格博士所汇编资料的影印件，其中包括大约 1.8 万名德国科学家的生平记录”。截至 1948 年，联合情报调查局和中情局之间互相传递了数百份备忘录。中情局会向联合情报调查局申请获取某位科学家的信息；后者会请中情局提供某个科学家或科学家小组的相关情报。

此外，在中情局成立前的 3 个月里，国家安全委员会颁布了第 3 号令（NSCID#3），其中专门提到“情报搜集以及各情报部门之间在情报搜集活动中的协调问题”。国家安全委员会希望了解，各部门负责提供何种情报，以及不同部门之间如何就有关情报进行协调。中情局认为：“迄今为止，科学发展计划与军事研究领域之间在国家层面上的联系尚不存在。”为此，各方专门成立了科学情报委员会，由中情局官员担任主席，委员会成员分别来自陆海空三军、国务院和原子能委员会。

“从成立之初，科学情报委员会就负责界定科学情报的含义、划分出相关的特定领域，以及建立负责上述领域的专门委员会。”中情局科学情报委员会主席卡尔·韦伯博士写道，“当务之急应当重点发展原子能、生物战、化学战、电子战、制导导弹、飞机、海底战和医药等领域。”换言之，上述所有领域都涉及“回形针行动”的科学家。科学情报委员会共成立了 8 个小组委员会，每个小组委员会分管其中一个领域，这些委员会所涉及的部门将携手开展合作。

虽然局势紧迫，但联合情报调查局试图将“回形针行动”从临时项目转变为长期项目的计划仍然停滞不前。截至 1948 年春，1 000 名加入该行动的德国科学家中有一半已经抵达美国，但尚无一人获得签证。尽管屡生事端的塞缪尔·克劳斯已被调离国务院，但国务院负责签证部门的相关工作始终进展缓慢。5 月 11 日，军情局局长史蒂芬·J. 钱伯林将军决定自行解决这一问题。钱伯林找到联邦调查局局长 J. 埃德加·胡佛，希望他能在签证一事上伸出援手。随着冷战不断加剧，美苏之间的猜忌越来越深，而两人都是坚定的“反共主义者”。钱伯林说，“回形针行动”成功与否对国家安全至关重要，联邦调查局最应该担心的不是纳粹分子而是共产党员。对此，胡佛表示赞同。“美国需要向‘回形针行动’招募的科学家兑现入籍承诺，”钱伯林说，“否则就会有越来越多的德国科学家被苏联人抢走。”钱伯林提议由 J. 埃德加·胡佛向国务院施压，胡佛也表示他会想想办法。3 个月后，首批 7 名科学家拿到了美国的移民签证，接下来要做的就是完成两种身份的过渡转换。

“回形针行动”的科学家需要从处于军事监管之下的“囚徒”转

变为美国合法移民，这是一个迂回复杂的过程。但事实证明这种方案很可行。这几名科学家位于美国西南部，在军方护送下乘坐一辆没有标志的军用吉普进入墨西哥边境城市新拉雷多、华雷斯或提华纳。每一名科学家都随身携带着来自国务院发放的两张表格，即 I–55 和 I–255，上面有签证司司长的签名和参联会的附文第 22 款第 42.323 条，表明“需准予此人入籍，此事对国家利益极其重要”。

此外，这些科学家还随身携带着一张本人照片和血液测试结果，以证明“本人并未患有任何传染疾病”。经领事馆批准后，这些科学家会被带回美国，但届时他们已不再处于军事管制之下，而是变成持有合法签证的美国移民，正式成为美国公民的大门已经向他们敞开。如果这些科学家住在美国东岸而非西岸，他们仍要履行同样的程序，只不过要首先进入加拿大境内而非墨西哥，然后再通过尼亚加拉瀑布附近的领事馆返回美国。

从 1948 年春开始，发给纳粹科学家的签证数量呈几何式增长。就在第一批 7 名科学家获得签证后的 6 个月内，国务院再次向“回形针行动”中的 62 名德国人颁发了签证。1948 年 6 月，苏联切断了柏林通向美占区的公路和铁路，这次事件被称作“柏林封锁”，是冷战开始以来的首次重大国际危机，也是“回形针行动”转变为长期项目的契机。“苏联于 1948 年封锁柏林，表明美苏之间的战时同盟已经瓦解。”中情局负责“回形针行动”的副局长杰克·唐宁后来忆起此事时说。中情局与纳粹科学家之间的合作关系也正是在这个阶段建立起来的，“德国随即成为东西两大阵营之间的新战场”。

反苏“导盲犬”：盖伦组织

“回形针行动”的部分科学家在德国美占区的一处秘密情报基地，

以备受争议的方式参与了许多专项研究项目，以应对东西方之间日益升级的紧张局势。这座基地名为“国王营”，对于“二战”后期至20 世纪 50 年代末在此开展的活动，无论是国防部还是中情局，都未曾作出任何说明。

国王营位于奥伯鲁塞尔，地处战略要塞，距离法兰克福美军驻欧洲司令部仅有 11 英里。该营地共有 3 个正式称谓：奥伯鲁塞尔美国军事情报服务中心、第 7707 欧洲司令部情报中心以及国王营。军官俱乐部外的停车场上竖有一块牌匾，向到访者解释了最后一个称谓的由来。所谓“国王”是指情报人员查尔斯·B. 金（Charles B. King）。1944 年 6 月，金上校在犹他海滩接受一群纳粹分子投降时，因被人出卖而遭到“敌军炮火猛烈的集中射击”，以致当场牺牲，“国王营”的名字由此而来。1945 年 8 月，从约翰·多利布瓦亲手将 6 名纳粹高官押到国王营时起，这里的面貌发生了巨大改观。从那以后，这座审讯基地成为美国在西欧最秘密的情报中心之一。在随后的十几年中，国王营成了冷战期间的一座“黑狱”，而当时这一事实尚未为人所知。营中关押的囚犯均为苏联阵营的间谍。此外，国王营还是一座联合审讯中心。美国各情报机构可以在这里对囚犯进行审问，其中包括陆军参谋部二部、空军情报局、海军情报局和中情局。

至于中情局利用国王营开展了哪些活动，该部门始终对此讳莫如深。在奥伯鲁塞尔，中情局首次开始研究“极端审讯”方式，并实施“行为矫正计划”，这两个项目的代号分别为“知更鸟行动”和“洋蓟计划”[③]。在这里，中情局及其合作伙伴对一些左道旁门的审讯方法进行了研究，其中包括催眠术、电击、化学药品和非法街头毒品。国王营之所以成为从事这项研究的理想地点，部分原因在于这里人烟稀少，但主要还是因为可以利用这里的囚犯。据信他们全都是苏联的间谍。

奥伯鲁塞尔曾经是纳粹审讯被俘盟军飞行员的基地，1945 年春被美国占领。国王营的第一任指挥官是威廉·拉塞尔·菲利普上校。当年秋天，菲利普和战略情报局的创始人威廉·J. 多诺万将军共同使用奥伯鲁塞尔的军事情报服务中心。在这里，多诺万将军负责组织一批被俘纳粹高级将领，就德国的战斗序列和纳粹指挥系统撰写情报报告④，并为其支付酬劳，这些纳粹分子均由约翰·多利布瓦押解至此。多利布瓦能讲一口流利的德语，因此成为多诺万在战时与纳粹战俘的联络员。多诺万将军在奥伯鲁塞尔的办公室一直保留到 1945 年 9 月战略情报局解体之日。随后，多诺万返回华盛顿特区，开始了平民生涯。

菲利普上校的职责是管理其余的囚犯。“二战”结束后的几个月里，奥伯鲁塞尔的囚犯人数激增，包括苏联的逃兵和被俘的苏联间谍。无论是自愿招供，还是被威逼利诱，这些人身上的宝贵情报总能被他挖走。但菲利普上校发现，要想对他们从苏联人口中获取的第一手情报进行正确解读，他手下的情报人员必须首先弄清大局。“二战”期间，苏联曾经是美国的盟友，但如今两国却反目成仇。苏联人是散布虚假信息的行家里手。究竟哪些人说的是真话，哪些人讲的是谎言？这里的纳粹囚犯声称，他们能够分辨真伪。于是，菲利普上校开始利用其中一些人对苏联逃兵和间谍提供的情报进行解读和分析。“这些纳粹分子就像苏联间谍的克星。”菲利普后来说。其中两人似乎尤其熟谙内情，他们就是前纳粹德国反间谍机关“阿勃维尔”情报局长格哈德·韦塞尔及其副手赫尔曼·鲍恩。菲利普令两人立即投入工作。

这项最初旨在“利用战俘进行审讯方法研究的项目”在不知不觉中演变成了一项“反情报行动”。他将这些纳粹分子迁到国王营郊区的一座代号“豪斯布鲁”的安全屋，开展代号为“拱顶石计划”

的反情报行动，旨在分析从苏联俘虏口中获得的情报。菲利普上校发现，与这些纳粹分子的合作一旦开始，就变得一发而不可收。几个月后，他们就从阶下囚摇身一变，变成美军麾下按劳取酬的情报人员。

1946 年夏，一起重大事件对中情局在“回形针行动”和国王营中将来所扮演的角色产生了至关重要的影响。前纳粹德国对苏反情报行动主管莱因哈德·盖伦少将来到了国王营。而在 1945 年之前，盖伦一直在美国接受审讯。抵达奥伯鲁塞尔后，陆军情报部决定任命盖伦为陆军反共情报组织主管，组织实施“鲁斯蒂行动”。后来，该反情报组织被称为“盖伦组织”。在国王营，这些多为党卫军成员的前纳粹情报特务开始与陆军情报官员携手合作。菲利普上校负责全面监督行动进程。

截至 1947 年底，盖伦组织迅速膨胀，人数激增，只得建立单独的总部。陆军情报机构将盖伦组织迁往慕尼黑郊外普拉赫村的一座独立建筑。这座大院曾经是马丁·鲍曼的房产，有宽敞的庭院、雕塑花园和一座游泳池。此后，奥伯鲁塞尔和普拉赫的情报机构开始了合作。盖伦和鲍恩自称，仅在德国的苏占区，他们的手下就拥有 600 名情报人员，而这些特工以前均为纳粹分子。据 51 年后解密的文件显示，在近 3 年的合作中，盖伦和菲利普的关系每况愈下。当菲利普最终意识到合作伙伴的真实面目时，两人变得势不两立。盖伦组织是一群残忍成性的乌合之众，他们“随心所欲”、不服管束。中情局的一个分支机构注意到，“美国情报机构就像一个阔绰的盲人，希望将德国的军事情报机关‘阿布维尔’当作自己的导盲犬。但唯一的问题是，他们把狗链放得太长”。

军方虽然对盖伦组织忍无可忍，但却无计可施。盖伦组织的成员都是说谎成性的职业骗子，其中很多都是战争罪嫌疑人，如今甚至将美国军方玩弄于股掌之上。数十年后，有资料显示，盖伦将军的年薪约为500万美元。1948年底，中情局局长罗斯科·希伦科特与陆军情报机构官员碰面，商讨由中情局接管盖伦组织。双方达成一致意见后，中情局于1949年1月正式接管盖伦及其手下人员。

当年夏天，中情局设立了一个新的机构“科学情报处”，其首任处长为威拉德·马赫尔博士。马赫尔前往德国开展项目，研究针对苏联间谍的“特殊审讯方式”。中情局情报资料显示，苏联人正在进行精神控制研究。因此中情局希望了解，如果美国间谍被苏联人抓获，他们将会面临哪些审讯手法。为了确定苏联人可能使用哪些审讯技巧，中情局在国王营开展了一个绝密审讯项目。中情局准备利用盖伦组织抓获的苏联间谍，将其创新性的审讯技巧应用到实践中，并将该项目命名为“知更鸟行动”。

中情局有关该项目的官方记录十分有限，其中大部分都被中情局局长理查德·赫尔姆斯销毁。按照中情局的最初设想，“知更鸟行动”只是一个“防御性”项目，由来自科学情报机构的人员“运用特殊的审讯方式，评估苏联人的手法”。但中情局很快发现，为了掌握最佳的防范技巧，他们必须首先发展最尖端的进攻技术。这种乍听之下自相矛盾的想法正反映了当时盛行于情报界和军方的冷战思维。中情局认为，为了打造最坚不可摧的盾牌，他们需要锻造出最锐不可当的宝剑。“知更鸟行动”只是拉开了序幕，没过多久，这项行动就迅速膨胀起来，不仅涉及精神控制术，而且开始招募“回形针行动”中的纳粹科学家。

第 17 章

战犯复出

施莱伯：纳粹、苏联、美国三重间谍？

1948 年秋，冷战期间最不同寻常的一次新闻发布会在德国召开。前第三帝国军医署长瓦尔特·施莱伯少将上一次露面，是在纽伦堡国际军事法庭的证人席上指证自己昔日的同事和纳粹高官。1948 年 11 月 2 日，他突然现身于西德的一次新闻发布会上，自称在被苏联羁押了 3 年 5 个月零 3 天后，"逃离了"苏联的魔掌。现在，这名身材矮小、金发碧眼、戴着眼镜的卫生专家表示，他有重大消息要向自由世界透露。

"该医生，"施莱伯面对一群西德媒体侃侃而谈，但令人感到奇怪的是，他竟然用第三人称指代自己，"在生死存亡的危急关头摆脱了苏联卫兵的控制而重获自由。现在，为了安全起见，他和妻子奥尔加、14 岁的儿子保罗·格哈德及两个已经成年的女儿，已处于美国的保护性拘留之下。""苏联人怎么可能让他逃脱？"一名记者问，显然这也是所有人心头的疑惑。两年前，施莱伯少将在纽伦堡出庭作证令世人震惊，之后他被任命为苏军下士（Starshina）。换言之，对苏联来说，他是个极其关键的人物。施莱伯的地位如此重要，竟然能够从苏联卫兵的眼皮子底下溜走。这件事情令人难以置信，但现在他的的确确就在这里。

“我不是想打听细节，”这名记者解释说，“而是想问他怎么可能逃得出来？”

1948 年 11 月，柏林正处于精神和物质的双重围困之下。自苏联阻断东西柏林之间的所有铁路、运河和陆路交通以来，至今为止已两月有余。为了向西柏林居民运送粮食，美国出动飞机空运食物。而施莱伯的“出逃”恰巧发生在“柏林封锁”的最高潮时期。

“出于安全原因，本医生无可奉告。”施莱伯说。

“我不想打听任何细节，”记者再次发问，“但如果换了其他同样处境的人，是否有可能逃得出来？”

“这个问题我已经回答过了。”施莱伯少将说。

施莱伯少将讲述了他所谓的“出逃经历”。他在苏占区一直待到夏天，和一群前纳粹将军住在柏林郊外的一栋别墅里。随后，在七八月间，其中的 6 名将军，包括施莱伯本人，出人意料地被迁往德波边界乡间的一所住宅。这所住宅位于柏林东部奥得河畔的法兰克福附近。（奥得河畔的法兰克福不同于美因河畔的法兰克福，后者位于柏林西南部，属于美占区。——作者注）在谈到这段神秘经历及其重要影响时，施莱伯少将说 ：“随后得知，我们即将进入警察局工作，但事先没有任何人征求我们的意见。”直到那时，施莱伯说，他才知道自己被“任命为刚刚成立的东德警察局首席医务官员”。施莱伯说，“作为交换条件，他将得到食物、衣服、住房、家具……”

其中 4 名纳粹将军同意接受这项工作，但施莱伯表示反对。据说他曾告诉苏方负责人，他是一名科学家，不是一个警察。这几名将军被送往捷克斯洛伐克边境附近萨克森州的一栋住宅休养。“9 月底，同意接受工作的 4 名将军被送往柏林就职。”施莱伯说。他和另一名反对任命的将军继续“处在警方的监管之下”。两天后，施莱伯被送往苏占区的德雷斯顿。“在那里，我们受到了苏联人的热情款待，他们甚至邀请我到莱比锡大学出任教授之职。”施莱伯告诉在场的记者。“但我要求前往柏林大学。我之所以提出这个要求，是有自己的特殊理由的，但我遭到了苏方的拒绝。正因如此，我才逃了出来。”

故事到此为止。一群西德记者异口同声地要求他提供更多细节。作为第三帝国前军医署长，他是如何从苏联军警的严密监视下“逃了出来”的？时值冷战初期，对苏联人而言，若能将纳粹高级将领转变为共产党员，必将产生巨大的宣传效应。人们推测，“格鲁乌”，即苏军总参谋部情报局，在将6名纳粹军官从苏联转移到东德的过程中，始终对他们保持着严密监视。在格鲁乌著名的官方徽章上，一只高高在上、眼观八方的蝙蝠正在地球上空盘旋。格鲁乌就像雷达般监视着人们的一举一动，即使在夜间也不例外。因此，施莱伯竟然能够从他们的手中逃之夭夭，这简直就是天方夜谭。

施莱伯再次以第三人称发言：“该医生独自乘坐特快列车离开，从德雷斯顿来到柏林——这是一次生死攸关的旅行。”说到这里，他戛然而止。

接下来，施莱伯开始滔滔不绝地谈起了苏联威胁论。就像在纽伦堡法庭上对布洛梅博士大加鞭挞，他再次对昔日的一名同事发出谴责。“文森茨·米勒是一个危险分子。”施莱伯厉声说道。“现在他已经投向苏联的怀抱，这一举动严重威胁世界和平。米勒中将最近被苏联政府任命为柏林警察局局长。”施莱伯说。“他成了一个狂热的共产主义者，对苏联人忠心耿耿。最令人惊诧的是，米勒竟然来自一个极为虔诚的天主教家庭。苏联人计划用重型武器、坦克和大炮武装米勒执掌的柏林警察局。苏联人只有一个目标，”施莱伯说，“就是称霸全球。从他们重新武装东柏林一事中，便可以窥知端倪。”

“除了文森茨·米勒，你能够告诉我们其他 4 名将军的姓名吗？”一名记者问道。

“我认为，在这样大规模的新闻发布会上，没有必要透露他们的姓名。”施莱伯说。

“苏联人是不是想用花言巧语骗取你的信任？”另一名记者问道。

“苏联人热衷于推行世界革命。”施莱伯说。在苏联，大部分人都认为“这场革命即将到来”。

又一名记者问：“你逃跑时是否穿着苏联的制服？”施莱伯解释说，“那 4 名向苏联人妥协的将军”都穿着苏联制服，但凑巧的是，在施莱伯准备逃跑时，他的制服还没有准备好。施莱伯引述了他的苏联管理者费希尔的原话，以强调自己并没有说谎。“费希尔说：‘你要晚些时候才能拿到制服，现在制服还没有做好。’”

“你的制服为什么没有做好？”有记者问。

“尽管苏联人也测量了该医生的身体尺寸，但当该医生表示他不会在 19 日前往柏林时，他未能拿到自己的制服。”施莱伯说。

最后，一名记者问起施莱伯博士有关他在纽伦堡法庭上提及的人体实验之事。“该医生是如何得知人体实验的相关细节的？”记者问。

“该医生从未参与过任何此类研究工作。”施莱伯宣称，“他之所以对此有所了解，要么是因为他身居高位，能够查阅相关文件；要么是他参加过相关医学会议，推测到有人暗中从事过此类研究工作。”

尽管施莱伯信誓旦旦，但他的话令新闻发布会上的多数人都疑窦丛生。无论从何种角度来看，他虎口脱险的故事都显得荒诞不经。因此对他后来所讲的其他事情，人们很难信以为真。施莱伯离开会场后，新闻发布会又持续了 30 分钟。

之后的事实证明，施莱伯的这次新闻发布会不是心血来潮，而是经过精心演练的。在过去的 14 天里，他事先拟订了发布会上的声明。也就是说，1948 年 10 月，从他走进反间谍特种部队驻柏林办事处起，他就开始与那里的特工商讨有关事宜。施莱伯的负责人是第八区一个名叫塞弗林·F. 瓦拉赫的特工。施莱伯向瓦拉赫叙述了柏林沦陷后，红军如何将他俘虏以及后来发生的种种事情。

“1945 年 5 月 5 日，施莱伯博士与其他被俘的德国将军一起被苏军送回了柏林，”瓦拉赫在施莱伯的情报档案中写道，“这几名将军被关押在柏林帝国总理府的一间地下室，并且得知，他们必须按照命令,在苏联卫兵的严密监视下走出地下室。苏联人拍摄了整个场面，并将其拼凑成一部攻陷柏林的‘真实’纪录片。”5 月 9 日，纳粹德国投降后，施莱伯博士和其他几名将军被送往波兰波森地区一座较大的战俘营, 直到 1945 年 8 月 12 日, 这批德国前将军被解往莫斯科。施莱伯称，他于 8 月 29 日抵达莫斯科。“这次运输组织混乱，”施莱伯说，“运输队的厨师将粮食卖给黑市或者私自藏匿留作己用，造成食物短缺。”施莱伯在供述中提到了许多细节。“这些将军被押往莫斯科附近克拉斯诺格尔斯克的第 7027 号战俘营。”他回忆说。那里的食物味道要可口得多，因为它们全部都是来自美国的罐装食品。施莱伯反复向瓦拉赫表示，凡是与美国有关的东西，他都非常喜欢。

1946 年 3 月 12 日，施莱伯说，他被转往莫斯科的卢比扬卡监狱。“那里的待遇还不错。”施莱伯声称, 3 月 20 日他第一次被提审。“审问的主题是德国在生物战方面进行的研究项目。”但瓦拉赫特工知道，施莱伯所言未必属实。施莱伯是第三帝国级别最高的医生之一，少将军衔。截至 1946 年 3 月 20 日，他已经被苏联关押了 10 个月。时隔如此之久，他才首次被提审，听起来似乎不可思议。施莱伯称，审问他的人是一个名叫卡布罗的中将，这次审讯持续了 3 天。卡布罗将军说 ：“我不相信你说的话。”施莱伯声称，为了逼其就范，苏联审讯人员对他使用暴力，以从他口中套取真相。第二次审讯发生在同一天凌晨 3 点，施莱伯回忆说，“一名苏联军官对我进行殴打，我记得他是斯米尔诺夫中尉，和他一起的还有瓦尔特·斯特恩上校。后者会讲德语，而且发音纯正，是一名出色的审讯人员。”

施莱伯说，他经历了 3 周严刑拷打，最后终于支撑不住，写下了后来被苏联政府提交给纽伦堡国际战争罪特别法庭的声明。苏联人将他从莫斯科押往柏林，然后前往纽伦堡战争罪法庭作证。在航行途中，施莱伯说，那名会讲德语的苏联审讯者斯特恩上校凑过身来，悄声警告他，如果他胆敢自作主张，谈起任何不利于苏联的事情，返回苏联后，他会被立即绞死。

在纽伦堡作证后，施莱伯被带回苏联，和其他 3 名将军被安排住在莫斯科东南 16 英里托米里诺乡间的一座两层楼房内。其他 3 名将军中，有一位是陆军元帅弗里德里希·保罗斯，是到当时为止向苏联投降的俘虏中级别最高的纳粹将领。在斯大林格勒战役中，保罗斯曾向苏联缴械投降。保罗斯与希特勒之间的交往及其被俘的经历非同寻常。就苏联的宣传效果而言，如果说施莱伯博士是一条大鱼，那么陆军元帅保罗斯就是一条巨鲸。后来，苏联人也将保罗斯带往纽伦堡出庭作证。

威廉·夏伊勒在《第三帝国的兴亡》（*The Rise and Fall of the Third Reich*）中写道，在斯大林格勒战役中，保罗斯的错误指挥造成了巨大的灾难。“元首已经精神失常……是继续执行命令，还是挽救残部免遭全军覆没的厄运，保罗斯举棋不定，于是向希特勒发出请求。”保罗斯在发给元首的急电中写道：“我军弹尽粮绝……已经不可能进行有效指挥……18 000 名伤兵没有任何补给、衣物和药品……继续防守毫无意义。失败已不可避免。请求立即批准缴械投降，以挽救残余将士的生命。”但希特勒拒绝批准保罗斯向盟军投降。“禁止投降，”希特勒在复电中写道，“第六集团军必须坚守阵地，直到最后一个人倒下、最后一发子弹射向敌人。你们为建立防线和挽救西方世界所做的英勇壮举和巨大功勋，必将被永世铭记。”

所谓“英勇壮举”，就是委婉地暗示要他们为国捐躯，而现在保罗斯理应自尽殉国。为了激励保罗斯，希特勒在这道命令中授予他陆军元帅之职。这就意味着，保罗斯的人生即将走向终点[①]。“德国陆军元帅没有被生擒的先例。”希特勒告诉当时站在身旁的阿尔弗雷德·约德尔。但与此相反，次日清晨 7 点 45 分，陆军元帅保罗斯率部向苏联红军投降。他在发给希特勒的最后一封电报写道：“苏联人就在地堡的门口。我们正在销毁设备。”随后，便失去了保罗斯的音讯。很快，他被红军俘虏。

而保罗斯身后的景象惨不忍睹，夏伊勒描述道：“包括 24 位将军在内的 9.1 万名德国将士冻馁交加，很多人遍体鳞伤。他们全都失魂落魄，在冰天雪地中蹒跚而行。他们紧紧搂着血迹斑斑的毛毯，冒着零下 24 摄氏度的严寒，向西伯利亚阴森恐怖、滴水成冰的战俘营走去。”战后，在被苏联生擒的 9.1 万德国人中，只有 5 万人活着走出了战俘营，保罗斯就是其中之一。

1947 年，保罗斯和施莱伯少将同住在柏林郊外一栋舒适的两层楼房里[②]。实际上，那里一共住着 4 名前纳粹将军，施莱伯说。除了陆军元帅弗里德里希·保罗斯外，还有文森茨·米勒中将和埃里克·布申哈根将军。米勒于 1944 年在明斯克郊外被俘，布申哈根于同年 8 月在东罗马尼亚被俘。“为什么让你们住在一起？”瓦拉赫特工问。“我相信，苏联人曾命令文森茨中将向我们灌输共产主义思想。”施莱伯说。

无论原因究竟为何，这几名将军不仅生活舒适，而且还能享受苏联发放的津贴。随后，施莱伯将军和布申哈根将军被带往莫斯科，住在一栋设施豪华的私人宅邸。他们的苏方负责人经常陪伴左右，就像向导一样，带着他们前往博物馆和歌剧院，意在强调苏联同样拥有高度发达的文明。对施莱伯来说，其用意不言而喻。“这当然也是他们计划好的教化行动之一。”他告诉瓦拉赫特工。而他也佯装成一个快乐的共产党员。

当年 7 月，“陆军元帅保罗斯身体有恙……被送往克里米亚半岛里瓦迪亚的避暑胜地”。这不能不说是一种讽刺。因为 1945 年 2 月，旨在加强反法西斯统一战线的雅尔塔会议就是在这里召开的。而那时，危险分子米勒、保罗斯和施莱伯都住在这座避暑胜地，生活悠闲，心情舒适。直到夏天结束、天气不再酷热难耐时，他们才乘坐私人飞机返回莫斯科。

次年，这几名前纳粹将军被送往托米里诺的乡间，施莱伯说。但这一次，按照苏联人的要求，他们参加了大量反法西斯课程。课程一直持续到 1948 年 9 月 7 日。直到那时，施莱伯说，他才得知自己和其他 25 名前纳粹将军即将离开东德。当施莱伯拒绝到柏林警察局任职后，他被带往德雷斯顿巴恩斯特拉斯山的魏波赫希酒店。他的负责人费希尔博士认为他可以不必去警察局工作，施莱伯说。当费希尔暂时离开魏波赫希酒店去安排施莱伯从教一事时，施莱伯称，他便赶紧趁此机会夺路而逃。

瓦拉赫特工在报告中概括了施莱伯的说法。“当时只剩下施莱伯孤身一人，无人看管…… 10 月 17 日，他径直登上离开德累斯顿的列车，并于当天抵达柏林。在与柏林的家人取得联系后……施莱伯于 10 月 18 日联络到本人，此后他便处于美国当局的保护之下。10 月底，施莱伯和家人一起迁往美占区，以便由 ECIC 对其进行详细审问。”所谓 ECIC，就是指欧洲司令部情报中心，也是国王营的别称。

施莱伯是不是双面间谍，就像小说中的人物詹姆斯·邦德？他是如何挺过苏联人的严刑拷打，全身而退，而其他很多人，无论是纳粹将领、平民或者间谍都被毒打致残？或者说他是一个道行高深的骗子，能够像狡诈的黄鼠狼一样隐匿行踪？在过去的三年半时间里,他究竟在苏联都做了些什么？特工瓦拉赫得出了自己的结论。“施莱伯给本特工留下了极好的印象,我并不认为他是苏联安插的特务。”瓦拉赫写道，并且用浓重的黑色笔迹签下了自己的名字。

瓦拉赫长达 13 页的审讯报告被报送给美国陆军欧洲司令部情报局局长，报告中附有一份由瓦拉赫在反间谍特种部队的上级撰写的备忘录，上面印有“高级机密”字样。报告中写道：“施莱伯声称，他了解与他一同被转运至柏林的所有人及其个人背景、政治态度和工作任务…… 6 天内，即可将其送至总部接受详细审问。”施莱伯曾经向瓦拉赫表示，对于目前为东德警察局工作的所有纳粹高官，这些人的个人信息他全部都一清二楚。

1948 年 11 月 3 日，美国陆军情报局局长向位于五角大楼的联合情报调查局总部发去一封密电，并将其抄送参联会。“如果军医总监认为施莱伯对国家安全具有重要意义，他的案件应当履行参联会有关移民美国的例行程序。”前第三帝国军医署长、少将兼教授瓦尔特・施莱伯博士即将被招纳进入“回形针行动”之中。他和家人被带往国王营，并住在当地的一所安全屋里。

当欧洲化学战计划情报中心主任查尔斯・E. 劳克斯将军得知，施莱伯目前正处于美国的监管之下时，他立即动身前往国王营对其进行审讯。劳克斯曾经邀请纳粹化学家到海德堡的家中做客，以研究沙林毒气的生产配方。劳克斯尤其希望从施莱伯那里了解纳粹德国为防御神经毒剂而制造的疫苗和血清等相关情况。

劳克斯发现施莱伯在所有方面都很配合，因此聘请他为美国化学特种部队工作，编纂有关纳粹化学部队的资料。为监督施莱伯的工作，劳克斯将军经常往返于海德堡和国王营之间。随后，施莱伯受雇于美国军方，就其在苏联的经历撰写专题文章。与施莱伯的合作结束后，国王营的指挥官戈登·D. 英格拉哈姆中校询问劳克斯是否可以对施莱伯的人品进行证明，并将有关内容写入占领区美国军事政府办公室有关施莱伯的安全报告。考虑到施莱伯是前纳粹高官这一棘手的事实，联合情报调查局欲将其送往美国势必会遇到诸多麻烦。劳克斯点头应允，但对这名纳粹将军的动机极其怀疑。劳克斯表示，“施莱伯精力充沛，善于组织开展研究项目。”显然，施莱伯知无不言，并向劳克斯提供了准确的信息，这一点也得到了美国技术研究专家的确认。尽管如此，劳克斯表示，施莱伯有可能也“向苏联人提供了同样的信息”。劳克斯告诉军方的情报官员，他认为“只要开出的条件具有足够的吸引力，施莱伯就会采取行动”。换句话说，施莱伯的忠诚是可以出卖的。

在国王营，施莱伯博士及其家属搬往美国军方提供的豪宅之中。虽然劳克斯将军对施莱伯的可靠性颇有微词，但后者仍在 1949 年 11 月被陆军情报局雇用为秘密审讯基地国王营的博士后医生。据解密的占领区美国军事政府办公室有关施莱伯的报告显示，他的新任务包括“处理国王营出现的所有医学问题，并照料其中的囚犯”。施莱伯负责监督国王营中苏联俘虏的健康状况，显然，其中一些囚犯都见识过中情局的“特殊审讯手段”。苏联间谍已经让美国军方头疼不已，对于一名疑似双面间谍的人，军方应当慎之又慎。考虑到施莱伯完全有可能在暗中为苏联人服务，因此雇用这名前纳粹将军、前苏军下士无疑是非常之举。如果施莱伯是一名苏联间谍，那么他就能轻而易举地了解到中情局和军事情报部门在国王营的所作所为。

反之，如果军方相信施莱伯所说的逃脱经历，那么他的很多专长都可以为军方所用。在过去的三年半时间里，他一直是苏联的俘虏，因此至少熟悉苏联人的某些审讯技巧。此外，他还能讲一口流利的俄语。国王营的指挥官英格拉哈姆中校相信，施莱伯博士说的都是实情。1951年8月之前，施莱伯一直在国王营担任博士后研究员之职。英格拉哈姆还聘请施莱伯年仅23岁的女儿多萝西娅·施莱伯为自己的私人秘书。

施莱伯向美国军方表示，苏联人试图活捉自己，甚至对其行刺。因此，他要求使用化名，以隐藏自己的真实身份，并选中了“费希尔博士”这一化名。这个化名中有几层隐含的意义。首先，“费希尔”是施莱伯博士苏方的负责人，据施莱伯供述，在德累斯顿他就是从此人手中逃脱的。此外，这还是施莱伯在拉文斯布吕克集中营的一个前党卫军部下的名字，即弗里茨·费希尔博士，此人曾经在当地的波兰妇女和女童身上开展过残忍的医学实验，并因此在纽伦堡医生审判中受审后被判刑。他也是少数几个伏法认罪的纳粹医生之一。在庭审期间，听到有关自己骇人听闻的证据后，弗里茨·费希尔博士向战争罪首席调查员利奥波德·亚历山大博士表示：“我真想站起身来说，立刻把我绞死吧。”

所有这一切——施莱伯博士、“费希尔博士”、苏联的费希尔和党卫军弗里茨·费希尔博士，让人仿佛置身于镜厅之中。但“回形针行动”本身就是一个口是心非和尔虞我诈的世界，所以很难分辨孰真孰假。时间是否会让一切真相大白于天下？

“回形针加速计划”

随着德国成为东西方之间新开辟的斗争前线，约翰·J. 麦克洛伊被任命为美国驻德国的高级专员。1948年8月14日，美国4年有余的军事统治正式结束。奥托·安布罗斯博士的铁窗生涯也即将终结，他很快就会成为“回形针行动”的招募对象。

奥托·安布罗斯是希特勒最钟爱的化学家，由于被判处8年有期徒刑，他已经在兰茨贝格监狱度过了整整363天。[3] 1948年7月30日，在纽伦堡附加审判即“法本审判”第VI号案件中，安布罗斯被判决犯有大屠杀罪和奴役罪，随后被押往兰茨贝格监狱。这里也被称作I号战犯监狱，位于慕尼黑以西38英里，关押着1 526名纳粹已决战犯。这座19世纪的建筑就像一所寄宿学校，院子里绿树成荫，还有一座外观宏伟、镶嵌着木板的天主教堂。牢房位于院子中央，战犯们被关在独立的狱室里。1924年，希特勒就是在兰茨贝格监狱坐了8个月的牢，也是在这里完成了《我的奋斗》这本书。

在狱中，安布罗斯向其他囚犯传授“化工技术”，这是监狱的教育课程之一。他在写给母亲的家书中表达了自己的不满。“我只不过是一个政治牺牲品，”他写道，“还好这一切很快就会过去。”19岁的迪特尔·安布罗斯代表父亲写信请求盟军方面给予宽大处理。“众所周知，我父亲是无辜的。”迪特尔在给西奥菲尔·沃姆主教的信中写道，后者不断鼓吹释放战犯的言论。“感谢您对我们的支持……我父亲遭到了非法关押。”安布罗斯是一个模范囚徒。服刑档案显示，安布罗斯仅有一次受到处分：“WCPL1442号犯人奥托·安布罗斯站在窗边，向女囚的活动场地张望，违反了监狱的相关规定。”

在监狱之外，很多律师正不遗余力地帮助奥托·安布罗争取斯提前释放。此外，安布罗斯还亲笔写下不少申请书。1948年，他要求监狱委员会破例为自己提供一个柔软的枕头。1949年，他请求上级批准，让自己把手风琴带进牢房。兰茨贝格监狱的医生、德国空军医疗服务队队长奥斯卡·施罗德博士每年都会为他进行体检，并向上级提交健康报告。施罗德曾在海德堡受雇于美国陆军航空队航空医学中心，后来在纽伦堡医生审判中被判处终身监禁。被关押在这座监狱中的还有赫尔曼·贝克尔–弗莱森和威廉·贝格尔伯克，两人均被判处 15 年有期徒刑。

纽伦堡的 12 起附加审判结束几个月后，约翰・J. 麦克洛伊升任驻德国高级专员。当时，很多美国人已经对这些审判失去了兴趣，而大部分德国人并不认同战争罪审判预设的前提，甚至许多人认为，美英两个战胜国筛选出这些已决犯来进行惩罚，只不过是在主持“胜者的正义”。[④]德国媒体也开始将关押在兰茨贝格监狱的已决犯称为“所谓的战俘”。这是麦克洛伊专员抵达兰茨贝格后即将面临的敏感问题之一，而另一个就是“回形针行动”。

自 1945 年春末纳粹科学家项目发轫之际起，时任战争部助理部长的麦克洛伊就对其表示大力支持。当时，他还兼任国务院—陆军部—海军部协调委员会主席，他作出的许多重大决定左右了纳粹科学家项目的命运。麦克洛伊不仅是律师兼政客，还是一位经济学家。在战争部助理部长以及驻德国高级专员的任期间，他还出任过世界银行行长。时值该机构成立伊始，也正是其发展的关键时刻。据世界银行有关文献记载，麦克洛伊“界定了世界银行与联合国以及世界银行与美国的关系”。

随后，他重返政界成为一名外交官，前往德国接替即将卸任的占领区美国军事政府办公室首长卢修斯・D. 克莱将军。麦克洛伊个子不高、身躯肥胖、头发稀少，有着银行家般强势的外表。在公开场合，他总是身着整洁笔挺的西服。作为高级专员，他经常乘坐私人柴油火车往返德国各地，而这辆专列曾经属于希特勒。虽然美方已经向康拉德・阿登纳总理掌管的新一届西德政府移交权力，但在西德过渡成为一个独立主权国家的过程中，德国法律和治安等很多方面仍由麦克洛伊管理。而其中有一个领域阿登纳总理也无法染指，那就是兰茨贝格监狱。在这座监狱的庭院里有数百名已决战犯被处以绞刑，另有 86 人也面临死刑。麦克洛伊上任伊始，有关兰茨贝格监狱的辩论进入了白热化阶段。

1949年11月，一群德国律师与包括奥托·安布罗斯在内的法本企业家相互勾结，要求与麦克洛伊在法兰克福前法本公司的办公室见面。苏联人刚刚引爆了第一颗原子弹，这比中情局之前的预测提前了数年。因此美国军方处于高度戒备状态，尤其是在德国。这些德国律师告诉麦克洛伊，如果西德和美国打算同仇敌忾对抗苏联共产主义，就必须对兰茨贝格监狱里的囚犯采取宽宥措施。这些律师表示，许多德国人一致认为这些囚犯只是“政治犯”，并请求麦克洛伊对他们进行宽大处理。

会面结束后，麦克洛伊向其掌管的司法处发去一份备忘录，并就此次会面中的议题征询后者意见。作为德国军事专员，他是否有权对“特别军事法庭宣布的判决”进行复审？司法处向麦克洛伊表示[5]，在兰茨贝格战犯的问题上，他有权采取其认为适当的任何措施。在美国，前纽伦堡检察官泰尔福特·泰勒将军在听闻法兰克福高级专员办公室内发生的事情后，感到大为光火。他立即写信给麦克洛伊并在信中提醒他说，兰茨贝格的纳粹战犯“毫无疑问是纽伦堡战犯名单上最怙恶不悛、厚颜无耻的杀人凶手。任何对他们予以减刑的提议在我看来都是理所不容”。但是，据麦克洛伊的传记作者卡伊·伯德称，麦克洛伊并未对此作出任何答复。

随后，麦克洛伊成立正式复审委员会，准备对兰茨贝格战犯的判决进行核查。该机构被正式命名为“战犯减刑顾问委员会”，由于麦克洛伊任命戴维·W. 佩克担任主席，因此该机构也被称为“佩克委员会”。在德国，前纳粹高官汉斯·施派德尔中将亲自向麦克洛伊呼吁应当对战犯的判决进行再次核查。施派德尔是康拉德·阿登纳总理重整军备问题的首席顾问。虽然有关重新武装德国的问题备受争议，但这项提议仍被提上日程。汉斯·施派德尔的弟弟威廉·施派德尔也是兰茨伯格监狱的已决战犯之一。施派德尔向麦克洛伊在波恩的助手[6]表示："如果兰茨贝格的囚犯被处以绞刑，德国作为武装同盟对抗东方阵营的设想就会化作泡影。"就连康拉德·阿登纳总理也对此事满怀期望，并告诉麦克洛伊说，后者应当"尽最大可能对被判处徒刑的个人予以减刑"。

1950年6月，朝鲜战争拉开序幕。五角大楼认为苏联即将入侵西欧。1950年7月14日，莱特－帕特森空军基地的指挥官向"回形针行动"的内部支持者唐纳德·帕特上校发出一份紧急备忘录。"鉴于欧洲目前剑拔弩张的局势，以及苏联军队可能迅速占领该大陆，本指挥部对立即实施德国和奥地利科学家疏散项目的可行性表示担忧。"这些科学家一旦"落入敌手，就会对我国国家安全造成严重威胁"。空军情报局向联合情报调查局提议，应当在德国立即开展"大规模招募工作"。联合情报调查局对此表示同意，并与高级专员办公室共同着手制订正式计划，将这项提议付诸实施。

朝鲜战争燃起了人们对"回形针行动"的新一轮热情。在高级专员办公室内，麦克洛伊设立了一个名为"科学研究部"的小组，由卡尔·诺德斯特洛姆博士负责，专门应对有关德国科学家的问题。从麦克洛伊上任之后，诺德斯特洛姆就想方设法加快工作进度，以便将更多德国科学家送往美国加入"回形针行动"。诺德斯特洛姆博士编纂了一份名为《对德国科学家和技术人员的分配问题》的厚重档案，并向麦克洛伊报送了许多仅供亲阅的秘密备忘录，以对其认为关系到国家利益的某些研究项目予以支持。

朝鲜战争爆发后，诺德斯特洛姆从联合情报调查局获得了一份新工作，他被任命为该局新项目"回形针加速计划"在德国的联络员，在五角大楼以外力推动项目快速发展。由于一些德国人对"回形针"一词感到不满，所以这项行动在实际工作中也被称作"63计划”。该计划旨在将“极其危险的尖端科学家”转移出德国，不惜一切代价使其远离苏联掌控。于是，驻德国高级专员办公室开始与陆军情报部门合作，将代号为“K 名单”中的 150 名科学家从德国疏散到美国。参联会也不惜重金专门拨款 100 万美元，以诱使这些科学家前往美国。这笔资金大约相当于 2013 年的 1 000 万美元。

“回形针加速计划”即“63 计划”在威斯巴登和法兰克福的高级专员办公室召开会议，由诺德斯特洛姆博士负责会议记录。与会者包括联合情报调查局、陆军、空军、欧洲司令部和中情局的有关人员。由于“K 名单”上的许多科学家尚未获得工作机会，联合情报调查局决定在纽约市的阿拉玛酒店设立秘密办事处。在等待工作分配时，这些德国科学家可以暂住于此。“回形针加速计划”在美国的负责人是威廉·H. 施派德尔上校，他的办公室也设在阿拉玛酒店。这座酒店位于皇后区七十一大道和百老汇交叉口，其中第 19 层的一个区域被全部腾空，供一批即将抵达的德国科学家使用。

官方甚至已经印好了欢迎手册，由高级专员办公室记录在档。“为确保您在这里舒适便捷地生活和您的利益，”手册上写道，“从您抵达之日起，直至离开这里投入工作，我们专门选派一位出色的军官以及一批优秀的工作人员竭诚为您服务。这名军官的办公室也位于您所下榻的酒店，在住房、餐厅设施、医疗服务和管理细节等所有问题上，他会为您作出合理安排或者进行协调。美国军方的主要任务是为您提供舒适、满意、愉悦和安全的服务，以帮助您实现上述目标，并尽可能减少一切矛盾、干扰和延误。”

然而，这项行动的进展并没有像诺德斯特洛姆博士预计的那样顺利。让所有人都大感意外的是，在与德国科学家进行接洽时，“回形针加速计划”开出的条件遭到了其中许多人的拒绝。当联合情报调查局要求高级专员办公室就此作出解释时，诺德斯特洛姆在报告中称，“K名单”上的一些科学家墨守成规、家境优裕、工作繁忙，而且对美国人过去的做法极其不满，因此他们并不认为免费入住纽约市的阿拉玛酒店就是事业上的突破。其次，德国如今已经有了自己的新总理，这令许多德国科学家在战后第一次发现，祖国的科学事业极有可能在未来蓬勃发展。

但也有人迫不及待地想要前往美国。随着“回形针加速计划”新政策出炉，现在甲级战犯也可以被列入联合情报调查局的名单之中。其中包括现任国王营美国军医施莱伯博士和第三帝国军医副署长、纳粹生物武器专家库尔特·布洛梅博士。此外，名单上还出现了安布罗斯博士的名字，即被纽伦堡法庭判决犯有大屠杀罪和奴役罪的犯人。1951 年冬，仍在兰茨贝格狱中服刑的安布罗斯也被列入联合情报调查局的“回形针加速计划”名单之上。

国王营里的特殊研究员

1951 年 1 月，驻德国高级专员办公室宣布，麦克洛伊将就兰茨贝格监狱关押的战犯作出重大决定。麦克洛伊的顾问委员会已经完成复核工作，建议对包括已被判处长期监禁的大部分囚犯进行“大幅减刑”。对于死刑案件，委员会称，麦克洛伊应当根据具体情况区别对待；其次还有财务问题。在纽伦堡，法官曾经下令没收已决战犯的个人财产，因为他们的财物大都来自奴隶劳工在“血汗工厂”的辛勤劳作，而数以万计劳工甚至因此被活活累死。但麦克洛伊的顾问委员会建议撤销这一没收命令。对安布罗斯来说，这就意味着，他可以保留希特勒奖励给他的 100 万马克。几个月来，麦克洛伊一直在考虑委员会的建议[7]。在此期间，他还收到了许多德国宗教团体和活动人士呼吁释放战犯的来信。麦克洛伊从法兰克福向华盛顿发去电报，而白宫建议此事由他自己作出决定。

麦克洛伊对 15 例死刑中的 10 例作出减刑处理。也就是说，这 10 个被国际军事特别法庭判决有罪的犯人，其中包括马尔梅迪大屠杀（1944 年 12 月，德军在阿登进行拼命反扑期间，纳粹党卫军屠杀了 750 名美国士兵和 150 名比利时平民。其中大多数人死在比利时马尔梅迪镇。——译者注）的指挥官以及几名负责指挥流动行刑队的党卫军军官，将会在 1—7 年内陆续重返社会。在死刑案件中，麦克洛伊选择维持原判的犯人包括 D 别动队指挥官、在基辅郊外的巴比谷屠杀了 3.3 万人的奥托·奥伦多夫，以及多座集中营的首席行政长官奥斯瓦尔德·波尔。在其余的 74 名战犯中，麦克洛伊决定对 64 人进行大幅减刑。这就意味着，那些曾在纽伦堡接受审判的囚犯中，将有三分之一的人于近日获释。1951 年 2 月 3 日，安布罗斯脱下红色条纹的劳动布囚衣，换上入狱前的定制西服。他走出兰茨贝格监狱的大门，恢复了自由之身，此前被充公的财产也被悉数归还。

泰尔福特·泰勒将军在一场新闻发布会上声明："无论是否出于有意，麦克洛伊对我们曾经为之赴汤蹈火的国际法准则和人道主义理念，给予了沉重打击。"埃莉诺·罗斯福也在新闻专栏里发出了诘问："我们为什么要释放如此众多的纳粹分子？"[8]次月，即 1951 年 3 月 27 日，诺德斯特洛姆博士在高级专员办公室里，派遣专项工作组的查尔斯·麦克弗森外出寻找并招募库尔特·布洛梅博士。该工作组目前拥有 20 名特工，每人手中都掌握着一份"K 名单"，任务是搜寻名单上的科学家。麦克弗森得知，布洛梅正住在多特蒙德基尔街 34 号，于是他立即动身，准备与这位博士会面。

第一次见面时，麦克弗森得知，布洛梅博士在多特蒙德开了一家私人诊所。每逢工作日，他都住在诊所附近的公寓里；到了周末，他会返回 12 英里以外哈根的家中，与家人共享天伦。"他英语很流利，所以谈话时不需要翻译。”麦克弗森在报告中写道。他这次前来是为了向布洛梅提供“回形针行动”的合同，麦克弗森告诉布洛梅博士。“他说他当然很感兴趣。”布洛梅让麦克弗森详细谈谈合同的内容。“他表示自己已经上了年纪，不适合再另起炉灶，宁愿继续从事生物研究或癌症研究。”麦克弗森认为，布洛梅的言外之意是，他已经在为英国的“火柴盒行动”开展绝密的细菌武器研究。这项行动相当于美国的“回形针行动”。布洛梅说，是英国人帮他保住了哈根的住宅。离开多特蒙德时，麦克弗森的结论是，57 岁的布洛梅教授很感兴趣，但需要有明确的邀请，才能使他下定决心。

大约 3 个月后，即 1951 年 6 月 21 日，麦克弗森再次见到了布洛梅博士。“我把合同的副本交给他，并告诉他，我们愿意在合同规定的期限内，为他支付 6 400 美元的年薪。”麦克弗森说。接着布洛梅问了几个问题。他想要了解这些薪水的购买力以及自己需要缴纳的所得税额。“接下来，他提出了一个要求。对于这个要求，我向他表示自己无能为力。”麦克弗森写道。布洛梅说，他有一笔资金与某个专门账户绑定，而这个账号已经被认定为纳粹党的基金。因此布洛梅希望麦克弗森设法帮助自己拿回这笔资金，并且希望将其从马克兑换成美元，以便带往美国。麦克弗森写道：“我告诉他说，目前没有合法途径进行兑换，但他可以通过瑞士进行交易。”

布洛梅说，他需要一段时间仔细阅读合同内容，并和妻子商量此事。他会在大约两周内与麦克弗森取得联系。当年 8 月，双方正式签订了“回形针加速计划”的工作合同。“根据本合同，库尔特·布洛梅教授于 1951 年 8 月 21 日加入‘63 计划’，并于 11 月 15 日之前做好准备前往美国。”麦克弗森写道。于是，布洛梅夫妇将孩子带离学校，开始教他们学习英语，还将诊所交给了多特蒙德的另一位医生。随后，夫妇两人来到柏林文件中心，在宣誓过后就过去的纳粹经历作出声明。这份文件要经过麦克洛伊办公室的审核。按照“回形针加速计划”的要求，双方草拟了《德国（奥地利）科学家或重要技术人员修订版安全报告》（下文简称《安全报告》），这将成为申请签证的关键文件。

在“回形针加速计划”中，最重要的事项被列在《安全报告》的第一页：“根据现有记录……此人无论过去或现在都不是共产党员。”至于聘用对象是不是狂热的纳粹分子，已经不再是首要问题，而被降级到第六部分。报告的这个部分提到了布洛梅的纳粹党记录：“库尔特·布洛梅于 1931 年 7 月 1 日加入纳粹党，党员编号为 590233。自 1941 年起，他成为一名冲锋队队员，并于 1943 年获得过金质资深党员党章。他的妻子贝蒂娜·布洛梅于 1940 年 4 月 1 日加入纳粹党，党员编号为 8257157。”此外，《安全报告》中还提到，“第 66 反间谍特种部队中央登记处存有库尔特·布洛梅的秘密档案”。

“根据现有记录，此人不是战犯，但无疑是狂热的纳粹分子。”麦克洛伊指定的代表哈里·R. 史密斯中校写道。布洛梅的确是纳粹分子，而史密斯也对此予以确认。“但美国驻德国高级专员认为，他们的纳粹身份绝对不会对美国的国家安全构成威胁。”报告的签署日期为 1951 年 9 月 27 日。两周以后，布洛梅的“回形针加速计划”合同《关于实施“63 秘密计划”的决定》得到批准。但 1951 年 10 月 4 日，陆军参谋部二部情报搜集和传播处主管加里森·B. 科弗代尔上校在读到高级专员有关布洛梅博士的安全报告后，拒绝招纳布洛梅加入“回形针加速计划”之中。在草拟布洛梅的“回形针加速计划”合同时，麦克洛伊的代表史密斯本来可以装作疏忽，将有关布洛梅是纳粹狂热分子的内容略去，或者是用其他语义模糊的措辞来形容布洛梅博士，这样虽然明面上国务院必须将纳粹分子拒之门外，但其工作人员就有理由睁一只眼闭一只眼。而占领区美国军事政府办公室的大多数安全官员都清楚，在有关这些科学家纳粹背景记录一栏中，要填写“不构成安全威胁”或“仅是一个机会分子”。布洛梅“无疑是狂热的纳粹分子”，虽然史密斯是据实而言，但他此番发言却如同口蜜腹剑的“犹大之吻”。在读完报告后，科弗代尔上校向华盛顿的联合情报调查局局长发去一封密电：“提请注意该报告的第六部分。”由于史密斯中校的据实而言，布洛梅博士的“回形针加速计划”合同化作了泡影。

1951 年 10 月 12 日，联合情报调查局和陆军情报机构参谋部二部看到了高级专员的这份报告。随后，海德堡的陆军部发回一封加急密电：“基于驻德国高级专员的意见，我方似乎不应接纳库尔特·布洛梅博士，建议暂缓将其送往美国。”

麦克弗森不愿接受这样的挫折。“布洛梅已经签署了合同，并得到最高统帅的批准。他已做好于 11 月底动身的准备，为此还将多特蒙德的私人诊所交给了其他医生。鉴于此事可能产生不利影响乃至危及整个项目，兹建议将其送抵美国，完成为期 6 个月的合同。”麦克弗森写道。随后，布洛梅一案被交由美国驻德领事馆裁处。1951 年 10 月 24 日，法兰克福领事馆表示，赞同陆军情报部门的意见。法兰克福领事馆声明，我方不应接纳库尔特·布洛梅。

麦克弗森认为，如果将布洛梅拒之门外，势必会引发一场灾难。因为这一做法与专项工作组的中心任务相互抵触，甚至有可能危及整个“回形针加速计划”。“建议将布洛梅送往美国，佯装从事为期 6 个月的琐碎工作。”麦克弗森写道，但他的提议又一次遭到了拒绝。麦克弗森打电话给布洛梅，约定在多特蒙德的一处秘密地点见面，二人一致选中了布尔格特尔酒店。这一次，麦克弗森还带来了专项工作组的一名同事菲利普·帕克。麦克弗森的任务是“向布洛梅解释目前我们无法将其送往美国的原因”，其间一旦出现令人不快的问题，特工帕克将对麦克弗森的说法予以证实。“我们到达那里时，发现布洛梅教授独自一人。我开门见山地对他表示，我有坏消息要告诉他。”麦克弗森在备忘录中写道，“接着，我向他声明，由于我国安全法规临时有变，他只能暂缓前往美国的计划。”

布洛梅绝顶聪明。他曾在纽伦堡法庭上口若悬河，辩称意图不等于犯罪，而法庭也正是据此将他无罪释放。在布尔格特尔酒店，布洛梅明确告诉麦克弗森，他不相信后者的谎言。因为最近他刚刚联系到过去的同事帕斯卡尔·乔登教授，并且得知后者已经蓄势待发，准备加入“回形针加速计划”。此外，布洛梅告诉麦克弗森，他还与昔日开展生物武器研究的副手、牛瘟专家埃里希·特劳布教授取得了联系。布洛梅很清楚，特劳布已经在“回形针行动”的保护下抵达美国。这一事实对他来说无异于火上浇油。最令布洛梅感到不快的是，在战争期间，特劳布曾在自己手下工作。

麦克弗森试图对布洛梅进行安抚。“我告诉他说，这份工作合同将来仍然有效。我们在法兰克福军方为他留有一个职位，很可能是博士后。”麦克弗森在报告中写道。麦克弗森建议布洛梅到基地去看看，那是一个舒适的地方，而且薪水也很高。“他和妻子表示同意。”麦克弗森在报告中写道。尽管如此，他还是认为，布洛梅博士的情况有可能带来灾难性影响。“我想要指出，我并没有告诉布洛梅夫妇，他们前往美国一事显然机会渺茫，即使在将来也不会有太大改变，因为此事已经被无限期暂停。但我们也可以借此机会采取其他行动。”麦克弗森在报告中写道。

麦克弗森担心，布洛梅的事情会对整个项目产生不利影响，这种影响不仅会涉及与该项目直接相关的个人，而且还会产生连锁反应，使人们觉得美国人出尔反尔。当时，麦克弗森正在积极招募其他德国科学家，因此对这些科学家之间互相交流的方式了如指掌。

他表示：“这些德国专家十分团结，所以布洛梅的消息很快就会广为传播，这无疑会为我们将来的招募行动带来不利影响。”

但麦克弗森错了。在他所说的“专业阶层”中，并非所有的前纳粹分子都会互通有无。布洛梅博士并不清楚，他之所以能够得到法兰克福附近军方博士后研究员的工作机会，是因为此前的博士后研究员也是第三帝国医学界的纳粹高官，并且刚刚赴美加入了“回形针加速计划”。事实上，在过去两年里，布洛梅博士即将替补的空缺一直为他的头号竞争者瓦尔特·施莱伯少将所盘踞。军方需要法兰克福郊外的博士后研究员立即奔赴奥伯鲁塞尔的国王营投入工作，而麦克弗森已经与国王营的新任指挥官霍华德·鲁珀特上校达成协议。国王营不仅会接纳布洛梅夫妇，还将为他们提供一栋漂亮的住房。

在此之前，在莱因哈德·盖伦执掌国王营期间，布洛梅曾受邀就“特殊问题”为美国政府服务。当布洛梅的妻子贝蒂娜得知国王营的具体情况后，她拒绝了鲁珀特上校安排她住在当地的邀请。因为她不愿意让孩子们住在美国的军事基地。因此夫妇两人只得分开居住。布洛梅博士独自搬往国王营。1951 年 11 月 30 日，麦克弗森在报告中称：“从 12 月 3 日起，布洛梅博士被欧洲司令部情报中心聘用，为期 6 个月。合约现已生效。”

与此同时，远在地球另一边的北美洲，国王营的前任博士后医生施莱伯少将已经抵达美国得克萨斯州圣安东尼奥市郊外，开始在兰道夫空军基地空军航空医学院工作。施莱伯购买了一栋住宅和一辆汽车[9]，并将孩子送入当地一所高中就读。就连施莱伯 84 岁高龄的岳母也被美国空军送到得克萨斯州居住。可以说，施莱伯博士已经安然生活在美国梦之中。但出人意料的是，他的好梦突然被两人打断，而这两人就是美国医生、前战争罪调查员利奥波德·亚历山大博士和集中营的一名幸存者雅尼娜·埃文斯卡。

第 18 章
惊天丑闻披露

“美国空军内部有一名前纳粹高官！”

1951 年秋，利奥波德·亚历山大博士在波士顿的生活开始步入正轨。在此之前，他曾在纽伦堡医生审判中担任战争部的专家顾问。返回家乡后，亚历山大博士继续公开抨击纳粹的医学罪行、人体实验和极权制度。此外，他还编写了《纽伦堡法典》，其中的人体实验研究原则至今还在指导着世界各地的医生。《纽伦堡法典》的第一项原则，即在实验前需告知自愿受试者具体情况并征得其同意，这是不可或缺的绝对条件。除了开展讲座及撰写论文外，亚历山大博士还继续行医。纽伦堡医生审判对他产生了深刻的影响[①]，对此他做了长达近 500 页的记录。只要一有机会，他就会挺身而出，为纳粹政权的受害者提供无偿服务。

1951 年秋的一天，一个名为“国际救援办公室”的救助组织打电话给亚历山大博士。该组织为战时曾在集中营里经历过纳粹医生人体实验的幸存者提供医学帮助，该组织的工作人员询问亚历山大博士是否愿意施以援手。随后亚历山大联系到波士顿贝斯以色列医院的一位朋友兼同事——外科主任雅各布·法恩博士，在他们的安排下，集中营的幸存者被他们送往马萨诸塞州接受治疗。27 岁的雅尼娜·埃文斯卡是其中一名女性幸存者，她曾是拉文斯布吕克集中营的俘虏。当年 11 月 14 日，埃文斯卡乘坐希腊远洋蒸汽客轮“海神”号，抵达纽约港。

在医生审判中，只要雅尼娜·埃文斯卡出庭作证，大部分情况下亚历山大博士都会站在她的身边，指着她身上的伤口，为法官作出专业医学分析，让大家深刻了解纳粹医生在战时的所作所为。人们普遍认为，埃文斯卡的证词是医生审判中最有力的证据。在拉文斯布吕克，她的双腿被武装党卫军医生卡尔·格布哈特博士打断，部分胫骨被摘除。接着，格布哈特博士命令他的学生进行实验，故意使埃文斯卡的手术切口受到细菌感染以产生坏疽。这样他就可以使用磺胺剂进行治疗，以测试这种药物的效能。经历过如此惨无人道的人体试验后，埃文斯卡还能幸存简直是个奇迹。如今 9 年过去了，她仍然时时感到剧烈的疼痛，由于部分胫骨缺失，她走起路来一瘸一拐。于是，她前往美国波士顿的贝斯以色列医院接受手术治疗，以减轻痛苦。

在拉文斯布吕克，格布哈特博士曾经是施莱伯少将的直接下属，也是在纽伦堡受审的 23 名纳粹医生之一。格布哈特被认定有罪并被判处死刑，在兰茨贝格监狱的庭院中被处以绞刑，而他的上级施莱伯博士如今却在得克萨斯州为美国空军服务。

在埃文斯卡来到美国的同一个月，一本医学期刊中刊登了一条简短的说明，说明中提到，一个名叫瓦尔特·施莱伯的德国医生刚刚加入了得克萨斯州的美国空军航空医学院。机缘巧合，亚历山大博士经常阅读这本杂志。当无意间看到施莱伯的名字时，他感到震惊不已。亚历山大博士不仅对施莱伯这个名字耳熟能详，而且清楚地记得他在纽伦堡法庭重大战犯审判中的证词。于是，他立即写信给马萨诸塞州医学协会。“我认为自己有义务通知贵协会，有记录显示，施莱伯博士的到来，在美国医学界极其不受欢迎——事实上，这根本令人无法容忍，”亚历山大写道，“纳粹德国政府在战争期间犯下了令人发指的医学罪行，而施莱伯不仅是为虎作伥的帮凶，也是令战时德国医学界的道德水准堕落至此的罪魁祸首。”亚历山大博士要求官方禁止施莱伯在美国从医。由于没有得到预期的回应，亚历山大将此事透露给了《波士顿环球报》（*Boston Globe*）。

1951 年 12 月 8 日晚上十点半刚过，在得克萨斯州圣安东尼奥，施莱伯家中电话铃声骤起。他来到美国已经 3 个月，通常在这个时间不会有人打电话给他。今时不同往日，当施莱伯还是一名医院医生时，随时都会有患者打来电话。但是现在，作为兰道夫空军基地的研究博士，施莱伯大部分时间里都在给一小群医生就秘密课题举行讲座。

有时候，施莱伯会向其他医生吹嘘，他所擅长的领域世所罕见。由于他所掌握的知识极其深奥，所以对美国军方来说尤为宝贵。冬季战和沙漠战，卫生学、疫苗和腺鼠疫，施莱伯可谓无所不知。在施莱伯讲课的地方——航空学院的军官俱乐部，每当谈到过去多姿多彩的人生时（出于安全考虑进行了大幅简化），他总是声音洪亮、夸夸其谈。他喜欢讲述自己身上发生过的跌宕起伏的故事：柏林陷落后，他如何成为苏联人的俘虏；他又如何在莫斯科臭名昭著的卢比扬卡监狱被监禁数年，以及陆军元帅保罗斯生病时，他如何在苏联的安全屋内对其进行救治。但施莱伯博士从未向兰道夫空军基地的任何人谈论过，柏林失守前，即 1933—1945 年间他的所作所为。

施莱伯走到电话跟前。他个头不高，只有 5 英尺 6 英寸（约 1.65 米），金发碧眼，鼻头圆润。有时候，他戴着一副宽边黑色眼镜，但总是穿着长袖衬衫。施莱伯的右臂上有两道刀疤，是几年前在纳粹德国的一次决斗中留下的。施莱伯接起电话，里面的男子自称是“布朗先生”。

“我是《波士顿环球报》的记者。”布朗说。

布朗没有问施莱伯的姓名。反之，布朗问，“这个电话号码是不是得克萨斯州圣安东尼奥 61–210”。施莱伯告诉布朗，电话号码没错。接下来便是一阵沉默。后来，当军事情报部门问及此事时，施莱伯回忆说，他当时问过布朗，这么晚打电话过来有何贵干。

“你是不是‘二战’期间在德国集中营里的波兰女孩身上开展活体实验的那个人？”布朗问。

施莱伯回答，他与此类性质的实验没有任何瓜葛。“我从未在集中营工作过，”施莱伯说，“我生平从未对任何国家的人实施或下令开展过人体实验，也绝不会容忍这种实验。”

布朗问施莱伯，在被带往美国为美国空军开展秘密研究工作之前，想必他已经通过了资格审查。

“我已经接受了全面调查，并通过了资格审查。”施莱伯说。

布朗对施莱伯表示感谢。他告诉后者，波士顿的一名医生亚历山大博士为他提供了一些素材，他只是想核对此事是否属实。施莱伯挂断了电话，没有向任何人透露他们的交谈内容[②]。1951 年 12 月 9 日清晨，《波士顿环球报》在头版头条刊登了一则爆炸性新闻，这则新闻吸引了所有人的注意力。“据当地医学人士透露，美国空军内部有一名前纳粹高官。”这条新闻不胫而走，迅速传遍得克萨斯州。施莱伯博士随即被召往兰道夫空军基地的特别调查处，详细讲述他与布朗的通话内容。施莱伯承认，‘二战’期间，他曾在德国国防军中担任高官，相当于美国军队的军医总监，但是他的经历远不止于此。施莱伯讲述了自己在柏林被俘的经过、在苏联作为战俘的遭遇以及在纽伦堡战争罪审判中充当检方证人的情况。施莱伯回忆说，由于佯装对苏联人“唯命是从”，他曾经被授予东德警察局的高级职务。但他并没有接受，反而逃了出来。接着，施莱伯向特别调查处谎称，他在纽伦堡见过亚历山大博士，并且“亚历山大博士亲自给我颁发了无罪证明”。

施莱伯告诉空军基地的调查员，他敢肯定这背后一定是苏联人在捣鬼。最近他在创作一部名为《铁幕背后》（*Behind the Iron Curtain*）的图书手稿，施莱伯说，虽然尚未找到出版商，但他认为苏联人已经拿到了手稿的副本。“他认为，苏联人企图通过各种途径暗示他参与过骇人听闻的人体实验，对他进行诋毁。”调查人员在报告中写道。施莱伯的声明全文被转交给空军总部。由于涉密级别过低，兰道夫空军基地的安全官员无法查看联合情报调查局或占领区美国军事政府办公室为施莱伯博士撰写的安全报告，所以他们并不清楚此人的庐山真面目。但可以肯定，没有人告诉过他们，施莱伯不仅是一名纳粹分子，而且还担任过前第三帝国军医署长。在航空医学院，所有人都只知道他是一名加入了“回形针行动”的德国科学家。当时，该医学院已经聘请了 34 名德国科学家。

1951 年 12 月 14 日，联邦调查局也被卷入了这桩公案。在波士顿揭发施莱伯的亚历山大博士是享誉世界的医学罪行权威人士，他的指控应该不是空穴来风，但空军方面不愿立即放弃施莱伯博士。为了对其进行声援，空军基地向涉案人员分发了一份题为《瓦尔特·施莱伯博士的职业素质和个人资历》的备忘录，并将其列为“机密”。这份备忘录称：“他具有敏锐的头脑、审慎的判断和客观的态度，掌握了大量详细而准确的宝贵信息。”“施莱伯了解在全面战争中，军方和民间应当采取哪些预防性卫生措施。他掌握着沙漠战和‘北极’战在医学问题的具体信息，他的论文曾被刊登在《蔡斯传染病学图集》中。他是苏联的一名关键战俘，在被羁押长达三年半的时间里，作为一名顾问，针对至关重要的医学问题为苏联提供权威信息。”《波士顿环球报》报道称。

《波士顿环球报》的报道激起了公愤，紧张形势迅速升级。五角大楼也被卷进这起丑闻之中。这起案件最终被送往美国空军军医总监办公室。军医总监正是刚刚晋升少将的哈里·阿姆斯特朗。阿姆斯特朗十分清楚，局面可能很快失控。无论是从个人角度还是事业角度，此事对他来说都至关重要。1945 年 9 月，在休伯特斯·斯特拉格霍尔德博士的帮助下，阿姆斯特朗亲自招募了 58 名前纳粹医生，为海德堡美国陆军航空队航空医学中心工作。之后其中的 5 人因战争罪被捕，4 人在纽伦堡接受审判，2 人在纽伦堡被判有罪，1 人在被无罪开释后由美国空军重新起用，但随后因不能胜任而遭到解聘。更不必说此时此刻，在航空医学院雇用的 34 名医生中，很多都是纳粹分子兼党卫军和冲锋队成员。施莱伯丑闻仿佛触发了多米诺骨牌，将斯特拉格霍尔德、本津格、康拉德·谢弗、贝克尔－弗莱森、施罗德和拉夫等人极其可疑的背景置于聚光灯下，而这绝非军方希望看到的结果。

阿姆斯特朗少将就施莱伯博士一案写信给空军情报局局长。“我从得克萨斯州兰道夫空军基地美国空军航空医学院院长那里得到通知，他们最近向贵局递交了一份申请，希望与瓦尔特·施莱伯博士签订新的工作合同，合同期限到 1952 年 6 月，”阿姆斯特朗写道，“但近来各方信息显示，施莱伯博士可能涉及‘二战’时期德国的医学罪行，而且他在国内出现也引起了公众的广泛批评。鉴于此，我们明确表示，除了已经签订的 6 个月合同外，空军医学院不应当再与施莱伯博士发生任何联系。”此外，阿姆斯特朗写道，“我们还建议，在这份合同到期前将其终止。”阿姆斯特朗表示，航空医学院院长奥蒂斯·本森少将“与我们意见一致”。本森将军同样希望施莱伯丑闻悄无声息地消失。“二战”结束后，本森曾经担任海德堡美国陆军航空队医学中心德国科学家的技术主管。

丑闻爆发两周以后，施莱伯博士得知，美方不会再与他续签工作合同。本森少将亲自向他传达了这一消息。后来，施莱伯在作证时表示，本森向他提出了另一个有关他在美国未来职业生涯的计划。施莱伯发誓，“本森将军表示，他肯定我可以为政府其他部门或其他医学院提供服务，并愿意帮助我申请相关职位”。

在波士顿，越来越多的媒体开始关注此事。雅尼娜·埃文斯卡的故事也是人们感兴趣的新闻题材。尽管埃文斯卡在战争期间遭到了非人的虐待，但她仍是一个朝气蓬勃、美丽动人的妙龄女子，所有人都相信她、喜欢她。在被盟军从拉文斯布吕克集中营解救出后，她前往巴黎，成为“自由欧洲电台”的一名新闻工作者。此外，她还是西欧多家波兰报纸在巴黎的通讯员。

在拉文斯布吕克接受实验时，埃文斯卡年仅 17 岁。在集中营被监禁期间，她和其他几名女性囚犯不惜以身犯险，希望将纳粹医生在拉文斯布吕克的暴行传到外界。为了让梵蒂冈、英国国际广播电台（BBC）和国际红十字会得到她们的信息，埃文斯卡和其他 4 名女性开始向集中营外的亲属传递秘密信息。一个名叫杰曼·蒂利翁的法国囚犯拍下这些女性身上的伤痕，然后将这卷胶片偷偷运出集中营。“二战”期间，她们的故事被一家波兰语的地下报纸刊登，向全世界展示了拉文斯布吕克骇人听闻的医学实验，披露了诸多鲜血淋漓的细节。最终她们得偿所愿，BBC 专门对此事进行了报道。

1952 年 1 月，有关施莱伯的报道铺天盖地而来，联邦调查局准备前往波士顿对埃文斯卡进行问讯。宣誓过后，她从一张照片上认出了施莱伯博士，称他就是主管拉文斯布吕克集中营医学实验的高级医生。

“你如何确定，1942—1943 年你在德国集中营里看到的施莱伯博士，与如今身在圣安东尼的瓦尔特·施莱伯博士就是同一个人？”联邦调查局的一名特工问道。

“3 周以前，《波士顿邮报》的记者向我出示了大约 50 张照片，他们问我能否认出哪个是为我做手术的医生。”埃文斯卡说，她不假思索地从这些照片里指出了施莱伯。“我在拉文斯布吕克的医生里见到过这张面孔。”她说，“接着，他们问我是否知道这个人的姓名。我告诉他们：‘我知道施莱伯的姓名。’”

施莱伯博士在一次审问中，声称自己对拉文斯布吕克的人体实验一无所知。他说，自己从未到过那座集中营，也不认识埃文斯卡，更没有犯下她所指控的暴行。作为回应，埃文斯卡只得表示：“格布哈特医生在我的双腿上做过手术……术后第一次敷药时，我跟他交谈过。我问格布哈特医生，他们为什么要给我做手术。他们回答：‘因为你已经被判死刑，所以我们可以在你身上做实验。’我腿上的编号是 T.K.M.III。就算施莱伯医生记不起我的名字，但我敢肯定他一定记得这个实验编号。”

埃文斯卡说，她可以肯定，施莱伯医生当时也在拉文斯布吕克，因为她亲眼看到过施莱伯。在对 74 名妇女实施过手术后，埃文斯卡说，集中营里召开了一次医生会议。

“你是否参加了这次医生会议？”联邦调查局的特工问道。

“是的，每一个受试者都被带到会议室，由格布哈特向其他医生解释他的实验内容。”

“根据你的供词，格布哈特医生和施莱伯医生均出席了这次会议，你是否记得召开这次实验会议的具体日期？”

“我记得那是 1942 年 8 月 15 日过后大约 3 周。”埃文斯卡说。

“在这些实验中，是否有受试者死亡？”

"是的，手术 48 小时后，有 5 人死亡，6 人在手术后被枪毙。"埃文斯卡说。

"你是否知道，在实验中死亡的受试者的姓名？"

"我把名单放在了家里，并将她们的姓名寄给了联合国。他们已经拿到有关文件。共有 74 人接受过实验。"

"你是否确定，就是施莱伯医生本人下令展开这些实验？"

"我不清楚他是否下达命令。我只知道他对实验很感兴趣。"埃文斯卡说。

战争犯逍遥法外

在得克萨斯州，施莱伯博士开始策划逃往阿根廷。他写信给女儿伊丽莎白·范·德·费什特，后者已婚，住在布宜诺斯艾利斯的圣伊西德罗。他让女儿立即询问怎样才能拿到阿根廷的签证。但非常不幸，施莱伯的这封信被联邦调查局截获。

"我可以在 14 天内帮你拿到签证。"施莱伯的女儿承诺。"说实话，我们一直担心会发生类似的事情……刚开始，一切都很顺利，一切都似乎过于完美。漂亮的住宅、崭新的家具……"伊丽莎白·范·德·费什特写道。她向父亲保证，自己一定能够帮他拿到阿根廷的签证。"父亲，如果你希望采取措施，请把办理签证所需的文件寄给我们。"伊丽莎白写道，"总之，来这里的风险总比返回德国要小得多。拜托一定不要回国。"

1952 年 1 月中旬，联合情报调查局也开始干预此事。参联会决定，军方必须将施莱伯博士遣返德国。"申请将其遣返的原因如下：总体来说，施莱伯博士不属于研究型科学家，他对航空医学院的作用也极其有限。"一份备忘录中写道，"施莱伯博士不仅是前纳粹医学高级官员，而且还牵涉到在集中营受害者身上开展的残忍人体实验，因此受到社会各界的猛烈抨击。近来，舆论批评和负面报道开始将矛头指向航空医学院。考虑到上述负面言论影响恶劣，航空医学院和军医总监不希望为施莱伯承担罪责。”

但德国海德堡的军方总部对这项提议表示反对。1952 年 2 月 5 日，军方向联合情报调查局发去一份简明扼要的密电。密电中写道，“建议采取行动将施莱伯留在美国。此人掌握着有关苏联的宝贵情报，而且在专业领域贡献突出。”

驻德国高级专员办公室也反驳称：“除非出于自愿，遣返‘回形针行动’德方人员会对联合情报调查局的有关项目产生非常不利的影响。”一份备忘录中写道，“请求与陆军参谋部二部协调，就遣返一事作出最终决定。”但在美国空军总部，另外一项提议得到了许多人的支持。为什么不帮助施莱伯博士“搬到”阿根廷呢？为此，情报机关陆军参谋部二部的 D.A. 罗伊少校联系到阿根廷的阿里斯托布罗·菲德尔·雷耶斯将军，就“利用医学博士瓦尔特·施莱伯的工作”一事进行了讨论。罗伊少校询问，是否有可能让他的才智为阿根廷所用。“一开始，军方打算批准天赋异禀的施莱伯博士移民美国，”罗伊少校解释道，“但不幸的是，后来情况发生了变化。因为他曾经与纳粹分子过从甚密，根据现行法律，批准他移民美国尚不可行。”阿根廷现行法律中并没有与“禁止前纳粹高官移民本国”相类似的条款。如果阿根廷方面能够提供帮助，无异于雪中送炭。

面对来自高级专员约翰·麦克洛伊的阻力，联合情报调查局对遣返施莱伯一事的态度稍显缓和，现在只是延长后者留在美国的时间。“由于施莱伯此前曾经从苏联人手中逃脱，他本人及其家属有可能遭到报复，”联合情报调查局写道，“因此不宜将其遣返。如果为其颁发签证，他就有可能继续留在国内。鉴于此，恳请为其颁发移民签证。”但随后联合情报调查局获得了一份新的文件，上面标有“仅供亲阅”字样，被装进了施莱伯的秘密档案里。施莱伯的妻子是一名资深纳粹分子。根据纳粹党官方文件记载，她早在 1931 年 10 月 1 日就加入该党派，而希特勒直到数年后才上台。

随着时间的推移，这起事件引发了越来越多关注。在得知一名受到战争罪指控的前纳粹将军仍然留在美国，及其被美国空军聘用一事始终悬而未决时，公众感到怒不可遏。

“医师论坛”是一个由 36 个国家的医生代表构成的组织，该组织也曾就此事致信参议院。“既然施莱伯博士曾被纽伦堡国际军事特别法庭抓获并逮捕，”他们写道，“那么几乎可以肯定，他应当与其同伙一起接受审判，而其中很多人为犯下的罪行被判处终身监禁或被处以绞刑。但施莱伯目前仍在美国，为我们的空军部门工作。”这些医生一致建议：“立即将施莱伯博士驱逐出美国并且彻底调查为何此人得以进入美国并在空军部工作。”

最后一条要求为美国空军带来的危机，将远远超出“医师论坛”的预料。假如参议院召开听证会，对“与曾在‘二战’期间担任纳粹军队高官的德国医生签订类似合约一事展开调查”，那么整个“回形针行动”就会暴露在众目睽睽之下，而届时必将人头滚滚。施莱伯的垮台将产生连锁效应，这桩丑闻还会波及参联会乃至总统本人。

但施莱伯博士狂妄自负，不仅接二连三地接受媒体采访，而且声称自己清白无辜，并将人们对他的所有指控斥为“谎言”。

“我不是为了续签合同而抗争，”施莱伯告诉《华盛顿邮报》的记者，“我是为了正义而抗争。只要我还活着，我就会继续抗争下去。”他还发表极其虚假的声明，声称“我从未担任过德国国防军最高统帅部军官之职。”在接受采访时，他还表示：“我从未在集中营工作过。”稍后在这次采访中，他又澄清说，有一次自己的确“到过”东波美拉尼亚的一座营地，但当时并不清楚那是集中营。他在那里任职时间很短，因为有人曾用滴滴涕（DDT）为一群女孩的“床铺消毒”，而他只是负责检查一下“灭虱治疗的报告”。“在我到达那里4天后，人们发现，这些女孩是干净的，身上没有虱子。”施莱伯说。

施莱伯将空军和参联会玩弄于股掌之上，并且乐此不疲。当然，让这些部门的高级官员吐露其掌握的信息极为困难，因为关于施莱伯的背景信息一旦泄露，势必会牵扯出更大的丑闻。因此，他们只能缄口不言，听凭谎言继续发展。“除非我们掌握了某些确凿无误的证据，”联合情报调查局局长海克迈耶在接受《时代》杂志记者莫兰女士独家专访时表示，“否则就应当一视同仁，像对待所有其他美国人那样对待施莱伯，而不是将其驱逐出境。”

在幕后，空军军医总监阿姆斯特朗率先发难，希望将施莱伯驱逐出境。但是在向媒体声明时，他佯装支持施莱伯。“在战争时期，施莱伯像我一样为自己的国家尽心竭力地服务，没有任何证据证明他有罪。”阿姆斯特朗将军告诉美联社。但著名报纸专栏作家德鲁·皮尔逊对此不以为然。他找到纽伦堡医生审判的审讯记录，在联合专栏“华盛顿旋转木马”中援引了其中的内容。

“下述事实有关一名纳粹医生，他不仅逃脱了纽伦堡战争罪审判，而且正为得克萨斯州兰道夫空军基地工作，”皮尔逊写道，“在党卫军的强拉硬拽下，一群年轻的波兰女孩被纳粹医生强行实施手术……纽伦堡第619号文件显示，施莱伯被派往集中营为党卫军进行了为期两天的医学咨询服务，在杰出医务官员名单上位居第二……布痕瓦尔德和纳茨威勒集中营开展的斑疹伤寒实验也用人体作为受试对象。致命病毒在人体和老鼠之间进行人为传播，以研制活性疫苗。”对此，施莱伯的答复是：“纽伦堡军事特别法庭已经对需要为上述罪行负责的人进行了起诉和惩罚。”该声明进一步激怒了利奥波德·亚历山大博士和医生审判的前任首席检察官亚历山大·哈代，他们写了一封信寄给杜鲁门总统[③]。“他不仅是一名被告，而且还犯下了医学罪行。”两人解释道，“医疗服务队的医生曾经有组织地在集中营囚犯身上开展各种人体实验，他肯定对此有所了解，因为在这支医疗服务队中，他是一名身居高位的将军……在施莱伯的怂恿下，他的下属也进行了类似实验。”此外，正是施莱伯设法获得了实验所需的“原材料和资金，并召开医学会议”。

哈代和亚历山大援引施莱伯 5 名医生同事的证词，这些人曾经在纽伦堡医生审判中作证时指出，施莱伯负责大量与第三帝国医学项目有关的“卫生工作”，在这些“卫生工作”中，不计其数的受害者成为所谓“帝国医学研究”的牺牲品。其中充斥着鲜血淋漓的细节，包括黄热病实验、黄疸病实验、磺胺药物实验、利用苯酚进行的“安乐死”实验及臭名昭著的伤寒疫苗实验，其中疫苗实验的“死亡率高达 90%”。在写给杜鲁门总统长达 10 页的信件中，哈代和亚历山大博士将施莱伯描述成一个令人发指的战争罪犯、一个说谎成性的骗子。随后，这封信的部分内容被公之于世。“杜鲁门总统敦促相关部门驱逐纳粹医生。”《纽约时报》的头版头条写道。空军军医总监阿姆斯特朗写信给“医师论坛”，向后者承诺军方将会立即把施莱伯遣返德国。

当被《时代》杂志问到，如果施莱伯博士被判定犯有战争罪，空军将如何处理时，联合情报调查局新任局长海克迈耶上校回答：“我将征求国防部的提议。”那么他是否会起诉施莱伯？“因纽伦堡审判结束已经 3 年，所以我们不打算重启审判。”海克迈耶回答。最后，空军部部长托马斯·芬勒特发表公开声明，宣布将终止与施莱伯博士签订的工作合同，并将其交由军方监管，使其立即离开美国。

但是，施莱伯博士拒绝离开美国。反之，他带着家人离开得克萨斯州，驱车前往加利福尼亚州的旧金山。在那里，施莱伯夫妇、女儿多萝西娅·弗莱依和女婿威廉·弗莱依共同居住在位于圣安塞尔莫里奇路 35 号的家中。当施莱伯在国王营担任空军博士后研究员时，多萝西娅在那里成为联合审讯中心的一名秘书，而她的新婚丈夫弗莱是国王营陆军情报审讯员。两人于 1951 年迁往美国，从那以后一直居住在加利福尼亚州。

一个多月之后，“医师论坛”获得了有关施莱伯的新消息。1952 年 4 月 24 日，论坛的医生代表向杜鲁门总统发去一封加急电报，并附上“瓦尔特·施莱伯博士一案的新证据”。附件中的文件显示，在空军方面已经承诺让施莱伯尽快离开美国后，兰道夫基地航空医学院的指挥官奥蒂斯·本森准将“试图帮助施莱伯博士与某所大学签订合约，以使其继续留在美国工作”。

最令人愤慨的是，这些医生说，美国空军正在密谋使施莱伯继续留在美国。在写给杜鲁门总统的信中提到，本森将军曾致信明尼苏达州公立卫生学院院长，试图为施莱伯在私立学校谋求新的工作机会。“我喜欢并尊重此人，但他的问题过于棘手，难以继续留在公共部门工作。”本森将军在提到施莱伯时说，“有关此人的负面报道，只不过是波士顿一群犹太裔医生为了反对他而发起的一场医学运动。”为此，“医师论坛”协会强烈要求杜鲁门总统下令，由司法部部长对此案进行彻查。

数日后，G.A. 里特尔中校代表参联会前往圣安塞尔莫拜访施莱伯博士。“他试图说服施莱伯博士，无论沃尔什将军的办公室是否给予其他工作机会，他都要立即前往布宜诺斯艾利斯。”据里特尔称，这次会面进展顺利。

“我们受到了施莱伯博士的热情款待，双方交谈了大约两个小时。”里特尔中校在一份交给参联会的机密报告中写道。在里特尔表示会将其“送往南美洲”，并支付“旅行费用”和“施莱伯一家人差旅津贴”后，施莱伯博士表示同意立即离开美国。施莱伯自愿前往布宜诺斯艾利斯，这无疑是一个皆大欢喜的结局。但为了使施莱伯自愿离开美国，军方究竟为其支付了多少酬劳，“回形针行动”的解密文件中并未提及。

1952 年 5 月 22 日，施莱伯博士及其家人乘坐军用飞机，从加利福尼亚州的特拉维斯空军基地飞往路易斯安那州的新奥尔良。在那里，他们将登上前往阿根廷的轮船。抵达布宜诺斯艾利斯后，他们乘汽车前往美国领事馆，拿到能使他们居留于阿根廷的相关文件。而阿根廷的阿里斯托布罗·菲德尔·雷耶斯将军已经做好了安排。在过渡期间，施莱伯博士及其家人会受到警方保护，这笔费用由美国空军支付。顺利地将施莱伯一家重新安置在南美洲对美国空军来说至关重要，若此事暴露，将会有很多美国官员为此身败名裂。

参议院从未就此事举行听证会，司法部部长也没有进行调查。在阿根廷，施莱伯博士买了一栋住宅，将其命名为“Sans Souci”，意即“无忧无虑”。当年，普鲁士国王腓特烈大帝也曾为自己位于柏林郊外的避暑行宫命名为“Sans Souci”。据私人家族文件记载，在生命的最后一刻，施莱伯一直在努力寻找证据，以证明其祖上曾经是普鲁士皇族，而他本人应当是世袭男爵。“其结果是，据官方调查显示，由于作出杰出贡献，军医瓦尔特·施莱伯获得‘正式’批准，在姓名中增加代表贵族出身的‘冯’字。”但这些私人文件并未提及由谁正式批准此事。1970 年 9 月，施莱伯死于阿根廷里奥内格罗省的圣卡洛斯－德巴里洛切。

第19章

人脑控制计划

“洋蓟计划”和吐真剂

在施莱伯前往阿根廷期间，国王营里进行的“知更鸟行动”审讯项目所涉领域不断扩大，其中包含了“在非常规审讯中使用药物和化学药品[①]”。在此期间，库尔特·布洛梅博士在国王营担任博士后研究员之职。据解密的外国科学家档案显示，布洛梅曾经为“军方1952年的‘1975计划’”工作。该计划本身从未解密。自此之后，布洛梅档案中空无一字。

“‘知更鸟行动’就是再生版的‘洋蓟计划’。”前国务院官员、中情局精神控制项目权威人士约翰·马克斯写道。马克斯说，“洋蓟计划”的目的是“通过非常规手段改变人的行为”。据该计划管理者、后来的中情局局长理查德·赫尔姆斯透露，在实验中，研究人员为了达到此目的对受试者使用了药物。“我们认为，在该领域，我们有责任使美国不落于苏联人之后，而要想弄清风险何在，唯一的办法就是对能够用于控制人类行为的人工致幻剂进行测试，例如麦角酸二乙基酰胺（LSD）。”赫尔姆斯说。

其他一些情报机构也参与进来，与中情局联合实施这些饱受争议的实验。“1951 年，中情局局长批准陆军、海军和空军情报机构开展联合研究，以避免重复工作。”马克斯写道，“当时，陆军和海军都在研制吐真剂，而空军方面最为关心的是对被俘飞行员所采取的审讯技巧。”

为测试 LSD 和其他致幻类药物，中情局与陆军化学特种部队联合成立了“特别行动部”。两个机构开始在德特里克营的一处秘密设施里从事该项目的研究开发工作。第 439 号楼是一座混凝土结构的平房，与四周的建筑相差无几，很难看出有何特别之处，但绝密研究工作正是在这座毫不起眼的建筑里进行。在特别行动部之外，几乎没有人知道这里发生过什么事情。特别行动部的薪酬由中情局技术服务部支付，后者隶属中情局秘密服务处。

特别行动部其中的一名外勤特工就是实验舱“八号球”的设计者、库尔特·布洛梅博士昔日的同事哈罗德·巴彻勒博士。特别行动部的另一名特工是前陆军军官、细菌学家弗兰克·奥尔森博士，后来他成了中情局的工作人员。1953 年，奥尔森突然离奇死亡，此事险些导致中情局垮台。

1950 年 4 月，上级发给奥尔森一本外交护照。虽然奥尔森不是外交官，但该护照使他可以携带外交邮袋（指在本国政府与驻外外交代表机构之间传递往来文件及其他重要物品的密封口袋。它是外交特权和豁免权的体现，他国不得予以开拆、检查、扣留或阻碍通过。——译者注），而外交邮袋不需要经过海关检查。奥尔森乘飞机前往德国法兰克福，然后驱车来到国王营。与此同时，中情局副局长艾伦·杜勒斯向局长理查德·赫尔姆斯和计划处副主管弗兰克·威斯纳，就“洋蓟计划”中即将采用的审讯技巧发去一份秘密备忘录。

“在 1951 年 2 月的谈话中，我向你们简要介绍了利用药物、催眠术、电击等方式加强常规审讯方法的可能性，并且强调了这一应用在医学领域中既有防守的一面，也有进攻的可能性。”杜勒斯写道，“附件中名为‘审讯技巧’的文件夹由辖下的医学处提供，以便你们了解相关背景。”位于奥伯鲁塞尔的国王营是开展此类机密而又备受争议实验的最佳地点。由于地处国外，这里更适合开展“洋蓟计划”进行审讯，因为外国政府“允许某些美国政府所禁止从事的活动（例如炭疽研究等）”，中情局的一份备忘录中写道。这份备忘录在1977年的一次参议院听证会上被公之于众。

1952年6月12日，特别行动部细菌学家奥尔森从英国的亨登军用机场抵达法兰克福，驱车一路西行，前往奥伯鲁塞尔。在那里，“洋蓟计划”审讯实验正在一座名为“豪斯瓦尔多夫”的安全屋内进行。“从1952年6月4日到6月18日，中情局审查与安全处的一个小组……在安全屋内，在两起案件中运用了‘洋蓟计划’审讯技巧。”有人写给局长杜勒斯的一份备忘录中显示，这也是理查德·赫尔姆斯担任局长期间极少数未被销毁的行动备忘录之一。

在国王营安全屋内接受审讯的两人“是经验丰富的职业特工，并被怀疑正在为苏联情报机关工作”。他们是盖伦组织抓获的苏联间谍，现在该组织已经被纳入中情局麾下。“在第一起案件中，我们使用了少量药物外加催眠术，以使被审讯者进入完全催眠状态。”这份备忘录透露。“在这种状态下，我们进行了大约100分钟的审讯。审讯结束后，被审讯者完全忘记了刚才发生的事情。”一言以蔽之，“洋蓟计划”就是：对间谍用药后进行审讯，然后令其短期失忆。

另一份幸存下来的备忘录来自亨利·诺尔斯·比彻博士。他既是波士顿马萨诸塞州综合医院的首席麻醉师，也是中情局、海军、陆军在“洋蓟计划”中审讯技巧方面的顾问。如果不是这份记录，这段冷战历史很可能被人遗忘。在开展“洋蓟计划”期间，比彻博士曾经前往德国，观测国王营进行的实验。比彻博士是利奥波德·亚历山大在波士顿的同事。与后者一样，他曾积极呼吁在医学实验中遵循《纽伦堡法典》，其中第一条原则就是，进行实验前必须告知受试者并得到其同意。但是在冷战期间，比彻博士参与了政府部门资助的秘密医学实验，而这些人体实验均在受试者不知情、不同意的情况下进行。比彻受雇于中情局和海军部担任医学顾问，专门研究如何对苏联间谍用药以产生最佳失忆效果，使其忘记某段时间内所经历的事情。

据奥尔森博士在德特里克营的同事诺曼·康诺耶尔说，从德国返回德特里克营的办公室后，奥尔森陷入了某种道德困境。“从德国回来后的那一段时间，他度日如年……他曾经目睹，中情局对苏联间谍用药、折磨和洗脑。”数十年后，即 2001 年，康诺耶尔在为一家德国电视台制作一部纪录片时回忆道。康诺耶尔说，奥尔森博士对自己的所见所闻感到羞愧。国王营开展的人体实验让他联想到纳粹集中营里囚犯的悲惨经历。返回美国后，奥尔森开始考虑辞去工作。他告诉家人想重新创业成为一名牙医。但他最终还是选择留在德特里克营这座生物武器基地第 439 号楼的办公室里，继续进行绝密生物和化学武器研究，并一度担任特别行动部的主管。

然而，奥尔森所不知道的是，中情局正在扩大“洋蓟计划”的研究领域，包括在“非常规审讯”中提高 LSD 的使用频率。在国王营的豪斯瓦尔多夫，中情局的特工通常将苏联间谍嫌疑人绑在椅子上并对其使用药物，这是中情局让间谍吐露真相的手段之一。中情局还需要弄清，如果在敌方特工毫无觉察的情况下对其使用诸如 LSD 之类能够致使其丧失行动能力的药剂，会产生怎样的效果？这种方式是否能造成失忆？是否可能利用这种手段让其为己方效忠？种种谜题亟待解答。中情局在特别行动部的合作伙伴之一是技术支持处（TSS），后者的主管西德尼·戈特利布，患有口吃和畸形足。

戈特利布决定，在特别行动部人员毫无觉察的情况下，利用后者进行首次 LSD 药物测试，而这项实验的受试者之一就是奥尔森博士。

《纽伦堡法典》的诅咒

1953 年 11 月，在距离感恩节还有一周时，包括奥尔森在内的 6 名特别行动部特工和该部新任部长文森特·吕韦特，受邀到马里兰州西部中情局的一座安全屋“迪普克里克湖”共度周末。在那里，TSS 主管戈特利布及其副手、化学家罗伯特·拉什布鲁克接待了这群来自德特里克营的特工。按照计划，他们将讨论近来运用生物制剂和有毒物质等秘密审讯手段的效果，包括化学特种部队的“回形针科学家”弗里茨·霍夫曼从世界各地搜集的致幻类药物。第二项计划是，暗中对特别行动部的 6 名特工使用 LSD，观察并记录接下来受试者发生的各种生理及心理变化。次日晚饭过后，拉什布鲁克偷偷在一瓶君度酒中添加了 LSD，并邀请毫不知情的特工饮用。

但是，只有 4 名特别行动部人员喝下了这瓶开胃酒，因为另外两人中一个患有心脏病，另一个已经戒酒。在饮下含有 LSD 的酒后，奥尔森出现了强烈反应。他的心理变得起伏不稳，整晚都难以入眠。他的上司吕韦特也喝了君度酒，后来他在描述被用药后的经历时说：“这是我生平有过的最令人恐惧的经历，但愿今后永远也不会遇到这种事情。”

周一早晨，吕韦特像平时一样在七点半开始工作。在德特里克营的第 439 号楼，他发现奥尔森博士正异常激动地等着自己。奥尔森告诉吕韦特，他对迪普克里克湖发生的事情感到极为震惊。他想要从这个岗位上辞职，或者被上级解雇也可以。吕韦特劝他三思而后行，然后继续自己的工作。次日清晨，当吕韦特来到办公室时，他再次发现奥尔森在那里等他。由于奥尔森的精神状态严重恶化，吕韦特认为他需要接受医治。吕韦特致电中情局位于弗吉尼亚州兰利的总部，将奥尔森的情况告诉了拉什布鲁克。对中情局备受争议的行为矫正实验和精神控制项目，奥尔森熟知内情。如果他精神崩溃当众失控，就有可能无意间说出这些实验的真相，而LSD项目的目的正是让人们吐露秘密，这不能不说是一种莫大的讽刺。一旦奥尔森开口，中情局将会面临一场噩梦。

“奥尔森博士遇到了重大麻烦，需要立即对其进行专业医疗护理。”拉什布鲁克在事发后向中情局递交了一份报告。拉什布鲁克命令特别行动部主管吕韦特立即把奥尔森带回兰利。随后，两人将奥尔森从兰利送往纽约市第58街东区133号的一栋别墅里。中情局医生哈罗德·艾布拉姆森博士正在那里等候。艾布拉姆森不是精神病专家，而是过敏症专科医师和免疫学家，正在为中情局开展LSD耐受性实验。这就是说，他对这个项目也有涉密权限。奥尔森告诉艾布拉姆森博士，他最近出现了失忆、意识模糊、感觉缺失和自责或严重内疚感等严重的精神问题。艾布兰姆森在记录中写道，奥尔森的记忆力似乎非常好，一经提问就能轻而易举地记起相关的人物、地点和事件。也就是说，奥尔森的问题是出在脑子里。

次日清晨，拉什布鲁克和吕韦特带着奥尔森找到中情局的另一名签约雇员、纽约市小有名气的魔术师约翰·马尔霍兰。就像艾布拉姆森一样，马尔霍兰对中情局的秘密组织“技术服务部”也有涉密权限。在这些行动中，马尔霍兰负责向中情局特工传授如何“将魔术应用于秘密行动之中”。他的其中一项专长是“在对方毫无觉察的情况下转移不同物体”。在这次会面时，奥尔森开始对发生的一切感到怀疑[②]，并要求立即离开。次日，奥尔森开始出现幻听。他告诉艾布拉姆森，中情局试图对他用药，他们已经不止一次这样做过。

因为感恩节在即，吕韦特返回马里兰州陪伴家人。艾布拉姆森和拉什布鲁克决定，将奥尔森送进马里兰州洛克威尔的切斯特纳特洛奇疗养院，因为那里的工作人员中有中情局的医生。

在位于第 7 大道和第 33 街交叉口的斯塔特勒酒店，奥尔森在拉什布鲁克的陪伴下在纽约市度过了人生的最后一夜。他们的房间是 10 楼的 1018A 号。在酒店的餐厅用餐后，奥尔森和拉什布鲁克返回房间小酌，然后开始看电视节目。自从离家以后，奥尔森第一次打电话给妻子，并告诉她不用担心，自己很快就会回到家中。接着，奥尔森上床就寝。

大约凌晨两点半，奥尔森撞破酒店的窗户，在下坠大约 100 英尺后，跌落在下方的街道上，不治身亡。根据法医的报告显示，奥尔森的双脚首先触地，似乎是站起身来向后跌落的，因此导致颅骨碎裂。当时，斯塔特勒酒店的夜班经理阿曼德·帕斯托听到声响，立即跑了出来。他发现奥尔森躺在人行道上，还没有断气。帕斯托告诉警方，他看到奥尔森睁开眼，极力想要说些什么，但一个字也没有说出来。过了片刻，奥尔森气绝身亡。

帕斯托抬起头来，想要看清奥尔森是从哪个房间跌落的。他看到高层有个房间的百叶窗向外突出，似乎奥尔森跌出窗子时百叶窗是拉上的。帕斯托记下了房间的位置。当警察来到现场后，帕斯托带着他们来到 10 楼的 1018A 号房间，用值班经理的万能钥匙打开了门锁。在洗手间里，中情局特工拉什布鲁克正穿着内裤坐在马桶上，双手托着脑袋。拉什布鲁克已经打了两通电话。第一通是打给中情局技术服务部的主管戈特利布。一周以前，正是此人和拉什布鲁克一起对奥尔森使用了 LSD。第二通电话是打给酒店的前台，告知他们奥尔森自杀一事。当纽约市警察局探员詹姆斯·W. 沃德抵达现场后，他问了拉什布鲁克几个问题，对于这些问题，后者的回答只有简单的“是”和“不是”，而且没有表明自己中情局特工的身份。

拉什布鲁克被带往警察局接受审讯，因为此案目前尚不能排除他杀的嫌疑。在警察局，沃德探员命令拉什布鲁克拿出口袋里的东西。其中两张纸条上分别写着艾布拉姆森博士在纽约市的地址和马里兰州洛克威尔切斯特纳特洛奇疗养院的地址。当沃德探员问起他的职业时，拉什布鲁克回答，他是战争部的一名药剂师，而奥尔森是德特里克营的一名科学家，后者患有精神疾病。于是，沃德打电话给艾布拉姆森以确认拉什布鲁克的说法，他根本没有料及后者也是中情局的工作人员。

两天以后，沃德探员向局长提交了 125124 号案件，宣布此案告破，奥尔森的死被认定为自杀。

正如希腊格言所说，如果战争是万恶之源，那么奥尔森之死就是战争产下的一具怪胎。在奥尔森卷入中情局的毒药和审讯项目之前，他正在对空中投掷生物武器开展研究。自 1943 年起，奥尔森博士就开始从事生物武器领域的研究工作。“二战”期间，德特里克营的首任主管艾拉·鲍德温将其招至麾下。战争结束后，奥尔森博士成为德特里克营的平民医生。1950 年，他加入了特别行动部，其所在的小组专门负责研究生化武器制剂的传播方式，开展实验并负责测试，以应对将来美国可能遭遇的生化武器袭击。

20 世纪 40 年代晚期到 50 年代早期，奥尔森的足迹遍布美国各地。在旧金山、中西部地区和阿拉斯加，实验人员利用飞机和农作物喷粉机喷洒进行生物药剂实地测试。据后来的参议院听证会披露，一些实地测试使用的是无害兴奋剂，其他则涉及一些危险病原体。其中一项危险实验由奥尔森以及他在德特里克营的同事康诺耶尔主持实施。二人前往阿拉斯加进行实验，观察在类似苏联极寒冷的气候环境中，由飞机喷洒的细菌如何有效传播。“在这些实验中我们用了一种孢子，”康诺耶尔解释，“它和炭疽杆菌的细胞结构极其相似，这使我们的实验看起来不怎么合法。

实地测验完成几个月后，我们在整个美国都发现了这种孢子的痕迹。”除康诺耶尔和奥尔森以外，另一位名叫巴彻勒的医生也参加了这些秘密实验。哈罗德·巴彻勒是一名细菌学家，他在海德堡曾就空中喷雾技术咨询过库尔特·布洛梅医生。奥尔森和巴彻勒也负责指挥美国境内的闭合空间秘密实地测试，其测试地点包括地铁和五角大楼。在这些实验中，特别行动部使用了一种相对无害的病原体进行模拟实验，以确定在封闭空间中致病菌的高效传播方式。在对这些秘密实验的调查中国会人员发现，这些科学家的手法“令人震惊”，他们欺骗了所有被动参加试验的人员。

纽伦堡审判结束后，利奥波德·亚历山大博士主持编写了《纽伦堡法典》。作为一名利用病菌开展秘密实验团队的成员，无论其实验地点是在阿拉斯加的冻原之上，还是在德国国王营的安全屋内，奥尔森都违反了《纽伦堡法典》，因为他们没有事先征得受试者同意就进行实验。巧合的是，奥尔森身上发生的惨剧说明，他本应拥有不可剥夺的人身权利，免遭当局或其他医生的侵犯，但事实上他的这一权利不仅受到了侵犯，而且下达命令在他身上开展实验的，正是他为之奉献毕生精力的那一群人。

冷战是一场新的战争，如今它变成所有黑暗事件的源头。

第五部分

罪恶的延续

战争即万恶之源。

希腊谚语

第20章

科技战狂热

五角大楼“边缘政策”：囤积毒气弹

在冷战的战场上充斥着各种巧言令色的欺人之谈。虚假伪装、歪曲真相、阴谋诡计充斥于现实世界，只有在吐真剂的作用下才会现出原形。诞生于“二战”废墟之上的“回形针行动”，成为这片谎言荒野的始作俑者。

但1952年，随着联合情报调查局和中情局在对新成立西德政府的政策上开始产生分歧，“回形针行动”无所顾忌的势头有所减缓。中情局全然不顾高级专员约翰·麦克洛伊对美国招募德国科学家的不满情绪，仍一意孤行，继续聘用德国科学家和纳粹将领作为国王营的顾问。这个美国最大的情报机构绝不会像国务院那样循规蹈矩地依政策行事。

对于中情局从“回形针加速计划”名单中挖走科学家的做法，联合情报调查局感到尤为愤怒。1952年，联合情报调查局向法兰克福派遣了一个由20人组成的招募工作团队。该团队成员包括联合情报调查局的新任局长杰罗尔德·克拉布上校、多恩伯格将军和5名已经在美国工作的“回形针行动”科学家。当高级专员麦克洛伊得知此事后，担心此举会引起德国官员的不满，他请求国务院出面干预并取消这次招募行动。事实证明，德国方面的确对此极为不满。

德国官员告诉麦克洛伊，“回形针行动”违反了北约的有关规定以及美国制定的对德政策。美德双方达成协议，联合情报调查局和中情局将停止招募新的科学家，但是可以与已经得到杜鲁门总统批准的 1 000 名科学家继续合作。在不同部门的记录中，这个数字相去甚远，但可以确定，当时约有 600 名“回形针行动”科学家已经在美国工作。联合情报调查局将“回形针行动”更名为“国防科学家移民计划”（DEFSIP），中情局也将其涉及的部分行动更名为“国家利益”，但各方仍然将其称作“回形针行动”。

“回形针行动”的发展态势每况愈下。1956 年，西德政府从中情局手中接管盖伦组织，并将其更名为德国联邦情报局（BND）。盖伦及其手下如今成为康拉德·阿登纳总理及其政府的间谍。1957 年，联合情报调查局迎来一名新的官员亨利·惠伦中校，之后他在这个机构中的所作所为对“回形针行动”遗产产生了深远影响。1959 年，惠伦被提拔为联合情报调查局副局长，这就意味着他可以接触到有关原子弹和生化武器的所有绝密情报报告。惠伦在五角大楼的最内环即“E 环”拥有一间办公室。政府专门为一些高级官员准备了位于五角大楼 E 环的办公室，在这里他们可以直接与参联会取得联系。

1959—1960 年，在惠伦担任联合情报调查局副局长期间，他极其成功地隐藏了自己苏联间谍的身份。直到 1963 年，联邦调查局才获悉，惠伦一直在向“格鲁乌”的间谍、假扮作苏联驻华盛顿大使馆陆军武官的谢尔盖·埃德蒙斯基上校传递军事机密。但此时，惠伦早已经离开了联合情报调查局。

司法部开始对惠伦展开调查，并查抄了与其有关的所有联合情报调查局记录。在调查过程中，联邦调查局得知，惠伦曾销毁并向苏联泄露了大量“回形针行动”机密档案。1966年，联邦调查局向大陪审团(又称“起诉陪审团”,在刑事案件中决定是否对嫌疑人提起控诉,法定人数通常为23人。——译者注)提交了惠伦从事秘密间谍活动的证据。最终惠伦遭到起诉，但庭审期间法庭下达了禁言令，这就意味着媒体无法接触到联邦调查局获得的任何相关信息，其中包括惠伦的供述。因为记者接到不得对这次审判进行报道的禁令，所以没有人会将惠伦与“回形针行动”联系起来。

惠伦被判处在联邦监狱里服刑15年，但6年后假释出狱。联邦调查局有关惠伦一案的大多数记录仍未公开。从此以后，几乎没有任何“回形针行动”档案再被存入国家档案馆，惠伦案件也许正是其原因所在。

1962年，联合情报调查局正式解体。“回形针行动”开展的项目已经所剩无几，并全部移交给五角大楼的研究和工程部接管。如今，该机构负责处理与反大规模杀伤性武器以及下一代武器相关的所有事务。研究和工程部的任务是“开发能够推进美军作战能力的技术”。不可否认，无论是今天还是“二战”结束后，美国的做法始终如一，即利用科学和技术为下一场战争厉兵秣马。

“回形针行动”科学家作为个人所留下的遗产，与其参与的冷战武器研究项目所留下的科技遗产可谓等量齐观。现在看来，“回形针行动”中的生化武器项目全都以失败而告终，而其产生正是源于含糊其词的情报，甚至往往是错误的情报。化学特种部队与党卫军头目瓦尔特·施贝尔准将之间的关系同样如此。

解密后的有关档案显示，从施贝尔在德国为美军工作开始，甚至追溯到其在海德堡查尔斯·劳克斯准将家中为沙林毒气生产项目工作时，他就一直在欺骗美国。直到1950年，军事情报部门才掌握了对这名希特勒心腹不利的证据。直到更晚一些时候，他们才清楚，这个从制造纤维素和人造丝发迹，后来成为武器制造商的人是个不折不扣的骗子。施贝尔从纽伦堡监狱获释后，立即开始利用过去的纳粹关系网，通过一名瑞士掮客向至少一个美国敌国出售重型武器。

1950 年，军事情报部门截获了一封从瑞士寄给施莱伯的信件。信的内容共有 4 页，信封上没有回信地址，里面也只有一个难以辨认的签名。发信人与施贝尔谈论向第三方出售武器一事，称买方是“皇室王族”，但据军事情报部门推测这是一个代号。“他们打算购买很多东西，比如坦克、飞机、弹药，也就是一切与军火有关的东西。这些不能在信中谈论。”来信者声称。他开出的价格是：“PAK 反坦克炮每门 5 000 美元；75mm 口径武器每件为 3 000 ～ 4 000 美元；50mm 口径武器每件为 2 000 美元。”这名掮客保证：“如果我们安排得当，这将是一笔收入可观的买卖。”

反间谍特种部队在海德堡工作组的指挥官卡尔顿 · F. 麦克威尔特工奉命分析这封信的内容以及有关情况。麦克威尔很快确定，这封信所言属实，而且涉及的内容十分危险。“众所周知，施贝尔博士是欧洲司令部化学处一位极其重要的科学家，所以他很可能接触到一些绝密信息。这封来信显示，他正在参与某些国际阴谋，而美国无论如何也承担不起这种责任，”麦克威尔写道，“作为阿尔伯特 · 施佩尔手下的军械供应主管，此人在纳粹当政期间与军火工业有着千丝万缕的联系，因此成为非法武器交易及运输的最佳顾问和中间人。”尽管种种迹象表明，施贝尔是一个危险人物，但美国军方仍然对其信任有加，劳克斯将军甚至曾经亲自出面与他达成秘密交易。

麦克威尔特工担心，“近来有迹象表明，右翼活动不断抬头。不难想象，这些武器有可能被用于德国君主制复辟。”因此麦克威尔建议密切监视施贝尔的一举一动。于是，反间谍特种部队派人对施贝尔进行监视，并跟随他进入苏占区。在随后的 4 个月里，反间谍特种部队确认，“施贝尔与瑞士进出口局从事过可疑的交易，涉及向第三国出售及运输武器。”此外，还有一条更为糟糕的消息[1]，甚至严重威胁到美国的国家安全。反间谍特种部队得知，施贝尔正在为苏联情报机构服务。“调查对象在魏玛与MGB有某种牵连。”麦克威尔称。所谓MGB，是指苏联国家安全部，即克格勃（KGB）的前身。

麦克威尔提醒上级，施贝尔似乎是苏联间谍，并概述其所从事秘密活动的潜在危险性。由于施贝尔持有涉密权限，所以他在工作中可以接触到美国化学特种部队的高级机密材料，其中包括塔崩和沙林神经毒气研究项目，但他能接触到的“危险物质”绝不仅限于这两者。他还参与了美国空军地堡系统的机密设计计划。在未来战争中，一旦美国遭到核打击，这座地堡可以用于保护政府最重要的军事资源。但现在施贝尔正与苏联特工接头，而后者与克格勃存在千丝万缕的关系。麦克威尔奉命将此事通知中情局，但他从中情局得到的答复令人诧异。“不必在意此事。”中情局如此告诉麦克威尔，旋即后者将这条消息转达给反间谍特种部队的同事。

施贝尔档案中解密的备忘录显示，除了为化学特种部队工作外，施贝尔还为中情局服务。中情局告诉麦克威尔特工，施贝尔处于他们的掌控之中。至于施贝尔是真的正在为中情局从事对苏间谍活动，还是他同时欺骗愚弄了美苏两国，我们无从知晓。但无论怎样，他都参与了非法武器交易。根据施贝尔外国科学家档案中解密的一份备忘录显示，在1956年之前，他一直是“回形针行动”的成员。

在美国，瓦尔特·施贝尔博士在美国化学特种部队的未来发展史上留下了难以磨灭的印记。施贝尔及其法本化学家团队为劳克斯将军提供了生产沙林毒气的秘密以后，美国开始大量囤积这种致命神经毒剂，一旦爆发全面战争，这些化学武器就可以悉数投入使用。在朝鲜战争爆发后，该项目进度不断加快。1950年10月31日，国防部部长乔治·C. 马歇尔拨款 5 000 万美元，用于设计和建造两座沙林生产工厂，一座位于亚拉巴马州的马斯尔肖尔斯，另一座位于科罗拉多州丹佛市郊外的落基山兵工厂内。

由于生化武器的大部分信息密级都属于“机密”，除了参议院的少数核心人士，即负责为该项目拨款的有关人员之外，外界无人知晓此事。“在众议院拨款委员会中，只有 5 个人，也就是说整个众议院只有 5 个人，持有了解生化武器项目的涉密权限。”化学武器专家乔纳森·塔克写道，“这一小批资深参议员在秘密会议上决定为这些项目拨款，并将其埋藏在浩如烟海的拨款议案之中，然后在事先几乎没有任何通知的情况下拿出来要求其他参议员进行投票表决，所以很少有人来得及浏览其中的内容。”

美国开始以疯狂的速度生产沙林毒气。每年 365 天，每周 7 天，每天 24 小时，两座工厂开始夜以继日大规模赶工，沙林毒气的年产量高达数千吨。落基山兵工厂内的沙林毒气生产工厂代号为 1501 号楼，是一栋没有窗户的 5 层碉堡，其结构设计可以抵御 6 级地震和时速 100 英里的狂风侵袭。这是美国当时最大的一座灌浇混凝土建筑，没有涉密权限的人无法知道楼内发生的事情。化学特种部队也加快其化学武器军备项目进度，开始研制在战场上用于投掷神经毒剂的尖端武器。在落基山的弹药填装厂，沙林毒气被填充进迫击炮弹、航空炸弹、火箭和导弹弹头内，其中最理想的方式就是用 M34 集束炸弹来散布毒气，即在一个 1 000 磅重的金属筒内密封着 75 枚装有沙林毒气的小型炸弹。

美国公众得知，1953 年 11 月，美苏之间即将爆发第三次世界大战。《科利尔》杂志发表了一篇题为“军用毒气：令人不寒而栗的新型武器，我们与苏联势均力敌”的文章。在这篇文章中，沙林毒气的“天机”被记者科尼利厄斯·瑞恩一语道破。“目前出现了某种令人恐怖的武器，这种武器甚至比原子弹更加致命，面对这种武器的威胁，你和你的家人，我们所有人，都毫无安全可言。”军方将沙林描述为“一种无臭无色无味的神经毒气，可以立即使人陷入麻痹状态”。他还警告道，美国人有可能再次遭到“类似珍珠港事件的突袭”。瑞恩向读者描述了这样一个恐怖场景：苏联图-4轰炸机携带7吨沙林炸弹，并将炸弹投掷到美国的某座城市。袭击发生4分钟内，在半径为100英里的范围内，所有未采取防护措施的人都会命丧黄泉。化学特种部队队长E.F.布伦少将向国人承诺，唯一的防御措施就是以攻为守。“届时，唯一的安全措施就是做到防患于未然，准备使用威力更强大的毒气。”这一说法反映了新的冷战思维“边缘政策”，也就是将危险局势推向灾难的极端或边缘。

化学特种部队日夜兼程地制造沙林毒气并将其装进弹药之中，经过3年的努力，到1957年，最终完成了国防部下达的储备要求。当年晚些时候，埃奇伍德的化学家发现了一种更为致命的制剂。“这是一种剧毒的杀虫剂，可以像蛇毒那样渗入皮肤。”化学武器专家乔纳森·塔克解释道。这种神经毒剂的代号为维埃克斯（VX），其中V代表venomous，即“有毒”。

与沙林相比，维埃克斯的吸入毒性大于前者数倍，皮肤毒性则比沙林大几十倍到几百倍。10毫克的维埃克斯可以在15分钟内置人于死地。这就意味着，维埃克斯在战场上比沙林的威力更加强大。因为沙林毒气会在15分钟左右的时间里消散殆尽，而维埃克斯的挥发度很小，喷洒后可以在地面上停留21天。1957年，化学特种部队开始生产维埃克斯，其产量高达数千吨。在埃奇伍德，“回形针行动”科学家弗里茨·霍夫曼从制造塔崩转而制造维埃克斯。但是，霍夫曼留下的最可怖的遗产，还是他为中情局特别行动部和化学特种部队植物杀伤剂分部进行的研究。

毒药暗杀第三世界革命者

弗兰克·奥尔森去世后，特别行动部继续使用 LSD 开展精神控制项目。西德尼·戈特利布奉命加入中情局，开展毒药暗杀项目。戈特利布正是提议对奥尔森用致幻药的人。霍夫曼是该项目的核心化学家之一。“他就像我们的搜索器，”埃奇伍德实验室主管西摩·希尔弗对记者琳达·亨特说，“世界各地一旦有任何重大发现，霍夫曼就会提醒我们加以注意，并且对我们说：‘这是一种新型化学药品，你们最好测试一下。’”

霍夫曼的女儿加布里埃拉·霍夫曼记得，他的父亲个子很高、语气和蔼，经常在军方的护送下前往世界各地，搜集不知名的毒药，包括稀奇古怪的蟾蜍、鱼类和植物。“他会从日本、澳大利亚和夏威夷等地寄明信片给我，”加布里埃拉回忆道，“他经常乘坐军用飞机，身旁还有军人护送。他们会来到家中接走父亲，然后在某个周日晚上把他送回家里。”当时还是少女的加布里埃拉记得，父亲经常把一些古怪的物品带回家中。“在周一返回埃奇伍德之前，他会打开行李。他的手提箱里总是装着各式各样的小罐子。罐子里面装着海胆之类的东西，让我觉得十分好奇。”

霍夫曼为中情局找到的毒药中包括马钱子，这是一种能够使人麻痹甚至死亡的南美洲吹管毒药。中情局 U–2 隐形飞机驾驶员航空服的口袋里装着一枚特制的美国硬币，硬币夹层里有一个小小的护套，套子里面装的就是马钱子。

特种行动部下设装备处，其主管是赫布·坦纳，也是“八号球”的制造者之一。装备处负责制造附有毒药的各种设备，包括装有毒药射弹的自来水笔、能够散播细菌喷雾剂的手提箱、混有毒药的糖果、无法从外观辨识的微型望远镜和高技术毒标枪等。这种标枪的尖端装有带毒的飞镖，毒素可以通过飞镖注入血液，从人体表面看不出任何蛛丝马迹。

此外，中情局还在寻找一种特殊的毒药，并将其制成武器。这种毒药不会立即令人死亡，而是延迟致死时间，其潜伏期约为 8 ~ 12 小时甚至更长。特别行动部下设的特工处负责寻找这种毒药。此类毒药有的能够让人在短时间内出现轻微不适后死亡；有的能够使人患上短期或长期严重疾病之后死亡；还有的会引起病情逐渐加重，使人在出现一系列并发症后死亡。如果暗杀对象经过一段潜伏期后才死亡，不仅可以使刺客得以脱身，还可以避免引起他人的怀疑。特别行动处的暗杀目标之一就是菲德尔·卡斯特罗（古巴政治家、军事家、革命家，古巴共产党、古巴共和国和古巴革命武装力量的主要创立者和领导人。——译者注），中情局曾数次试图对其下毒。

中情局的另一个行刺目标帕特里斯·卢蒙巴是刚果的第一位合法民选总理，但中情局认为他只不过是苏联的傀儡。戈特利布奉命暗杀卢蒙巴。后来在接受国会调查时，戈特利布告诉调查人员，为完成这一目标，他需要找到一种毒药，这种毒药必须是“刚果土生土长的，但能够一击致命”。于是，戈特利布决定使用肉毒杆菌毒素。他将这种毒药装在外交邮袋的一个玻璃瓶里，随即动身前往非洲，准备行刺卢蒙巴总理。1960 年 9 月 26 日，戈特利布抵达刚果首都利奥波德维尔，然后直奔美国大使馆。劳伦斯·德夫林大使正在那里等他。

两天之前，德夫林大使收到中情局局长艾伦·杜勒斯的一封绝密电报。“我们希望利用一切办法，使卢蒙巴无法继续担任政府职务。”杜勒斯写道。德夫林大使得知，很快会有人到大使馆找他，这个人自称是“来自巴黎的乔”，而“乔”就是戈特利布。戈特利布计划使用皮下注射器，将肉毒杆菌注入卢蒙巴的牙膏中。只要卢蒙巴用这管牙膏刷牙，他就会在8个小时后毙命。但是在利奥波德维尔，戈特利布根本无法接近卢蒙巴总理，因为后者的住宅位于刚果河上方的一座悬崖上，他的身旁总是簇拥着一群保镖。几天以后，肉毒杆菌毒素的毒效丧失殆尽。戈特利布只得将其与液氯混合后丢进刚果河中，然后离开非洲。卢蒙巴于次年1月遇害，据称是被比利时的雇佣兵殴打致死。

越南落叶剂事件

“我父亲知道，作为一名化学家，在埃奇伍德工作需要承担巨大的风险，”加布里埃拉说，“他从未谈起过自己所做的事情，而这些事情也大多不为人知。”加布里埃拉的孩提时代有异于常人，因为她经常随父亲造访美国的各个军事基地。“我和父母一起外出旅行时，我们的目的地总是军事基地。我们到过新墨西哥州的白沙基地，还到过加利福尼亚州、亚利桑那州、北达科他州和犹他州达格韦的军事基地。我还记得，父亲在达格韦试验场做过演讲。”在20世纪五六十年代政府部门最神秘、最富有争议的一些研究项目中，霍夫曼都是核心人物。但直到2013年，他的大部分研究记录不是仍未公开，就是已经被销毁。对于父亲究竟留下哪些科学遗产，就像世界上的其他人一样，加布里埃拉至今仍茫然不知。

加布里埃拉记得，父亲经常交往的一些人中包括L. 威尔逊·格林博士，也就是“心理战”一词的发明者。他是父亲的同事，沿着街道径直向前就是他的家。20世纪50年代末60年代初，格林继续为军方和中情局的化学心理战项目进行LSD研究。他们在大约7 000名美国陆军和海军士兵身上对LSD和其他一些能够致人丧失行动能力的药剂进行了测试。至于格林是否事先告知受试者实验内容并征得他们的同意，已经难以确定。“我记得我到过格林的家中，他的业余爱好是在地下室里建造火车花园，其情景令人叹为观止。在这里，峰岭逶迤蜿蜒，城镇栩栩如生，池塘星罗棋布，其中还有各式各样的小人儿。火车一边拉响汽笛，一边咔嚓咔嚓疾驰而过，缕缕蒸汽从车顶升腾而起。当时，那些火车吸引了我的注意力，我对此兴趣盎然。”加布里埃拉回忆道。

这条街上另一个不同寻常的邻居是莫里斯·威克斯，他在埃奇伍德的医学研究处任职。威克斯是气体毒理分部的主管，专攻“燃烧产物的吸入毒理”。他花费大量时间研究生化制剂在与烟雾和气体结合后，毒性如何能够变得更强。而这也是库尔特·布洛梅博士之前研究的项目，布洛梅曾在海德堡接受“回形针行动”审问时讨论过此事。“威克斯是我们的邻居，”加布里埃拉回忆道，“他的儿子克里斯托弗和我成了最好的朋友。克里斯托弗家的后院有很多笼子，笼子里关着许多猴子。克里斯托弗和我喜欢观看这些猴子，而且一看就是好几个小时。显然，当时我并不明白它们是用来做什么的。”直到我为撰写本书对加布里埃拉进行采访时，她才明白父亲工作的真正性质。

关于霍夫曼及其为“回形针行动”留下的遗产，其中最为离奇而又充满悲剧意味的是，他是一名反纳粹人士。至少，美国的战时外交官萨姆·伍兹这样认为。在美国，霍夫曼为陆军化学特种部队和中情局工作，他的科研项目使他一生都处于惶恐不安的煎熬之中。他的女儿认为，他曾经参与落叶剂的研制，也就是美军在越南战争期间使用的植物杀伤剂武器。

“越南战争期间，我记得一天夜里我们吃晚饭时，在新闻上看到有关这场战争的消息，”加布里埃拉说，“父亲平时沉默寡言，所以如果他说过什么，我总是记得很清楚。他指着新闻上越南的热带丛林说：‘要是树叶都落光了，不是就更容易看见敌兵吗？’这是他的原话。”加布里埃拉回忆道，“我记得一清二楚。数年后，我才得知，父亲的研究项目之一就是落叶剂。”

在越南战争期间，美军的落叶剂研究项目始于 1961 年 8 月，并一直持续到 1971 年 2 月。1 140 多万加仑（一种体积单位，1 加仑≈3.785 升）落叶剂被喷洒在越南大约 24% 的领土上，摧毁了 500 万英亩高地、森林以及 50 万英亩庄稼，其范围大致相当于马萨诸塞州的面积。此外，美军还出动 C–123 运输机喷洒了 800 万加仑其他农作物杀伤剂，其代号分别为“白剂”“蓝剂”“紫剂”和“绿剂”。弗里茨是美国陆军化学特种部队中最早开始研究二噁英毒性的科学家之一。《霍夫曼旅行报告》显示，他于 20 世纪 50 年代中期开始这项研究工作。在美军老兵起诉美国政府和化学药品制造商在越南战争期间使用灭草剂和落叶剂的案件中，这份报告被广为引用。

加布里埃拉认为，如果父亲知道落叶剂造成的长期恶果，他一定会痛不欲生。“事实证明，落叶剂不但会使树叶落光，而且对儿童的健康造成了巨大伤害。”加布里埃拉说，“我当时庆幸父亲已经过世。如果他得知此事，一定会伤心欲绝。他是一个温文尔雅的人，甚至连一只苍蝇也不会伤害。”

霍夫曼过早死去，其情形仿佛出自特工处的剧本：主人公突染沉疴，时隔不久便弃世而去。1966 年圣诞节前夜，霍夫曼博士被诊断出患有癌症。“他疼痛难忍、形销骨立，躺在床上看自己最喜欢的电视节目西部牛仔片与罗德·瑟林主演的《阴阳魔界》（*Twilight Zone*）。”加布里埃拉回忆道。仅仅 100 天后，56 岁的霍夫曼去世。

“他偶尔尝试着想要工作，”加布里埃拉说，“但是身体疼痛难忍。我记得很多身着黑色西服的人经常来家里与父亲交谈。当时，止痛药杜冷丁刚刚上市。埃奇伍德的一名医生给他开了杜冷丁的处方。

在他临终前，母亲和我有很多问题想问他。谁知道那些身穿黑色西服的都是些什么人，也许是联邦调查局或者中情局的特工，他们担心父亲会向其他人吐露真相。但直到去世前，对于我们的询问他始终三缄其口。”

约翰斯顿环礁化学制剂处置系统

德特里克营的生物武器处开展了3个研究项目，其中一个项目是霍夫曼主持的植物杀伤剂项目，另外两个项目是人体杀伤剂和动物杀伤剂。动物杀伤剂武器旨在杀死某种特定的动物及其整个群体，从而使以这种动物为食的人们忍受饥饿。美国动物杀伤剂研究的核心人物是“回形针行动”科学家、库尔特·布洛梅博士的副手埃里希·特劳布博士，他于1949年4月4日来到美国，之后被布洛梅博士的负责人查尔斯·麦克弗森招至麾下，将其纳入“回形针加速计划”之中。

特劳布在马里兰州贝塞斯达的海军研究所开展病毒学研究项目。直到2013年，特劳布的大部分工作仍然属于“机密”。在海军研究所，特劳布与德国空军生理学家、爆炸减压专家西奥多·本津格博士成为莫逆之交[②]，后者早期为海军开展的研究项目同样仍未解密。除了为海军工作以外，特劳布还在德特里克营进行动物杀伤剂研究。当时德特里克营的专家研究的制剂和病毒包括牛瘟、口蹄疫、Ⅲ号猪瘟（非洲猪瘟）、鸡瘟、新城疫和鸡痘。直到2013年，特劳布在德特里克营开展的生物武器研究仍未解密。

1948年，国会批准了一笔3 000万美元预算用于动物杀伤剂武器研究。但是，由于这项工作极其危险，国会要求只能在美国大陆以外的地区进行。实验地点最好是在距大陆较近的一座岛屿上，并与大陆通过一座桥梁相连接。于是，军方选择了康涅狄格州沿岸长岛海峡一片方圆 1.3 平方英里的普拉姆岛。该项目主管的不二人选，无疑是世界级的动物杀伤剂专家特劳布，而他当时正在贝塞斯达的海军研究所工作，无法抽身旁顾，因此导致普拉姆岛的生物武器研究计划拖延了数年之久。

1951 年 9 月 7 日，特劳布拿到了美国移民签证。1954 年，不知出于何种原因，特劳布辞去了马里兰州海军医学研究所细菌研究主管的职务，要求返回德国。特劳布向海军方面表示，他已经接受了西德政府联邦病毒研究所所长的职位。这一变故引起了联合情报调查局的极大担忧。

“众所周知，特劳布博士是某些病毒领域的权威人士，尤其是在口蹄疫和新城疫方面建树极高，”联合情报调查局解密后的一份报告中写道，“而他即将前往的德国研究所，有望成为世界病毒研究领域最先进的研究实验室之一。”鉴于“他的专长具有显著的军事应用潜力，建议在这名专家返回德国后，采取适当措施继续对其严密监视”。军方对特劳布的监视活动很可能贯穿于他的后半生。

20 世纪 50 年代初 60 年代末，美国军事情报部门会定期指派工作人员前往德国对特劳布博士进行检查，同时对其位于图林根州保罗埃尔利希接的新住宅进行监视。为了解特劳布在进行哪些研究，情报人员还特地前往马里兰州，来到特劳布的同事和朋友西奥多·本津格博士的家中，询问后者是否了解“特劳布博士与美国以外的人员有哪些交往”，但本津格表示并不知情。只要特劳布离开德国外出旅行，军情人员都会对其暗中监视。

特劳布博士是非法致命病毒交易的行家里手。“二战”期间，党卫军头子海因里希·希姆莱亲自选定特劳布作为心腹科学家，命令他前往土耳其获取牛瘟菌株样本，并在兰斯岛上将其制成生物武器。

战争结束后，特劳布逃离苏占区，并冒险将致命的培养菌从“东方集团”（冷战期间西方阵营对中欧及东欧的前社会主义国家的称呼，其范围大致为苏联及华沙条约组织的成员国。——译者注）带出。随后，他将培养菌藏在西德的一座实验室内，一边寻找合适的买家。20 世纪 60 年代中期，联邦调查局有关特劳布的档案显示，他从德国迁往伊朗后，新的永久通信住址是赫萨拉克的拉齐实验室。当特劳布从伊朗前往华盛顿特区的肖汉姆酒店与某个不知名的人士接头时，联邦调查局特工对整个会面过程进行了严密监视。至于情报人员从特劳布博士那里获取了哪些消息，直到 2013 年仍是不解之谜。

追溯历史，人们难以想象，美国生化武器研究发展之迅速令人触目惊心。但五角大楼就像对待“回形针行动”一样，向国会隐瞒了这些武器项目的秘密，所有的事情都被列为“机密”。理查德·尼克松总统意识到，凭借庞大的生化武器储备与苏联叫板纯粹是一种疯狂的行为。1969 年 11 月 25 日，尼克松总统宣布，结束美国所有进攻型生物武器研究，并下令销毁美国的生物武器储备。“我决定，美国将放弃使用任何形式、能够使人致死或致残的危险生物武器。”尼克松说。其中的原因不言而喻。使用生物武器会给整个世界带来难以控制的后果。“人类手中已经掌握了太多自我毁灭的种子。”尼克松说。经过 26 年的研究与开发，美国的生物武器项目终于落下帷幕。在这场漫长而又怪诞的冷战中，这是美国总统首次决定单方面销毁其所有军备。

没过多久，美国化学武器项目也被终止。尼克松恢复了“只守不攻”的军事政策，这就意味着美国将不再继续研制生产化学武器。在随后的几年中，国会与军方合作确定了销毁武器储备的最佳方式。最初的计划是将 2.7 万吨填有化学物质的武器在深海销毁。但相关调查显示，落基山兵工厂囤积的装有沙林和维埃克斯的炸弹中的神经毒气已经开始泄漏。这些军备需要被装进钢铁和混凝土制成的“棺材”里，然后才能被弃置于深海。

此外，五角大楼曾在日本冲绳军事基地秘密储存了1.3万吨神经毒剂和芥子气，这些化学武器也需要被销毁。1971年，军方开展“红帽行动”，将上述军备送往美国所属的南太平洋环礁约翰斯顿岛，按照原计划，沙林和维埃克斯炸弹将被储存在该岛地堡内，直到科学家找到销毁这些武器的最佳方式。但事实证明，沙林和维埃克斯炸弹一经制成就无法拆卸。

于是，为了以己之矛攻己之盾，军方开展了规模庞大的新的科学任务，建立了“约翰斯顿环礁化学制剂处置系统”，这也是世界上第一座“全面销毁化学武器”的设施。直到34年后，美国才单方面销毁其化学军备。“以下数字足以充分说明问题，”军方宣称，“逾41.2万件诸如炸弹、地雷、火箭和射弹等废弃的化学武器均被销毁。”他们同时表示“为所取得的成就感到自豪”。

第 21 章

太空核战推手

“双面间谍”多恩伯格推销太空船

数十年来，美国的冷战生化武器项目一直在秘密进行，而为该项目服务的纳粹科学家大都隐姓埋名。就像这些生化武器项目本身一样，联合情报调查局的外国科学家档案以及有关军政府的安全报告，均被列为“机密”。但并非所有“回形针行动”科学家的情况都是如此，其中有些人喜欢生活在聚光灯下，并且从武器研究转入了其他相关领域。例如瓦尔特·多恩伯格、沃纳·冯·布劳恩和休伯特斯·斯特拉格霍尔德，从 20 世纪五六十年代起，相继改弦易辙，迈入了不同行业。

多恩伯格在到达美国两年后，从危险人物摇身变为社会名流。1950 年，多恩伯格离开了莱特－帕特森空军基地，脱离了军方监管，开始为纽约州尼亚加拉瀑布的贝尔飞机公司工作，并迅速升为该公司副总裁和首席科学家。由于当时美国急需推进太空武器化，他的第二职业就是做该项目的代言人。多恩伯格被授予涉猎“绝密”文件的权限，并担任军方火箭、导弹和未来太空武器顾问。多恩伯格的办公日志如今被慕尼黑的德意志博物馆收藏。在这本日志里，他以工程师一贯的精准，记下了所有跨国之旅。他曾经前往内布拉斯加州奥马哈的战略空军司令部总部、华盛顿特区的五角大楼以及包括莱特－帕特森、埃尔金、兰道夫、麦克威尔和霍洛曼在内的多座美国空军基地，参加各种各样的“机密会议”。此外，他还以参联会“回形针行动”顾问的身份拜访五角大楼的高级官员，并与后者讨论“批准程序”以及“聘用德国科学家”的问题。1952 年，作为一名“回形针行动”侦察员，多恩伯格与五角大楼的“要员”同赴德国，对法兰克福、海德堡、威斯巴登、斯图加特、达姆施塔特和维岑浩森的德国科学家和工程师进行面试。

整个 20 世纪 50 年代，多恩伯格如空中飞人般忙碌穿梭于各式各样的宴会和盛大活动。他演讲的主题总是与征服有关，譬如《火箭制导导弹：征服太空的关键》(*Rockets——Guided Missiles: Key to the Conquest of Space*)、《洲际武器系统》(*Intercontinental Weapons System*) 和《征服太空的现实方式》(*A Realistic Approach to the Conquest of Space*) 等。只要有人愿意聆听，他就好夸夸其谈。他的听众包括圣马可圣公会教堂的男子俱乐部、美国童子军和美国汽车工程师学会。1953 年春，罗切斯特市青年商会邀请多恩伯格将军参加女士午餐会，而媒体以《V 型导弹设计者出席青年商会》(*Buzz Bomb Mastermind to Address Jaycees Today*) 的标题对此事进行了报道。

多恩伯格受到了公众追捧，并撰写了一本关于 V–2 火箭的回忆录。这本回忆录最初在西德发行，随后于 1954 年在美国再版。在回忆录中，多恩伯格对自己过去的经历精心粉饰，将自己从一名穷兵黩武的纳粹将军描述成为一位仁慈善良的科学先锋[①]。在多恩伯格的生花妙笔之下，他在佩内明德开展的 V–2 火箭研究项目成为波罗的海沿岸科学实验室里发生的一桩“浪漫”故事，但是对于诺德豪森和佩内明德的奴隶“血汗工厂”，他却只字未提。

1957年，多恩伯格似乎找到了纳粹垮台后自己真正的事业重心，即向五角大楼推销贝尔飞机公司生产的BOMI太空船。BOMI太空船是一种由火箭推进的载人航天器，主要用于开展太空核战。但有时候，在五角大楼的秘密会议上，多恩伯格也会遭到质疑。比如，据空军历史学家雷·霍钦记载，当多恩伯格向空军部的一群官员宣传BOMI的优势时，有人就曾对他口出不逊。据说当时多恩伯格曾经怒斥道，如果在战争中他有机会驾驶自己钟爱的BOMI太空船对美国作战，那么此时此刻出席会议的空军部官员就会对它心存敬畏。此言一出，室内顿时一片死寂，霍钦写道。

1958年，联邦调查局对多恩伯格将军启动调查，因为据知情者透露，他有可能与苏联间谍进行过秘密谈话。但负责审讯多恩伯格的特工得出了不同的结论："我认为，调查对象（多恩伯格）当时可能在扮演双面间谍的角色，而且表演得天衣无缝。"多恩伯格为人狡猾奸诈，但这一点也让他受益匪浅，无论遇到什么情况，他似乎总能够成功脱险。

"阿波罗11号"登月的功臣

沃纳·冯·布劳恩也开始大肆鼓吹太空战军事化。1950年，布利斯堡的火箭研究小组从得克萨斯州迁往亚拉巴马州亨茨维尔附近的红石兵工厂，开始为陆军研制"朱庇特"弹道导弹。与此同时，冯·布劳恩野心勃勃地试图把自己塑造成太空旅行的先知先觉者。当时，火箭、外太空和星际旅行的概念已经在美国文化中生根发芽。20世纪50年代，不计其数的美国孩子梦想飞上太空，而冯·布劳恩和多恩伯格成为"太空旅行"的国家代言人。他们向美国承诺，军方研制的弹道导弹是进入外太空必须迈出的第一步[②]。

“在接下来的10~15年里，”1952年，冯·布劳恩在《科利尔》（*Collier's*）杂志中写道，“在太空中地球将会有一个新的伙伴，即人造卫星，它既可能是推进和平最伟大的力量，也可能是发动战争最可怕的武器，这取决于它由谁制造及掌握。”“太空站将会成为令人恐怖的有效原子弹载体。”冯·布劳恩补充说。太空旅行从一开始就与战争交织在一起，至今依然如此。冯·布劳恩在《科利尔》杂志上刊登的系列文章不仅让他赚到了一小笔外快，而且由于“文章洋溢着爱国之情”还获得了政府表彰，但实际上这些文章均由他人捉刀。尽管如此，他还是引起了加利福尼亚州伯班克沃尔特迪士尼制片厂的注意，一名制片人打电话给冯·布劳恩，问他是否有兴趣为迪士尼拍摄两部与太空旅行有关的电视系列片。

在过去的一年多里，冯·布劳恩一直在为自己创作于得克萨斯州荒漠中的科幻小说寻找出版商。截至当时，他已经遭到了18家出版社的拒绝，但迪士尼的合约为他打开了名利双收的大门。于是，冯·布劳恩签署了担任3部迪士尼电视剧技术指导的合约，从此迅速踏上了“星途”。这部迪士尼乐园电视剧于1955年首次播出，据估计约有4 200万观众，成为当时美国历史上收视率第二高的电视节目。

就像多恩伯格一样，冯·布劳恩也一直小心翼翼地掩饰自己过去的纳粹经历。他从未向任何人提起他1937年加入纳粹党的事实。有一次，有记者问他是否于1942年加入了纳粹党，冯·布劳恩宁愿放弃科学家力求精确的职业形象，也没有去纠正这个错误。反之，冯·布劳恩“不无遗憾”地表示，他是“被迫”加入该党派。他从未提到自己在1933年加入了党卫军的骑兵队，1944年成为党卫军军官，身穿臂章上有“卐”字符的党卫军制服，头戴骷髅头标志的军帽。此事一旦暴露，根据1950年出台的《国内安全法》（*Internal*

Security Act）有关规定，他将被驱逐出境。因为该安全法规定不得进入美国的人士不仅包括共产党员，而且也包括“极权独裁政权成员”。无论是冯·布劳恩本人，还是美国军方和国家航空航天局（NASA）各方，都对冯·布劳恩是党卫军成员的事实守口如瓶。直到 1985 年，美国有线电视新闻网（CNN）才将此事曝光。

但是，冯·布劳恩作为一名前党卫军军官，从前的所作所为都涉及纳粹战争罪，这些事实如影随形，在他心头挥之不去。有一天，冯·布劳恩造访《科利尔》杂志社办公室，在电梯里遇到了兰道夫航空医学院的海因茨·哈伯和杂志主编科尼利厄斯·瑞恩。此外，电梯里还有几名《科利尔》杂志的工作人员。其中一人向哈伯伸出手来，用手指摩挲着这名科学家身上的皮衣，嘲弄地问：“这肯定是用人皮做的吧？”

随着人类登月计划的步伐不断加快，冯·布劳恩也开始名利双收。如今他成为马歇尔航天中心的主任，这座由政府掌控的火箭和飞船研究中心位于亚拉巴马州红石兵工厂。如今冯·布劳恩已经成为一个公众人物，他的纳粹经历虽然被隐藏起来，但无论如何也不可能一笔勾销。在 20 世纪 60 年代，这件事情甚至一度成为人们的笑柄。美国歌手汤姆·莱勒专门写了一首歌揶揄冯·布劳恩。这首歌当时被广为传唱：“只要火箭飞上天，管它落到哪一边？这个哪关我的事，冯·布劳恩耸耸肩。”电影制作人斯坦利·库布里克在那部荒诞喜剧影片《奇爱博士》（*Dr. Strangelove*）里，也以冯·布劳恩为原型创造了一个角色。影片中，这个疯狂科学家从轮椅上站起身来大喊：“我的元首，我会走路了！”1963 年，东柏林的著名作家兼律师朱利叶斯·马德写了一本书，书名为《亨茨维尔德秘密》（*The Secret of Huntsville*）。该书封面是冯·布劳恩身穿黑色党卫军冲锋队制服的图片，他的颈间挂着一枚骑士十字勋章，这种勋章是希特勒的最高奖赏之一，1944 年 12 月由军备部部长阿尔伯特·施佩尔在瓦尔拉堡亲自为他颁发。这本书由德国军事出版社发行，作者将冯·布劳恩描述成一个狂热的纳粹分子，书中详细叙述了诺德豪森奴隶工厂和朵拉－诺德豪森集中营里惨无人道的情形，前者是冯·布劳恩的工作地点，而后者负责为奴隶工厂提供劳工。

几名会讲德语的美国公民警告航空航天局，冯·布劳恩曾经受到数项战争罪指控，但航空航天局仿佛对此事一无所知。该部门的 3 名高级官员詹姆斯·E. 韦伯、休·德莱登和罗伯特·西曼斯与冯·布劳恩讨论了当前的情况，并就应对方案向后者提出了建议。如果有人问起此事，航空航天局局长韦伯直言不讳地告诉冯·布劳恩，他的回答应该是："美国政府很清楚我过去在德国从事的一切活动。"最终，这本书也并未像作者预期的那样在西方世界引起轩然大波。这本书掺杂着"恶意诽谤的叙述"和"子虚乌有的情节"，冯·布劳恩的传记作者迈克尔·诺伊费尔德写道，所以作者的话不能全信。当航空航天局得知该书的作者马德是东德秘密警察局的一名情报人员时，书中所揭露事实的潜在威力顿时化为乌有。如果需要的话，航空航天局可以将马德的这本书斥作苏联人自编自导的谎言，其目的只是为了蓄意损害美国航空项目的声望。

《亨茨维尔德秘密》在东方阵营极受追捧。这本书被翻译成俄语，在苏联销售了 50 万册，还被翻拍成电影《冻结的闪电》（*Frozen Lightning*），编剧仍是马德，1967 年由东德国家电影制片厂摄制发行。同年，西德检察官重新启动朵拉－诺德豪森审判，也被称作"埃森－朵拉审判"。一名党卫军卫兵、一名盖世太保官员和 V–2 火箭安全工作主管被指控在米特尔维克地下工厂制造 V 系列武器期间犯下战争罪。米特尔维克的总经理乔格·里克希和冯·布劳恩都以证人身份受到法庭传唤，当时住在德国的里克希出庭作证。他在宣誓过后声称，他对朵拉－诺德豪森集中营闻所未闻，是在战后才听说过这座集中营。“那些都是秘密的营地（集中营），所以我不太清楚那里的事情。”里克希在法庭上表示，“掌管集中营的是一支秘密突击队。对诺德豪森的惨况，我也是在战后才有所耳闻。”

在美国，冯·布劳恩也受到了埃森－朵拉审判的传唤。但航空航天局的总法律顾问拒绝让冯·布劳恩出庭，因为他认为将这位美国航空项目的明星人物送往德国，无异于打开“潘多拉之盒”。他们仅同意冯·布劳恩在美国的西德领事馆提供口头证词。航空航天局的律师建议将地点选在路易斯安那州的新奥尔良，以尽可能远离媒体的关注。朵拉－诺德豪森集中营幸存者的诉讼代理人是一名东德律师弗里德里希·考尔，此人也是苏联阵营的一分子。在得知冯·布劳恩不会赴德出庭后，考尔博士亲自前往新奥尔良采集冯·布劳恩的证词。考尔不仅是一位业务精通的律师，而且还掌握着许多不利于冯·布劳恩的证据。

据冯·布劳恩的传记作者迈克尔·J. 诺伊费尔德称，美国政府清楚考尔博士曾经担任苏联赞助影片《冻结的闪电》的法律顾问一事。在这部电影里，冯·布劳恩即使并非穷凶极恶之徒，至少也是个黑白不分的人。考尔亲自出面讯问冯·布劳恩的用意是将火箭工程师、党卫军和集中营之间的勾结公之于世。如果真的出现类似的负面宣传报道，航空航天局的登月计划必将告吹。因此，美国国务院拒绝为考尔博士颁发签证。但冯·布劳恩还是在路易斯安那州的法院回答了一名德国法官的问题。就像美国军方 1947 年在诺德豪森审判中的做法一样，这一次美国政府再次将冯·布劳恩的证词封存。当时媒体听闻风声，得知冯·布劳恩对战争罪审判宣誓作证，为了平息悠悠众口，后者只得出面，并就此事发表了一则简短的声明。冯·布劳恩声称，他“没有什么可隐瞒的，况且我并未牵涉其中”。当有记者问，佩内明德是否使用过集中营的俘虏作为奴隶劳工时，冯·布劳恩予以否认，称“这简直是一派胡言”。

埃森–朵拉审判的法官也在墨西哥采集了多恩伯格的证词，当时多恩伯格已经退休，正和妻子在墨西哥避寒。几个月后，冯·布劳恩和多恩伯格就此事通信。“关于作证一事，我没有再听到任何消息。”冯·布劳恩写道。对于两人来说，没有消息就是好消息。

1969 年 7 月，“阿波罗 11 号”成功登月。而著名的专栏作家德鲁·皮尔逊在专栏中写道，冯·布劳恩曾是一名党卫军成员。在此之前，他也曾揭发瓦尔特·施莱伯博士的身份，使这名纳粹将军被驱逐出美国。但当时，冯·布劳恩的名声如日中天，因此皮尔逊的文章并没有引起公众的过多关注。如今冯·布劳恩俨然成为一名美国英雄，世界各地的人们纷纷对他发出赞誉之声。

阿波罗登月项目结束后，冯·布劳恩转入私营部门工作。作为一名国防承包商，他开始穿梭于世界各国，先后会见了包括英迪拉·甘地、伊朗国王和西班牙王储胡安·卡洛斯等在内的领导人。1973 年，他喜欢上了驾驶飞机，并于当年 6 月向联邦航空局申请换发新飞机驾驶执照，因此他接受了身体检查和 X 射线检查。检查结果显示，他的肾部有一个阴影。经确诊，冯·布劳恩身患晚期癌症，只有 4 年的余生。

在他临终前一年，福特政府曾经提出动议，授予沃纳·冯·布劳恩美国总统自由勋章（由美国总统向在科学、文化、体育和社会活动等领域作出杰出贡献的平民颁发的一种勋章，是美国对普通人的最高奖励，一年颁发一次，受奖者不需要是美国公民。——译者注）。这项动议差一点儿通过，但福特总统的高级顾问戴维·格根在一份备忘录中写道：“抱歉我无法支持授予前纳粹分子自由勋章的提议，纳粹德国正是利用此人所研制的 V–2 火箭对许多座英国和比利时城市进行轰炸，造成大量无辜平民伤亡。战后，他虽然对美国作出了宝贵的贡献，但坦率地说，他已经得到了所能获得的最好报偿。”作为替代，冯·布劳恩被授予国家科学勋章。他死于1977年6月16日，墓地位于弗吉尼亚州亚历山德里亚，墓碑上引用了《圣经》赞美诗中的一句话：“祈求我主和万物宽恕。”

8年之后，有线电视新闻网记者琳达·亨特成为第一个勇于揭开冯·布劳恩伪装的人。她依据《信息自由法》，要求政府将冯·布劳恩过去的纳粹经历公之于世。

质问“航天医学之父”

1952年5月，当瓦尔特·施莱伯终于离开得克萨斯州圣安东尼奥的空军航空医学院，前往阿根廷时，休伯特斯·斯特拉格霍尔德博士感到如释重负。施莱伯夫妇已经被永久驱逐出美国，斯特拉格霍尔德博士就可以继续野心勃勃地追求自己的事业，不用再担心他的纳粹战争罪行会被人揭穿。当时，美国的太空旅行研究项目正如火如荼地进行。作为兰道夫空军基地航空医学部科学主管，斯特拉格霍尔德博士负责研究在太空失重环境下人体的生理机能如何变化。20世纪50年代，斯特拉格霍尔德开始为太空舱制订早期计划，即依靠导弹推动进入太空，第一步是把猴子送入太空。

1948年6月11日，9磅重的恒河猴“阿尔伯特”成为世界上第一名“宇航员”。“阿尔伯特”的密封加压太空舱与一枚V–2火箭的鼻锥体相连，这个太空舱以及“阿尔伯特”的笼子和系带均由斯特拉格霍尔德及其团队设计。6分钟后，当火箭上升到39英里的高度时，“阿尔伯特”死于窒息。“阿尔伯特”的继任者“阿尔伯特2世”，在次年即1949年6月19日，成为第一只进入太空的猴子。实验开始时，斯特拉格霍尔德及其手下的许多德国籍和美国籍医生严密监视着“阿尔伯特Ⅱ世”的生命体征。V–2 火箭带着它穿过了卡门线(卡门线位于海拔100公里处,通常用来作为外太空与地球大气层的界线。——译者注)，升至海拔 83 英里的高空，但“阿尔伯特Ⅱ世”在返回地球时由于降落伞未能开启导致撞击死亡。10 年以后，另外两只猴子“埃布尔”和“贝克小姐”进入太空，在返回地球后生命体征良好。后来“埃布尔”的尸体被制成动物标本，绑在它的航空座椅上，在美国国家航空航天博物馆进行展览。

这一重要阶段结束后，斯特拉格霍尔德及其研究团队准备开始在志愿者身上进行实验。为了实现太空旅行的宏愿，斯特拉格霍尔德主持设计了“模拟空间站”，也称太空舱，以模拟宇航员在飞往月球时经历的各种情况。第一名人体受试者于 1958 年 2 月 9 日产生，他是土生土长于纽约市布朗克斯区、23 岁的飞行员唐纳德 · G. 法雷尔。他在一群经过严格筛选的飞行员中脱颖而出，走入了实验舱。按照计划，法雷尔将在体积为 100 立方英尺（1 立方英尺 ≈0.028 立方米）、加压密封的实验舱里连续度过 7 天 7 夜。之所以要定为 7 天 7 夜，斯特拉格霍尔德解释说，是受到了儒勒 · 凡尔纳的启发，因为后者曾经预言太空船需要 7 天 7 夜飞行才能抵达月球。“回形针行动”科学家弗里茨 · 哈伯也参与了太空舱原始蓝图的设计。

实验期间，斯特拉格霍尔德及汉斯 – 乔格 · 克莱曼（斯特拉格霍尔德在为德国空军工作期间的助手），以及两名来自空军的同事，共同监测法雷尔的生命体征以及执行任务的能力。这次在法雷尔身上开展的“模拟空间站”实验引起了各路媒体的注意。实验的第 7 天也就是最后一天，得克萨斯州参议员林登 · B. 约翰逊造访航空医学院，亲自护送法雷尔走出实验舱，并参加新闻发布会。斯特拉格霍尔德博士和奥蒂斯 · 本森将军（此人曾试图为施莱伯谋取教授之职，使其继续留在美国，但最终未能如愿）站在法雷尔身旁接受媒体采访。本森对斯特拉格霍尔德大加赞赏，并对他“以医学名义”开展的杰出工作予以褒奖。

林登·B. 约翰逊对此事感到异常激动，他将斯特拉格霍尔德博士及其团队送往华盛顿特区，与70名国会议员、空军部部长和6位四星将军共进午餐。斯特拉格霍尔德后来忆起此事时说：“上过汤之后，约翰逊让我用5分钟时间，谈谈航空医学的发展领域以及这次实验的意义所在。”

但享受掌声的同时，麻烦也随之出现。1958年5月，《时代》杂志刊登了一篇赞扬斯特拉格霍尔德的文章，将他誉为“美国航空医学研究的先驱”。作为回应，著名杂志《周六评论》（*Saturday Review*）也发表了小朱利安·巴赫的一篇社论《科学家希姆莱》（*Himmler the Scientist*）。巴赫是前《军事评论》（*Army Talks*）的战地记者，也是首位在普通报刊上报道纳粹医生在“二战”期间开展人体医学实验的美国记者。巴赫在这篇文章中提醒公众，不要忘记纳粹医生在集中营囚犯身上实施的人体实验。“对他们进行残害的德国医生多数都身居高位，”巴赫写道，“只有极少部分是江湖郎中。”巴赫指出，斯特拉格霍尔德与达豪的冷冻实验有着千丝万缕的关系，巴赫表示，他至少应当“对这些事情有所了解”，但斯特拉格霍尔德始终对此矢口否认。这也是公众首次获悉此类细节。

巴赫在文章中呼吁对此事展开联邦调查。由于斯特拉格霍尔德在两年前即1956年，已经成为美国公民，因此美国移民暨归化局只得着手调查。但是，在向空军部核实过相关细节后，美国移民暨归化局发表声明称，斯特拉格霍尔德在成为美国公民前已经接受了“应有的调查”。实际上，美国移民暨归化局的工作人员并没有看到占领区美国军事政府办公室关于斯特拉格霍尔德的秘密档案，否则他们就会得知，军事情报部门曾经得出结论：斯特拉格霍尔德“在希特勒手下取得了事业上的成功，这似乎表明他完全认同纳粹主义”。

1958 年 10 月，航空医学协会第 29 次会议在得克萨斯州圣安东尼奥召开。这次研讨会为期一天，主题为“即将迈入太空的航空医学”。21 年前，该协会第一次国际会议在纽约市华道夫酒店的阿斯特美术馆召开，斯特拉格霍尔德博士和哈里·阿姆斯特朗两人都曾出席。如今，他们再度重逢，并共同主持这次会议。会上，多恩伯格将军发表了演讲。在与会的 47 名科学家中，有 11 人是“回形针行动”招纳的德国科学家，现在他们都已经成为美国公民。

斯特拉格霍尔德一生著述颇丰，撰写了大量科学论文，有时候一年甚至多达十几篇。他不仅为冯·布劳恩的《科利尔》杂志撰写了关于太空舱的系列文章，而且发明了与太空有关的新术语，其中包括“bioastronautics”（太空医学）、“gravishphere”（引力层）、“ecosphere”（生态层）和“astrobiology”（天体生物学）等。他曾对飞行时差反应（指因在短时间内穿越多个时区而导致的睡眠模式和其他生理功能节律即身体生物钟失调。——译者注）进行专项研究，并就研究成果出版了专著《人体生物钟》（*The Human Body Clock*）。1964 年，太空作家和记者雪莉·托马斯为撰写 8 卷本系列著作《太空人》（*Men of Space*）采访了斯特拉格霍尔德。在接受采访时，斯特拉格霍尔德加入纳粹党的事情已经过去近 20 载，而且在这 20 年里，他也因为杰出的科学成就屡获殊荣。于是，斯特拉格霍尔德开始掩饰昔日的身份，声称自己实际上是纳粹的反对者。

“我曾经对希特勒及其信仰表示反对，”斯特拉格霍尔德告诉托马斯，“有时候我试图向纳粹分子隐藏自己的真实想法，否则就会有性命之虞。”这是无稽之谈。因为斯特拉格霍尔德曾经是德国空军军衔最高的医生之一。

“你是否被迫加入纳粹党？”托马斯问。

“是的，他们企图逼迫我加入纳粹党。”斯特拉格霍尔德声称。他还告诉托马斯，他在柏林航空研究所的手下也都是被迫加入该党。“只有守卫和动物饲养员”是纳粹党成员，斯特拉格霍尔德谎称。

乍听之下，仿佛在纳粹时代，他从未与齐格弗里德·拉夫、康拉德·谢弗、赫尔曼·贝克尔－弗莱森和奥斯卡·施罗德等人密切合作过一样。人们开始对纳粹分子的过去展开深入调查。1973 年 9 月 3 日，以揭发纳粹分子为职的独立工作者西蒙·威森塔尔写信给德国路德维希堡的中央调查司法办公室主任阿德尔伯特·拉克博士。在此之前，他曾经协助当局抓获了阿道夫·艾希曼。

“我掌握着休伯特斯·斯特拉格霍尔德博士参与拉文斯布吕克人体实验的相关信息，”威森塔尔写道，“尽管我们的档案中没有显示具体姓名，但这些信息表明，这些实验均与德国空军有关。”

拉克博士告诉威森塔尔，他会对此事展开调查。几个月后，拉克在给威森塔尔的回信中表示，他已就此事展开全面调查，但没有发现任何有关斯特拉格霍尔德曾经参与医学罪行的直接证据。拉克向威森塔尔提供了 1942 年在纽伦堡杜特斯赫尔霍夫酒店医学会议有关文件的复印件，包括斯特拉格霍尔德提交的差旅费用以及德国空军为邀请他出席会议所支付的费用。在这次会议上，德国空军医生讨论了从人体实验中获得的医学数据。但是“知情”并不等于犯罪，所以中央调查司法办公室没有采取进一步行动，拉克表示。

1973 年年底，美国移民暨归化局宣布启动斯特拉格霍尔德一案，同时对其他 34 名现居美国的纳粹战争罪嫌疑人展开调查。在这份战争罪嫌疑人名单上，斯特拉格霍尔德的名字也赫然在列。后来，这份名单被《纽约时报》公开，这令斯特拉格霍尔德感到极为震惊。就像冯·布劳恩一样，面对这一指控，他向记者作出了言简意赅的答复。“在来到这里之前，我已经通过了审核。”斯特拉格霍尔德说。

犹太组织领导人迅速采取了针锋相对的行动，其中包括《国家》杂志前资深编辑小查尔斯·R. 艾伦。艾伦在为《犹太思潮》（*Jewish Currents*）撰写的文章中，提供了斯特拉格霍尔德参与人体实验的证据。艾伦是第一个拿到纽伦堡医学会议资料复印件的平民，其中包括这次会议的与会者名单。但让艾伦难以理解的是，这份名单上还出现了其他一些纳粹分子的姓名，而这些人如今正在为美国“回形针行动”工作。这份名单包括瓦尔特·施莱伯少将、康拉德·谢弗博士和西奥多·本津格博士。当时，施莱伯已经被驱逐到阿根廷，谢弗被遣返德国，但本津格仍然生活在美国梦里。他受雇于美国海军已经长达 25 年，其间发明了耳温计，现在已经成为一名德高望重的科学家。

公众的质疑时刻笼罩在斯特拉格霍尔德的头顶。1974 年 11 月，拉尔夫·布鲁门萨尔在《纽约时报》上撰写了一篇后续报道，详细描述了冷冻实验种种骇人听闻的细节。“受害者被迫在户外赤身裸体，跳进装满冰水的水槽里。在这些定期开展的实验中，许多人被活活冻死……受害者痛苦地死去，然后被解剖，以便采集实验数据。”但是，美国移民暨归化局局长伦纳德·查普曼在询问过美国空军后，表示没有获得任何关于斯特拉格霍尔德的负面信息。于是，这起案件再次被搁置起来。

斯特拉格霍尔德认为有必要继续宣扬自己的反纳粹故事。在《纽约时报》刊登布鲁门萨尔的报道两天之后，斯特拉格霍尔德接受了空军口述历史记者詹姆斯·C. 豪斯道夫的采访。采访中斯特拉格霍尔德表示，在战争期间，他经常对自己的人身安全忧心忡忡，因为他被列入希特勒的“敌人名单”中并声称，1944 年 7 月，在克劳斯·冯·施陶芬贝格伯爵试图暗杀希特勒未遂后，他只得藏匿起来以躲避纳粹的死亡威胁。他从一座农舍转移到另一座农舍，直到最后安全返回柏林。

3 年过去了,人们对他的关注已经烟消云散。1977 年 1 月 19 日，在得克萨斯州圣安东尼奥的庆典上，位于航空航天医学院航空医学图书馆前厅、铜匾镶嵌的斯特拉格霍尔德肖像揭幕了。这座图书馆是美国空军最大的医学图书馆，由“航天医学之父”斯特拉格霍尔德博士捐赠建成。空军方面承诺，镶嵌着斯特拉格霍尔德肖像的铜匾“将永远被摆放在图书馆的前厅”。但这幅肖像究竟能被摆放多久，谁都难以预料，只有等待时间来进行检验。

第 22 章

法兰克福奥斯威辛审判

德国的清算

20 世纪 60 年代,“回形针行动”为德国留下了一系列“后遗症”,而这些遗留问题足以说明,“回形针行动”本身就是一个自相矛盾的项目。1963 年发生的一起事件成为该项目的转折点。当年,西德法庭启动了法兰克福奥斯威辛审判,这也是德国首次对大屠杀的罪魁祸首进行大规模公开审判。之前在 1947 年,波兰克拉科夫也曾进行过一次奥斯威辛审判,这座集中营的许多纳粹官员出庭受审,包括奥斯威辛的指挥官鲁道夫·胡斯,他被判处死刑并执行绞刑。

但在 1963 年的法兰克福奥斯威辛审判之前,德国从未有过这类以本国名义对自身进行的战争罪审判。整个 20 世纪 50 年代,德国的政治和法律精英,出于各种各样的原因反对进行类似审判,其主要原因是担心一旦展开这一审判,无异于打开一罐丑陋而又危险的蠕虫。就像美国军事情报部门试图掩盖“回形针行动”的秘密一样,很多德国法学家也持有相同的态度。尽管他们的同胞有成千上万人在“二战”中犯下了十恶不赦的罪行,但是这些人现在仍然过着正常的生活,有的人甚至作出了巨大贡献。

1963年12月20日，法兰克福奥斯威辛审判开始，这是人们自1945年来首次公开讨论毒气室、灭绝营和大屠杀。“促成这次审判的最初原因是我收到的一封来信。”奥斯威辛国际委员会秘书赫尔曼·朗宾回忆道，“这封信是一个名叫罗格纳的德国人寄给我的，他是奥斯威辛的幸存者。”朗宾和罗格纳都曾是奥斯威辛的囚犯，党卫军卫兵让罗格纳担任工头监督其他奴隶劳工。“他是电工班的工头，”朗宾说，“但他为人正派，那里（奥斯威辛）还是有一些正人君子的。”

罗格纳在寄给朗宾的信中写道：“我知道博格在哪里。”

对奥斯威辛的所有幸存者来说，博格是一个令人不寒而栗的名字。因为他们都清楚，威廉·博格人称“奥斯威辛之虎”，是一个罪大恶极的人物。曾有人目睹他在火车匝道上亲手杀害了数名儿童。罗格纳在信中告诉朗宾，他曾向位于斯图加特的德国当局对博格提出谋杀指控。1958年春，作为奥斯威辛国际委员会秘书，朗宾按照罗格纳提供的线索进行了调查，发现博格在斯图加特郊外的亨明担任会计。在那里，这头奥斯威辛的“恶虎”已经娶妻生子，俨然是一个有家有室的男人。“将此人绳之以法是一个漫长而曲折的过程。”朗宾说。时隔7个月后，博格终于被逮捕，落入法网。

法兰克福奥斯威辛审判中共有22名共同被告。除了奥斯威辛最后一任指挥官理查德·贝尔，所有前奥斯威辛官员都以自己的真名实姓过着正常人的生活①。指挥官贝尔化名卡尔·诺伊曼，在汉堡附近的一座庄园里当园丁。他在奥斯威辛的助手罗伯特·穆尔卡正在汉堡经商。在奥斯威辛的灭绝营，穆尔卡是鲁道夫·胡斯的左膀右臂。约瑟夫·克莱尔住在布伦瑞克，在“巴辛父子”汽车修理厂工作。克莱尔曾经是奥斯威辛的卫生员，经常向囚犯的心脏注射致命针剂，杀害了数以千计的俘虏。奥斯瓦德·卡杜克住在柏林，在当地一家疗养院工作。在奥斯威辛，卡杜克曾经用靴子将人活活踢死。党卫军药剂师维克多·卡修斯住在格平根，家境富裕，开了一家药房和美容院。在奥斯威辛集中营，卡修斯为虎作伥，协助声名狼藉的门格勒博士挑选医学实验的受试者，并负责为灭绝营提供毒气“齐克隆 B”。随着法兰克福奥斯威辛审判大幕拉开，上述所有人将接受德国法官而非美国法官的审判。这引起了德国许多年轻人的关注，他们不禁纳罕，为什么如此之多的战犯在犯下骇人听闻的战争罪后，竟然能在这么长的时间里得以逍遥法外？

自相矛盾的证词和联邦政府庇护

然而，“回形针行动”还有一个更重要的遗留问题。当罗格纳提起民事诉讼时，他揭发了另外一个人——奥托·安布罗斯博士。在就奥斯威辛一案上诉时，安布罗斯被罗格纳列为罪犯的原因是前者曾担任法本公司在奥斯威辛的丁腈橡胶工厂总经理。德国检察官对安布罗斯一案进行了调查，认为安布罗斯已经接受了纽伦堡审判，并在兰茨贝格监狱服刑 17 个月零 2 周，便决定取消对他的指控。但从 1963 年起，安布罗斯不断收到法庭传唤，要求他在法兰克福奥斯威辛审判中作证。这令安布罗斯在战争期间的所作所为暴露于大庭广众之下，但他却再次从审判中全身而退。

截至 1964 年，安布罗斯获释已经长达 13 年，而且再次成为生意兴隆的富商大贾。他还在柏林结交了不少工业巨头和学术精英。当法兰克福奥斯威辛审判启动时，安布罗斯已经是德国多家大型公司董事会成员，其中包括德国通用电气、恒亚煤矿公司和 SKW 钢铁冶炼公司。在法兰克福奥斯威辛审判的证人席上，安布罗斯提供的证词与他 1947 年在纽伦堡法庭上接受审判时的证词自相矛盾。他甚至表示，奥斯威辛丁腈橡胶工厂的条件“十分舒适”，工人们受到了“友好的款待”。对于他的谎言，很多奥斯威辛集中营的幸存者感到极为震惊。

法兰克福的法官和陪审团也许没有注意到安布罗斯的证词与他此前的证词互相抵触，但法庭上有很多著名的以色列记者旁听，他们是辨别谎言的专家，所以很快他们便发现了安布罗斯证词中的漏洞。这些记者立即开始对安布罗斯在纽伦堡审判后的生活展开调查。调查发现，此人虽然曾经被判犯有奴役罪和大屠杀罪，但服刑时间十分短暂。在奥斯威辛集中营，法本公司的奴隶共有 6 万人之多，其中约有 3 万人在工作中被活活累死。

报道这次审判的记者对发现的真相感到怒不可遏。安布罗斯如今不仅是多家私营企业的董事会成员，而且还是另外 5 家德国联邦政府国有公司的高级董事。安布罗斯为此得到了丰厚的报酬，而这笔资金由德国的纳税人支付。一名据德国联邦档案记载名为“德申克伦夫人”的以色列女记者，在得知安布罗斯战后的所作所为时，对后者的傲慢态度和狂妄气焰感到义愤填膺，于是写信给财政部部长卢德格尔·韦斯特里克揭发安布罗斯。德国联邦政府竟然还要向这名已决战犯支付 1.2 万德国马克(约合 12 万美元的“顾问费”)。“这是一件可耻的事情。”德申克伦夫人写道。她要求与财政部部长韦斯特里克会面。后者表示同意。

但德申克伦夫人并不知道，据国家档案馆保存的安布罗斯和韦斯特里斯克之间的通信显示，两人不仅是同事，而且关系十分要好。会面后，韦斯特里斯答应德申克伦夫人对此事进行调查。但实际上，他不仅没有开展调查，反而将刚刚发生的事情告诉了安布罗斯。为保住自己在这些董事会中的高官厚禄，安布罗斯请律师杜瓦尔代笔，就自己及其在纽伦堡法庭的共同被告撰写了一份辩解书。之后，安布罗斯又请财政部部长韦斯特里斯代表自己将这份辩解书在各董事会传阅。“从这份案件概要可以看出，我们是无辜的。”安布罗斯解释道，他指的是纽伦堡法庭曾经判处他及法本公司的其他同事犯有奴役罪和大屠杀罪。“我和我的同事都是第三帝国的牺牲品，”安布罗斯辩称，“前任政府利用我们研制的合成橡胶从中牟利。假如有任何对我不利的证据，我就不会被美国军方释放。”美国驻德国高级专员麦克洛伊曾经迫于政治压力对其减刑，而这件事如今被安布罗斯利用，拿来暗示自己从一开始就是负屈含冤。

1964 年 4 月 25 日，安布罗斯写信给财政部部长韦斯特里克 ：“您帮助我重返董事会。能够继续留在这里，我义不容辞。我这样做完全是出于一片无私之心。感谢您为我所做的一切。”作为回应，韦斯特里克代表安布罗斯向各董事会致函。“因安布罗斯才智过人，所以才被选为董事会成员，”韦斯特里克写道，“他就像火箭制造领域的冯·布劳恩一样，属于稀缺型人才。所有人都希望得到他。只要他愿意，他可以在世界上的任何地方找到工作。”

但以色列记者拒绝在安布罗斯一案上就此罢手。他们继续撰写新闻报道，揭发安布罗斯与奥斯威辛集中营令人发指的罪行存在千丝万缕的联系，此事导致德国联邦政府以及雇用安布罗斯作为董事会成员的公开上市交易公司难以继续与其开展生意往来。“前战犯避难瑞士”，1964 年 6 月的一则新闻标题写道。安布罗斯为此恼羞成怒。作为回应，他向国务秘书路德维希·卡滕施特罗特递交了一份声明。“我没有到（瑞士）普拉避难，”安布罗斯写道，“那里只是我的度假屋。我必须声明，在 1956 年买下该处房产时，我已经通知了瑞士政府，并提交了纽伦堡的判决书。我到那里只是为了度假。在与律师商议过后，我决定不再前往那里。”接着，他笔锋一转，开始指责他人。“整件事情都是拜法兰克福奥斯威辛审判所赐，”安布罗斯写道，“媒体中的某些派别企图将此案归咎于我。”

不言而喻，所谓“某些派别”，显然是指“犹太人”。

1964 年夏末，通用电力公司召开董事会决定罢免已决战犯安布罗斯的董事之职。接着，在 5 家德国联邦政府所有、由纳税人出资建立的企业中，他悄无声息地离开了其中至少两个董事会的顾问岗位。

此外，在写给财政部部长韦斯特里克和副部长多林格博士的信中，安布罗斯还透露了一个新秘密，但他请求后者承诺不会向外界公开相关信息。“考虑到我也在这些公司担任永久顾问”，安布罗斯写道，“我不会（对外）提及他们的姓名，因为我不希望让任何记者得到风声，从而为我的朋友带来麻烦。你想必知道纽约的 WR 格雷斯公司[②]……我希望我能继续留在恒亚煤矿公司。鉴于上述公司均位于以色列，公开他们的姓名只会引起尴尬，因为这些人都是备受尊敬的知名人士。实际上，他们都曾到过我的家中，也了解我的态度以及我在第三帝国的所作所为，并且对此表示接受。”

至于安布罗斯提到的这些“备受尊敬的知名人士”究竟是何许人也，信中并未透露。而安布罗斯曾经为美国 WR 格雷斯公司工作一事，直到数十年后才被曝光。20 世纪 80 年代初，公众得知安布罗斯曾经担任美国能源部的顾问，而该机构的前身是原子能委员会。“由安布罗斯博士监督，在前法本公司建立和运营一座年产量 400 万吨的煤氢化工厂。”已决战犯受雇于国家能源部的事实引起了公众的愤怒，国会议员和媒体记者开始搜寻更多有关安布罗斯与美国政府签订合同的细节。但是，能源部坚称有关文件已经丢失。

这起丑闻不断发酵，最终引起了罗纳德 · 里根总统的关注。据白宫有关文件显示，国家安全副顾问詹姆斯 · W. 南斯向里根汇报了美国政府聘用安布罗斯的来龙去脉。

南斯向总统表示 ：“安布罗斯博士与不计其数的盟国官员都签订

过工作合同，”南斯写道，“安布罗斯不仅担任过英国酿酒有限公司、法国化工业巨头贝奈公司、瑞士欧洲陶氏化学公司顾问，而且还是著名化工企业巴斯夫公司的下属制药厂诺尔公司的董事长。”尽管如此，里根总统还是要求能源部就与安布罗斯签订合同一事提供更为详细的信息。南斯告诉总统：“对您所提出的问题，能源部或能源研究开发署没有详细记录。

但是，鉴于安布罗斯博士所拥有的煤氢化领域丰富专业知识，据我们所知，安布罗斯博士确实曾经和美国能源官员签订过生产合同。”对“回形针行动”产生的遗留问题，即使身为美国总统，里根也无法获悉全部内情。

共产党医生的指控

美国军方曾经认为，苏联费尽心机想要雇用希特勒手下的前生物武器专家库尔特·布洛梅博士。但实际情况并非如此。1962 年 2 月，一群来自东德莱比锡卡尔·马克思大学的医师“就多特蒙德医师库尔特·布洛梅一事”，向“多特蒙德的所有医生和牙医”以及多家知名报纸写了一封公开信。信中历数布洛梅在纽伦堡医生法庭上被指控犯下的累累罪行，并呼吁这座城市的所有人都应该“了解他的真面目以及他曾经对犹太民族的所作所为”。这些共产党医生揭发布洛梅曾经担任“第三帝国军医署副署长”的事实，并要求“西德医学界同仁与这个自诩为医生的人保持距离”。最后，他们在信中表示：“也许之前你们不知道此事，但现在，真相已被公之于众。”东德广播电台“自由柏林电台”与布洛梅取得联系，邀请后者对此进行评论。布洛梅同意接受采访。

“我看了你交给我的两页来信，”1962 年 2 月 22 日，布洛梅对采访者表示，“在战争期间，我曾经奉命研制某种血清和疫苗，用于抵抗细菌引起的瘟疫，这一切都是因为施莱伯博士对我说了谎。施莱伯不仅是苏联人的傀儡，而且在发誓后还信口雌黄。”在广播节目剩下的时间里，布洛梅对施莱伯大加指责，称后者为自己带来了厄运。节目最后，他声称自己是无辜的，并提醒主播，他在纽伦堡经历了长达 10 个月的审判。“我已经在法庭上证明了我的清白，法官已经宣布我是无罪之人，”布洛梅说，“美国法官十分严格。他们判处 7 人死刑,5 人终身监禁。假如我真的有罪,他们一定会对我判刑。”

但这些共产党医生的指控也足以让官方开始行动，对布洛梅展开调查。两周以后，即 1962 年 4 月 4 日，多特蒙德的联邦检察官致信路德维希堡的纳粹犯罪调查中央办公室，希望了解那里是否有关于布洛梅博士的任何信息。这位检察官为布洛梅一案设立了卷宗，并且将焦点集中在 1942 年 11 月 18 日布洛梅写给帝国总督亚瑟·卡尔·格雷泽的一封信上。后者曾经负责管理波兰波森附近的一个地区，最终因战争罪被判处死刑。这封信的主题是讨论对患有肺结核的波兰人进行“特殊处理”的问题。

时值 1962 年，人们已经明白所谓“特殊处理”是纳粹的暗语，意味着将这些人“彻底消灭”。在这封信中，布洛梅和格雷泽一致认为，对待这群患有肺结核的波兰人最好的办法就是进行“特殊处理”。但布洛梅提醒帝国总督格雷泽，并提出了一个他们不得不面对的问题：一旦彻底消灭这些波兰患者，他们的亲属就会觉察到发生了不同寻常的事情。他们商议进行“特殊处理”的这群人，总计约有 3.5 万人之多。

布洛梅接到传唤，并接受联邦检察官讯问。“我知道有人正在着手调查，”布洛梅说，“我的态度是，美国人早就调查过这些事情。”接着，布洛梅博士重复了他在纽伦堡医生审判中作为被告的同一番话：他也许曾经提议杀害3.5万名波兰人，但没有证据证明他将这一提议付诸实施。意图不等于犯罪，布洛梅坚称。此外，布洛梅向调查人员表示："我想要补充说明，从我在审判中所了解的情况来看，我认为此事罪在瓦尔特·施莱伯。"布洛梅说，施莱伯博士才是此事的元凶，但是后者企图嫁祸于他，以逃脱罪责。经过几天的考虑，1962年5月21日，联邦检察官停止对布洛梅博士的调查。布洛梅得以继续在多特蒙德行医，这起案件从此之后再没有被重启。3年以后，布洛梅去世。"他死于肺气肿，"他的儿子说，并且表示，布洛梅临终前过着形影相吊、与世隔绝的生活。

"错过"万湖会议上的声明

尽管美国驻德国高级专员约翰·J. 麦克洛伊试图帮助阿尔伯特·施佩尔提前获释，但施佩尔还是在柏林郊外的施潘道监狱服完了20年的刑期。1956年，麦克洛伊写信给施佩尔夫人称："我坚信，您的丈夫应当被释放。我将竭尽全力，尽我所能促成此事。"

在狱中，施佩尔秘密撰写回忆录，并计划在获释后出版。他在卫生纸、香烟盒和碎纸屑上草草写下身为希特勒政府纳粹高官工作的昔日经历。由于从施潘道监狱向外界传送未经审查的记录属非法行为，施佩尔请两名同情他的荷兰红十字会护士把自己的笔记偷偷带出狱外，并交给他的故交和同僚鲁道夫·沃尔特斯。沃尔特斯是希特勒的好友，当时居住在柏林。

在施佩尔服刑的20年间，沃尔特斯煞费苦心地将施佩尔源源不断送出的数万张纸片打印成一部长达1 000页的手稿。施佩尔获释后，沃尔特斯将这部手稿完璧归赵。施佩尔利用这本回忆录预支的稿费，撰写了另外两本著作《第三帝国内幕》(*Inside the Third*

Reich）和《施潘道：秘密日记》（*Spandau: The Secret Diaries*），并且再次成为富翁。据称，《世界日报》（*Die Welt*）向施佩尔支付了68万德国马克的预付款以购买长篇连载的版权。此外，他还因出售这两本书的英文版权获得了35万美元的预付款。后来，施佩尔购买了一辆跑车，从此踏上了成功作家的康庄大道。

对于沃尔特斯20年来付出的努力，施佩尔从未表示感谢，甚至只字不提。至少，他没有在书中或公开场合提及此事。十年以后，施佩尔对他的传记作者吉塔·塞伦尼辩称："这是为了保护他（沃尔特斯）。"据报道，沃尔特斯的儿子说，父亲临终前的最后一句话是："施佩尔。"

施佩尔向沃纳·冯·布劳恩赠送了一本《施潘道：秘密日记》。作为帝国军备部部长，施佩尔曾经是后者的朋友和前任上级。冯·布劳恩在写给施佩尔的信中说，在过去的20年里，两人的命运迥然不同。当施佩尔在施潘道监狱坐牢时，在美国的冯·布劳恩却像明星般冉冉升起。他对施佩尔的赠书之情心存感激。"在过去20年漫长的时间里，尽管经历了很多事情，但我还是会常常会想起你。"冯·布劳恩写道。

齐格弗里德·克内迈尔得知施佩尔出狱后，便立即前往德国拜访这位故交。在此之前，两人最后一次见面是在1945年4月的柏林。当时，克内迈尔曾帮助施佩尔出谋划策，企图逃往格陵兰岛。施佩尔入狱后，克内迈尔开始为此前与两人不共戴天的敌国工作。从20世纪40年代至70年代，作为美国国防部雇员，克内迈尔开展了一系列机密及非机密的研究项目，并因此多次获得政府表彰，从此青云直上，不断高升。此外，他还为美国空军创建了"飞行员分析项目"，对飞行员从亚音速转入超声速航行的相关技术研究工作进行协调。1977年克内迈尔退休后，五角大楼对其进行表彰，给予其文职人员所能得到的最高奖励——文职杰出服务奖章。两年后，即1979年4月11日，克内迈尔死于肺气肿。他的遗愿是将自己的尸体“立即送往火葬场”，并且不再举行葬礼。“对于养育他的祖国德国和收养他的国家美国，他一直怀着同样的热忱和奉献精神。”克内迈尔的儿子西格德·克内迈尔说。

直到临终，施佩尔始终否认自己对大屠杀有任何直接了解。67年前，约翰·多利布瓦曾在卢森堡的“垃圾桶”审讯中心对施佩尔进行过审问。事到如今，多利布瓦仍对此事耿耿于怀。“我问施佩尔，他是否参加过柏林的万湖会议（纳粹德国官员讨论‘犹太人问题最终解决方案’的会议，通过了系统屠杀犹太人大屠杀的议题。——译者注）。在这次会议上，希姆莱曾经宣布要‘彻底解决’犹太人的问题，”多利布瓦回忆道，“在我看来，任何与会者都不能说自己对灭绝营一无所知，比如奥斯威辛、索比堡和比克瑙。一开始，施佩尔否认到过万湖，后来他虽然改口承认，但声称自己在午餐前就已经离开，因此错过了希姆莱的重要声明。其他人也纷纷断定，施佩尔在说谎。我认为应该将他处以绞刑。”

1981年，施佩尔死于伦敦的一家宾馆。当时，他进城接受BBC的采访。“当魔鬼把手搭在你的肩头时[③]，你很可能毫无觉察。”从施潘道监狱获释后，施佩尔告诉《纽约时代》杂志的记者詹姆斯·P.奥唐奈。施佩尔所说的魔鬼，也许是指希特勒，也许是指他自己。

第 23 章

谎言与真相

秘史转折点：揭露奴隶劳工制度

20 世纪 70—80 年代，3 起事件的出现使公众对大屠杀、纳粹和美国的认识发生重大转变。第一起事件是，国会召开监督听证，会上决定就“在美国发现 7 名臭名昭著的纳粹战犯”一事进行调查。这次听证会使人们注意到，美国移民暨归化局在调查此类事件时玩忽职守，因此司法部成立了特别调查处。第二起事件是，1978 年美国国家广播公司（NBC）播出了 4 集迷你剧《大屠杀》（*Holocaust*），打破了收视纪录，让以前从未认真思考过大屠杀的美国人，开始对历史上发生过的事情以及纳粹德国屠杀 600 万人的真正意义进行深刻反思。第三起事件十分简单，是发生在哈佛法学院学生伊莱·罗森鲍姆身上的一起偶然事件。

1980 年，罗森鲍姆正在剑桥书店浏览书籍，无意中看到《朵拉纳粹集中营：现代航空技术的诞生之地和 3 万名囚犯的葬身之地》（*Dora: The Nazi Concentration Camp Where Modern Space Technology Was Born and 30 000 Prisoners Died*）一书，该书作者是朵拉集中营囚犯、前法国抵抗运动战士吉恩·米歇尔，书中详细叙述和揭露了集中营内发生的惨无人道的暴行。米歇尔希望借这本书对死于制造V–2火箭的3万名奴隶劳工致敬。在这本书中，米歇尔对沃纳·冯·布劳恩和多恩伯格的回忆录，以及其他为“回形针行动”工作的V–2火箭科学家所接受的许多媒体采访作出尖锐深刻的评论。但所有这些德国人都对诺德豪森只字未提，米歇尔写道。

“我不打算谴责这些人没有在战后进行公开忏悔，”米歇尔写道，“也不打算怨恨这些科学家在发现灭绝营的真相后没有自杀谢罪。我对此事的态度不算激进，但我极其反对许多人任意歪曲历史的做法，一方面对某些事实绝口不提，另一方面却对其他事情予以美化，这种做法只会造就虚假、丑恶和可疑的谎言。”同一天，在剑桥书店，罗森鲍姆无意间看到了第二本有关V–2火箭的著作，即弗里德里希·I. 奥德韦三世和米切尔·R. 夏普撰写的《火箭团队》（*The Rocket Team*）一书，其中附有冯·布劳恩的生平简介。这本书谈到了参与美国火箭研究的德国科学家，并引述了他们的一些原话。在其中一章，亚瑟·鲁道夫向作者讲述了自己的看法。直到20世纪70年代，公众才得知他是土星V号运载火箭研究项目主任。

鲁道夫提到了“二战”期间的一则轶事。1944年新年前夜，由于火箭发射过程中出了问题，他突然被人从聚会上叫走，为此感到十分沮丧。书中还收录了冯·布劳恩私人收藏的一张照片，画面是一名身穿囚衣的战俘正在搬运火箭零件。1979年夏，罗森鲍姆正在司法部特别调查办公室实习，所以知道《日内瓦公约》（*Geneva Convention*）禁止任何国家强迫战犯从事与军火生产有关的工作。他刚刚在米歇尔的书中读到诺德豪森地下隧道里发生在囚犯身上的惨剧。罗森鲍姆后来回忆说，“鲁道夫因为错过节日聚会而感到不快，但奴隶劳工却在那里饱受艰辛”，对此他感到尤其愤怒。次年，从哈佛法学院毕业后，罗森鲍姆开始在司法部担任全职辩护律师，并且说服自己的上级尼尔・谢尔启动对鲁道夫的调查工作。

1982 年 9 月，鲁道夫之女玛丽安・鲁道夫在加利福尼亚州圣何塞的家中意外地接到司法部打来的电话。来电者解释说，他们想要找她的父亲鲁道夫，“他应该就住在附近，但是我们没有找到”。玛丽安・鲁道夫是国家航空航天局的一名画家，她告诉来电者说，她的父母正在德国度假，月底才会返回。

鲁道夫返回家中次日，就收到了司法部特别调查办公室寄来的一封挂号信。信中就其在“二战”期间开展的活动提出了若干问题，并要求他于 10 月 13 日到圣何塞酒店面见司法部的官员，并且需要带上 1933 —1945 年与他相关的所有文件。

在第一次会面时，特别调查办公室主任小艾伦・A. 瑞恩、副主任尼尔・M. 谢尔和辩护律师罗森鲍姆对鲁道夫进行了讯问，这次审讯持续了 5 个小时。他们的主要问题只有两个：鲁道夫于 1933 年加入了纳粹党，他加入该党的原因是什么？对于诺德豪森处死囚犯一事，尤其是将囚犯用起重机吊死一事，他具体了解哪些情况？司法部律师艾伦、谢尔和罗森鲍姆随身携带的文件中包括 1947 年朵拉 – 诺德豪森审判中封存的证词、对前“回形针行动”专家乔格・里克希审判前的调查材料以及 1947 年 6 月 2 日美国空军少校尤金・史密斯对鲁道夫的审讯记录。在这份证词中，鲁道夫起初表示他从未看到有囚犯受到殴打或者被绞死。但到后来，鲁道夫向史密斯少校改口说，他是被迫观看绞刑并且与此事毫无关系。

在 1982 年圣何塞酒店的审讯中，这 3 名司法部律师向鲁道夫出示了来自布利斯堡、鲁道夫的前诺德豪森同事、火箭工程师甘瑟・豪克、鲁道夫・施密特、汉斯・帕拉罗和埃里克・鲍尔绘制的事发现场示意图。这幅示意图标明了地下隧道的布局，曾在朵拉 – 诺德豪森审判中当作证据。接着，司法部的律师指着一条清晰的虚线让鲁道夫看，上面写着“处死囚犯的高架起重机所在的通道”。这条虚线恰好经过鲁道夫的办公室，因此鲁道夫不可能没有看到行刑过程。他为什么要说谎，律师诘问。他们还向鲁道夫问起他在1947年朵拉－诺德豪森审判中提供的证词。这份证词显示，在米特尔维克地下隧道群里，他每天都会收到“有关囚犯体力的报告，其中显示了可供使用囚犯的数量、‘新增’人员的数量以及病患和死亡人员的数量”。显然，有许多劳工在工作中被活活累死，然后由朵拉－诺德豪森集中营的囚犯取而代之，鲁道夫对此心知肚明。

返回华盛顿特区后，司法部将这几起案件合而为一。4个月后，即1983年2月4日，他们再次前往圣何塞酒店面见鲁道夫。这次会面不久以后，鲁道夫就收到了司法部的信件。“我们已作出初步决定，”尼尔·谢尔写道，“希望你授权一位律师代表你的利益，共同讨论上述决定以及迄今为止我们所掌握的证据。”

政府部门表示有意继续追查鲁道夫一案，因为“鲁道夫先生在米特尔维克实行奴隶劳工制度，并协助将怠工报告送给党卫军”。现在，鲁道夫只有两个选择，司法部表示，他可以聘请律师准备出庭受审，或者放弃美国公民资格立即离开美国。

38年前，鲁道夫来到美国并加入“回形针行动”；如今，1984年3月27日，他郁郁寡欢地离开了美国。谢尔在旧金山机场等候鲁道夫，以确保他登机离境。

7个月后，司法部对外公布了鲁道夫放弃美国公民资格，以逃避战争罪审判的信息。当被问及对此事作何评论时，罗森鲍姆说，鲁道夫的所作所为导致“数以千计奴隶劳工死亡”，这是他应有的下场。但罗森鲍姆也表示，最让他深感震惊的是，鲁道夫“对生命的无情漠视到了令人发指的程度”。

国家航空航天局下属机构以及政府火箭项目中的一些工作人员

是鲁道夫的忠实拥趸,他们认为司法部门针对鲁道夫的调查属于“政治迫害”。其中一名主要拥护者名叫休·麦基尼斯，是美国陆军战略防御司令部的一名工程师，他宣称鲁道夫、多恩伯格以及冯·布劳恩在战争期间曾试图为奴隶劳工争取更好的工作环境而与纳粹党卫军针锋相对。“这些说法根本找不到任何相关文件支持其可信度，”迈克尔·J. 诺伊费尔德说，“毫无疑问[①]，我认为鲁道夫与集中营里的奴隶劳工制度有极大关联。”这个故事迅速成为世界各地新闻的头版头条，并引发了人们的疑问：鲁道夫最初是如何来到美国的？这起事件也成为“回形针行动”秘密历史的转折点。

许多人认为，美国存在某种档案自动解密制度，即政府必须在30 年或 50 年后将其开展的秘密项目公之于众，但这只是一种误解。事实上，由于很多项目细节一旦公布就会对社会各界造成巨大损害，所以这些项目往往在尽可能长的时间里始终被列为“机密”。根据林登·约翰逊签署的《信息自由法案》，某些文件可以部分公开或全部公开，但前提是必须由个人或组织首先提出申请，因此这项法案无法真正确保信息自由。鲁道夫一案暴露后，记者琳达·亨特开始在美国有线电视新闻网和《原子科学家公报》报道“回形针行动”。她依据《信息自由法案》，向涉及“回形针行动”的军事机构和情报部门提出申请，得到了不同的答复。

“1987 年，我获得了 6 000 份埃奇伍德兵工厂的文件，但为了使这些记录公开，让更多人了解其中的信息，我前后花去了 1 年多的时间，聘请了两名律师，并受到了被人起诉的威胁。”亨特说。80 年代末，当她来到华盛顿的国家记录中心检查这些文件时，工作人员告诉她，埃奇伍德的历史学家已经核对过其中 7 箱文件，但尚有 12 箱已经遗失。军方后来同意寻找丢失的记录，并寄给亨特一张 239 680 美元的支票，美其名曰“搜寻费”，这笔资金相当于 2013 年的50万美元。最终，亨特被批准查看这些文件。90年代初，她出版了一本书，揭露了“回形针行动”中很多看似难以破解的秘密。而政府部门再也不可能继续维持谎言，即“回形针行动”的成员中只有善良的德国科学家、有名无实的纳粹分子和道德高尚的人士。

就在鲁道夫被驱逐出境数月之后，得克萨斯州参议院通过了一项决议，宣布6月15日“从现在开始，将永远是休伯特斯·斯特拉格霍尔德博士日”。这一举措就像是对特别调查办公室的反击。随后，俄亥俄大学医学院在学院的医学名人墙上悬挂了斯特拉格霍尔德的肖像。一旦有某个机构继续支持政府的虚假谎言，就会产生连锁效应使其他机构争相效仿。为此，世界犹太人大会公布了有关斯特拉格霍尔德博士的背景信息，而在过去的将近50年里，军事情报部门一直将其列为“机密”。

事实证明，斯特拉格霍尔德博士的姓名出现在1945年的战争罪和安全嫌疑人中央登记处的嫌犯名单上，《纽约时报》对此予以证实并进行了大幅报道。具有讽刺意味的是，斯特拉格霍尔德的肖像恰好悬挂在“医学之父”希波克拉底（古希腊伯里克利时代的医师，约生于公元前460年，将医学发展成为专业学科，对古希腊的医学发展贡献良多,故现在的人多尊称其为“医学之父”。——译者注）画像的旁边，但后来被人从俄亥俄大学的医学名人墙上撤掉。

布鲁克斯空军基地的图书馆仍然以斯特拉格霍尔德的名字命名，对此公众感到十分愤怒。有人质问美国空军，何时才能将斯特拉格霍尔德的名字从美国政府大楼上抹去。而图书馆的发言人拉里·法洛告诉美联社记者，他们没有将斯特拉格霍尔德的姓名从航空医学图书馆去除的计划。然而，随着舆论压力越来越大，空军不得不重新考虑自己的立场。1995年，空军参谋长罗纳德·R. 福格尔曼将军发表了一则简短声明，表示在审阅了纳粹时代的文件后，发现“有证据显示，斯特拉格霍尔德博士在战时开展的活动足以引起人们的担忧，他的名字不应继续出现在图书馆的荣誉墙上”。最终，斯特拉格霍尔德的姓名被军方从图书馆外的砖墙上移除，他的铜匾肖像也被撤掉。这一永久性荣誉宣告终结。次年，斯特拉格霍尔德死亡，终年 88 岁。在他临终前，司法部正准备以纳粹战争罪对他进行起诉。

海豹胎惨剧和科学家的辩护

什么才是最重要的？什么是永存的？是人们探寻真相的渴望，还是人们对“虚假、丑恶和可疑的谎言”以及“对历史的可怕扭曲”作出的种种反抗？“回形针行动”结束已经数十年之久，但真相仍在不断浮现。2008 年，此前尚未报道过的有关奥托·安布罗斯的信息浮出水面，仍在提醒着人们，美国纳粹科学家项目中所隐藏的秘密远未被彻底揭晓。

英国的一批医学专家和研究人士代表“沙利度胺基金会”表示，他们已经掌握了详尽的资料，证明法本公司和安布罗斯在“二战”时期开展的秘密活动与 20 世纪 50 年代末 60 年代初发生的沙利度胺惨剧有诸多关联。从兰茨贝格监狱获释后，安布罗斯出任德国总理康拉德·阿登纳和工业巨头弗里德里希·弗里克的经济顾问。后者是冷战时期最富有的德国人，就像安布罗斯一样，弗里克也曾在纽伦堡接受审判并被判处有罪，之后被麦克洛伊释放。20 世纪 50 年代末，安布罗斯当选为德国格兰泰化工厂顾问委员会主席。

当时，格兰泰正准备向市场投放一种新型镇静剂“沙利度胺”，并声称这种药物可以减轻孕妇的晨吐症状。这种新药将由一家名为“康特甘”的公司出售。而安布罗斯是康特甘和格兰泰的董事会成员。20 世纪 50 年代末，极少有人知道，格兰泰是许多纳粹分子的避难所，其中包括党卫军营养检查员恩斯特－甘瑟·申克博士以及毛特豪森集中营的党卫军队长纳茨维勒－斯特鲁托夫、萨克森豪森集中营首席医师海因茨·鲍姆考特。

在格兰泰公司公开发售沙利度胺的10个月前，该公司一名雇员的妻子为了减轻晨吐，开始服用沙利度胺，结果诞下的婴儿没有双耳。然而，没有人把胎儿畸形与这种新药联系起来，沙利度胺被大规模投放市场。几个月后，即1959年，格兰泰公司接到第一批报告，称老年人在服用沙利度胺之后，会引起手足部多发性神经病变或神经损伤。于是，该药从非处方药改为处方药。尽管如此，沙利度胺还是被野心勃勃地推向46个国家，声称“对孕产妇绝对安全，对母婴均无任何副作用”。但结果恰恰相反，这种药物导致1万多名母亲产下了严重畸形的胎儿，造成了现代医学史上最恐怖的一场医药灾难。很多婴儿先天残疾，没有耳朵、胳膊和双腿，还有的在健康的四肢上长出了类似爬行动物脚蹼的附属器官，这被称之为海豹肢症。

格兰泰公司没有说明沙利度胺的来源，反而声称相关文件已经遗失，而这些文件记录了为测试这种药物实施第一批人体实验的时间和地点。2008年，英国的“沙利度胺基金会”负责人马丁·约翰逊博士找到了一批纳粹时代的文件，这些文件证明，沙利度胺与法本公司的化学家在战争期间研究和开发的药物存在关联。约翰逊博士指出，格兰泰在1954年申请沙利度胺的专利时，曾经语焉不详地表示，人体实验已经完成，但相关数据已经在战争中遗失。“这些文件显示，沙利度胺很可能只是安布罗斯等人在研制神经毒气过程中，在戴赫福斯或奥斯威辛－莫诺维茨开发的一系列产品之一。”约翰逊博士说。

在沙利度胺曝出丑闻期间，安布罗斯正担任格兰泰顾问委员会主席，他对格兰泰包庇纵容，以防止其犯罪行为暴露，就像在“二战”

结束后，他销毁了戴赫福斯和奥斯威辛的文件以包庇法本公司一样。直到“回形针行动”的文件被解密后，这些伎俩才被公之于众。尽管越来越多的名字、日期、地点和情况被披露出来，但是还有很多真相仍然有待研究人员、新闻记者和历史学家去发掘。由于纳粹化学家曾被美国陆军化学特种部队的神经毒剂项目视若珍宝，受到“回形针行动”的追捧，所以该领域的许多文件仍然被列为“机密”。

2010 年，人们在翻新奥斯威辛死亡营附近的波兰奥斯威辛镇一栋住宅时，从阁楼里发现了近 300 份文件。其中包含了数名曾经就职于奥斯威辛死亡营纳粹医生和法本公司化学家的信息。奥斯威辛博物馆历史学家亚当·塞拉表示：“这一发现引起了轩然大波，这些写有奥斯威辛罪魁祸首姓名的原始文件，是在战争结束许多年后，才被人们发现，得见天日。”

安布罗斯死于 1990 年，终年 92 岁。化工企业集团巴斯夫对董事会成员安布罗斯大加褒扬，称赞他是“一位富于表现力且极具个人魅力的企业家”，看来并非所有人罪有攸归。

2013 年，就像 1963 年一样，美国航空医学协会继续向为航空医学作出杰出贡献的科学家及专家颁发“休伯特斯·斯特拉格霍尔德奖章”。但在 2012 年 12 月 1 日，《华尔街日报》（*Wall Street Journal*）在头版刊登了一篇有关斯特拉格霍尔德博士的报道，披露了此人在战争期间从事犯罪活动的新信息。德国历史学家汉斯－瓦尔特·施米尔在对其他课题进行研究时，无意间发现的证据显示，在柏林的德国空军研究所，斯特拉格霍尔德曾经批准将癫痫儿童放进高海拔试验舱进行实验测试。实验最初使用的是兔子，在兔子死亡后，德国医生需要了解癫痫儿童在类似情况下会出现哪些生理反应。于是，斯特拉格霍尔德批准在儿童身上开展可能致命的危险实验。“研究所的负责人应当为此事负责，”施米尔说，“由于实验需要使用昂贵的设备，所以必须告知研究所负责人这些设备的用途。”当德国航空航天医学协会得知施米尔的发现后，他们取消了颇具声望的奖章。自 20 世纪 70 年代中期起，该奖项在德国每年颁发一次。

在美国，《华尔街日报》继续就航空医学协会是否应当取消“休伯特斯·斯特拉格霍尔德奖章”的话题进行辩论。前航空医学协会成员马克·坎贝尔博士坚持认为，不应取消这一奖项，他指责是互联网在对斯特拉格霍尔德博士的良好品行进行造谣中伤。“我曾经是调查委员会成员之一，负责对斯特拉格霍尔德博士进行调查，以确定是否应当将其姓名从航空医学协会的奖项中取消，”坎贝尔说，“我惊讶地发现，调查中发现的事实与互联网上所披露信息中宣称的情况截然不同。”但坎贝尔的大多数同事反对他的意见。“谁会为他辩护？”史蒂芬·弗蒙诺博士反诘，“除了我的这位同事，在这个世界上你恐怕再也找不到第二个人会对斯特拉格霍尔德博士进行褒奖。”

国家航天俱乐部佛罗里达州委员会是华盛顿特区的 3 个国家航空俱乐部之一，也曾经为航天领域的科技人才颁发过名为“库尔特·H. 德布斯博士奖章”的类似奖项。这个年度颁发的奖章是为了纪念“回形针行动”科学家库尔特·德布斯，即肯尼迪航天中心的首任主管。

在“二战”期间，德布斯曾经是身着党卫军制服的党卫军成员。由于一名同事发表了反纳粹的言论，他亲手将此人交给了盖世太保。加入“回形针行动”后，德布斯与鲁道夫以及冯·布劳恩一起，为美国陆军和国家航空航天局开展导弹研究项目。2013 年，在有关是否继续颁发“斯特拉格霍尔德奖章”的争论重新出现后，我就此事采访了国家航天俱乐部主席史蒂夫·格里芬，以确定该机构为何会继续颁发以纳粹党员命名的奖章。毕竟，这名纳粹分子不仅公开承认自己的信仰，而且是该党的一名积极分子。

“原因很简单，德布斯是一个备受尊敬的美国人。”格里芬说。于是，我向格里芬宣读了占领区美国军事政府办公室报告中有关德布斯的信息。“这是一个简单的问题，”格里芬告诉我说，“德布斯是肯尼迪航天中心的第一位主任。”

“斯特拉格霍尔德奖章”于1963年设立，当时有关他的外国科学家档案尚未解密。与斯特拉格霍尔德不同的是，“库尔特·H. 德布斯博士奖章”从1990年开始颁发，当时德布斯的占领区美国军事政府办公室安全报告已经解密，其中的资料显示他是海因里希·希姆莱手下的一名狂热党卫军成员。“我无权决定是否应当颁发某个奖项以及该奖项应当如何命名。”格里芬表示，但他承认，从设立德布斯奖章之初起，他就已经是国家航天俱乐部成员。因此，从理论上来说，此事一直在格里芬的权限之内。就像数十年前参与“回形针行动”的很多美国人一样，格里芬忽略了德布斯从前效忠于纳粹党的事实，而只看到了他身上科学家的一面。

“如果有人向你问起德布斯的过去，你会怎样回答？”我问。“在过去的23年里，没有任何人对我提出过这个问题。”格里芬说。

一份“安乐死”名单

记者们千方百计想要探寻真相，并且经常在意想不到的地方找到答案。为了撰写本书，我依据《信息自由法案》向政府相关部门提出了数十次申请以查阅相关文献记录，其中大多数仍然悬而未决。在研究过程中，我找到了不少间接文献。例如，1945年，美国陆军首席法律顾问办公室搜集了一份纳粹医生名单，他们认为名单上的医生参与过“安乐死”计划。但是当我提出申请查看这份名单时，却一无所获。随后，我在哈佛医学图书馆找到了一本论文集，这本论文集曾经属于罗伯特·J. 本福德上校，此人就是“回形针行动”在海德堡美国陆军航空队航空医学中心开展的航空医学研究项目的首任指挥官。在该中心，本福德手下共有 58 名纳粹医生，这些医生均由哈里·阿姆斯特朗上校掌管。

在本福德的论文集中，我发现一份档案名为《参与医学研究和“安乐死术”的人员名单》,但这份名单“限于 2015 年后”才能查看。哈佛医学图书馆通知我说，既然当初是国防部将这份名单列为“机密”,那就只有国防部有权将其解密。于是,哈佛大学代表我依据《信息自由法案》向国防部提出了申请。这份“安乐死”名单终于得以解密，被我拿到手中。这份曾经属于本福德上校的名单中包括 7 名参与过“回形针行动”的纳粹医生：西奥多·本津格、库尔特·布洛梅、康拉德·谢弗、瓦尔特·施莱伯、赫尔曼·贝克尔－弗莱森、齐格弗里德·拉夫和奥斯卡·施罗德。事实很明显：美军情报部门一直清楚这些医生涉嫌谋杀罪，但却将这份名单列为“机密”，以便聘用这些医生加入“回形针行动”。布洛梅、谢弗、贝克尔－弗莱森、拉夫和施罗德均在纽伦堡接受过审判。施莱伯于 1951 年遭到揭发检举，随后被驱逐出美国，这件事如今已经被记录在案。但西奥多·本津格博士似乎逃脱了罪责。

1999 年，《纽约时报》刊登了一则讣告称，耳温计的发明者西奥多·本津格博士去世，享年 94 岁。这一贡献在医学领域可谓微不足道，但在军事领域，本津格为海军开展武器研究工作的相关资料直到 2013 年仍然属于“机密”，其中一部分已被销毁。此外，在沃纳·冯·布劳恩、亚瑟·鲁道夫、库尔特·德布斯和休伯特斯·斯特拉格霍尔德的帮助下，人类终于登上了月球。但问题是，即使有人对某个国家或民族作出了贡献，但对于他昔日犯下的罪行，是否能够一笔勾销？美国政府是否也犯下过同样的错误，并一手造就了有关“回形针行动”中关于纳粹科学家的谎言，怂恿其粉饰自己的过去，以便利用他们的科学头脑为美国从事战争武器研究？那么对于一个国家来说，在何种情况下，为了达到正当目的，这个国家便可以不择手段？这些问题只能从个人角度进行单独回答。但随着事实不断浮现，历史逐渐被澄清，这些问题的答案也会更接近真相。

除了耳温计，本津格留给世人的还有普朗克－本津格方程式。在这个方程式里，本津格和普朗克对热力学第二定律进行了精确调整，表明任何事物都不会永远存在。本津格终其一生都在对熵（指体系的混乱的程度，它在控制论、概率论、数论、天体物理、生命科学等领域都有重要应用，在不同的学科中也有引申出的更为具体的定义，是各领域十分重要的参量。——译者注）进行科学研究。就像冰会在温室内融化一样，秩序必将走向无序。这无疑是我们看待这个世界的科学方式之一。

格哈德·马什科沃斯基是一位从奥斯威辛毒气室中幸存下来的犹太男孩。因为法本公司需要他到丁腈橡胶厂做苦役，他才得以幸免于难。2012年春日的一个下午，我对格哈德进行了采访。当我问道：“什么才是最重要的？什么是永存的？”他莞尔一笑，卷起衬衫袖子，让我看他胳膊上的蓝色墨迹，那是奥斯威辛集中营的刺青。“这个会留到最后，”他说，“这就是真相的记录。”

注　释

第 1 章　溃不成军的战争机器

① 源于拉丁短语“Suum cuique”，意即“人皆有报”。原话出于米兰基督教教父安布罗西斯的名言，“Iustitia suum cuique distribuit”，意即“公平使每人各得其所”。在纳粹德国，这些口号变成宣传标语，悬挂在许多集中营的大门上方。“人皆有报”悬挂在布痕瓦尔德集中营；奥斯威辛集中营的正门标语则是：“劳动使人自由”。

② 希姆莱直接听命于希特勒。党卫军是一个独立机构，在战争期间做尽极恶之事，包括组建集中营体系、奴隶劳工网络以及进行大规模屠杀活动。

③ 这一职位带给里克希每年 5.4 万马克的收入，而在同一时期普通德国工人的平均年收入为 3.1 万马克。

④ 参考诺伊费尔德的作品《火箭和帝国》，第 186 页。连同奴隶劳工，诺伊菲尔德写道，党卫军行政管理总办公室还负责为集中营提供安保人员和衣物，这直接导致“劳工因饥饿、疾病和过度劳作而大量死亡”。

⑤ 参见慕尼黑巴伐利亚国家档案馆收藏的照片。“二战”时期德国空

军首席审讯员汉斯·沙夫的儿子汉斯·克劳迪亚斯·沙夫在一次采访中说："鹰巢是真正的超级秘密地堡，不要被盎格鲁－撒克逊的错误用词'克尔岩之屋'或'上萨尔茨堡山茶室'搞混了。位于陶努斯山的'真正'鹰巢是德军的高度机密，无论是德国人还是盟军都从来没听说过这个地方。所以这些人一旦听到'鹰巢'，就会自动联想到巴伐利亚，而不是黑森林，我碰到过许多类似的情形。"

第 2 章　盟军瓜分占领区

① 参考波兰格罗斯罗森博物馆馆藏资料。格罗斯罗森集中营于 1940 年 8 月建立，附属于萨克森豪森集中营。集中营的囚徒被指派到当地党卫军的花岗岩开采场进行苦力劳动。

② 引自诺曼·布鲁克爵士笔记本上记载的电报文章。诺曼·布鲁克爵士是丘吉尔政府的前内阁副大臣，他在战争期间坚持做记录。

③ 同日晚些时候，施佩尔面见希特勒，并呈上一份备忘录。希特勒回应："一旦战败，国家也将不复存在，这种命运不可避免。没必要考虑底层，底层的人民将继续维持一种几近原始的生存状态。与之相反，我们最好自己动手摧毁这些东西，因为那时这个国家已被证明是弱者，唯一的未来将属于那个更强大的东方国家（俄国）。此外，只有那些卑鄙之徒才会在战争中苟活，因为优秀的人都会被杀光。"

第 3 章　"战利品行动"情报角逐

① 参见古德斯密特调查报告。奥森伯格也和秘密警察"盖世太保"合作，研究并记录每位科学家的生活习惯，他们的弱点和优势，是否酗酒、包养情妇或是否为同性恋。

② 参见齐格弗里德·克内迈尔私人文件；施佩尔作品《第三帝国内幕》，第 494 页。施佩尔在战后宣称“这是由恐慌和浪漫主义的结合而孵化出来的逃亡计划”，他告诉英国历史学家特维罗伯“格陵兰岛拥有美妙的夏天和五月”。

第 4 章 废墟下的实验室和研究所

① “远程火炮向柏林开火了。”朱可夫在 1945 年 4 月 20 日的日记中写道，他并不知道当天是希特勒的生日。实际上，此时红军仍然在柏林城之外，他们的火力集中在柏林东北部郊区。

② 鲍姆巴赫在回忆这段故事时，着重强调了希姆莱的背叛行为。希特勒经常称希姆莱为“最真实的真实”。鲍姆巴赫写道：“看看最真实的真实现在变成什么样了。”鲍姆巴赫记得希姆莱这样说：“我昨天仔细检查了一下世界地图，看看我们能够飞往哪里。我有飞机和飞艇，可以随时飞到世界任何地方。飞行器上部署着最值得信赖的机组人员。我已经下达命令，没有我的口头允许，任何东西都没法从地面起飞。”

③ 参见施佩尔作品《第三帝国内幕》，第 494 页。克内迈尔、鲍姆巴赫和施佩尔于汉堡偶遇。在施佩尔的记忆中，鲍姆巴赫催促他逃跑，但施佩尔称他“拒绝了这个提议”，因为他还有其他的事情要做。施佩尔同时也说，这个计划是鲍姆巴赫的点子，但在看了关于乌德特的影片后，他又开始解释自己为何想要逃往格陵兰时，并宣称这次逃亡计划是自己的主意。

④ 与陆军军械部和海军技术情报部不同，只有现在，到了战争的最后阶段，美国陆军航空队的医生才能见到几个他们希望询问的德国空军医师。

第 5 章　希特勒的科学家

① 苏联人把德国国会大厦称为“法西斯野兽”。在苏联的全国性节日——5 月 1 日劳动节当天，将苏联国旗悬挂在德国国会大厦上空，是红军一道极佳的宣传策略。

② 3 个月前，即 1945 年 1 月 27 日，苏联侦察部队和第 107 步兵师找到了奥斯威辛集中营。红军摄影师拍下了集中营中党卫军犯下的暴行，之后把全部相片寄回莫斯科。1945 年 2 月 9 日，苏联报纸《斯大林旗帜报》在头条新闻中报道了一则红军解放奥斯威辛的简短新闻，直到德国投降，位于莫斯科的苏联宣传部才对外发布集中营的相关信息。

③ 苏联《真理报》在 1945 年 1 月 28 日刊登了一则篇幅较小的报道，之后在 2 月 1 日又发表了一篇关于解放奥斯威辛的文章，内容精练，只有短短的 30 行字，仅描述了集中营的规模、幸存者的人数及其健康状况。

④ 战争后期，阿尔伯特·施佩尔的朋友梅克伦堡 – 荷尔斯泰因公爵，向施佩尔提供了一所位于格吕克斯堡的住处，这座 16 世纪的城堡由花岗岩砌成，建在弗伦斯堡峡湾边缘。在未被盟军抓捕之前，施佩尔本人及其妻子、孩子、5 名随从包括他的秘书都搬了进去。

第 6 章　V-2 特别行动

① 乌尔夫少将同时也在一项关于德国奇迹武器的分类研究中担任职位，这项研究由对外经济管理局指挥，乌尔夫负责判断是否应当在战争结束前，将纳粹“奇迹武器”运出德国，就像贩卖被盗艺术品以及黄金一样，以便日后在黑市交易。虽然这一行动未真正执行，但却给了乌尔夫更为广阔的视野：他对于纳粹的“奇迹武器”及其进展了如指掌，而且更加清楚这些武器的价值。

② 虽然这片土地被美国军队攻克，但按照雅尔塔会议和魁北克会议，它最终由苏联人控制。苏联在战争中损失了 1 700 万人，并希望得到相应赔款。这片土地长 400 英里，有的地方宽 120 英里。

③ 一个有趣的细节：当斯塔弗回到多伦顿矿井时，里面藏匿的 V–2 火箭文件尚未被清理。斯塔弗的助手解释了当时的情况。当斯塔弗前往巴黎时，一群英国官员出现在矿井口。风闻纳粹“奇迹武器”就在附近，英国人立即开始行动。穿着平民服装的霍克姆斯告诉英国人，他和弗莱舍是在附近勘矿的地质学家。这条计策让英国人在那里停留了几天的时间。

④ 5 月 8 日，中尉指挥官约翰・海因里希・费勒收到信息，该信息以日本密码广播，命令 U–234 立即回到挪威卑尔根市，或继续前往日本。费勒选择前往日本。几个小时后，费勒的首席报务员从路透社获取消息，称日本政府断绝了与纳粹德国的一切联系，并拘捕了所有留在日本的德国公民。5 月 15 日，“萨顿”号航空母舰将 U–234 拦截，将其交给美国海岸警卫队，美国海岸警卫队把潜艇押送到了美国新罕布什尔州的朴次茅斯。

第 7 章　5号实验牢区

① 参见施密特撰写的调查报告。施密特在第 48 页写道：“根据 1933 年 7 月的政府人口普查结果显示，德意志帝国境内共有 51 527 位医生（其中 4 395 名女性），5 557 人（10.9%）被认定为犹太人。这个数字可能偏高，因为在人口普查期间，成百上千的犹太人已经移民国外。德国犹太人帝国代理估计，德国一共有 9 000 名‘非雅利安’医生，即大概 17% 的德国医生被认定是犹太人。1933 年犹太人占德国总人口比例不到 1%，但他们在医学界、法律界、银行界和艺术界所占的比例偏高。”

② 威尔茨原话的准确翻译是：“一个表面上已经被冻死的人，有可能

复活吗？时间间隔是多久？”引自 CIOS 报告,《暴露在寒冷中》，第 8 页。亚历山大对威尔茨的实验研究没有任何新发现，他在 CIOS 报告中写道：“大多数航空医生很熟悉该领域内的这种限制级实验，自 1880 年俄国科学家米哈伊尔·拉普钦斯基率先进行研究以来，这项研究一直在继续。”

③ 参见亚历山大·哈佛撰写的文件。信件日期 1946 年 12 月 31 日。亚历山大博士引用《霍夫曼的故事》为例。故事中，邪恶的科佩里亚斯博士假扮成睡眠精灵的样子，晚间潜入熟睡孩子们的卧室，并挖出他们的眼睛。“一些新的证据表明，柏林一男一女两名医生，收集了许多不同颜色的眼睛。”亚历山大在另一封寄给菲利斯的信中写道。“看起来，集中营似乎在搜索眼球颜色稍微有差异的人，也就是那种左眼颜色和右眼稍微不同的人。无论是谁，只要不幸长了一双那样的眼睛，就会被他们杀死，之后会把挖出来的眼睛送往柏林。”

④ 斯特拉格霍尔德向温菲尔德承诺，他的工作“主要是学术研究”，但是考虑到斯特拉格霍尔德已公开著作中的一些论述，温菲尔德认为这话“有点自相矛盾”，尤其是那些需要进行实地考察的高海拔研究。

第 9 章　化学战研究中心

① 参见杜布瓦撰写的情报报告，第 172 页；法本工厂又被称为丁腈橡胶厂。在该工厂工作的囚犯在每天凌晨 4 点被叫醒，然后步行 4 英里到橡胶厂工作 10 ~ 12 个小时，之后再原路返回。如果有人死在路上，其他工人就要把他的尸体抬回集中营火葬。

② 参见《RG 330 库尔特·布洛梅档案》。“他收到的第一份通知中，附了一份希特勒禁止发动生物战的命令，并在信中解释说，这道命令最近又被重复了一次。”

第 11 章 矛头转向“苏联威胁”

① 参考美国国家档案文件署《大屠杀时代资产》。1946 年，一位 FEA 历史学家写道 :“目前，就笔者所知，没有任何记录显示‘避风港行动’的最初组织者是谁。但内部证据与许多该计划参与者的证词相吻合，证明了塞缪尔·克劳斯是这次行动的策划人之一”。克劳斯还参与了柏林文献中心的设立，该中心专门收藏德意志帝国文件，其中很多文件在纽伦堡审判中被采用，同时也被陆军参谋部二部用于追查德国科学家在纳粹时期的历史记录。90% 纳粹党成员的相关文件都得以保留到战后。

② 语出对拉斯比的采访。“‘这些德国人是最伟大的科学家’，军方的虚假宣传胜利了。”战争结束几十年后，卡明斯对记者汤姆·鲍尔说。

③ 语出对拉斯比的采访 :《美国空军对“回形针行动”的参与》。注意此处关于 6 名德国人的身份有些矛盾，一手资料和二手资料中的名单有区别。德国空军试飞员卡尔·鲍尔已经来过美国，之后被遣返，这也增加了文件资料中的疑点。

④ 国际军事法庭第一次审判在柏林举行。10 月 6 日，军事法庭签署了针对 24 名罪犯和 7 个组织的起诉书。10 月 18 日正式开庭，审判在纽伦堡正义宫进行。

⑤ 德国劳动阵线领导人罗伯特·莱伊在纽伦堡监狱自杀；军火巨头古斯塔夫·克虏伯已 85 岁高龄，社会各界一致认为他不宜出席受审；马丁·鲍曼在柏林战役中失踪，人们大多认为他已经死亡。

⑥ 来自 20 多个国家的 250 名记者涌入 600 号审判室的上层席位，其中有 80 人来自美国。相较而言，德国对这场主要战犯的审判最不感兴趣。“考虑到德国所面临的冲击、恐慌和毁灭性的打击，想要引起他们的关注是极其困难的。”诉讼人泰尔福特·泰勒在审判后说。

⑦ 参考德国联邦档案馆收藏的照片。注释：据希特勒手下的生物学

家戴希曼解释，加入纳粹党并不是对医生或教授的必须要求。在德国申请或被指派到大学任教时，纳粹党员身份也不是必备的“任教资格”。只有 45% 的医生加入了纳粹党，在 31 ~ 40 岁年龄段的科学家中，63% 的人加入了纳粹党。

⑧ 在托马斯的采访中，斯特拉格霍尔德用一个故事解释了自己如何定期地与纳粹党周旋，以避免在他们的压力下加入纳粹党。斯特拉格霍尔德说他曾建议纳粹党官员亲自进低压舱进行实验。“这起效了，”斯特拉格霍尔德告诉托马斯，“年纪比较大的纳粹官员对年轻的纳粹官员说，先生，我们必须在 5 分钟之内离开。我们不能留在这儿。”

⑨ 参见罗伯特·J. 本福德指挥官撰写的《来自海德堡的报告》。其中《美国陆军航空队航空医学中心在德国的故事，1945 —1947 年》中的一张照片显示，弗莱辛室就在这个机构的某个角落中，标题上写着“低压舱……从弗莱辛慕尼黑航空医学研究所转移到了海德堡”。

第 12 章 国家利益至上

① 据传，战争部部长透露，美国已经接收了 130 名科学家，且在不久的将来，还会有 140 名科学家抵达美国。一群火箭专家于 1 月 15 日抵达，一个多月后，他们前往布利斯堡。

② 语出《美国空军对“回形针行动”的参与》。几年后，当被问及何以做出大批雇用希特勒的前任科学家的机密决定时，杜鲁门告诉作者克拉伦斯·拉斯比，因为当时美国和苏联的关系剑拔弩张，“我们必须这样做，也这样做了”。杜鲁门坚持认为，这些前纳粹成员，“应该永远有一个美国‘老板’”。1963 年 6 月 3 日拉斯比采访杜鲁门。

③ 有些资料显示这个数字是 59 人。军方同时征用了亥姆霍兹研究所，并将其纳入海德堡中心地区管辖范围。斯特拉格霍尔德是海德堡航空医

学中心的主管，年薪为 2.8 万马克。亥姆霍兹研究所位于巴伐利亚一座带有木质楼梯的猎人小屋内，窗前山色一览无余，领导 T–4 行动“安乐死”项目的菲利普·鲍赫勒曾在此居住。勃兰特和鲍赫勒曾监督大规模屠杀活动，共杀害 7 万 ~ 8 万名心理或生理残疾的德国成人及儿童。这座猎人木屋是希特勒送给鲍赫勒的礼物。现在，斯特拉格霍尔德在那里生活和工作，经常前往海德堡监督他属下 58 名医生的工作。

④ 参见《RG319 西奥多·本津格档案》。数年后，记者琳达·亨特采访他时，本津格把自己在纽伦堡遭到拘捕及监禁都怪到斯特拉格霍尔德身上。本津格称，他被斯特拉格霍尔德当成了推卸其战争罪行的工具。

⑤ 斯特拉格霍尔德“不得不诿过于其他人，因为他太脆弱了”，本津格告诉亨特，“他几乎犯下了所有的罪行，且他唯一的救命稻草就是把一切都推到我的身上”。

第 13 章　舆情危机

① 据迪特尔·哈兹尔透露，“这一切都很简单，因为摆脱了更严重的战争罪追责而感到开心的普通人，以及那些没有其他事情可做的人，都抱着极大的热情投入自己的任务……因为，那里的食物真的棒极了”。

第 15 章　美版生化计划

① 参见霍夫曼的私人文档。弗里德里希·弗里茨·霍夫曼讨论雷斯蓬德克在德意志帝国国会中的角色。1942 年，霍夫曼被韦纳·奥森伯格认定为化学和细菌学家，之后被委派参与化学武器研究工作。整个战争后期他都在从事这项工作。

② 劳克斯认为，生产中的最大障碍是缺少固体银煮锅，这种经过精

心设计的装置可以抵抗塔崩毒气腐蚀。

③ 参见《RG 330 库尔特 · 布洛梅文档》。巴彻勒的同事，诺伯特 · 费尔博士刚从日本返回，他在日本与石井四郎进行了秘密合作。日本驻扎在中国东北地区的 731 防疫饮水净化部队（731 部队）从事了一系列生物战研究及人体实验，石井四郎是这些项目中的领军人物。美国化学战特种部队和石井四郎达成了一项邪恶的交易。为得到战争罪豁免权，石井同意就自己在战争期间的工作“撰写一部完整的专著”。在石井四郎撰写的长达 60 页的英文报告中，他承诺披露“利用人体进行生物武器实验的所有细节和图表”，但这份报告毫无价值。费尔在 1947 年 6 月回到了德特里克，后来费尔自杀。

④ 参见《RG 330 埃里希 · 特劳布档案》。1948 年 5 月，特劳布被苏联人任命为研究所所长。大约同一时期，在英国情报局的帮助下，特劳布开始密谋逃亡。1948 年 8 月 20 日，下述注释被写入他的档案中 ：“他逃离了苏占区，随身携带着口蹄疫病菌的培养基，并把它们藏在马尔堡。特劳布希望自己能够被英国、加拿大，或最好是美国政府雇用。1949 年 7 月 1 日，他签署了一份立即生效的长期合约。”

第 16 章　从囚徒到座上宾

① 参见劳克斯私人文件。塔克首次在美国军史研究所收藏的劳克斯文件中发现这个故事，他引用的文字版本与我在劳克斯文件及口述历史采访中得到的信息稍有差别。另外，本节内容我还引用了劳克斯的日记。在这些私人文件中，存在劳克斯的手写版和机打版两种文档。在文件中的某些地方，劳克斯没有明确指出“回形针行动”中科学家的名字，但在其他段落又透露了。

② 参见劳克斯私人文件。德文翻译过来后的意思是 ：亲爱的劳克斯

先生，合作已接近尾声，能够拥有这段快乐时光要归功于你和你的助手给予的方便。出于信任，雷茨博士和我希望能把这个设备亲手交给你，并归一开始就在我们工作组的成员个人使用。真诚的，施贝尔。

③ 根据克林顿当局解密的文件。行动的主管机构是联合医学科学情报委员会,简称 JMSIC,JIOA“智力成果”的对应副本。克林顿专家组认出，“知更鸟行动”的主管人是“中情局的耶格尔博士”。

④ 作者采访多利布瓦，后者称“我开展了一项关于德国总参谋部历史的研究工作”。多诺万撰写了一部关于瓦利蒙特将军、陆军元帅阿尔贝特·凯塞林和劳动部部长罗伯特·莱伊的情报专著；康奈尔大学的多诺万纽伦堡审判馆藏有威廉·J. 多诺万将军个人收藏的 150 本纽伦堡审判抄本及大量文件合订本。

第 17 章 战犯复出

① 当希特勒得知陆军元帅保罗斯已经向苏联投降，他变得暴跳如雷。“这个人（保罗斯）应该像古代因目睹战争失败而挥剑自刎的将军那样，给自己来一枪……而最让我伤心的事情是，我竟然还把他升为陆军元帅。我本想给他最后的补偿，这样他将是我在这场战争中任命的最后一位陆军元帅。在小鸡孵化前，你绝不应该数你有多少只鸡。”

② 和施莱伯一样，保罗斯在纽伦堡为他的随从伯森作证。“保罗斯出席纽伦堡审判这种行为本身，比从他嘴里说出的任何话语都令人吃惊。”泰尔福德·泰勒将军在他的书中对那场审判如此评论。

③ 参见《RG 330 奥托·安布罗斯档案》，根据安布罗斯的官方监狱档案，他在“1948 年 8 月 16 日被监禁”，于“1951 年 2 月 3 日被释放”，甚至纽伦堡军事审判博物馆记录的日期都是错误的。

④ 其间，许多曾为希特勒服务的人都悄悄回到了德国的政治机构

和工业企业中。阿登纳内阁中就有 3 名前纳粹党成员：司法部部长托马斯·德勒博士，交通部部长汉斯·泽博姆以及前希特勒政府内务部成员、“纳粹种族法”起草人之一汉斯·格洛布克博士。

⑤ 当麦克洛伊担任驻德国高级专员时，发生了一件颇有争议的事，引起广泛关注。“二战”结束前，世界犹太人大会会长纳胡姆·古德曼从媒体报道中得知，共有 10 批机群曾在奥斯威辛集中营 35 英里以外执行过轰炸任务。古德曼随即前往五角大楼的办公室会见麦克洛伊并请求他炸掉奥斯威辛集中营，但麦克罗伊否决了该提议，并建议古德曼去拜访约翰·迪尔。然而，他依然遭到迪尔的拒绝，后者认为要保留炸弹轰炸重要军事目标。古德曼再次请求麦克洛伊，并希望“通过直接轰炸行动以摧毁奥斯威辛的死刑执行室和焚尸炉”。麦克洛伊随即请求一位名叫约翰·赫尔的美国中将迅速评估行动的可执行性。赫尔断然拒绝了这项请求，“目标超出了中型轰炸的最大攻击范围，俯冲轰炸机和战斗轰炸机都部署在英国、法国，以应对意大利军队”。但古德曼指出，有报道称英国空军已经把奥斯威辛集中营的法本公司作为轰炸目标，那里距离奥斯威辛毒气室只有 4 英里。

⑥ 1951 年 1 月 31 日，麦克洛伊宣布对兰茨贝格 89 名战犯实施减刑。他核准了 5 位犯人的死刑判决，但对其余 79 名战犯实施减刑，其中包括安布罗斯在内的 32 人被立即释放。

⑦ 1950 年 11 月，麦克洛伊收到了一封来自康拉德·阿登纳的来信。阿登纳在信中请求“对所有死刑实施减刑”，以及“最大程度温和对待被监禁的人员”。

⑧ 很多书籍和文件中都是这样引用这句话。原文出自她的专栏《我的一天》（1951 年 2 月 28 日）。这位前第一夫人写道：“最近，我们释放了如此众多的纳粹分子，这一事实一定会让德国人民感到困惑。”

⑨ 参见《RG 330 瓦尔特·施莱伯档案》。这笔钱是美军对施莱伯的

安置费，施莱伯声称，因为他为美国工作，苏联人查抄了他在柏林的家。这笔安置费相当于 2013 年的 1.6 万～ 1.7 万美元。

第 18 章 惊天丑闻披露

① 参见亚历山大撰写的文件。就如亚历山大在审判期间记录的 500 页证明的那样，那场审判改变了他的生活，他为此共撰写了十几篇论文和专著。

② 参见《RG 330 瓦尔特·施莱伯档案》。空军已受到公民的质询：在布朗来电前一个月，佛罗里达州克利尔沃特市一位署名 C. 戴维斯的市民打印了一封简短的信件，寄给得克萨斯州兰道夫空军基地的指挥官。信上写道："敬爱的先生，你能否告诉我，前纳粹将军瓦尔特·施布朗博士是否真的住在兰道夫空军基地？非常感谢。真诚的 C. 戴维斯。"一名来自小镇的居民如何闻知施布朗与美军签订"回形针行动"秘密合同？

③ 参见《RG 330 瓦尔特·施莱伯档案》。援引施莱伯为德意志帝国斑疹伤寒疫苗项目工作的资料，哈代和亚历山大得到了纳粹医生在健康犯人身上进行疫苗试验的诸多细节。疫苗实验的致死率为 90%。黄热病专家、纳粹党卫军首席医生姆格斯基在一封信中写道："施莱伯医生说，'以后，你的办公室会经常进行人体试验'。"哈代告诉总统，根据霍芬的供述可确定施莱伯"直接参与"人体实验。施莱伯出席了于 1942 年 10 月举行的纽伦堡会议，会议由斯特拉格霍尔德主持，会上霍尔茨勒纳就冰冻实验作了详细报告，这给施莱伯留下了深刻印象。之后施莱伯邀请霍尔茨勒纳参加了第二次会议。汉德尔森、姆格斯基和古泽特医生均证明，在萨森豪森集中营和斯特鲁托夫－纳茨维勒集中营进行的传染性肝炎人体试验均经由施莱伯批准。肝炎疫苗试验是施莱伯在哈根帮助下通过斯特拉斯堡纳粹党卫军大学协调完成。拉文斯布吕克进行的磺胺试验也和

施莱伯有关：纳粹医生强行在波兰女孩的腿上进行手术，以模仿因战斗造成的伤口。实验人员故意用链球菌、气性坏疽和破伤风感染开放性伤口，然后用木屑和玻璃将其包扎起来。之后，实验人员向她们体内注射磺胺，以检验这种药物是否能治疗恶性感染。一些犯人因此而死亡。

第 19 章　人脑控制计划

① 参见中情局 1975 年有关“洋蓟计划”的正式备忘录，部分引自约翰·马克斯根据《信息自由法案》进行的档案复查，部分引自国家安全档案馆约翰·马克斯收藏室的资料。“1950 —1952 年，负责思想控制的机构，从中情局安全办公室转变为科学情报单位，然后又变回了安全办公室。”马克斯写道。根据 1975 年《信息自由法案》，他请求政府向自己开放神经控制实验的档案并如愿查阅到相关资料。

② 参议院听证记录充满戏剧性。与魔术师会面后，还发生了几件事情：拉什布鲁克和吕韦特带奥尔森去听了一场百老汇音乐剧，试图帮助奥尔森恢复神智。观看罗格斯和哈默斯坦表演的《我和朱丽叶》时，奥尔森又一次精神崩溃。他告诉吕伟特，外面正有人等着拘捕他，所以在歌剧幕间休息时，中情局特工和特别行动部部长官把奥尔森带回了他们下榻的斯塔特勒酒店。午夜时分，奥尔森起床，在城市街头游荡。他撕掉了自己的身份证明文件和现金，并扔掉了钱包。凌晨 5 点 30 分，吕韦特和拉什布鲁克找到奥尔森时，他穿着外套，戴着帽子坐在酒店大堂。

第 20 章　科技战狂热

① 施贝尔还从科学研究部门的斯图加特符腾堡 – 巴登土地委员会领取一笔 880 马克的定期薪水，这意味着他同时为 3 个政府工作。

② 引自对罗尔夫·本津格的采访。海军正在进行一项对“爆发性减压技术”的研究工作，旨在创造一种后来在参议院听证会中提出的“完美冲击”，即一种能够造成敌方士兵失忆的实验项目。

第 21 章　太空核战推手

① 参见《V–2：纳粹的火箭武器》一书。在德国博物馆多恩伯格档案室，未刊行的手稿中提到了包括他和希姆莱在休闲活动中的对话，其中之一是关于奴隶劳工的使用问题。多恩伯格引用希姆莱的原话，“德国力量意味着回到奴隶时代”。对此，多恩伯格很想知道如果其他国家反对希姆莱的宣言该怎么办。“我们胜利之后，他们就不敢那样做了！”希姆莱说。但这些话没有被公开发表。

② 在 20 世纪 50 年代早期，美国的太空之旅还遥遥无期，但相关工作已经随着研制导弹的“新黑色世界项目”开始。“在一堵保密的黑墙背后，美国正在缓慢地攀向战争的一个全新境界。在每一座美国工厂，每个技术研究所以及每个电子实验室，每天提到的军事术语都是‘导弹’。”记者乔纳森·诺顿在 1952 年 5 月 21 日的《新闻周刊》中如此解释。

第 22 章　法兰克福奥斯威辛审判

① 这在奥斯威辛审判中有着非常精确的描述，其中的细节令人吃惊。例如，公诉人约阿希姆·库格在命运的安排下无意中发现了鲁道夫·霍斯的得力助手罗伯特·穆尔卡。库格当时正参加罗马奥运会，正巧穆尔卡的儿子赢得了一枚帆船奖牌。“穆尔卡不是一个寻常姓氏。”库格解释。在法兰克福奥斯威辛审判期间，人们发现齐克隆 B 药剂项目管理人是维克多·卡佩休斯医生，这件事在此前并不为人知。

② 迈克尔·霍华德在 WR 格雷斯公司对安布罗斯的采访。“他总是自己圈子里最聪明的那一个，”迈克尔·霍华德回忆说，“安布罗斯是一名傀儡大师，是幕后操纵者。”

③ 参见《纽约时报》杂志 1969 年 10 月 26 日刊登的《魔鬼的建筑师》（*The Devil's Architect*）一文。拜格尔伯克是一名纳粹医生，在达豪集中营负责执行海水实验，曾在没有实施麻醉的情况下，切除了卡尔·霍伦莱纳的部分肝脏。在被判于兰茨贝格监狱服刑 15 年后，美国驻德国的高级专员麦克洛伊在 1951 年实施减刑将其释放。在前纳粹党卫军同事奥古斯特·迪特里希·阿勒斯的帮助下，不到一年，拜格尔伯就来到德国布克斯泰胡德一家由阿勒斯经营的医院里开业行医。之后拜格尔伯克发表了数篇医学论文，在当地医学界一直声誉卓著。直到 1962 年，他回到自己的出生地维也纳进行了一次演讲。在奥地利，针对拜格尔伯克的战争罪控诉依然有效，就这样他被警方拘捕。在德国差不多同一时间，阿勒斯也遭到逮捕。由于失去了医院的职位，拜格尔伯克在 1963 年 11 月 22 日自杀，终年 58 岁。拜格尔伯克把所有的钱留给了“幸存者”，这是一个由阿勒斯掌管的秘密组织，其宗旨是援助所有纳粹党卫军在逃者。

第 23 章　谎言与真相

① 语出我在 2013 年 4 月 3 日对迈克尔·诺伊费尔德的电话采访。诺伊费尔德补充说，在 1990 年夏天为《火箭与帝国》做调研时，他在一份德语文档中发现，早在米特尔维克集中营建立之前，亚瑟·鲁道夫就是奴隶劳工制度的坚定支持者。1943 年 4 月 12 日，“鲁道夫参观了亨克尔飞机场，回到佩内明德之后他异常兴奋，因为他发现了使用奴隶劳工的好处”。诺伊费尔德说，特别值得一提的是可以与党卫军建立合作关系而且使用奴隶劳工“保密性强”。

后　记

“出生证上有一个纳粹十字记号，并不代表我就是纳粹分子。”约亨·哈伯说。那是2014年3月4日，《科技掠夺行动》一书刚刚付梓数月，约亨·哈伯便向我致电，表达他对该书标题的不满。约亨·哈伯的父亲名叫弗里茨·哈伯，后者正是“回形针行动”中的一名航空工程师。第二次世界大战期间，弗里茨·哈伯曾为德意志帝国效力。约亨·哈伯相信，把所有在希特勒手下工作过的科学家称为纳粹分子，是有失严谨的。我们讨论了这一贯穿全书的话题。同时致电的还有约亨·哈伯的妻子卡里耶·沙桑，她自称是一名犹太人。这对伉俪结婚已数十年。我很快意识到，约亨·哈伯并不是打电话来和我争吵，他是在寻求关于父亲的真相。

伴随约亨·哈伯一生的谜题几近无解，也是整个故事的中心。出生证上有一个纳粹十字记号，并不代表约亨·哈伯就是一名纳粹分子。他出生于1945年3月，当时德意志帝国已经进入了崩溃倒计时的最后几周。至于其父弗里茨·哈伯在战时是否为纳粹分子，这个问题依然没有得到解答。弗里茨·哈伯并不在《科技掠夺行动》一书重点描述的21名科学家之列。他在全书仅作为世界第一个模拟空间站，即太空舱的联合设计者出现过一次。模拟空间站是美国空军航空医学院的科学实验项目,约亨·哈伯正是在那里长大。约亨·哈伯问我是否了解更多关于他父亲的事情。知道的不多，我答道。战争期间，弗里茨·哈伯为纳粹德国顶级航空公司之一容克斯飞机制造公司工作。他设计了一种将导弹固定于大型改装机背部的新型运输方式，这种开创性概念后来被称为背负式装运。战后，这种运输方法被广泛应用到美国太空计划之中。美国航空航天局把背负式装运用于航天飞机的运输，把波音 747 改装为航天飞机的运载飞船。

在“回形针行动”中，弗里茨·哈伯为宇航员训练的无重力环境作出了重要贡献。在无重力环境下宇航员会出现头晕恶心的症状，因此模拟舱内的失重飞行被戏称为“呕吐彗星”。但约亨·哈伯早已知晓父亲的这些往事。这些主要信息，在公众领域已公开数十年。更进一步的信息则难以查找，更不用提隐藏在这些信息背后扑朔迷离的真相。我建议约亨·哈伯从马里兰州国家档案与文件署的外国科学家解密卷宗开始。以我多年的记者经验，国家档案与文件署只是一系列更为深入且广泛调查工作的开端。文件所包含的关键词会把研究者引向另一份档案，这份档案既可能在美国，也可能在德国。探索真相的过程就像破解侦探案件一样复杂有趣。

35 分钟后,我们结束了通话。第二天一早,我收到一封电子邮件。正巧我在洛杉矶的住所，离哈伯家只有 12 英里。在此暮春时节，我愿意两次前去造访哈伯的家人吗？约亨·哈伯和卡里耶·沙桑各自组织了一个读书俱乐部，每月举行一次。他们都希望我能参加，并且承诺这两个读书俱乐部的成员会事先阅读一遍《科技掠夺行动》。我同意了。卡里耶·沙桑说，她的读书俱乐部有“12 位非常聪明的女人，包括两名法官，一名童书作家，两名教育工具生产者，一名位列《时代》杂志‘影响世界 100 人’名单的重要州级官员，一名景观设计师，一对律师夫妇，一名图书编辑，一名艺术历史教授，一名驻校心理学家以及一名舆论导向专家”。参加卡里耶·沙桑的读书俱乐部令我大受启发。因为那里的每位成员都对《科技掠夺行动》有着独到见解。这让我想起了美国成千上万的读书俱乐部，许多渴望知识的人们聚集在一起，对一本书进行探讨和争论。只是这次，他们讨论的书碰巧是我写的。

出席约亨·哈伯的读书会，又是一次难忘且非同寻常的经历。如卡里耶·沙桑事前向我描述，她丈夫的读书俱乐部“全部由男人组成，包括医学、金融、法律、电脑科学等领域的专家，还有加州大学洛杉矶分校公共卫生学院的院长”。出于几点原因，这次的读书会经历非同寻常。在阅读《科技掠夺行动》之前，小组中没有一个人知道，约亨·哈伯的父亲弗里茨·哈伯在第二次世界大战时曾是一名纳粹科学家。他们大概只知道弗里茨·哈伯是一位对美国太空计划作出卓越贡献的人物。除了约亨·哈伯和我之外，读书俱乐部中的所有成员都是犹太人。其中两人在东正教家庭长大。另一位医生曾为大屠杀幸存者治疗，并谈到幸存者手臂上的蓝色文身。还有一位俱乐部成员的父亲是 20 世纪 30 年代柏林的一名法官，后来他的父亲遭到纳粹分子的拘捕和监禁。被释放后，他的父亲携带全家来到美国，再也没有回去。

约亨·哈伯让他的读书俱乐部成员阅读并讨论《科技掠夺行动》，是一个勇敢而艰难的举动。但他肯定认为自己有必要这样做。当其他人感到畏惧的时候，为什么某些人像约亨·哈伯，却如此勇敢地想要寻找真相呢？这又是一个未解之谜。

本书序言中曾提到，《科技掠夺行动》描述了一个黑暗而复杂的故事。故事中真正的英雄，是那些忠实记录历史的人，这些伟人还将继续涌现。在全国进行图书宣传时，读者来信纷至沓来，我见证了这一切的发生。在加利福尼亚州科特马德拉市，一名在德国出生的女士分享了她在诺森豪德的成长经历。她的继父在沃纳·冯·布劳恩的科学指导下进行 V–2 火箭的研发工作。但事情发生了反转：他们一家并未因“回形针行动”来到美国，而是在 1950 年前往叙利亚首都大马士革。孩子们对这些机密细节一无所知，而这位女士依旧非常好奇，自己的继父在叙利亚军工业中到底扮演了什么样的角色。又一个悬而未决的问题。

鲍勃·海尼写信给我，称他的父亲是“V–2 特别行动”的一员。这次行动的目的就是赶在 1945 年春苏联人抵达诺德豪森之前，将 V–2 火箭运走。我与罗伯特·F. 海尼先生交谈过，他当时已 96 岁高龄，曾在美国陆军第 144 师服役。海尼老先生耳朵已不太灵光，但回忆往事时，思维非常清晰。他向我讲述了隧道里那些令人难忘的细节，以及他在几十年前见过的一些德国科学家。辛西娅·伯切尔在写给我的信中则提供了更多关于其父霍华德·伯切尔的信息。霍华德·伯切尔是美国陆军航空队医疗中心的一员，《科技掠夺行动》中曾简要提到。她说她的父亲对海德尔堡美国陆军航空队航空医疗中心的建立所作的贡献，比之前报道的要大得多。霍华德·伯切尔在 101 岁高龄去世后，留下 600 多页的战时书信。辛西娅·伯切尔与我分享了其中的一部分。信中，霍华德·伯切尔表达了他对“回形针行动”中号称清白无辜的几位纳粹科学家的怀疑。但伯切尔有命在身，必须履行自己的职责。“他常常对美国政治和自己任务表现出明显的沮丧之情。”辛西娅·伯切尔写道。

退休的美国陆军上校乔治·毛瑟写了一则关于西奥多·本津格医生令人讶异的轶事。20 世纪五六十年代，乔治·毛瑟的父亲在马里兰州贝塞斯达的美国海军医学研究所第 28 号建筑机械工厂为本津格工作。乔治·毛瑟与我分享了几张他父亲和本津格一起工作的罕见照片。在毛瑟的相册中，还有几张本津格和“水星七号”太空舱宇航员的合影。关于本津格，毛瑟写道 ：“他是我父亲非常尊重的上级，他对我和我的哥哥非常友好，还经常欢迎上小学的我和上高中的哥哥前去实验室参观。”因此，毛瑟很难接受我在《科技掠夺行动》中对本津格医生战时活动的记录。

乔治 · 毛瑟的哥哥约翰也和我分享了他对高中时代的回忆 ：“我记得自己曾问过父亲，为什么实验室里会有一个浴缸。他说，这样一来，本津格医生就能把自己泡在冰水中，观察自己身体的生理反应。当时我想，那可真是一种非常奇怪的实验。”的确很奇怪。正如《科技掠夺行动》中所写，本津格的几位同僚在纽伦堡因为在战争期间对集中营囚犯实施类似实验而受到审判，试验中那些囚犯被活活冻死。最开始的时候，本津格确实在纽伦堡医生审判的被告名单之中，但他在纽伦堡监狱度过一个月的牢狱生活后，就在美国陆军航空部队的监护下被秘密释放。几年后，本津格医生在美国海军医学研究所的基地，竟然对自己进行了类似冰冻试验，这实在令人不解。

并非所有情况都填补了记录的空白。对某些人来说，他们更加认定，真相令人难以面对。在本书宣传行程中，保罗 · G. 施莱伯主动与我联系。他是前第三帝国军医署长少将瓦尔特 · 施莱伯的儿子。瓦尔特 · 施莱伯医生是《科技掠夺行动》一书中着重描述的 21 位科学家之一。“施莱伯医生与纳粹最邪恶的罪行有牵连，他曾把静脉注射致命苯酚作为一种处决麻烦制造者的快捷手段引入集中营。”纽伦堡战争罪调查员利奥波德 · 亚历山大医生在给杜鲁门总统的一封信中写道。

保罗 ·G. 施莱伯，年逾八十，目前住在美国西部。在父亲成为“回形针行动”的一员后，他于 1951 年和家人第一次来到美国。1952 年，瓦尔特 · 施莱伯医生的战时活动被公开，他们一家人被美国政府放逐到阿根廷。数年后，保罗·G. 施莱伯又回到美国，获得了美国公民的身份。“我是许多关于父亲的事件及论战的见证者和参与者。”他写道，“更重要的是，我能填补这个故事的许多空白”。保罗·G. 施莱伯给我发了许多电子邮件，包括他和父亲在战前、战时和战后的照片。战争结束时，保罗 11 岁。“我成了一名小纳粹分子。”他写道。

然而，当我们进行电话通话时，事情很快发生了诡异的反转。保罗·G. 施莱伯坚持认为，我从国家档案与文件署等机构所获取的关于“回形针行动”的解密文件全都是伪造的；他认为这是苏联阴谋的一部分，是克格勃从中捣鬼，污蔑他的父亲。作为前第三帝国军医署长，他的父亲是一名反共人士。“我父亲是个好人。”保罗·G. 施莱伯坚称，“他的愿望就是当一名老师。父亲瞧不起希特勒。我曾亲耳听到父亲叫希特勒‘Schweinehund’。也就是‘猪一样的狗’”。保罗·G. 施莱伯解释说。

在面对父亲的真相时，格茨·布洛梅医生设立了更高的标杆。格茨的父亲是库尔特·布洛梅医生，第三帝国的代理军医署长，纳粹生物武器计划负责人。库尔特·布洛梅医生是“回形针行动”的一员。在为本书收集资料时，格茨·布洛梅医生答应我进行一次关于他父亲的采访。他的父亲曾在纽伦堡审判中被无罪释放，于 1968 年去世。格茨·布洛梅医生当时已经 71 岁高龄，此前他从未向记者开口谈论自己的父亲。我专程前往德国采访他，深入黑森林腹地，沿着一条蜿蜒的山路向上行驶；下车之后爬到山坡顶端，来到一座小村庄，穿过教堂院落，沿着一条泥土路往里走，来到了格茨·布洛梅医生的家。我敲了敲门，他邀请我进屋。

我问了格茨·布洛梅医生很多关于他父亲的问题。他对我知无不言。最后，我问格茨·布洛梅医生，为什么在沉默数十年后，他才同意接受采访。“或许，我这一生就是在等待你的出现。”他说。

致　谢

当我第一次萌生写《科技掠夺行动》的想法时，正在阅读两份有关纳粹飞机设计师瓦尔特·霍顿和雷玛·霍顿的文件。这两人都在我的上一本书《51区》（*Area 51*）中出现过。

在这项研究中，我偶然看到了齐格弗里德·克内迈尔这个名字，他是霍顿兄弟的高级顾问，但他还拥有一个与第二次世界大战相关且更加响亮的名号：帝国元帅赫尔曼·戈林的技术顾问。由于当时对"回形针行动"知之甚少，所以当我发现，在战争结束不过几年之后，齐格弗里德·克内迈尔就在美国生活，为美国空军效力，并在后来获得美国国防部最高奖项"文职杰出服务奖章"时，我感到十分惊讶。2010年，我联系了齐格弗里德·克内迈尔的孙子迪尔克·克内迈尔，问他能否与我见面，并接受采访。他同意了。

迪尔克·克内迈尔是一名美国父亲、丈夫、企业家和商人。他坦言，自己花了大量的时间思考"身份""科学""时间"和"生命"等概念的哲学意义。我们第一次会面时，迪尔克·克内迈尔告诉我，他此前从未公开地谈论过他的祖父在战争时期的活动，家族中的绝大多数成员都对齐格弗里德·克内迈尔位居纳粹党显赫地位的事实讳莫如深。“家族内大多数成员的立场是：不要和任何人谈论克内迈尔的过去，尤其是记者。”迪尔克·克内迈尔说，“但是，如果你像我一样，自家阁楼里有大量文件，都是在赞美你的祖父和他卓越的贡献，并且上面有诸如赫尔曼·戈林和阿尔伯特·施佩尔的签名，你会怎么做呢？”

我发现，回答这个问题不容易。这个难题也是促使我希望了解更多有关“回形针行动”的原因之一。

“克内迈尔的一生很复杂，”迪尔克·克内迈尔谈到自己的祖父时说，“我更加希望能够了解过去的真相，而不是一味否认它。另外，对于某些事情，忽略它们并不明智。”

我问迪尔克，能否让我看看他家中阁楼里有关其祖父的部分文件。他说他会考虑，并最终同意。谢谢你，迪尔克·克内迈尔。

我想要感谢格茨·布洛梅、加布里埃拉·霍夫曼、保罗－赫尔曼·施贝尔和罗尔夫·本津格，感谢他们的耐心和坦诚。还有我钦佩的约翰·多利布瓦：谢谢你那么多次和我探讨各种观点。延斯·韦斯特迈尔博士就全书和德语有关的一切对我帮助极大，并在浩瀚的德文档案中帮我找到了很多难找的文件；谢谢你，延斯。我要感谢作家、历史学家克莱伦斯·拉斯比，他和我分享了他的深刻见解。拉斯比在20世纪60年代，作为其大学论文的扩展作品，写下了著作《回形针行动：德国科学家和冷战》(*Project Paperclip:German Scientists and the Cold War*)，这比美国政府根据《信息自由法案》公开德国科学家纳粹背景真相的时间要早几十年。但就如我们所看到，很多收藏馆的有关文件从此以后就不翼而飞。它们要么被毁，要么遗失。

除了采访记录和口述历史录音外，美国和德国的军事及公民档案也构成了撰写本书的基石。许多人都为我提供了帮助，尤其是麦克斯韦空军基地空军历史研究部的林恩·O. 伽玛，情报与安全司令部自由信息法案办公室的迈克尔·杰纳克，美国陆军军史研究所的理查德·L. 贝克和克里夫顿·H. 海厄特，弗里茨鲍尔研究所的维尔纳·伦茨，波兰国家纪念研究所的莱昂·基尔雷斯，歌德大学沃尔海姆委员会的萝·贝克尔，米特堡－朵拉集中营纪念馆的约尔格·库尔比和雷吉娜·海因巴姆，德国联邦档案馆的彼得·格勒，德意志博物馆的马蒂亚斯·罗施奈尔博士，美国空军的克里斯蒂娜·伍滕，迪特里克营美国陆军卫戍部队的莱尼莎·希尔，纳粹大屠杀纪念馆的迈克尔·福塞尔，美国航空航天局的伯特·乌尔里希和阿拉德·布泰尔。

在国家档案与文件署，我要感谢戴维·福特和埃米·施密特。在哈佛医学院，弗朗西斯·A. 康特维医学图书馆医学历史中心的杰西卡·B. 墨菲都帮助我向哈佛医学院隐私委员会提交申请，并按照《信息自由法案》向美国国防部申请文件解密，最终我得以查阅相关文件。真的很感谢你，杰西卡。

在哈佛法学院图书馆的历史特藏馆，我要感谢莱斯利·舍恩菲尔德帮我寻找亚历山大博士的文件；感谢玛格丽特·佩奇和大卫·阿克曼帮我复制纽伦堡医生审判中利奥波得·亚历山大医生和泰尔福特·泰勒的文件片段。感谢杜克大学医学中心档案室的阿多娜·汤普森，印第安纳大学莉莉图书馆手稿收藏室的大卫·K. 弗雷泽，莱特州立大学图书馆特藏档案室的约翰·阿姆斯特朗；胡佛研究所图书档案馆的卡尔·A. 林德海姆，加利福尼亚理工学院档案馆的洛马·卡克林斯，亨茨维尔市阿拉巴马大学档案特藏馆的安妮·科尔曼，英国沙利度胺基金会的马丁·约翰逊博士，《星条旗报》的珍·斯特普，小岛农场的布雷特·埃克斯顿。

感谢作家丹尼·帕克，他帮助我在国家档案馆查找文件，并帮我在斯图加特档案馆查找一份非常隐蔽的文件；感谢朱莉娅·基法比尔，她帮我翻译了很多德国审判抄本和战时纳粹党文件；感谢拉里·瓦莱罗以及得厄尔巴索得克萨斯大学的情报和国家安全研究项目组；感谢黑库网站的创始人及站长约翰·格林沃德。

在德国，曼弗雷德·柯普友善地驾车载我游览了奥伯鲁塞尔，带我访问国王营旧址和安全密室。在那里实施过许多机密计划，包括"知更鸟行动""洋蓟计划"和精神控制实验项目。我们和玛利亚·希普莉一道前往克兰斯堡，即曾经的"垃圾箱"审讯中心。

延斯·赫尔曼带我们参观了这座城堡和它的庭院。新闻工作者和作家埃格蒙特·科赫慷慨地与我们分享了他对国王营和中情局"洋蓟计划"的发现。感谢约翰·德米尔把《国王营历史》(*The History of Camp King*)的稀有拷贝文件借给我；感谢喜欢调查的新闻工作者埃里克·隆加巴蒂与我分享他对美国陆军化学武器的调查报告。我要感谢迈克尔·诺伊费尔德回答我有关沃纳·冯·布劳恩、瓦尔特·多恩伯格和亚瑟·鲁道夫的问题。诺伊费尔德是史密森尼国家航空航天博物馆航空历史部策展人，并著有一系列有关德国火箭科学家的书籍和论文，其中包括关于美国国家航空航天局的专著，这些对我都有极大的帮助。

感谢达豪集中营档案馆和图书馆的主管阿尔伯特·诺尔，允许我查阅有关战争期间达豪集中营进行的人体医学试验的文件和照片，并向我展示5号实验牢区的蓝图和地图。防暴警察局长马蒂亚斯·科恩和警察历史学家安娜·纳布带我游览了广阔的前纳粹党卫军培训区域，该区域毗邻达豪集中营，其中包括未对公众开放的部分区域。多亏他们的帮助，我才能够走进这些曾被美军用于起诉达豪战犯的建筑，并亲眼看到乔格·里克希受审并被无罪释放的地方。

兰茨贝格监狱的典狱长哈拉尔·艾辛格博士，带我在那个著名的建筑进行了一次深度游览。在那里，希特勒写下了《我的奋斗》；在那里，纽伦堡审判中被定罪的战犯度过了短暂的牢狱时光，之后他们被执行绞刑，或被美国高级专员约翰·J. 麦克洛伊减刑释放。

没有团队的帮助，一名作家不会取得任何成就。谢谢你们，约翰·帕斯利、吉姆·霍恩费舍尔、史蒂夫·雅戈尔、妮可·杜威、莉斯·加里加、希瑟·费恩、阿曼达·布朗、马林·冯·欧拉－霍根、珍妮特·伯恩、迈克·诺恩、本·怀斯曼和埃里克·雷曼。谢谢你们，爱丽丝和汤姆·苏尼恩、凯瑟琳和杰弗里·席尔瓦，力拓和弗兰克·莫尔斯和马里昂·沃尔德森；还有我的撰写团队：科斯顿·曼、萨布丽娜·威尔、米歇尔·菲奥尔、尼可·卢卡斯·海莫斯和安妮特·墨菲。

采访格哈德·马什科沃斯基的经历让我毕生难忘。谢谢你，格哈德。唯一比完成这本书还让我开心的事情，是我和凯文、芬利及杰特相处中每天得到的快乐。谢谢你们，你们是我最好的朋友。

主要采访人物

（访谈于 2011—2013 年进行）

约翰·多利布瓦 审讯员，欧洲大陆战俘中心 32 号，代号“垃圾桶”，情报机构，陆军参谋部二部

维维恩·斯皮茨 美国法庭书记员，参与纽伦堡“纳粹医生大审判”主要战犯审判

休·伊尔蒂斯 负责翻译盟军所缴获纳粹文件的翻译，包括“第 707 号医学实验卷宗”、希姆莱文件

迈克尔·霍华德 英国情报机构，T 部队雇员；1958 年 WR 格雷斯公司雇员

伊布·梅尔基奥尔 航天科学局，美国陆军反间谍特种部队

格哈德·马什科沃斯基 奥斯威辛集中营囚犯

赫尔曼·肖恩 奥斯威辛集中营囚犯

汉娜·马科斯 施图特霍夫集中营囚犯

威廉·杰弗斯 航空工程师，曾为德国空军临时战俘营的战俘，后任职于美国陆军航空队

伦纳德·克莱斯勒博士 博士后，德特里克营，“R 地点”，拉文克罗山建筑群

詹姆斯·凯彻姆博士 任职于埃奇伍德兵工厂陆军化学中心

格茨·布洛梅 库尔特·布洛梅博士之子

迪尔克·克内迈尔 齐格弗里德·克内迈尔之子

加布里埃拉·霍夫曼 弗里德里希·弗里茨·霍夫曼之女

迪特尔·安布罗斯博士 奥托·安布罗斯之子

罗尔夫·本津格 西奥多·本津格之子

保罗－赫尔曼·施贝尔 瓦尔特·施贝尔博士之子

凯特琳·希姆莱 海因里希·希姆莱的侄孙女

埃里克·奥尔森 弗兰克·奥尔森博士之子

汉斯·克劳迪亚斯·沙夫 汉斯·沙夫之子

克莱伦斯·拉斯比 作家、历史学家

维尔纳·伦茨 弗里茨鲍尔研究所主管

哈拉尔·艾辛格 兰茨贝格监狱的典狱长

阿尔伯特·诺尔 达豪集中营档案馆、图书馆主管

马蒂亚斯·科恩 达豪防暴警察局长

安娜·纳布 达豪集中营警察历史学家

曼弗雷德·柯普 研究奥伯鲁塞尔“国王营”的历史学家

延斯·赫尔曼 克兰斯堡守卫

延斯·韦斯特迈尔博士 研究党卫军的历史学家

埃格蒙特·科赫 记者、作家

乔·休斯顿 文职人员，任职于美国陆军情报与安全司令部

马丁·约翰逊博士 任职于英国沙利度胺基金会

马克·坎贝尔 航空航天医学会前任主席

史蒂夫·格里芬 国家航天俱乐部主席

迈克尔·诺伊费尔德 史密森尼国家航空航天博物馆馆长